DEIN BUCH

Sonderseiten

METHODE — Hier kannst du naturwissenschaftliche Arbeitsweisen trainieren.

PINNWAND — Hier findest du Zusatzinformationen für inhaltliche Vertiefungen.

STREIFZUG — Hier findest du interessante Ergänzungen, z. B. Verknüpfungen mit anderen Fachgebieten und Historisches.

PRAKTIKUM — Hier findest du Anleitungen zum selbstständigen Arbeiten.

LERNEN IM TEAM — Hier findest du Vorschläge für die Projektarbeit mit offen formulierten Handlungsaufträgen.

AUF EINEN BLICK — Hier findest du die Inhalte des Kapitels in kurzer und übersichtlicher Form dargestellt.

LERNCHECK — Hier findest du vielfältige Aufgaben zum Wiederholen und Vertiefen der Inhalte des Kapitels.

Lehrplan 21

Die Inhalte des Schülerbandes 1 richten sich nach den Kompetenzen, die der Lehrplan 21 für den Unterricht **vor dem Orientierungspunkt** vorsieht.

Gleichzeitig berücksichtigt der Aufbau des Buches **zusammenhängende Themen** aus den einzelnen Naturwissenschaften Biologie, Chemie und Physik und präsentiert sie als geschlossene Kapitel.

Aufgrund dieser doppelten Zielsetzung finden sich im Schülerband 1 in Einzelfällen auch Inhalte und Kompetenzen, die der Lehrplan 21 für den Unterricht nach dem Orientierungspunkt vorsieht.

westermann

ERLEBNIS

Biologie

Gesamtband
Sekundarstufe I

differenzierende Ausgabe

ERLEBNIS
Biologie

Berater und Autoren

Ursula Baumgartner
Eva Davanzo
Pascal Oberson
Franziska Suter

Redaktion

Dr. Ulrich Kilian

Umschlaggestaltung

Gingco.Net Werbeagentur
Braunschweig

Fotos

Michael Fabian,
Volker Minkus,
Hans Tegen

Illustrationen

Atelier tigercolor Tom Menzel, Birgitt
Biermann-Schickling, Jan Bintakies,
diGraph Medienservice Fontner-
Forget, Franz-Josef Domke, Julius
Ecke, Eike Gall, Christine Henkel,
Heike Keis, Ulrich Kilian, Langner &
Partner, Silke Leisse, Liselotte Lüd-
decke, Karin Mall, Olav Marahrens,
newVISION!, Satz und Grafik Part-
ner, Birgit Schlierf, Ingrid Schobel,
SINNSALON, Sperling Info Design,
Judith Viertel, Werner Wildermuth

In Teilen eine Bearbeitung von

978-3-507-77877-1
978-3-507-77887-0
978-3-507-77897-9
978-3-507-77905-1
978-3-507-77911-2
978-3-507-77964-8
978-3-507-78000-2
978-3-507-78006-4
978-3-507-78012-5
978-3-507-78018-7
978-3-507-78024-8
978-3-507-78030-9
978-3-507-78180-1

westermann GRUPPE

© 2020 Westermann Schulverlag Schweiz AG, Schaffhausen
www.westermanngruppe.ch

1. Auflage 2020

Satz: Integra Software Services
Druck und Bindung: westermann druck GmbH, Braunschweig

ISBN 978-3-0359-**1610**-2

Inhalt

Forschen und Experimentieren

Kennzeichen des Lebendigen

Pflanzen – Licht ermöglicht Stoffaufbau

Leben im Wasser

Körperbau und Bewegung

Ernährung und Verdauung

Atmung, Blut und Kreislauf

Erwachsen werden

Hören und staunen

Optik und Sehen

Krankheiten und Immunsystem

Gene und Vererbung

Artenvielfalt und Evolution

Ressourcen und Recycling

Erneuerbare und fossile Energieträger

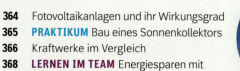

Terrestrische Ökosysteme

Prinzipien der Naturwissenschaften

Abspann

Forschen und Experimentieren

Wie führt ein Experiment zu neuen Erkenntnissen?

Womit beschäftigen sich die verschiedenen Disziplinen der Biologie?

Wie arbeiten Naturwissenschaftler zusammen?

Der Mensch erforscht das Weltall

1. ≣ Ⓐ
a) Was stellst du fest, wenn du ein Schiff beobachtest, das auf den Horizont zusegelt? Warum spricht dies gegen die rechts gezeigte Vorstellung von der Erde?
b) Schreibe weitere Gründe auf, die gegen die Vorstellung der Erde als Scheibe sprechen.

2. ≣ Ⓠ
Recherchiere, was die griechische Vorsilbe „geo" bedeutet, und erkläre den Begriff „geozentrisch".

3. ≣ Ⓐ
Stelle dich an einen Ort, an dem du möglichst freie Sicht auf den Horizont hast, und mache ein Foto. Zeichne zu verschiedenen Tageszeiten den Stand der Sonne ein. In welcher Himmelsrichtung „geht die Sonne auf"?

4. ≣ Ⓐ
Beobachte vom gleichen Ort aus auch die Bahn des Mondes und zeichne sie ins Foto ein. In welcher Himmelsrichtung „geht der Mond auf"?

5. ≣ Ⓠ
Suche Informationen zum griechischen Sonnengott „Helios" und erkläre den Begriff „heliozentrisch".

6. ≣ Ⓐ
Wie erklärte man sich die Bewegung der Sonne im geozentrischen Weltbild? Was ist der eigentliche Grund für „Sonnenaufgang" und „Sonnenuntergang"?

Die Erde ist eine Kugel

Wir wissen heute, dass die Erde annähernd eine Kugel ist, die sich um die Sonne bewegt. Auch natürliche Phänomene wie Blitze bei einem Gewitter können wir erklären und wissen, dass es sich dabei „nur" um einen sichtbaren elektrischen Strom handelt und nicht um streitende Götter. Dieses Wissen verdanken wir unzähligen Wissenschaftlern und Forschern, die im Laufe der Geschichte Hypothesen aufgestellt, Theorien diskutiert und kluge Experimente durchgeführt haben. Auch unser heutiges Weltbild hat eine lange Geschichte hinter sich.

1 Geozentrisches Weltbild

Jupiter
Mars
Sonne
Mond
Merkur
Erde
Venus
Saturn

Sphäre der Sterne

Das geozentrische Weltbild

Bereits CLAUDIUS PTOLEMÄUS (150 n. Chr.) ging von einer kugelförmigen Erde aus. In seinem **ptolemäischen** oder **geozentrischen Weltbild** stellte man sich die Erde jedoch als ruhend vor, während sich die Sterne und die Sonne auf Kreisbahnen um die Erde bewegen. Das kann man ja beobachten, oder? Wenn die Sonne abends im Westen unter- und morgens im Osten wieder aufgeht, muss sie doch über Nacht die Erde einmal umrundet haben. Viele antike Kulturen stellten sich eine Sonne vor, die sich bewegt, etwa in Form von Sonnengöttern und Sonnenwagen, die über das Himmelszelt ziehen. Auch die Namen der Planeten unseres Sonnensystems zeugen noch heute von der Vorstellung, der Lauf der Gestirne werde von Göttern gelenkt.

2 Die griechische Vase zeigt Helios auf dem Sonnenwagen.

Was war am Weltbild von Ptolemäus bereits richtig? Wo lag er noch falsch? Wie erklärte man in der Antike die Bewegung der Sonne?

Das heliozentrische Weltbild

Im 15. und 16. Jahrhundert liessen sich viele astronomische Beobachtungen aber nicht mehr mit dem geozentrischen Weltbild in Übereinstimmung bringen. NIKOLAUS KOPERNIKUS (1473–1543) erkannte schliesslich, dass sich diese Widersprüche auflösen, wenn man annimmt, dass die Sonne und nicht die Erde das Zentrum unseres Planetensystems bildet.

Die genauere Erforschung der Planeten ermöglichte der italienische Astronom und Physiker GALILEO GALILEI (1564–1642). Galilei erhielt aus Holland Kunde von einer Vorrichtung, mit deren Hilfe sehr weit entfernte Gegenstände genau betrachtet werden konnten – dem Fernrohr. Er wollte mehr erfahren und schickte einen Boten nach Holland, um die Skizzen für dieses Fernrohr zu beschaffen. Obwohl der Bote die Skizzen auf dem Rückweg verlor, konnte GALILEI anhand seiner Beschreibungen ein Fernrohr entwickeln, das besser funktionierte als jenes des Erfinders. GALILEI beobachtete, dass die Jupitermonde den Planeten Jupiter umkreisen. So stellte GALILEI fest, dass nicht alle Himmelkörper um die Erde kreisten.

3 Heliozentrisches Weltbild

Dank Wissenschaftlern wie KOPERNIKUS und GALILEI kennen wir nun die Position der Erde innerhalb des Sonnensystems. Und wir haben sehr viel über unser Universum und seine Entwicklung gelernt. Trotzdem gibt es auch heute noch zahlreiche ungelöste Rätsel im Weltall.

Vom Experiment zur Erkenntnis

GALILEIS grösster Verdienst ist die Einführung eines neuen Verfahrens in die Forschung. Naturvorgänge, die vorher nur bei ihrem natürlichen Auftreten untersucht werden konnten, werden jetzt in vereinfachter Form als Experiment „nachgestellt". Das Experiment ersetzt die natürlichen Erscheinungen und man kann störende Einflüsse ausschalten.

GALILEIS Methode nennt man auch **induktives Verfahren**. GALILEI vermutete beispielsweise, dass nicht alle Himmelskörper um die Erde kreisen. Eine solche Vermutung nennt man **Hypothese**. Nun brauchte Galileo eine **Beobachtung**, die seine Hypothese bestätige. Diese Beobachtung gelang GALILEI erst, nachdem er sein Fernrohr so weit entwickelt hatte, dass er die Jupitermonde beobachten konnte. Oft müssen Naturwissenschaftler eine Situation sogar nachstellen, um Beobachtungen festhalten zu können. Eine solche Versuchsanordnung bezeichnet man als **Experiment**. Damit eine Hypothese bestätigt werden kann, sollten Experimente wiederholbar sein, sodass man ausschliessen kann, dass es sich bei der Beobachtung um einen Zufall handelt.

Welches Gerät baute GALILEO GALILEI und welche Entdeckung gelang ihm damit?
Welche Hypothese formulierte Galileo zur Stellung der Erde im Sonnensystem? Welche Beobachtung lieferte einen Beleg für seine Hypothese?

Berühmte Experimente

Mendelsche Regeln

In der Mitte des 19. Jahrhunderts führte der Augustinermönch JOSEPH GREGOR MENDEL (1822–1884) in seinem Klostergarten Kreuzungsexperimente mit der Gartenerbse durch. Gartenerbsen können sich in verschiedenen Eigenschaften wie Blütenfarbe oder Farbe und Form der Samen unterscheiden. MENDEL vermutete, dass die Vererbung dieser Eigenschaften nicht rein zufällig passierte. Er sorgte in seinen Versuchen dafür, dass sich Erbsen mit gewissen Eigenschaften fortpflanzten. Anschliessend sortierte und zählte er die Nachkommen. Dank dieser Geduldsarbeit kennen wir heute die grundlegenden Prinzipien der Vererbung, die man auch als mendelsche Regeln bezeichnet.

Magnetische Wirkung des Stroms

Im Jahre 1820 stellte der dänische Physiker HANS CHRISTIAN ØRSTED (1777–1851) während seiner Vorlesung an der Universität durch Zufall fest, dass ein Kabel, durch das ein elektrischer Strom fliesst, eine darunterliegende Kompassnadel ablenkt. So entdeckte er die magnetische Wirkung des elektrischen Stromes. 1831 gelang es dem Engländer MICHAEL FARADAY (1791–1867), dieses Experiment „umzudrehen" und ein Magnetfeld zur Erzeugung eines elektrischen Stroms zu benutzen. Er entdeckte so die Induktion, welche die Grundlage für unsere heutigen Generatoren und Elektromotoren ist.

Radioaktivität

Die Physikerin MARIE CURIE (1867–1934) untersuchte 1898 in ihrer Doktorarbeit strahlende Mineralien. Die Versuchsanordnung, die man für diese Experimente braucht, ist sehr kompliziert. Im Wesentlichen nutzten MARIE CURIE und ihr Ehemann PIERRE CURIE (1859–1906) die Erkenntnis, dass sich die elektrische Leitfähigkeit von Luft verändert, wenn Strahlung auftrifft. So konnten sie die Strahlung indirekt messen. MARIE und PIERRE CURIE entdeckten ein besonders stark strahlendes chemisches Element, das sie Radium nannten. Auch der Begriff

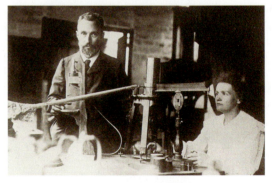

Radioaktivität, den wir heute noch für das Auftreten von Strahlung verwenden, geht auf das Ehepaar CURIE zurück. MARIE UND PIERRE CURIE entdeckten weitere chemische Elemente. Eines davon erhielt zu Ehren von MARIE CURIES Heimatland den Namen Polonium. MARIE CURIE musste für ihre Forschungen einen bitteren Preis bezahlen: Sie verstarb 1934 an Leukämie. Die Krankheit war eine Folge der Strahlenbelastung, der sie jahrelang ausgesetzt war.

Konditionierung

Der russische Mediziner IWAN PAWLOW (1849–1936) erforschte eigentlich die physiologischen Vorgänge der Verdauung. Als Versuchstiere kamen Hunde zum Einsatz, PAWLOW machte Messungen zum Speichelfluss. Auf diesem Weg lernte er nicht nur Neues über die Verdauungsvorgänge, sondern entdeckte auch die klassische Konditionierung, eine wichtige Grundlage der Verhaltensbiologie: Wie bei uns Menschen, wenn uns „das Wasser im Mund zusammenläuft", reagierten auch die pawlowschen Hunde mit einem verstärkten Speichelfluss, sobald sie das Futter sahen. PAWLOW wollte nun testen, ob die Hunde auch auf andere Reize mit Speichelfluss reagieren. Die Fütterung wurde deshalb im Experiment jeweils mit einem Glockenton angekündigt. Mit der Zeit reagierten die Hunde mit verstärktem Speichelfluss auf den Glockenton, ohne dass sie überhaupt Futter vorgesetzt bekamen.
Obwohl die menschliche Psyche natürlich sehr kompliziert ist, spielt die klassische Konditionierung in der Psychologie ein wichtige Rolle und kann beispielsweise helfen, Ängste zu erklären.

Luftdruck

Mitte des 17. Jahrhunderts führte der deutsche Physiker OTTO VON GUERICKE (1602–1686) in Magdeburg ein spektakuläres Experiment zur Demonstration des Luftdrucks durch. Er legte zwei abgedichtete Kupferhalbkugeln aneinander und pumpte die Luft heraus, sodass ein Vakuum im Inneren der nun geschlossenen Kugel entstand. Anschliessend spannte er auf jeder Seite 16 Pferde ein, die die beiden Halbkugeln voneinander trennen sollten – vergeblich. Die Kugeln liessen sich erst trennen, nachdem man die Luft wieder in die Kugeln hineingelassen hatte. Dieses Experiment zeigt eindrücklich, dass sich in unserer Atmosphäre Luft befindet, die einen Druck ausübt, der auch die Magdeburger Halbkugeln „zusammendrückt".
Wir nutzen den Luftdruck für verschiedene Anwendungen im Alltag. So haftet beispielsweise ein Saugnapf dank des Luftdrucks auf einer Oberfläche.

PINNWAND

1. **A**
Von welcher Hypothese gingen GREGOR MENDEL, MICHAEL FARADAY, IWAN PAWLOW sowie MARIE und Pierre Curie jeweils aus? Was beobachteten sie in ihren Experimenten?

2. **A Q**
Erstelle einen Zeitstrahl und trage die beschriebenen Experimente darauf ein.

3. ☰ **Q**
Suche im Internet nach weiteren bedeutenden Experimenten und Erkenntnissen und ergänze deinen Zeitstrahl.

4. ☰
1903 erhielt das Ehepaar CURIE den Nobelpreis für Physik, 1911 wurde MARIE CURIE zudem mit dem Nobelpreis für Chemie ausgezeichnet. IWAN PAWLOW erhielt 1904 den Nobelpreis für Physiologie oder Medizin. Informiere dich im Internet über den Nobelpreis und notiere dir, welchen Zweck der Preis hat und in welchen Sparten er verliehen wird.

5. ☰ **Q**
Wähle einen Nobelpreisträger oder eine Nobelpreisträgerin aus und gestalte ein Plakat zu dieser Persönlichkeit.

Das Experiment

Bei der Durchführung von **Experimenten** sind ein gezieltes Vorgehen und eine gute Dokumentation sehr wichtig. Deshalb ist es sinnvoll, ein **Versuchsprotokoll** zu führen, in dem du dein Vorgehen dokumentierst. Beispiele für ein gezieltes Vorgehen beim Experimentieren und für ein Versuchsprotokoll findest du auf dieser Seite.

Die Vorbereitung

1. Wiederhole wichtige theoretische Grundlagen zum Sachverhalt, den du untersuchen sollst. Halte fest, was dir bereits bekannt ist, und notiere dir die nötigen Fachbegriffe.
2. Formuliere eine gezielte Aufgabenstellung oder Frage, die mithilfe des Experimentes beantwortet werden soll.
3. Stelle eine Vermutung über das zu erwartende Ergebnis an. (Im induktiven Vorgehen von Galileo GALILEI wäre das nun die Hypothese.)
4. Überlege, welche störenden Einflüsse auf das Experiment du berücksichtigen musst.
5. Plane und zeichne die Versuchsanordnung. Überlege dir eine genaue Reihenfolge der Arbeitsschritte.
6. Überlege dir, wie du die Ergebnisse festhalten willst (Beobachtung in Textform, Tabelle mit Messwerten etc.).

Die Durchführung

7. Baue die Experimentieranordnung auf und lass den Aufbau, wenn nötig, von deiner Lehrperson kontrollieren.
8. Führe die geplanten Arbeitsschritte durch und notiere Beobachtungen oder halte Messwerte fest.

Die Auswertung

9. Stelle die Messwerte übersichtlich dar.
10. Formuliere ein Ergebnis
11. Vergleiche dein Ergebnis mit der Hypothese. Bestätigt oder widerspricht dein Ergebnis der Hypothese?

> **ACHTUNG**
> Beachte beim Experimentieren die notwendigen Sicherheitsregeln.

METHODE

Versuchsprotokoll

Name   Datum

Theoretische Grundlagen und Fachbegriffe
_____
_____

Fragestellung
_____
_____

Hypothese
_____
_____

Mögliche Störeinflüsse
_____
_____

Versuchsanordnung

Reihenfolge der Arbeitsschritte
_____
_____

Beobachtung und Messwerte:
_____
_____

Ergebnis
_____
_____

Vergleich mit der Vermutung/Hypothese:
_____
_____

Ein Experiment aus der Biologie

1.
Was musst du tun, damit deine Zimmer-
pflanzen gut gedeihen? Notiere Dinge, die
eine Pflanze zum Leben braucht. Halte diese
Punkte unter „Vorüberlegungen" in einem
Versuchsprotokoll fest.

2.
Pflanzen gibt es in allen Regionen der Erde.
a) Vergleiche Pflanzen des tropischen
Regenwalds mit Pflanzen trockener Gebiete.
b) Begründe, warum im tropischen Regenwald die Artenvielfalt in den Baumkronen
besonders hoch ist.

3.
Lies den Text zur Rose von Jericho. Plane einen einfachen Versuch, der zeigen soll, ob die Rose von Jericho
ihrem Namen als „wiederauferstehende" Pflanze
gerecht wird. Notiere die Fragestellung und eine Hypothese.

4.
Organisiere dir bei der Lehrperson das Material, das du
für den Versuch 3 brauchst, und führe den Versuch
durch. Halte die Beobachtung und das Ergebnis im
Versuchsprotokoll fest.

1 A Bartflechten im tropischen Regenwald,
B Rose von Jericho

In welchen Regionen der Erde kommt die Rose von
Jericho vor?
Was bedeutet der Begriff Anastatica und was hat
das mit der Lebensweise dieser Pflanze zu tun?
Was fehlt der Rose von Jericho, wenn sie so
aussieht wie auf der Abbildung?

Was Pflanzen zum Leben brauchen

Überall auf der Welt leben Pflanzen. Es gibt sie von
mikroskopisch kleinen Algen bis hin zu Baumriesen. Sie
alle können aus Wasser und Kohlenstoffdioxid mithilfe des
Sonnenlichts Sauerstoff und Nährstoffe produzieren.
Diesen Vorgang bezeichnet man als **Fotosynthese.**
Pflanzen benötigen zum Leben also Wasser, Luft und
Licht. Je nach Lebensraum sind diese Grundlagen unter-
schiedlich verfügbar. Pflanzen bekommen im tropischen
Regenwald sicher genügend Wasser, dafür fällt nur wenig
Licht in die unteren Stockwerke des Regenwaldes. Wüs-
tenpflanzen erhalten hingegen genügend Licht, dafür fehlt
oft das Wasser.

Die Rose von Jericho

Die Rose von Jericho ist eine Pflanze, die in den Wüsten
Nordafrikas und im arabischen Raum verbreitet ist. Um die
Rose von Jericho ranken sich viele Mythen und Geschich-
ten. So wird die Pflanze beispielsweise in der Bibel
erwähnt, wo sie der Jungfrau Maria ewiges Leben ge-
schenkt haben soll. Im Mittelalter brachten die Kreuzfah-
rer die Rose von Jericho nach Europa. Hier schrieb man
der Pflanze auch eine Heilwirkung zu. So stellten etwa
Hebammen schwangeren Frauen eine Rose von Jericho
neben das Bett, weil dies die Schmerzen bei den Wehen
lindern sollte. Auch heute noch betrachtet man die Rose
von Jericho als Glücksbringer. Man kann sie in vielen
Blumengeschäften kaufen.

Botanisch gesehen gehört die Rose von Jericho gar nicht
zur Familie der Rosen, sondern zu den Kreuzblütlern. Der
Name Rose war früher eine Bezeichnung für besonders
wertvolle Planzen.

CARL VON LINNÉ

Früher benutzte man den Begriff „Rose" für wertvolle Pflanzen aller Art. Nach der heute in der Biologie gültigen Systematik gehört die Rose von Jericho gar nicht zur Familie der Rosen, sondern zu jener der Kreuzblütler. Sie trägt den lateinischen Namen *Anastatica hierochuntica*, was soviel bedeutet wie „Wiederauffrischende". Erstmals genau beschrieben und systematisch eingeordnet wurde die Rose von Jericho von dem schwedischen Biologen CARL VON LINNÉ.

CARL VON LINNÉ wurde im Jahr 1707 geboren. Er verbrachte seine Kindheit in Südschweden. Sein Vater interessierte sich bereits für Pflanzen und die Faszination übertrug sich auch auf seinen ältesten Sohn CARL. Dennoch sollte CARL VON LINNÉ wie sein Vater Pfarrer werden. Er interessierte sich aber mehr für Mathematik und Naturwissenschaften, und so studierte er Botanik und Physiologie an den Universitäten Lund und Uppsala.

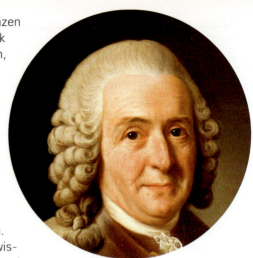

1 Carl von Linné

In Uppsala erhielt CARL VON LINNÉ die Aufgabe, einen Katalog sämtlicher Pflanzen im botanischen Garten anzufertigen. Er merkte, dass dies mit dem bis anhin verwendeten System zur Benennung von Pflanzen nicht möglich war. Deshalb ordnete er die Pflanzen nach seinem eigenen System. CARL VON LINNÉ unternahm auch Reisen nach Lappland, Deutschland, England und Frankreich, wo er mit Wissenschaftlern verschiedener Universitäten zusammenarbeitete und immer wieder neue Pflanzenarten beschreiben konnte. Im Jahr 1740 wurde er Professor an der Universität Uppsala.

Die sogenannte „binäre Nomenklatur", bei der jede Pflanze nach Gattung und Art benannt wird, dehnte LINNÉ auch auf die Tiere aus. Seine gesamte Systematik fasste er in seinem Hauptwerk *Systema Naturae* zusammen. So nannte er also die Rose von Jericho *Anastatica hierochuntica*. Auch die Bezeichnung *Homo sapiens* für den modernen Menschen geht auf CARL VON LINNÉ zurück.

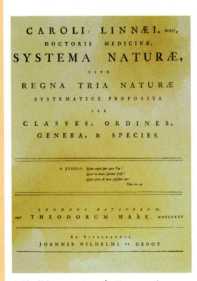

2 Titelblatt von LINNÉS Hauptwerk

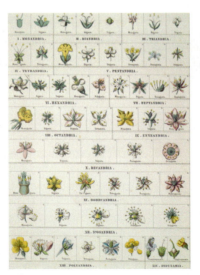

3 Übersicht des LINNÉ'schen Pflanzensystems nach Klassen und Ordnungen

4 Seit CARL VON LINNÉ ordnet man auch die Tiere nach Verwandschaft taxonomisch.

Wie heisst die Rose von Jericho in der „binären Nomenklatur" von CARL VON LINNÉ?
Welches Lebewesen heisst Homo sapiens?

Zusammenarbeit verschiedener Disziplinen

Gruss aus der Steinzeit

Im September 1991 stiessen zwei Wanderer im Ötztal auf eine Gletschermumie. Seitdem haben Wissenschaftler verschiedener Disziplinen „Ötzi" eingehend untersucht. Forschungen haben ergeben, dass Ötzi etwa 46 Jahre alt war, als er – vermutlich gewaltsam – starb. Ausserdem litt er an einigen Krankheiten. Botaniker untersuchten Ötzis Darminhalt und konnten dadurch die letzten Tage Ötzis recht gut rekonstruieren. Genetiker haben inzwischen das gesamte Erbgut der Mumie entschlüsselt. Ötzi hatte demnach braune Augen und braune Haare. Auch seine Kleidung und seine Ausrüstung wurden untersucht. Das ist vor allem für Historiker und Archäologem interessant, die dank Ötzi viel über das Leben in der Steinzeit gelernt haben.

Bionik

Von der Bionik spricht man, wenn Tiere und Pflanzen als Vorbild für technische Anwendungen dienen. Man nutzt also Erkenntnise aus der Biologie, um die physikalischen Eigenschaften einer Konstruktion zu verbessern. So haben etwa manche Flugzeuge aufgestellte Flügelenden (Winglets). Diese Konstruktion haben sich die Ingenieure beim Flugstil des Adlers abgeschaut.

Biochemie

Als 2014 das Ebolavirus in Afrika ausbrach, begannen Wissenschaftler, einen Impfstoff gegen dieses Virus zu entwickeln. Dazu braucht es Wissenschaftler aus den verschiedensten Disziplinen. Biologen müssen erforschen, wie das Virus bekämpft werden kann, Chemiker müssen dann einen Stoff finden, der gegen das Virus eingesetzt werden kann. Und natürlich müssen Mediziner beobachten, wie der menschliche Körper auf den Impfstoff reagiert.

PINNWAND

Sicheres Arbeiten im Fachraum

1.
a) Informiere dich über das richtige Verhalten bei Feuer, Unfällen und Brandalarm.
b) Erkundige dich über die Flucht- und Rettungswege an deiner Schule.

2.
Begründe, warum Essen und Trinken im Fachraum nicht erlaubt sind.

3.
Erläutere, wie du im Fachraum sicher experimentierst.

METHODE

Schilder im Fachraum
Die Hinweisschilder zur Unfallverhütung, zur Sicherheit und zur Hilfe sind unterschiedlich in Form und Farbe gekennzeichnet:

1 Rote Schilder geben Hinweise für den Gefahrenfall.

2 Weisse Schilder mit rotem Rand sind Gefahrstoffsymbole.

3 Gelbe Schilder sind Warnzeichen.

4 Grüne Schilder sind Rettungszeichen.

Klasse: B3d   **Datum:** 02.09.

Sicherheitsbelehrung

- Jacke, Schal und Mütze hängst du an die Garderobe. Binde Haare zusammen und lege Schmuck ab.

- Die Arbeitsaufträge liest du vor Versuchsbeginn sorgfältig durch.

- Chemikalien und Laborgeräte holst du erst nach Aufforderung.

- Die Experimente führst du nur im Fachraum durch.

- Bei Bedarf musst du die Schutzbrille aufsetzen.

- Während des Experimentierens bleibst du an deinem Platz.

- Du isst und trinkst nur ausserhalb des Fachraumes.

- Jeden Unfall und jede Panne meldest du sofort.

- Am Ende jeder Stunde wäschst du dir die Hände.

Unterschrift   *Lara Gruber*

Was tun im Notfall?

1. Eine andere Lehrperson informieren

2. Notrufnummer wählen

Gefahrstoffpiktogramme

Das **G**lobal **H**armonisierte **S**ystem (GHS) mit 9 **Gefahrstoffpikto-grammen** gilt weltweit einheitlich. Sie werden je nach Chemikalie noch durch die Signalwörter GEFAHR oder ACHTUNG ergänzt.

① Stoffe, die die Verbrennung anderer Stoffe verstärken
② entzündbare Stoffe, auch selbstentzündbar
③ Vergiftungsgefahr durch Berühren, Verschlucken oder Einatmen
④ Explosionsgefahr durch Schlag, Reibung oder Feuer
⑤ akut oder chronisch Gewässer gefährdend
⑥ ätzende Wirkung auf Haut, Augen und Schleimhäute
⑦ Gefahr durch unkontrolliert ausströmende Gase, Explosionsge-fahr bei Druck
⑧ krebsverursachend, organschädigend, Kind im Mutterleib schädigend
⑨ schon einmaliger, kurzzeitiger Kontakt schädigt

METHODE

Laborgeräte

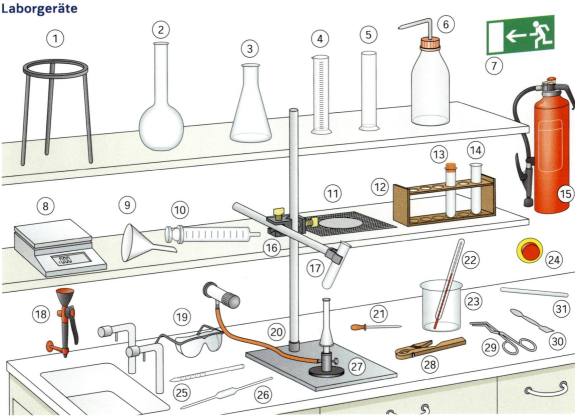

① Dreifuss
② Stehkolben
③ Erlenmeyerkolben
④ Messzylinder
⑤ Standzylinder
⑥ Spritzflasche
⑦ Fluchtweg
⑧ Waage

⑨ Trichter
⑩ Kolbenprober
⑪ Drahtnetz
⑫ Reagenzglasständer
⑬ Stopfen
⑭ Reagenzglas
⑮ Feuerlöscher
⑯ Stativklemme

⑰ Stativ
⑱ Augendusche
⑲ Schutzbrille
⑳ Stativ
㉑ Tropfpipette
㉒ Thermometer
㉓ Becherglas
㉔ Notaus

㉕ Messpipette
㉖ Vollpipette
㉗ Gasbrenner
㉘ Reagenzglasklemme
㉙ Tiegelzange
㉚ Spatel
㉛ Glasstab

Forschen und Experimentieren

Zwei Weltbilder

In der Antike bis zum frühen Mittelalter war das **geozentrische Weltbild** verbreitet: Die Erde bildet das Zentrum des Sonnensystems und wird von allen anderen Himmelskörpern umkreist. Viele Phänomene wie Sonnenaufgang und -untergang waren so erklärbar. Erkenntnisse von GALILEO GALILEI und NIKOLAUS KOPERNIKUS führten aber zum **heliozentrischen Weltbild**: Die Sonne steht im Mittelpunkt.

Arbeiten im Fachraum

In den Naturkunderäumen gibt es zusätzliche **Regeln**, die im Klassenzimmer nicht gelten. Informiere dich über diese Regeln und halte sie ein. Du solltest zudem die **Gefahrstoffsymbole**, **Warnschilder** und **Rettungszeichen** kennen. **Gasbrenner** dürfen nur auf einer feuerfesten Unterlage in Betrieb genommen werden. Vor der Inbetriebnahme muss man lange Haare zusammenbinden und brennbare Materialien wegräumen.

Resultate von Experimenten

Bereits kleine **Experimente** können wichtige Erkenntnisse liefern. So zeigt ein einfaches Experiment aus der Biologie, dass Pflanzen zum Leben Wasser brauchen. Ein physikalisches Experiment mit dem Kompass zeigt, dass die Erde ein Magnetfeld hat. Mithilfe von Kalkwasser lässt sich in einem chemischen Experiment zeigen, dass bei der Verbrennung von Backpulver Kohlendioxid entsteht.

Experimentieren

Mit Experimenten untersuchen wir **naturwissenschaftliche Fragen**. Dabei stellen wir ein Problem so nach, dass es keine Störeinflüsse gibt, die das Resultat beeinflussen können. Experimente müssen **wiederholbar** sein. Dadurch kann man sicher sein, dass die Beobachtungen und Messungen nicht zufällig entstanden sind. Die Resultate eines Experimentes sollen eine **Hypothese** entweder bestätigen oder widerlegen. Ein Experiment muss nachvollziehbar **dokumentiert** sein. Man erstellt dazu ein **Versuchsprotokoll**.

Drei Wissenschaften

Die Rose von Jericho untersuchen v. a. Biologen, denn die **Biologie** beschäftigt sich mit dem Aufbau, der Entwicklung und dem Zusammenwirken von Lebewesen. Die **Chemie** beschäftigt sich mit chemischen Reaktionen, etwa der Verbrennung, untersucht aber auch die Eigenschaften von Stoffen. Die **Physik** untersucht die grundlegenden Fragestellungen der unbelebten Natur, etwa den Magnetismus. Viele Probleme können aber nur im Zusammenspiel vieler Disziplinen studiert werden.

1. ≡ Ⓐ
Vergleiche das geozentrische und das helio-
zentrische Weltbild. Stelle ihre wichtigsten
Aussagen in einer Tabelle dar. Fertige jeweils
eine aussagekräftige Skizze an.

2. ≡ Ⓐ
Erkläre, was man unter einer Hypothese
versteht.

3. ≡ Ⓐ
Welche Beobachtung spricht gegen die Hypothese, dass die Erde eine Scheibe ist?

4. ≡ Ⓐ
a) Notiere die Hypothese, von welcher FOU-
CAULT ausging.
b) Skizziere seine Versuchsanordnung.
c) Notiere die Beobachtung, die FOUCAULT
gemacht hat.

5. ≡ Ⓐ
Wie dokumentierst du ein Experiment?
Notiere die Schritte auf dem Experimentier-
protokoll in der richtigen Reihenfolge.

6. ≡ Ⓐ
a) Notiere drei Regeln, die im Naturkunde-
zimmer einzuhalten sind.
b) Wofür stehen diese Symbole?

7. ≡ Ⓐ
a) Beschreibe, was mit der Rose von Jericho
geschieht, wenn man sie ins Wasser legt.
b) Zu welcher Wissenschaft gehört dieses
Experiment?

8. ≡ Ⓐ
a) Welches Gas entsteht bei der Verbrennung
von Backpulver?
b) Wie wird dieses Gas nachgewiesen?

9. ≡ Ⓐ
a) Wie kann man zeigen,
dass die Erde ein Magnetfeld
hat?
b) Wie stark ist das Magnetfeld der Erde verglichen mit
dem eines handelsüblichen
Magneten?

10. ≡ Ⓐ
Beschreibe, wie man nachweist, dass bei der
Verbrennung von Backpulver Kohlendioxid
entsteht.

11. ≡ Ⓐ
Notiere kurz, womit sich …
a) die Biologie,
b) die Chemie,
c) die Physik
beschäftigt.

Kennzeichen des Lebendigen

Sind Bakterien
Lebewesen?

Wie pflanzen sich
Pilze fort?

Was kann man bei der Arbeit mit
einem Mikroskop entdecken?

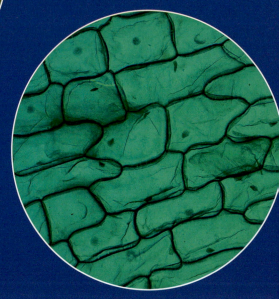

Kennzeichen der Lebewesen

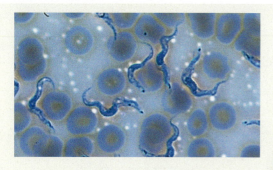

1. Ⓐ
a) Geisseltierchen sind Einzeller, die mithilfe ihrer Geissel durchs Wasser schwimmen. Welches Kennzeichen sieht man dabei?
b) Welche verschiedenen Arten von Lebewesen kommen auf dieser Seite vor? Versuche, jeder Gruppe einen Namen zu geben.

2. Ⓐ
Das Foto verdeutlicht verschiedene Sinnesorgane des Menschen.
a) Um welche Sinnesorgane handelt es sich?
b) Welche weiteren Sinnesorgane kennst du beim Menschen?
c) Gib das Kennzeichen des Lebendigen an, das hier deutlich wird.

4. Ⓐ
Die Fotocollage zeigt mehrere Bilder derselben Bohnenpflanze.
Welches Kennzeichen der Lebewesen sieht man hier?

3. Ⓐ
Erläutere das Kennzeichen des Lebendigen, das hier gezeigt wird.

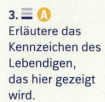

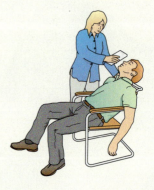

5. Ⓐ
Hält man einer ohnmächtigen Person einen Spiegel vor den Mund, so beschlägt der Spiegel.
Gib das Kennzeichen des Lebendigen an, das hierbei überprüft wird. Begründe deine Entscheidung.

Kennzeichen der Lebewesen

Alle Lebewesen besitzen eine Reihe von Eigenschaften, die sie als Lebewesen kennzeichnen:

Bewegung

Selbstständige **Bewegung** (mindestens innerhalb der Zellen) ist das auffälligste Kennzeichen des Lebendigen. Hunde laufen schnell mithilfe ihrer Muskeln, Knochen und Gelenke. Wir spielen und fahren Velo. Und selbst im Schlaf bewegen wir uns noch.

Reizbarkeit

Hört ein Hund ein fremdes Geräusch, fängt er an zu bellen. Werden unsere Augen beim Fotografieren von einem Lichtblitz getroffen, so schliessen sie sich sofort. Tiere und Menschen reagieren also auf ihre Umwelt und zeigen die Eigenschaft der **Reizbarkeit.** Geräusche und Licht, aber auch Wärme oder Kälte sind einige Reize, die über Sinnesorgane aufgenommen werden. Selbst Pflanzen besitzen die Fähigkeit der Reizbarkeit, indem sie zum Beispiel ihre Blüten nach der Sonne ausrichten.

Stoffwechsel

Für das Wachstum, die Bewegung und andere Lebensvorgänge benötigt der Körper Baustoffe und Energie. Tiere und Menschen nehmen daher Nährstoffe auf und verwerten sie im Körper. Dazu ist Sauerstoff notwendig, der eingeatmet wird. Nicht verwertbare Stoffe werden ausgeschieden. Dazu zählt das Kohlenstoffdioxid, das ausgeatmet wird. Vorgänge wie **Ernährung, Atmung** oder **Ausscheidung** nennt man **Stoffwechsel.**

Nenne fünf Kennzeichen von Lebewesen und erkläre sie an Beispielen.
Was unterscheidet anhand dieser Kennzeichen Lebewesen von unbelebten Gegenständen?

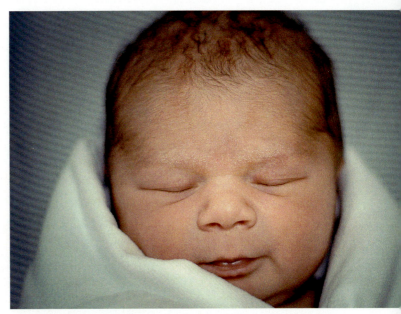

1 Ein neues Leben ist geboren.

Fortpflanzung

Nachdem eine Hündin und ein Rüde sich gepaart haben, kann das Weibchen trächtig werden und vier bis zehn Welpen bekommen. Neue Tiere sind aus den Elterntieren hervorgegangen. Man spricht von **Fortpflanzung.** Auch Menschen pflanzen sich fort, indem eine Frau und ein Mann ein Kind zeugen. Es besitzt Merkmale des Vaters und der Mutter. Es gibt aber auch Lebewesen, die sich ungeschlechtlich fortpflanzen, so zum Beispiel das Pantoffeltierchen.

Wachstum und Entwicklung

Das ungeborene Kind entwickelt sich als Embryo bereits im Mutterleib. Nach der Geburt ist das Neugeborene zunächst noch vollständig auf die Hilfe seiner Eltern angewiesen. Im Laufe der Zeit wächst das Kind, verändert sein Aussehen und wird zunehmend selbstständig. Erwachsene werden zwar nicht mehr grösser, aber ihre Haare und Fingernägel **wachsen** noch und Verletzungen heilen. Im Alter wird der Körper schwächer, bleibende Krankheiten können sich einstellen, bis der Mensch stirbt.
Auch jedes Tier wächst als Jungtier heran und macht eine für seine Art typische **Entwicklung** durch.
Bäume können sehr viel älter werden als Menschen, aber auch sie machen jedes Jahr eine Entwicklung durch. Dies sieht man beispiesweise an den Jahrringen, wenn ein Baum gefällt wird.

Die Reiche der Lebewesen

1. ≣ Ⓐ
Früher haben die Wissenschaftler die Pilze den Pflanzen zugeordnet. Stelle Vermutungen darüber auf, welche Merkmale der Pilze sie vielleicht pflanzenähnlich fanden.

Eukaryoten
Die Zellen dieser Lebewesen (Eukaryoten von griechisch eu = echt und karyon = Kern) haben einen „echten", von Membranen umhüllten Zellkern. Ihre Zellen sind deutlich grösser und komplizierter gebaut als die der Prokaryoten. Pilze, Tiere und Pflanzen bilden meist mehrzellige Organismen.

2. ≣ Ⓠ
Im Folgenden sind verschiedene Lebewesen aufgelistet. Ordne sie den Reichen zu und begründe jeweils deine Zuordnung. Recherchiere weitere Informationen, wenn du dir unsicher über die Zuordnung bist.
Lebewesen: Ameise, Muschel, Eiche, Moos, Kartoffel, Schimmelpilz, Seeanemone, Pfifferling, Salmonellen, Amöben, Seeigel, Milchsäurebakterien, Bäckerhefe, Wurmfarn

3. Ⓠ
Erstellt Steckbriefe zu möglichst unterschiedlichen Vertretern aller Reiche der Lebewesen. Gestaltet mit den Steckbriefen zu jedem Reich ein Plakat.

Tiere
Sie ernähren sich von anderen Lebewesen, z. B. fressen sie andere Tiere oder Pflanzen. So bekommen sie ihre Energie zum Leben.
Die meisten Tiere haben Sinnesorgane, reagieren schnell auf Umweltreize und können sich fortbewegen. Die Zellen der Tiere sind von einer Zellmembran begrenzt. Eine Zellwand gibt es nicht, auch keine Chloroplasten.

Pflanzen
Pflanzen beziehen ihre Lebensenergie typischerweise aus dem Sonnenlicht. Zum Aufbau ihrer Nährstoffe durch Fotosynthese benötigen sie den grünen Blattfarbstoff Chlorophyll. Pflanzenzellen sind von einer festen Zellwand umgeben, die Cellulose als Baustoff enthält. In den grünen Zellen liegt das Chlorophyll in den Chloroplasten. Es gibt grosse Vakuolen.

Pilze
Pilze erhalten ihre Energie zum Leben, indem sie organische Stoffe abbauen. Diese beziehen sie aus lebenden Organismen oder sie zersetzen tote Lebewesen, z. B. Bäume.
Die Zellen der Pilze besitzen eine Zellwand. Diese enthält aber keine Cellulose, sondern den Baustoff Chitin. Pilzzellen haben weder Chloroplasten noch grosse Vakuolen.

4. **A**
a) Benenne sechs Reiche der Lebewesen.
b) Nenne drei Reiche, in denen überwiegend einzellige Lebewesen zusammengefasst sind.
c) Nenne die drei Reiche der Lebewesen, in denen überwiegend mehrzellige Lebewesen zusammengefasst sind.
d) Nenne grundsätzliche Unterschiede zwischen Pflanzen und Tieren. Beachte die Ernährung und den Aufbau der Zellen.

Reiche
Um die Vielfalt der Lebewesen überschaubar zu ordnen, teilt man sie oft in sechs Reiche ein: Dabei unterscheiden sich **Bakterien** und **Archaeen** in ihrem Zellaufbau grundlegend von den **Einzellern**, **Pilzen**, **Pflanzen** und **Tieren.**

Prokaryoten
Die Zellen dieser meist einzelligen Lebewesen sind mit etwa einem 1/100 mm sehr klein. Sie sind mit dem Lichtmikroskop gerade noch sichtbar. Die Zellen sind recht einfach gebaut. Ihr Erbgut liegt nicht in einem abgegrenzten Zellkern. Der Name Prokaryoten kommt von griechisch pro = vorher und karyon = Kern. Auch die ersten Lebewesen überhaupt waren Prokaryoten.

Einzeller
Als Einzeller bezeichnet man eukaryotische Lebewesen, die nur aus einer Zelle bestehen.
Tierische Einzeller ernähren sich ähnlich wie Tiere. Pflanzliche Einzeller besitzen Chloroplasten und betreiben Fotosynthese. Viele können sich fortbewegen und rasch auf Reize reagieren.

Archaeen
Diese urtümlichen Prokaryoten haben einige Besonderheiten. Z. B. sind einige zu Stoffwechselleistungen fähig, die es ihnen erlauben, an extremen Standorten wie in heissen Quellen oder in Salzseen zu leben.

Bakterien
Echte Bakterien (A): Dazu gehören die meisten Bakterien, die wir als Krankheitserreger oder Zersetzer z. B. im Boden kennen.
Blaugrüne Bakterien (B): Sie besitzen Chlorophyll und betreiben Fotosynthese. Wir sehen Blaugrüne Bakterien manchmal als „Algenblüten" in Gewässern.

5. **A**
Bakterien und „Einzeller" sind einzellige Lebewesen. Nenne mindestens zwei Merkmale, in denen sich die Zellen dieser Lebewesen grundsätzlich unterscheiden.

Kennzeichen des Lebendigen bei Tieren

1. **A**
Gib das Kennzeichen des Lebendigen an, das in den Beispielen jeweils besonders verdeutlicht wird. Begründe deine Entscheidung.

2. **A**
Bei einigen Abbildungen kannst du mehrere Kennzeichen des Lebendigen erkennen. Benenne die Kennzeichen und erkläre sie an den Beispielen.

Milchkühe
Milchkühe benötigen gewaltige Mengen an Futter und Wasser: Pro Tag fressen sie bis zu 50 kg Grünfutter und trinken 60 bis 70 l Wasser. Entsprechend gross ist ihre Milchleistung. Besonders gezüchtete Kühe liefern bis zu 50 l Milch am Tag.

Schafe
In wenigen Monaten wachsen die Lämmer zu erwachsenen Tieren heran.

Hühner
Ein Hahn hat sich mit einer Henne gepaart. Aus den 10 bis 12 entstehenden Hühnereiern schlüpfen nach drei Wochen die Küken. Schon sechs Monate später haben sich aus den kleinen Küken wieder Legehennen oder Hähne entwickelt. So vermehren sich die Hühner.

Gepard
Der Gepard lebt in den Steppen und Savannen Afrikas. Mit seinen langen Beinen und dem schlanken Körper erreicht er kurzzeitig Geschwindigkeiten von etwa 100 km pro Stunde.

Igel
In der Dämmerung kann man Igel beobachten, die sich bedächtig fortbewegen. Bei Gefahr stellen sie blitzartig ihre Stacheln auf und rollen sich zu einer Stachelkugel zusammen.

Tiere beobachten

Vorbereitung

Zur Beobachtung von Tieren müsst ihr euch gut vorbereiten. Drei Dinge solltet ihr vor der Beobachtung klären:

1. Welche Tiere sollen beobachtet werden und wo finde ich sie?
2. Wann ist die beste Beobachtungszeit (Tages- und Jahreszeit)?
3. Welche Kleidung brauche ich (zum Beispiel feste Schuhe oder Regenkleidung)?
4. Welche Ausrüstung brauche ich?

Ausrüstung

Vögel und Säugetiere sind häufig nur auf grössere Entfernung zu beobachten. Mit einem **Fernglas** kann man sie „näher" heranholen und so ungestört betrachten. Kleinere Tiere lassen sich mit einer Lupe bestens beobachten. Eine **Leselupe** ① erfüllt häufig schon diesen Zweck. Da viele Tiere wie Insekten oder Spinnen versuchen zu entkommen, eignen sich **Becherlupen** ② hierzu besonders gut. Wenn ihr spezielle Einzelheiten wie Insektenaugen oder Spinnenhaare erkennen wollt, benötigt ihr eine **Stereolupe** ③**,** die eine starke Vergrösserung ermöglicht. Dieses Instrument ist sehr empfindlich und schwer zu transportieren. Deshalb sollte es besser im Unterrichtsraum verwendet werden. Geräusche oder Tierstimmen wie den Gesang verschiedener Vögel könnt ihr mit dem **Smartphone** oder **MP3-Aufnahmegerät** aufzeichnen und später auswerten.

Vögel
sicher
bestimmen

Verhalten beim Beobachten

Tiere in der freien Natur sind häufig sehr scheu. Deshalb solltet ihr darauf achten, dass ihr sie nicht verscheucht. Wenn ihr euch ruhig verhaltet und keine hastigen Bewegungen macht, habt ihr gute Chancen, Tiere über einen längeren Zeitraum beobachten zu können.

Beobachtungsbogen
von: Uhrzeit:
Datum:
Wetter:
Tierart:
Lebensraum:

Verhalten/Tätigkeit:

Besondere Beobachtung:

Dokumentation

Kurze, aber exakte Notizen helfen euch, die in der Natur gemachten Beobachtungen zu dokumentieren. Praktisch ist ein **Beobachtungsbogen.**
Bei der Auswertung tragt ihr eure Ergebnisse zusammen und überlegt, wie ihr sie euren Mitschülern mitteilen wollt. Ihr könnt einen **Steckbrief** von Tieren erstellen und Zeichnungen oder Fotos hinzufügen. Ihr könntet auch **Plakate** gestalten, die informativ sind und zugleich das Klassenzimmer verschönern. Zusätzliche Informationen aus Bestimmungsbüchern oder dem Internet können eure Forschungsergebnisse ergänzen.

METHODE

Kennzeichen des Lebendigen bei Pflanzen

Morgen

Mittag

Abend

1. **A**
Die Bilder zeigen Gänseblümchen.
a) Beschreibe die Abbildungen.
b) Erläutere, wovon die Veränderung der Blüten abhängig ist.
c) Nenne weitere Beispiele für die hier gezeigten Kennzeichen des Lebendigen.

2. **A**
Eine Buntnessel wurde unter eine Glasglocke gestellt. Die rechte Abbildung zeigt die Pflanze am folgenden Morgen.
a) Erläutere das Versuchsergebnis.
b) Welches Ergebnis erwartest du, wenn man anstelle der Buntnessel eine künstliche Pflanze aus Stoff verwendet? Stelle eine Vermutung auf und begründe sie.

Pflanzen unterscheiden sich deutlich von Menschen und Tieren. Sie scheinen sich nicht zu bewegen und keine Nahrung zu sich zu nehmen. Sind sie trotzdem Lebewesen? Überprüfen lässt sich diese Frage mithilfe der Kennzeichen des Lebendigen.

Bewegung
Pflanzen können ihren Standort nicht verlassen. Trotzdem bewegen sie sich: Stellt man junge Kressepflanzen ans Fenster, so richten sich die Sprosse mit ihren Blättern zum Licht hin aus. Dreht man die Pflanze anschliessend vom Licht weg, so wiederholt sich die Bewegung. Sie verläuft allerdings sehr langsam.

Reizbarkeit
Pflanzen besitzen zwar keine Sinnesorgane wie Augen oder Ohren, dennoch reagieren auch sie auf ihre Umwelt. So erfolgt die Bewegung der Kresse auf den Lichtreiz hin.

Stoffwechsel
Pflanzen nehmen aus dem Boden Wasser und Mineralstoffe sowie aus der Luft Kohlendioxid auf, die sie für ihr Wachstum benötigen. Über die Blätter geben sie Wasser ab und nehmen Stoffe auf. In den grünen Blättern verarbeiten sie diese bei der Fotosynthese zu Nährstoffen. Pflanzenwurzeln benötigen Luft zum Atmen.

Fortpflanzung
Viele Pflanzen besitzen auffällige Blüten, in denen sich die Geschlechtsorgane befinden. Nach der Befruchtung bilden sich die Samen, aus denen neue Pflanzen entstehen. Daneben gibt es bei Pflanzen auch die ungeschlechtliche Vermehrung, zum Beispiel über Ableger.

Wachstum und Entwicklung
Aus den Samen keimen junge Pflanzen. Sind die Bedingungen günstig, wachsen die Keimlinge heran und entwickeln als ausgewachsene Pflanzen Blüten und später Früchte mit Samen.
Das Wachstum der jungen Pflanzen lässt sich oft gut beobachten. Auch ältere Bäumen wachsen und bilden neue Triebe und Blätter.

Begründe mithilfe der Kennzeichen des Lebens, warum Pflanzen Lebewesen sind.

Die Sprache der Pflanzen

Die Sprache der Pflanzen

Pflanzen können sich mit anderen Lebewesen verständigen. Sie senden optische Signale und Gerüche aus, die eine ganz bestimmte Bedeutung haben. Während der Blütezeit locken Pflanzen durch Farben, Düfte und besondere Blütenformen Insekten an. Ihre Botschaft lautet: In meinen Blüten sind nahrhafte Stoffe wie Pollen oder Nektar zu finden. Als Gegenleistung übertragen die Insekten den Pollen auf andere Blüten und bestäuben diese. Einige Pflanzen und Insekten sind besonders gut aneinander angepasst.

1.
Stelle an Beispielen dar, was man unter der Sprache der Pflanzen versteht.

2.
a) Beschreibe, wie Taubnessel und Lichtnelke bestäubt werden.
b) Beurteile, welche Vor- und Nachteile sich aus diesen engen Beziehungen zwischen einzelnen Arten ergeben können.

PINNWAND

Taubnessel und Hummel
Die Taubnessel hat Blüten mit einem langen röhrenförmigen Kelch. Der Nektar wird am Blütenboden abgesondert. Mit ihren langen Rüsseln können Hummeln den Nektar aufsaugen. Dabei wird ihr Rücken mit Pollen beladen.

Rote Lichtnelke und Schmetterling
Die Blütenröhre der Roten Lichtnelke ist sehr tief und eng. Schmetterlinge sind auf solche Blüten spezialisiert. Mit ihren besonders langen Rüsseln saugen sie Nektar vom Blütenboden und fliegen zur nächsten Blüte. Dabei übertragen sie Pollen.

Kennzeichen des Lebendigen bei Pilzen

Bau der Pilze

Im Wald sieht man den Hut und den Stiel des Pilzes, die den **Fruchtkörper** bilden. Der grösste Teil des Pilzes wächst aber im Boden. Er besteht aus einem Fadengeflecht, dem **Myzel.** Die dünnen, weissen Fäden dieses Geflechts heissen **Hyphen.**

Stoffwechsel

Pilze sind keine Pflanzen. Sie besitzen kein Chlorophyll und können keine Fotosynthese betreiben, um Nährstoffe selbst herzustellen. Aus diesem Grund nehmen Pilze mit ihren Hyphen Wasser und Nährstoffe auf. Beides nutzen sie zur Bildung ihrer Fruchtkörper.

Wachstum

Bei feuchtwarmem Wetter wachsen Pilze innerhalb weniger Tage.

Vermehrung

Pilze vermehren sich geschlechtlich über **Sporen**. Diese befinden sich auf der Hutunterseite. Bei den Röhrenpilzen findet man dort ein Röhrengeflecht, bei den Lamellenpilzen schmale Blätter, die Lamellen. Die **Röhren** oder **Lamellen** enthalten die Sporen. Sind die Sporen reif, fallen sie heraus und werden meist vom Wind verbreitet. Nach der Landung auf dem Waldboden keimen die Sporen dort aus und bilden ein neues Myzel. Myzelien kommen in zwei verschiedenen Typen vor. Verschmelzen unterschiedliche Myzelien miteinander, dann entsteht daraus der Fruchtkörper.

Bewegung

Die Bewegung von Pilzen ist natürlich nicht vergleichbar mit der gezielten Fortbewegung von Tieren. Auch die Fruchtkörper sind starr und nicht wie die Blüten von Pflanzen beweglich. Dennoch bewegen sich auch Pilze, denn die Hyphen, welche das unterirdische Myzel bilden, breiten sich aus, während sie möglicherweise an anderer Stelle verschwinden. Die Fruchtkörper kommen deshalb nicht immer am gleichen Ort zum Vorschein.

Reizbarkeit

Ein guter Pilzsammler kennt seine „Geheimplätze", an denen Pilze zu finden sind. Pilze wachsen also dort, wo das Angebot an chemischen Nährstoffen im Boden besonders günstig für die Lebensweise der Pilze ist. Diese Form der Reizbarkeit bezeichnet man als **Chemotropismus.**

1 Pilze im Wald: **A** Steinpilze (Röhrenpilz), **B** Hutunterseite mit Röhren, **C** Fliegenpilze (Lamellenpilz), **D** Hutunterseite mit Lamellen, **E** Hallimasch

Erläutere den Bau der Pilze mit ihren unter- und oberirdischen Teilen.
Wie vermehren sich Pilze?
Welche unterschiedlichen Lebensweisen findet man bei verschiedenen Pilzarten?

Pilze im Wald

1. ☰ Ⓠ
Der giftige Knollenblätterpilz (A) wird leider häufig mit dem leckeren Speisepilz Waldchampignon (B) verwechselt. Diese Verwechslung kann tödliche Folgen haben.
Stelle in einer Tabelle die Merkmale gegenüber, in denen sich beide Pilze unterscheiden.

1 Waldpilze: **A** Knollenblätterpilz, **B** Waldchampignon

2. ☰ Ⓠ
Erstelle eine Tabelle mit einigen typischen, einheimischen Speisepilzen und Giftpilzen. Nenne deren Merkmale, Unterschiede und Gemeinsamkeiten. Informationen zu den verschiedenen Pilzarten findest du im Internet oder in Pilzbüchern.

4. ☰ Ⓐ
Benenne die Teile eines Hutpilzes.

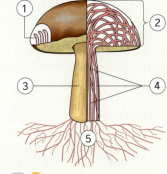

3. ☰ Ⓐ
Maronen und Kiefern bilden eine besondere Art der Lebensgemeinschaft, die Mykorrhiza. Beschreibe diese anhand der Abbildung unten und mithilfe des Textes.

5. ☰ Ⓐ
Schneide von einem grösseren Champignon den Stiel ab. Lege den Hut mit der Unterseite auf ein weisses Blatt Papier. Decke den Pilzhut mit einem Becherglas ab und lasse den Aufbau einen Tag lang so stehen. Nimm den Pilzhut am nächsten Tag vorsichtig hoch und beschreibe deine Beobachtungen.

6. ☰ Ⓠ
Begründe, warum man beim Sammeln von Pilzen die folgenden Hinweise einhalten sollte.

HINWEISE ZUM PILZESAMMELN:
- Pilze dürfen nicht umgestossen oder zertreten werden.
- Nimm nur die Pilze mit, die du sicher kennst.
- Lege die Pilze beim Sammeln in einen Korb, nicht in eine Tasche oder Plastiktüte.
- Lass deine gesammelten Pilze von einem Pilzkenner überprüfen.
- Verarbeite die Pilze möglichst am selben Tag.
- Suche sofort einen Arzt auf, wenn du nach einer Pilzmahlzeit Übelkeit oder Schmerzen verspürst.

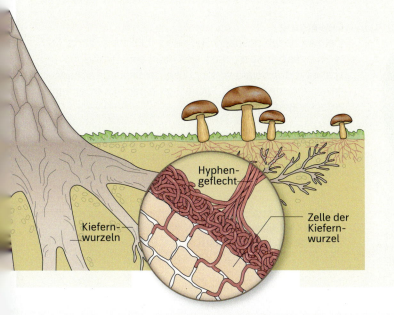

Hyphengeflecht

Kiefernwurzeln

Zelle der Kiefernwurzel

Kennzeichen des Lebendigen bei Archaeen

1. ☰ 🅐
Wie weit würden wir in einer Sekunde kommen, wenn wir uns im Verhältnis gleich schnell bewegen könnten wie die Archaeen? Welcher Geschwindigkeit in km/h entspricht das?

2. ☰ 🅠
Archaeen findet man auch in der Umgebung von „Schwarzen Rauchern". Recherchiere, was man darunter versteht und was „Schwarze Raucher" auszeichnet.

Farbige Archaeenwelt

Die Thermalquelle „Grand Prismatic Spring" im amerikanischen Yellowstone Nationalpark ist berühmt für die leuchtenden Farben und daher auch ein beliebtes Fotomotiv. Die rötlichen und gelben Farben entstehen, weil sich am Rand der Quelle Archaeen (und auch Bakterien) ansiedeln. Inzwischen konnten Archaeen sogar im menschlichen Körper nachgewiesen werden.

Stoffwechsel

Archaeen besiedeln vielfach solche „extremen" Lebensräume. Dies hat mit ihrem Stoffwechsel zu tun: Viele Archaeen können in Umgebungen mit sehr hohen Temperaturen oder einem sehr hohen Salzgehalt leben. Viele Archaeen können wie die Pflanzen aus anorganischen Stoffen Nährstoffe produzieren und sind so nicht auf andere Lebewesen als Nahrungsquelle angewiesen.

1 Grand Prismatic Spring heisst die grösste Thermalquelle der USA und die drittgrösste der Erde. Sie befindet sich im westlichen Yellowstone-Nationalpark im US-Bundesstaat Wyoming.

Reizbarkeit

In der Mitte der Quelle kommen aufgrund der Temperaturen keine Mikroorganismen mehr vor, deshalb ist die blaue Farbe in der Mitte besonders intensiv. Archaeen leben also innerhalb der Quelle dort, wo die Umgebung für ihre Lebensweise am „günstigsten" ist. Sie reagieren also wie alle Lebewesen auf ihre Umwelt.

Bewegung

Viele Archaeen besitzen Geisseln zur Fortbewegung. Man hat herausgefunden, dass sich Archaeen damit sehr schnell fortbewegen können: In einer Sekunde können gewisse Arten das 500-Fache ihrer eigenen Körperlänge zurücklegen.

Fortpflanzung

Wie die Bakterien pflanzen sich auch die Archaeen ungeschlechtlich fort.

2 Haloarchaeen lieben extrem salzhaltige Umgebungen. Sie kommen zum Beispiel in natürlichen Salzseen oder in Salinen zur Gewinnung von Meeressalz vor.

In welchen Lebensräumen findet man Archaeen? Wie bewegen sich Archaeen fort?

Kennzeichen des Lebendigen bei Bakterien

1.

In Joghurt und anderen Sauermilchprodukten sind Milchsäurebakterien (Lactobazillen und Streptokokken) enthalten.

a) Gib einen Tropfen des wässrigen Überstandes von stichfestem Joghurt auf einen Objektträger und lege ein Deckgläschen darauf. Betrachte das Präparat unter dem Mikroskop bei mindestens 400-facher Vergrösserung.

b) Welche Bakterienformen erkennst du? Lactobazillen sind stäbchenförmig, Streptokokken sind rund und hängen meist kettenartig zusammen. Fertige eine Zeichnung an.

2.

a) Die Abbildungen zeigen eine elektronenmikroskopische Aufnahme von Salmonellenbakterien und das Schema einer Bakterienzelle. Beschreibe, was auf dem Mikroskopbild vom Aufbau eines Bakteriums zu erkennen ist und was nicht.

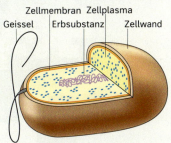

Zellmembran Zellplasma
Geissel Erbsubstanz Zellwand

b) Erstelle eine Tabelle, in der du den einzelnen Bauteilen eines Bakteriums ihre Funktion zuordnest.

Nicht nur schädlich

Bakterien sind nicht nur Krankheitserreger, und längst nicht alle Bakterien, die in unserem Körper vorkommen, sind schädlich für uns. Im Gegenteil: Die Bakterien, die unseren Verdauungstrakt besiedeln, sind für unsere Gesundheit sogar wichtig. Auch im Boden leben unzählige Bakterienarten, die für den Abbau von abgestorbenen Pflanzen zuständig sind und damit die Natur im Gleichgewicht halten. Obwohl Bakterien nur aus einer einzigen Zelle bestehen, zeigen sie alle Merkmale des Lebendigen.

Stoffwechsel

Bakterien verfügen über ganz unterschiedliche Möglichkeiten, Energie zu gewinnen. Es gibt Bakterien, die genau wie Mensch oder Tier Sauerstoff benötigen. Viele Bakterien, so beispielsweise das Bakterium *Yersinia Pestis*, der Auslöser der Pest, können hingegen auch ohne Sauerstoff Energie gewinnen und weiterleben. Diese Bakterien erzeugen die Energie dann mithilfe eines Gärungsprozesses. Es gibt auch Bakterien – beispielsweise die Cyanobakterien, die in Gewässern vorkommen –, die genau wie Pflanzen Chlorophyll besitzen und mithilfe der Fotosynthese Energie gewinnen.

Bewegung

Viele Bakterien besitzen zur Fortbewegung sogenannte Flagellen. Diese drehen sich ähnlich wie ein Propeller und erzeugen einen Strom in der Flüssigkeit, in der sich das Bakterium befindet.

Reizbarkeit

Da Bakterien, die ihre Energie mithilfe von Fotosynthese gewinnen, auf Licht angewiesen sind, reagieren sie auch auf Lichtreize und ändern je nach Intensität des Lichts ihre Bewegungsrichtung.

Fortpflanzung/Wachstum und Entwicklung

Bakterienzellen entwickeln sich, indem sie sich sozusagen auf die Zellteilung vorbereiten und sich schliesslich teilen. Im Unterschied zu Menschen oder den meisten Pflanzen vermehren sich Bakterien ungeschlechtlich durch Zellteilung. Die Zellteilung wird unter anderem durch hohe Temperaturen begünstigt. deshalb ist es wichtig, dass man verderbliche Lebensmittel immer gut kühlt.

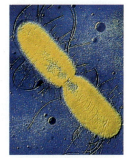

1 Darmbakterien bei der Zellteilung

Auf welche Reize reagieren Bakterien?
Wie pflanzen sich Bakterien fort?

METHODE

Arbeiten mit dem Mikroskop

Durch das **Okular** blickst du in das Mikroskop. Es enthält Linsen, die wie eine Lupe das Bild vergrössern, zum Beispiel 10-mal.

Durch Drehen am **Objektivrevolver** schaltest du Objektive mit verschiedenen Vergrösserungen ein.

Am **Stativ** kannst du das Mikroskop sicher tragen.

Jedes **Objektiv** enthält Linsen, die das Bild vergrössern. Das längste Objektiv vergrössert am stärksten, zum Beispiel 40-mal.

Mit dem **Grobtrieb** und dem **Feintrieb** stellst du das Bild scharf. Die Triebräder verändern den Abstand zwischen dem Objekttisch und dem Objektiv.

Auf den **Objekttisch** legst du den Objektträger mit dem Objekt.

Mit der **Blende** regelst du den Kontrast und die Helligkeit des Bildes.

Der **Fuss** sorgt für einen sicheren Stand.

Zur **Beleuchtung** dient eine Lampe oder ein drehbarer Spiegel.

1 Lichtmikroskop

Sicherer Umgang

Ein Mikroskop ist ein wertvolles Gerät, mit dem du sorgfältig umgehen musst. Mache dich darum mit ihm vertraut, bevor du anfängst zu mikroskopieren.
Beachte diese Sicherheitshinweise:

2 Sicherer Transport

- Trage das Mikroskop aufrecht und sicher mit einer Hand am Stativ und der anderen Hand am Fuss des Mikroskops.

- Fasse nie an die Linsen des Okulars oder der Objektive. Für die Reinigung ist nur die Lehrkraft zuständig.

- Das Objektiv darf nie auf das Objekt stossen. Vor allem bei der grössten Vergrösserung musst du aufpassen.

DIE VERGRÖSSERUNG

Auf dem Objektiv kann man ablesen, wie viel mal das Objektiv das Bild des Objekts vergrössert, zum Beispiel x 40. Dieses Bild wird dann durch das Okular noch einmal vergrössert. Wenn man auf dem Okular x 10 abliest, so wird das Bild noch zehnfach vergrössert.
Die Gesamtvergrösserung des Mikroskops erhältst du durch Multiplizieren der beiden Vergrösserungen von Objektiv und Okular. In unserem Beispiel:

40 x 10 = 400

Bei dieser Einstellung vergrössert das Mikroskop also 400-fach.
Gute Lichtmikroskope vergrössern bis zu etwa 1000-fach.

Erste Untersuchungen

Mikroskopiere zuerst ein **Trockenpräparat,** das du einfach auf den Objektträger legst. Untersuche zum Beispiel ein Haar mit Haarwurzel, eine Feder, eine Fischschuppe oder einen Insektenflügel. Auch Salzkristalle, Sandkörner oder ein abgezupfter Fetzen Papier sind interessante Objekte.

> **TIPP**
> Wenn du die Objekte von der Seite mit einer kleinen Taschenlampe beleuchtest, siehst du sie besonders deutlich.

Für **Nasspräparate** zum Beispiel von Pflanzenteilen setzt du mit dem Finger oder einer Pipette einen Tropfen Wasser in die Mitte des Objektträgers, gibst das Objekt hinein und deckst es mit einem Deckgläschen ab.

3 Anfertigung eines Trockenpräparates: **A** Trockenpräparat, **B** auf dem Objekttisch, **C** Kochsalzkristalle

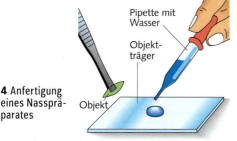
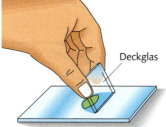
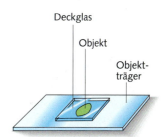

Pipette mit Wasser

Objektträger

Deckglas

Deckglas
Objekt
Objektträger

4 Anfertigung eines Nasspräparates

Objekt

METHODE

REGELN ZUM RICHTIGEN MIKROSKOPIEREN

1. Schalte die Beleuchtung ein.
2. Stelle mit dem Objektivrevolver die kleinste Vergrösserung ein, also das kürzeste Objektiv.
3. Lege den Objektträger so auf den Objekttisch, dass das Präparat direkt über der beleuchteten Öffnung liegt.
4. Schaue durch das Okular und drehe am Grobtrieb, bis du ein scharfes Bild siehst. Mit dem Feintrieb kannst du nachregulieren.
5. Regle mit der Blende die Helligkeit und den Bildkontrast.
6. Suche durch Verschieben des Objektträgers auf dem Objekttisch einen geeigneten Bildausschnitt.
7. Erst wenn das Bild scharf ist, darfst du mit dem Objektivrevolver die nächste Vergrösserung einstellen. Dann musst du die Bildschärfe nur noch mit dem Feintrieb nachregulieren.

Eine mikroskopische Zeichnung anfertigen

Ein Objekt zeichnen

Wenn du ein gutes Präparat unter dem Mikroskop hast, lohnt es sich, eine Zeichnung anzufertigen, die das zeigt, was du gesehen hast.

Zeichne das Objekt möglichst genau. Achte zum Beispiel bei Zellen auf ihre Form und auf die Lage der Zellbestandteile.

Bei deiner Zeichnung kannst du zudem manches deutlicher hervorheben, als es vielleicht zu sehen ist: Zum Beispiel grenzt du die Vakuole durch eine durchgehende Linie ab, auch wenn dies nicht überall scharf im Bild zu sehen ist.

1 Zwiebelhautzellen unter dem Lichtmikroskop

Lege deine Zeichnung **möglichst gross** an, mindestens auf einer halben Seite.

Notiere den Namen des **Objektes,** das **Datum** und deinen eigenen **Namen.** Halte bei mikroskopischen Zeichnungen die eingestellte Vergrösserung und die Art der Vorbereitung des Objekts fest.

Zeichne mit **Bleistift** auf **weissem Papier.** Verwende zum farbigen Markieren Farbstifte.

Zeichne deutlich mit **durchgehenden Linien,** strichele nicht.

Beschrifte die gezeichneten Bestandteile des Objektes mit den entsprechenden **Fachbegriffen.**

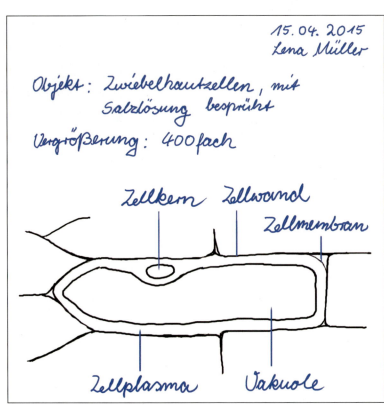

15.04.2015
Lena Müller

Objekt: Zwiebelhautzellen, mit Salzlösung besprüht

Vergrößerung: 400fach

Zellkern   Zellwand   Zellmembran

Zellplasma   Vakuole

1. 🅰
Überprüfe, welche der Zeichenregeln auch dann gelten, wenn du von einem anderen biologischen Objekt wie einer Pflanze, einer Blüte oder einem Insektenflügel eine nichtmikroskopische Zeichnung anfertigen möchtest.

2. 🆀
a) Fertige von demselben mikroskopischen Objekt ein Mikrofoto und eine Zeichnung an.
b) Welche Vorteile hat das Foto, welche die Zeichnung?

Präparieren und Färben

Vorbereitung eines Objektes

Hier siehst du, wie du ein Objekt zum Mikroskopieren vorbereitest, also wie ein mikroskopisches **Präparat** hergestellt wird.

Bei manchen sehr durchscheinenden Objekten treten die Strukturen im mikroskopischen Bild erst nach dem Färben deutlich hervor.

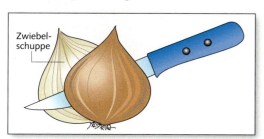

Zwiebelschuppe

Präparation von Zwiebelhautzellen

❶ Schneide eine Zwiebel zweimal längs durch, sodass du vier Teile erhältst. Entnimm eine Zwiebelschuppe.

Rasierklinge mit Textilklebeband

❷ Schneide an der Innenseite mit der Rasierklinge ein Raster in das Gewebe ein. Die kleinen Vierecke, die dabei entstehen, sollten eine Kantenlänge von etwa 4 mm besitzen.

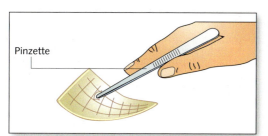

Pinzette

❸ Entnimm aus diesem Viereck mit der Pinzette das oberste feine Häutchen und lege es ohne Falten auf den Objektträger in einen Wassertropfen. Decke das Präparat mit einem Deckgläschen ab. Tupfe überschüssiges Wasser mit einem Stück Filterpapier ab.

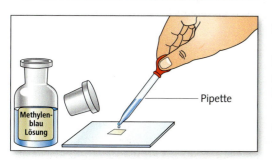

Pipette

Methylen-blau Lösung

Färben des Präparates

Ein häufig benutzter Farbstoff ist Methylenblau. Er färbt besonders die Zellkerne und auch das Zellplasma hellblau. Der Farbstoff kann mittels Pipette vorsichtig auf das Präparat getropft werden, bevor es mit dem Deckgläschen luftblasenfrei abgedeckt wird.

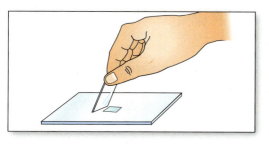

Alternativ kannst du das Präparat auch direkt in einen Tropfen Farblösung legen und anschliessend mit dem Deckgläschen abdecken.

ACHTUNG
Schutzbrille tragen!

METHODE

Einzeller – mit allen Kennzeichen von Lebewesen

1. ⓥ

a) In einem Wassertropfen kannst du unter dem Mikroskop verschiedenste Kleinstlebewesen entdecken. An folgenden Stellen lässt sich mit Aussicht auf Erfolg Material entnehmen:

- Gartenteich: Abgeschabtes von Pflanzenstängeln, Steinen oder vermodernden Blättern
- Aquarium: Bodensatz
- Blumenvase: Tropfen aus älterem Wasser
- Heuaufguss: Wenig Heu in einem grossen Glas mit Teichwasser auffüllen und ein bis zwei Wochen stehen lassen, dann einen Tropfen aus der Kahmhaut mikroskopieren.

Gib die Probe direkt auf einen Objektträger, decke den Tropfen mit einem Deckgläschen ab. Mikroskopiere die empfindlichen Lebewesen sofort.

b) Vergleiche die Lebewesen unter folgenden Gesichtspunkten:

- Farbe: Welche Rückschlüsse kannst du auf die Ernährungsweise ziehen?
- Beweglichkeit: Beschreibe Bewegungsweisen.
- Grösse: Schätze die Zellgrösse mithilfe von Millimeterfolie oder durch Grössenvergleiche.
- Form, Zahl und Anordnung der Zellen: Zeichne typische Formen.
- Verhalten: Beschreibe Reaktionen auf Reize wie beim Anstossen an Hindernisse.

c) Bestimme einige der Lebewesen. Benutze dazu die Pinnwand „Leben im Wassertropfen" oder ein Bestimmungsbuch.

1 Heuaufguss

A
B
C
D
E
F

2. ☰ Ⓐ

Das Mikrofoto links zeigt Kleinstlebewesen in einem Teich. Bestimme mithilfe der Pinnwand „Leben im Wassertropfen" die mit Buchstaben gekennzeichneten Lebewesen.

3. ⓥ

Fotografiere einige der mikroskopierten Lebewesen zum Beispiel mithilfe einer auf das Mikroskop aufgesetzten Digitalkamera. Du kannst auch kurze Filmsequenzen aufnehmen und deiner Klasse vorführen.

4. ☰ Ⓐ

Notiere die für Lebewesen typischen Kennzeichen. Erläutere Beispiele, welche davon sich bei Einzellern unter dem Mikroskop direkt beobachten lassen.

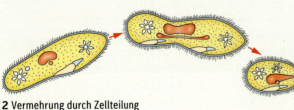
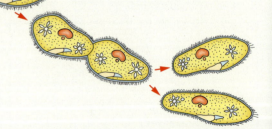

2 Vermehrung durch Zellteilung

5. ☰ Ⓐ

a) Beschreibe den hier skizzierten Vorgang möglichst genau.

b) Nenne die Kennzeichen von Lebewesen, die hier am Beispiel eines Pantoffeltierchens dargestellt sind.

Vielfältiges Leben im Wassertropfen

Je nachdem, wo und zu welcher Jahreszeit du eine Wasserprobe entnimmst und mikroskopierst, triffst du auf ganz unterschiedliche Kleinstlebewesen.

In einem sommerlichen Teich finden sich zwischen den Wasserpflanzen oder auch frei im Wasser schwebend viele **Algen.** Du erkennst sie an der oft grünen Farbe. Der grüne Farbstoff Chlorophyll weist darauf hin, dass diese Lebewesen **Fotosynthese** betreiben.

Aber nicht alles, was grün ist, ist eine Pflanze. So findet man zum Beispiel kleine, blaugrüne Kügelchen oder Fäden. Das sind oft **Blaugrüne Bakterien.** Sie betreiben ebenfalls Fotosynthese.

Viele **Tiere** fallen durch ihre Bewegungen auf. Rädertiere und Fadenwürmer beispielsweise gehören mit 0,1 mm bis 1 mm Länge noch zu den „Grossen" unter dem Mikroskop. Zahlreich sind aber auch die **tierischen Einzeller** wie die verschiedensten Wimpertierchen, die mithilfe ihrer sichtbar schlagenden Wimpern meist schnell umherschwimmen.

Bakterien sind ebenfalls einzellige Lebewesen, aber sie sind sehr viel kleiner und einfacher gebaut als die tierischen Einzeller. Sie sind im Schulmikroskop gerade noch als kleine, manchmal sich bewegende Punkte, Stäbchen oder Spiralen zu erkennen.

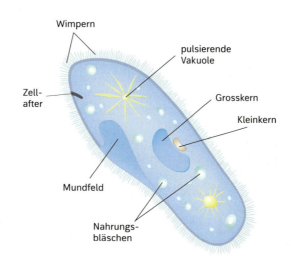

3 Pantoffeltierchen: Schema

Bewegung und Reaktion auf Reize

Eines der grössten Wimpertierchen ist mit bis zu 0,3 mm Länge das **Pantoffeltierchen,** dessen Gestalt an einen Pantoffel erinnert. Diese **Einzeller** finden sich häufig in fauligem Wasser wie in der Kahmhaut von Heuaufgüssen. Pantoffeltierchen können sich ebenso schnell vorwärts wie rückwärts **bewegen.** Angetrieben werden sie durch ihre Wimpern – dünne Plasmafäden, die die ganze Zelloberfläche bedecken und aufeinander abgestimmt rhythmisch schlagen. Stösst das Pantoffeltier auf ein Hindernis, ändert es die Schlagrichtung der Wimpern und schwimmt rückwärts. Pantoffeltierchen haben keine Sinnesorgane, **reagieren** aber auf mechanische und chemische **Reize** sowie auf Temperaturreize.

Stoffwechsel

Pantoffeltierchen **ernähren** sich von Bakterien und kleinen Einzellern, die sie in das dicht mit Wimpern besetzte Mundfeld strudeln. Am Zellschlund werden die Nahrungsteilchen in Bläschen eingeschlossen und ins Zellinnere aufgenommen. Die Nahrungsbläschen wandern durch den Körper und die Nahrung wird dabei verdaut. Unverdaute Reste werden am Zellafter wieder **ausgeschieden.** Eindringendes Wasser wird mithilfe pulsierender Vakuolen aus der Zelle gepumpt.

Fortpflanzung, Wachstum und Entwicklung

Pantoffeltierchen **vermehren** sich überwiegend ungeschlechtlich durch Zellteilung. Zuerst teilen sich die beiden Zellkerne, danach schnürt sich das Zellplasma quer durch. Die beiden Tochtertiere **wachsen** wieder heran.

Woran erkennst du bei Einzellern wie dem Pantoffeltierchen die Kennzeichen von Lebewesen?

Die Zelle – Grundbaustein aller Lebewesen

1. ≣ Ⓥ
Mikroskopiere Blättchen der Wasserpest. Diese Wasserpflanze bekommst du in Aquariengeschäften oder du findest sie in Teichen.
Zupfe mit der Pinzette ein Blättchen ab und lege es in einen Tropfen Wasser auf den Objektträger. Decke das Blättchen mit einem Deckgläschen ab.
Mikroskopiere und zeichne die Zellen der Wasserpest. Beachte dabei die Methodenseiten zum richtigen Arbeiten mit dem Mikroskop und zum Anfertigen einer mikroskopischen Zeichnung.

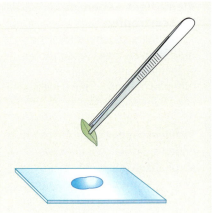

2. ≣ Ⓥ
a) Untersuche Zellen aus deinem eigenen Mund unter dem Mikroskop. Schabe dazu mit einem abgeschnittenen Trinkhalm am Inneren deiner Wange entlang und streiche das Abgeschabte auf die Mitte eines Objektträgers. Gib darauf einen Tropfen des Farbstoffs Methylenblau und decke mit einem Deckgläschen ab.
b) Mikroskopiere und zeichne die Zellen der Mundschleimhaut. Beachte dabei die Methodenseiten zum Arbeiten mit dem Mikroskop, Präparieren, Färben und Anfertigen einer mikroskopischen Zeichnung.

3. ≣ Ⓥ
Erforsche die Zellgrösse. Kopiere dazu Millimeterpapier auf eine durchsichtige Folie. Schneide ein Folienstück wie nebenstehend aus und lege es auf den Objektträger.
Fertige darauf wie gewohnt das Zellpräparat an, zum Beispiel von der Wasserpest, von der Zwiebelhaut oder der Mundschleimhaut.
Mikroskopiere und schätze ab, den wievielten Teil eines Millimeters eine Zelle etwa lang ist.

4. ≣ Ⓐ
Erstelle eine Tabelle mit den Bestandteilen einer typischen Pflanzenzelle und den Funktionen, die die verschiedenen Teile für die Zelle erfüllen.

5. ≣ Ⓐ
Vergleiche pflanzliche und tierische Zellen. Nenne Gemeinsamkeiten und Unterschiede.

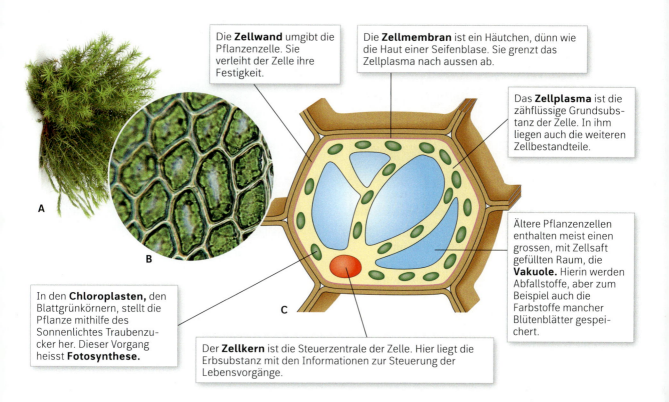

Die **Zellwand** umgibt die Pflanzenzelle. Sie verleiht der Zelle ihre Festigkeit.

Die **Zellmembran** ist ein Häutchen, dünn wie die Haut einer Seifenblase. Sie grenzt das Zellplasma nach aussen ab.

Das **Zellplasma** ist die zähflüssige Grundsubstanz der Zelle. In ihm liegen auch die weiteren Zellbestandteile.

Ältere Pflanzenzellen enthalten meist einen grossen, mit Zellsaft gefüllten Raum, die **Vakuole.** Hierin werden Abfallstoffe, aber zum Beispiel auch die Farbstoffe mancher Blütenblätter gespeichert.

In den **Chloroplasten,** den Blattgrünkörnern, stellt die Pflanze mithilfe des Sonnenlichtes Traubenzucker her. Dieser Vorgang heisst **Fotosynthese.**

Der **Zellkern** ist die Steuerzentrale der Zelle. Hier liegt die Erbsubstanz mit den Informationen zur Steuerung der Lebensvorgänge.

1 Bau einer Pflanzenzelle: **A** Moospflanze mit Blättchen, **B** Moosblattzellen (100-fach vergrössert), **C** Schema

Pflanzenzellen

Untersuchst du Pflanzen und Tiere genauer und bringst ihre Organe oder dünne Schnitte davon unter das Mikroskop, so stellst du fest, dass alle Pflanzen, Tiere und auch Menschen aus **Zellen** bestehen. Häufig liegen gleichartige Zellen dicht nebeneinander und bilden ein **Gewebe.**

Im Blatt der Wasserpest oder in der Zwiebelhaut erkennst du die Zellen als mauerartiges Muster bereits mit der schwächsten Vergrösserung. Bei stärkerer Vergrösserung werden der typische Aufbau und einige Bestandteile der Pflanzenzellen erkennbar.

Bestandteile der Pflanzenzellen

Zellkern, Chloroplasten und Vakuolen sind solche Zellbestandteile. Sie erfüllen, ähnlich wie die Organe eines Menschen, bestimmte Funktionen im Leben der Zelle. Man nennt sie daher **Zellorganellen.**

Zellen von Tieren

Tierische Zellen haben keine Zellwand, die ihnen eine feste Form gibt. Auch grosse Vakuolen und Chloroplasten fehlen. Ansonsten verfügen sie über die gleichen Bestandteile mit denselben Funktionen wie bei den Pflanzenzellen.

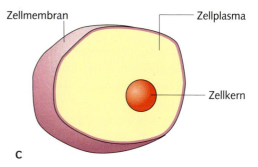

Zellmembran

Zellplasma

Zellkern

2 Bau einer Tierzelle: **A** Leber (Auschnitt), **B** Leberzellen (100-fach vergrössert), **C** Schema

Zellen in unterschiedlichsten Formen

Eizellen

Die Eizelle ist die grösste Zelle im menschlichen Körper. Sie ist etwa ein Zehntel Millimeter gross, man könnte sie also nicht mit blossem Auge erkennen.

Die Eizelle wird im Eierstock der Frau gebildet. Aus ihr entwickelt sich nach der Befruchtung durch ein Spermium ein Embryo.

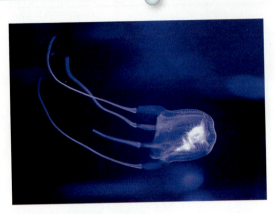

Nesselzellen

Nesseltiere wie die Würfelqualle (Bild) haben spezielle Nesselzellen. Diese enthalten eine Nesselkapsel mit einem Schlauch. Sobald ein Rezeptor auf der Oberfläche der Zelle gereizt wird, schleudert die Nesselzelle diesen Schlauch aus und injiziert ein Gift in die Beute. Würfelquallen gehören zu den am meisten gefürchteten Quallenarten.

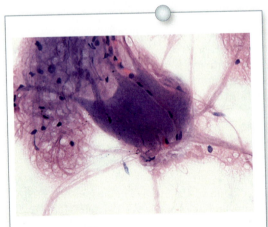

Nervenzellen

Nervenzellen, wie sie beispielsweise im menschlichen Gehirn vorkommen, haben einen kompakten Zellkörper, in dem sich auch der Zellkern befindet. Um sich mit anderen Nervenzellen vernetzen zu können, bilden sie aber ganz viele Ausläufer (sogenannte Dendriten).

Weisse Blutkörperchen

Die weissen Blutkörperchen spielen eine wichtige Rolle im Immunsystem des Menschen. Um Krankheitserreger zu erkennen, tragen sie auf ihrer Zelloberflläche verschiedene Proteine. Damit sie an den Ort des Infektes gelangen können, sind weisse Blutkörperchen in der Lage, ihre Form zu verändern.

Geschichte der Mikroskopie

Von der Antike bis LEEUWENHOEK

Bereits in der Antike benutzten Griechen und Römer Lupen, um Objekte zu vergrössern. Doch erst im 17. Jahrhundert tauchten die ersten Mikroskope auf, und zwar in Holland – wo auch die ersten Fernrohre entwickelt wurden. Es gibt zwar nicht den einen Erfinder des Mikroskops, doch der Pionier auf diesem Gebiet ist ohne Zweifel ANTONI VAN LEEUWENHOEK (1632–1723). Seine Mikroskope erreichten Vergrösserungen bis zum 270-Fachen, was die Leistung der ersten mehrlinsigen Mikroskope bei weitem übertraf. LEEUWENHOEK baute und perfektionierte aber nicht nur Mikroskope, sondern schrieb seine Beobachtungen auch ganz genau auf und fertigte Zeichnungen seiner Objekte an: Samen, Früchte, Blüten, Tieraugen und vieles andere. Nachdem er den Zahnbelag eines Jungen untersucht hatte, verblüffte er die Öffentlichkeit mit der Feststellung, dass es in seinem Mund mehr Lebewesen gebe als Bewohner der Niederlande.

1 Antoni van Leeuwenhoek (1632–1723)

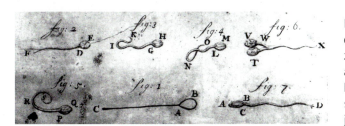

2 Leeuwenhoek beobachtete und zeichnete menschliche Spermien.

LEEUWENHOEKS spektakulärste Tat war jedoch die Entdeckung der menschlichen Spermatozoen und der geschlechtlichen Fortpflanzung aller Lebewesen. Er beobachtete Flöhe vom befruchteten Ei bis zum fertigen Floh und scheute nicht davor zurück, seine Studienobjekte mit seinem eigenen Blut zu nähren.

LEEUWENHOEKS Mikroskope blieben für gut 200 Jahre qualitativ führend, erst CARL ZEISS konnte die Mikroskopie weiter voranbringen. In seinen Werkstätten produzierte er Geräte, wie es sie in unserer Zeit auch noch gibt.

Atome betrachten

In den 1930er-Jahren wurden **Elektronenmikroskope** entwickelt. Es funktioniert ähnlich wie ein Lichtmikroskop, verwendet aber einen Elektronstrahl statt eines Lichtstrahls und elektromagnetische Linsen statt optischen Linsen. Dadurch wird die Auflösung deutlich höher – erst mit dem Elektronenmikroskop entdeckte man die Feinheiten der Zelle.

3 Zeiss-Mikroskop aus dem späten 19. Jahrhundert

4 Bild eines Blutgerinnsels mit dem Rasterelektronenmikroskop

Seit den 1980er-Jahren kann man mithilfe des **Rasterelektronenmikroskops** sogar Atome beobachten. Mithilfe des Rastertunnelelektronenmikroskops und ähnlicher Mikroskope ist es möglich, in der Grössenordnung von einem Millionstel Millimeter Dinge zu betrachten, zu bearbeiten oder herzustellen.

STREIFZUG

Kennzeichen des Lebendigen

Kennzeichen des Lebendigen

Lebewesen haben besondere Kennzeichen: **Stoffwechsel, Bewegung, Reaktion auf Reize, Fortpflanzung** sowie **Wachstum** und **Entwicklung.**
Jeder Organismus erfüllt alle diese **Funktionen,** indem viele Organe oder andere Bestandteile als **System** zusammenwirken.

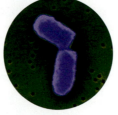

Die biologischen Arten, deren Zahl man heute auf über 10 Millionen schätzt, werden sechs **Reichen** zugeordnet: Archaeen, Bakterien, Einzeller, Tiere, Pilze und Pflanzen.

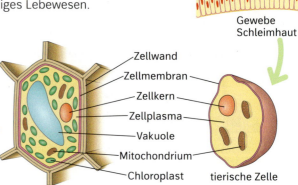

Organismus Vogel

Organ Speiseröhre

Gewebe Schleimhaut

Lebewesen bestehen aus Zellen

Lebewesen bestehen aus Zellen. Die Zellen bilden unterschiedliche Gewebe. Sie übernehmen in verschiedenen Organen bestimmte Funktionen. Alle Organe zusammen bilden einen Organismus, ein eigenständiges Lebewesen.

Blattgewebe

Organ Blatt

Organismus Moor

Zellwand
Zellmembran
Zellkern
Zellplasma
Vakuole
Mitochondrium
Chloroplast

pflanzliche Zelle

tierische Zelle

1. ☰ Ⓐ
a) Gib an, ob es sich bei den unten abgebildeten Objekten um Lebewesen handelt.
b) Prüfe in jedem Fall, ob die Kennzeichen des Lebendigen zutreffen oder nicht. Begründe jeweils deine Entscheidung.

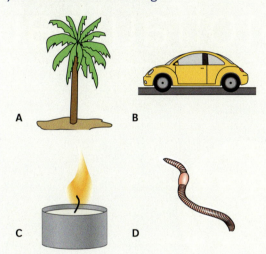

2. ☰ Ⓐ
Einzeller zeigen alle Merkmale von Lebewesen. Zeige am Beispiel des Pantoffeltierchens, dass diese Aussage stimmt.

3. ☰ Ⓐ
Nenne die Reiche der Lebewesen und gib zu jedem Reich ein Beispiel an.

4. ☰ Ⓐ
a) Ordne die abgebildeten Lebewesen ihren Reichen zu. Begründe deine Zuordnungen.
b) Vergleiche die Lebewesen A bis C aufgrund ihrer Ernährungsweisen.

5. ☰ Ⓐ
Stelle die Bauteile des Mikroskops und ihre Funktion in einer Tabelle zusammen.

Nr.	Bauteil	Funktion
1		

6. ☰ Ⓐ
a) Nenne wichtige Regeln, die du beim Mikroskopieren beachten musst.
b) Gib die Reihenfolge an, in der die Objektive benutzt werden müssen.

7. ☰ Ⓐ
a) Beschreibe, wie du ein Nasspräparat von einem Pflanzengewebe herstellst.
b) Nenne die Regeln, die du bei der Anfertigung einer mikroskopischen Zeichnung beachten musst

8. ☰ Ⓥ
Mikroskopiere Einzeller. Stelle Beobachtungsergebnisse und Zusatzinformationen vor.

9. ☰ Ⓐ
a) Benenne die dargestellten Teile der Pflanzenzelle.
b) Gib zu jedem Bestandteil eine Funktion an.

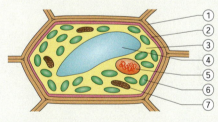

10. ☰ Ⓐ
a) Benenne die abgebildeten Zellorganellen.
b) Gib zu jedem Organell dessen Funktion in der Zelle an.

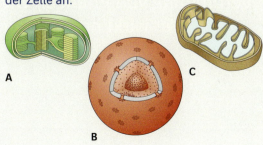

Pflanzen – Licht ermöglicht Stoffaufbau

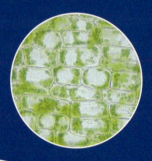

Warum sind Pflanzen
überwiegend grün?

Ohne Pflanzen
kann keiner leben.
Warum eigentlich
nicht?

Nicht nur Bienen sind für die
Verbreitung von Pflanzen wichtig.
Wer wirkt noch daran mit?

Pflanzen bilden die Grundlage

1. Ⓐ
Stelle mithilfe der Abbildung dar, warum Pflanzen die Grundlage für das Leben bilden.

2. Ⓐ
Pflanzen gibt es in allen Regionen der Erde.
a) Vergleiche Pflanzen des tropischen Regenwalds mit Pflanzen trockener Gebiete.
b) Begründe, warum im tropischen Regenwald die Artenvielfalt in den Baumkronen besonders hoch ist.

3. Ⓠ
Beschreibe an Beispielen Angepasstheiten von Pflanzen, die in trockenen Wüsten und in tropischen Regenwäldern wachsen.

Nahrung, Energie und Sauerstoff für alle Lebewesen

Grundlage allen Lebens auf der Erde

Pflanzen und pflanzliches Plankton

Bedeutung für die Menschheit

Landwirtschaft und Gartenbau
Nutztierhaltung, Nutzpflanzenanbau

industrielle Produktion
Arzneimittel, Rohstoffe, z. B. für Textilien

Forstwirtschaft
Holz, Papier, Zellulose

Fischereiwirtschaft
Fische, Muscheln, Krebse, Algen

Energiewirtschaft
Holz, Kohle, Erdöl, Erdgas, Torf, Biokraftstoff

Bedeutung der Pflanzen

Überall auf der Welt leben Pflanzen. Es gibt sie von mikroskopisch kleinen Algen bis hin zu Baumriesen. Sie alle können aus Wasser und Kohlenstoffdioxid mithilfe des Sonnenlichts Sauerstoff und Nährstoffe produzieren. Diesen Vorgang bezeichnet man als **Fotosynthese.** Mithilfe der Nährstoffe bilden Pflanzen, das Material, aus dem beispielsweise Blätter, Holz und Früchte bestehen. Biomasse ist die Nahrungsgrundlage für alle Tiere und die Menschen.

Tropischer Regenwald

Das Klima in den Tropen ermöglicht ein üppiges Pflanzenwachstum. Auf einem Quadratkilometer kommen rund 100 verschiedene Baumarten vor, in unseren Wäldern sind es nur zehn bis zwölf Arten. Auf den Ästen der Bäume gibt es viel Licht. Dort wachsen weitere Pflanzen wie Lianen, Farne, Moose und Orchideen. Sie nehmen Wasser und Mineralstoffe nicht über den Boden auf, sondern versorgen sich über Regenwasser und verrottendes organisches Material, das von weiter oben lebenden Pflanzen herabrieselt. Häufig sind die Blätter so angeordnet, dass sie Wasser auffangen und speichern können. Von diesen Pflanzen ernähren sich zahlreiche Tierarten. Diese Tiere bilden dann wieder die Lebensgrundlage für Beutegreifer wie den Jaguar, der in Mittel- und Südamerika vorkommt. Menschen nutzen die Pflanzen des Regenwalds beispielsweise in der Holzindustrie oder als Rohstoffe für Kosmetika, Medikamente oder andere Industrieprodukte.

1 Regenwald: **A** Amazonas, **B** Jaguar, **C** Orchidee

Wüsten

Pflanzen leben auch in trockenen Wüsten, zum Beispiel in Nord- und Südamerika, Afrika und Asien. In diesen Wüsten fällt oft jahrelang kein Regen. Die Pflanzen müssen sehr sparsam mit Wasser umgehen. Kakteen und andere Trockenpflanzen können viel Wasser speichern und geben auch bei grosser Hitze nur wenig Wasser ab. Von den Blüten und Früchten dieser Pflanzen ernähren sich Insekten und kleinere Säugetiere. Diese werden von Reptilien oder Vögeln gefressen, die dann wieder Beutetiere für grössere Säugetiere wie Füchse sind.

Polarzonen

Auch im dicken Eis Grönlands und der Antarktis wachsen Pflanzen. In den warmen Monaten siedeln sich dort auf der Eisoberfläche grüne Algen an. Gefriert diese Schicht, werden die Algen im Eis eingeschlossen. Sobald das Eis schmilzt, gelangen die Algen mit dem Schmelzwasser ins Meer, wo sie von Tieren wie kleineren Krebsen gefressen werden. Diese wiederum sind die Nahrungsgrundlage für grössere Wassertiere wie Fische, die dann von Robben oder Pinguinen gefressen werden. Eine solche Abfolge aus voneinander abhängigen Organismen bezeichnet man als **Nahrungskette.** Da Beutegreifer wie Robben aber unterschiedliche Fischarten fressen, sich also von verschiedenen Beutetieren ernähren, sind in Ökosystemen die einzelnen Nahrungsketten zu **Nahrungsnetzen** verknüpft.

Menschen nutzen Pflanzen

Auch wir Menschen ernähren uns von Pflanzen. **Nutzpflanzen** wie Weizen, Mais, Reis oder Kartoffeln werden häufig direkt zu **Nahrungsmitteln** verarbeitet. Sie werden aber auch von **Nutztieren** gefressen und kommen dann in Form von Eiern, Fleisch oder Milcherzeugnissen auf unseren Tisch. Wie sehr wir von Pflanzen abhängig sind, zeigt sich bei Ernteausfällen durch Dürreperioden oder Überschwemmungen in den sogenannten Entwicklungsländern. Sie haben häufig Hungerkatastrophen zur Folge. Pflanzen dienen aber nicht nur der Ernährung von Menschen und Tieren. Faserpflanzen wie Baumwolle oder Hanf liefern Rohstoffe, die zu Textilien verarbeitet werden. Immer häufiger werden Pflanzen als nachwachsende Rohstoffe zur Energiegewinnung eingesetzt. Fast die Hälfte der Weltbevölkerung ist vom **Rohstoff** Holz als Energielieferant abhängig. Holz wird aber auch zur Papierherstellung und zum Bau von Häusern benötigt.

Warum bilden Pflanzen die Grundlage des Lebens?

2 Wüste: **A** Sonora-Wüste, **B** Klapperschlange, **C** Kakteen

3 Polarzone: **A** Antarktis, **B** Kaiserpinguine, **C** Eis mit Algen

Wir untersuchen Pflanzenorgane

1. (V)
a) Besorgt euch Kressesamen. Legt Petrischalen mit feuchtem Filterpapier aus und streut Samen darauf. Legt anschliessend die Deckel auf und stellt die Gefässe bei Zimmertemperatur auf das Fenstersims. Achtet darauf, dass das Papier immer feucht bleibt.
b) Untersucht nach einigen Tagen einen Keimling mit dem Binokular. Jeder zeichnet dann den Keimling mit Wurzelspitze und beschriftet die Zeichnung.

2. ☰ (A)
Laubblätter sind Grundorgane der Blütenpflanzen. Sie bestehen aus unterschiedlichen Schichten.
a) Nenne die Schichten von oben nach unten in der richtigen Reihenfolge.
b) Stelle die Schichten und die jeweiligen Funktionen in einer Tabelle übersichtlich dar.

3. (V)
a) Stelle einen Spross von einem Fleissigen Lieschen drei Tage lang in mit Tinte gefärbtes Wasser.
b) Nimm den gefärbten Stängel und fertige einen hauchdünnen Querschnitt an, so wie es die Abbildung B zeigt. Am besten arbeitest du mit einer Rasierklinge, die an einer Seite abgeklebt ist. Betrachte den Querschnitt zunächst mit der Lupe.
c) Stelle ein mikroskopisches Präparat her und mikroskopiere.
d) Erstelle eine Zeichnung und beschrifte sie.

4. (V)
Unter dem Mikroskop kannst du die Spaltöffnungen von Blättern erkennen. Gut geeignet sind Blätter von Flieder, Tulpen oder Alpenveilchen.
a) Ritze mit einer Rasierklinge die Blatthaut ein und ziehe mit einer Pinzette von der Unter- und Oberseite eines Blattes je ein kleines Hautstück ab (Abbildung C). Stelle ein mikroskopisches Präparat her.
b) Fertige eine Zeichnung an und vergleiche die beiden Präparate.

A

B

C

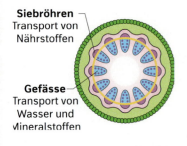

Siebröhren
Transport von Nährstoffen

Gefässe
Transport von Wasser und Mineralstoffen

1 Stängelquerschnitt mit Leitbündeln

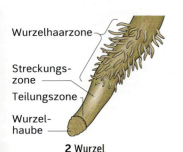

Wurzelhaarzone
Streckungszone
Teilungszone
Wurzelhaube

2 Wurzel

Grundorgane der Pflanzen

Alle Pflanzen bestehen aus den gleichen Grundorganen, den unterirdischen Wurzeln und der Sprossachse mit Blättern, Blüten und Früchten. Sie haben bestimmte Funktionen, an die sie mit ihrem Bau angepasst sind.

Wurzeln

Mit den Wurzeln ist die Pflanze im Boden verankert und nimmt Wasser und Mineralstoffe aus dem Boden auf. Wurzeln wachsen nur an ihrer Spitze. Dort liegt die **Zellteilungszone,** in der durch ständige Zellteilungen neue Zellen entstehen. Die zarte Spitze ist durch die Wurzelhaube geschützt. An die Zellteilungszone schliesst sich die **Streckungszone** an. Hier wachsen die Zellen in die Länge. Die Streckungszone geht in die **Wurzelhaarzone** über. Hier bilden die Zellen der Oberhaut viele feine Wurzelhaare aus, sodass insgesamt eine grössere Oberfläche entsteht.

Dies begünstigt die Aufnahme von Wasser und den darin gelösten Mineralstoffen. Im Inneren der Wurzel befindet sich der Zentralzylinder mit dem Leitgewebe.

Sprossachse

Die Wurzel geht in die Sprossachse über. In der Sprossachse befinden sich die **Leitbündel.** Sie setzen sich zusammen aus Leitgefässen und Siebröhren. In den Leitgefässen wird Wasser mit Mineralstoffen von unten nach oben zu den Blättern transportiert. In den Siebröhren werden Nährstoffe von den Blättern an die jeweiligen Speicherorte wie Früchte oder nach unten in die Wurzel transportiert.

Laubblätter

Pflanzen haben je nach Lebensraum unterschiedlich viel Licht und Wasser zur Verfügung. Deshalb bildeten sich im Lauf von Millionen Jahren unterschiedliche Wuchs- und Blattformen aus. Aber egal, wo die Pflanzen wachsen und wie ihre Blätter aussehen, sie haben die gleichen Aufgaben: Sie nehmen die Energie des Sonnenlichts auf und betreiben damit **Fotosynthese.**

Ausserdem verdunsten Pflanzen über die Blätter Wasser. Man nennt diesen Vorgang **Transpiration.** Dabei wird von den Wurzeln durch die feinen Gefässe in den Leitbündeln ständig Wasser zu den Blättern transportiert.

Bau des Blattgewebes

Alle Laubblätter sind ähnlich aufgebaut. Beide Seiten werden durch eine Zellschicht, die **Epidermis,** abgeschlossen. Die Zellen der Epidermis sind so fest miteinander verbunden, dass man sie als feines Häutchen abziehen kann. Diese Zellschichten schützen das Blatt vor Verletzungen. Sie sind zusätzlich von einer wachsähnlichen Schicht, der **Kutikula,** überzogen. Diese schützt das Blatt vor Austrocknung, Beschädigung und Krankheitserregern. Da für die Fotosynthese und die Transpiration jedoch ein Austausch mit der Umgebung notwendig ist, gibt es an der Blattunterseite kleine **Spaltöffnungen.** Jede Spaltöffnung besteht aus zwei **bananenförmigen Schliesszellen** mit einem dazwischenliegenden Spalt. Sie kann mithilfe der Schliesszellen

geöffnet und geschlossen werden. Über die Spaltöffnungen erfolgt der Ein- und Austritt von Sauerstoff und Kohlenstoffdioxid, der **Gasaustausch,** und die Transpiration.

Direkt unter der Epidermis liegt das **Palisadengewebe.** Diese Schicht enthält den grössten Teil der **Chloroplasten** und nimmt das meiste Sonnenlicht auf. Zwischen dem Palisadengewebe und der unteren Epidermis liegen die mit grossen Zwischenräumen angeordneten Zellen des Schwammgewebes. In den Zwischenräumen befinden sich die Gase Kohlenstoffdioxid und Sauerstoff sowie Wasserdampf.

Die Leitbündel in den Blättern werden auch als Blattadern bezeichnet. Sie dienen dem Stofftransport von der Wurzel bis zu den Blättern und umgekehrt. Ausserdem tragen sie zur Festigung der Blattfläche bei.

> Wie ist eine Pflanze aufgebaut? Welche Funktionen haben die einzelnen Organe?

Laubblatt

Stängel

Transport von Wasser und Mineralstoffen zu allen Pflanzenteilen

Transport von Nährstoffen zu Wurzeln, Samen oder Früchten

Wasser- und Mineralstoffaufnahme

3 Sonnenblume

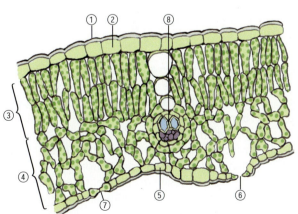

4 Blattquerschnitt

① Kutikula
② obere Epidermis
③ Palisadengewebe mit Chloroplasten
④ Schwammgewebe mit Chloroplasten
⑤ untere Epidermis
⑥ Spaltöffnung geöffnet
⑦ Spaltöffnung geschlossen
⑧ Leitbündel

Fotosynthese – Aufbau von organischen Stoffen

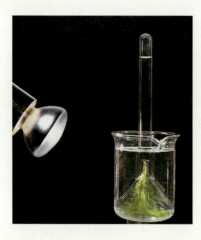

1. ≡ Ⓥ
a) Stellt eine Vermutung auf, welches Gas bei der Fotosynthese entsteht. Notiert diese Vermutung oder Hypothese. Das Foto links zeigt einen Versuchsaufbau, mit dem ihr es herausfinden könnt.
b) Bindet einige Sprosse frischer Wasserpest zusammen. Schneidet die Stängel unten mit einem scharfen Messer ab und gebt sie mit den Schnittstellen nach oben in ein Gefäss mit Wasser. Stülpt darüber einen Trichter und ein ganz mit Wasser gefülltes Reagenzglas.
Tipp: Haltet die Öffnung des Reagenzglases mit dem Daumen zu, bis sie sich unter Wasser befindet.
Beleuchtet den Versuchsaufbau mit einer hellen Lampe oder mit Sonnenlicht.
c) Beobachtet und beschreibt, was passiert.
d) Wartet, bis sich das Reagenzglas mehr als zur Hälfte mit Gas gefüllt hat. Führt einen Sauerstoffnachweis durch.
e) Schreibt ein Versuchsprotokoll.

> **SAUERSTOFF-NACHWEIS**
> In reinem Sauerstoff flammt ein glimmender Holzspan wieder auf (Glimmspanprobe).

2. ≡ Ⓥ
Mit dem Versuchsaufbau aus Aufgabe 1 könnt ihr die Bedingungen für die Fotosynthese genauer untersuchen. Die in einer bestimmten Zeit gebildete Sauerstoffmenge ist ein Mass für die Fotosyntheseleistung.
Testet, wie sich…
a) … verschiedene Helligkeiten,
b) … unterschiedliche Temperaturen,
c) … mehr oder weniger CO_2 (mit leicht kohlensäurehaltigem Wasser oder mit abgekochtem und wieder abgekühltem Wasser) auswirken.
Protokolliert eure Versuche.

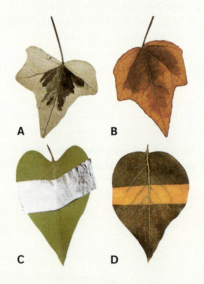

A   B

C   D

4. ≡ Ⓐ
Die Stärkebildung in Blättern lässt sich nachweisen.
Stärke ergibt mit Iodlösung eine blauschwarze Färbung, nachdem das Blattgrün aus den Blättern herausgelöst wurde.
a) Beschreibe die Versuchsansätze A und C und gib an, welcher Einflussfaktor auf die Fotosynthese jeweils untersucht werden sollte.
b) Beschreibe und erkläre die Ergebnisse, die in Abbildung B und D sichtbar werden.

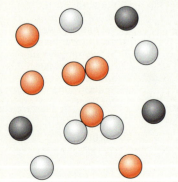

3. ≡ Ⓥ
a) Benutzt einen Molekülbaukasten oder andere Modelle und baut aus den Ausgangsstoffen der Fotosynthese die Produkte der Fotosynthese auf.
b) Benennt die Elemente, die dabei benutzt werden. Gebt an, wie die Moleküle der Ausgangsstoffe und der Endprodukte heissen, in denen die Elemente vorkommen.
c) Führt mithilfe der Molekülmodelle die Reaktion der Fotosynthese vor.

5. ≡ Ⓐ
Traubenzucker ist sehr energiereich. Beschreibe, wie die Energie in den Traubenzucker gelangt.

6. ≡ Ⓐ
Vergleiche Fotosynthese und Zellatmung.

Sauerstoff
Kohlenstoff
Wasserstoff

| Wasser $6\,H_2O$ | + | Kohlenstoffdioxid $6\,CO_2$ | Lichtenergie Chlorophyll → | Traubenzucker $C_6H_{12}O_6$ (Glukose) | + | Sauerstoff $6\,O_2$ |

Chloro-plast

Wasser Zucker

Kohlenstoffdioxid   Sauerstoff

1 Fotosynthese (Schema)

Pflanzen bauen organische Stoffe auf

Getreide, Kartoffeln, Früchte und Gemüse sind wichtige Lieferanten von Kohlenhydraten, Eiweissen und Fetten für unsere Ernährung. Ebenso bilden Pflanzen die Grundlage für Nahrungsketten im Tierreich. Pflanzen können durch die **Fotosynthese** in ihren grünen Pflanzenteilen die Energie des Sonnenlichtes nutzen, um **energiereiche Nährstoffe** aufzubauen. Die in den Nährstoffen gespeicherte Energie brauchen Menschen und Tiere für ihre Lebensprozesse. Bei der Zellatmung wird diese Energie wieder freigesetzt.

Vorgänge bei der Fotosynthese

Zur Nutzung des Sonnenlichtes durch die Pflanzen ist der grüne Blattfarbstoff **Chlorophyll** notwendig. Er befindet sich in den **Chloroplasten,** den Blattgrünkörnern, und gibt den Blättern ihre grüne Farbe. **Wasser** (H_2O) nimmt die Pflanze meist aus dem Boden auf und transportiert es über die Leitgefässe in die Blätter. Der zweite Aus-gangsstoff der Fotosynthese, das Gas **Kohlenstoffdioxid** (CO_2), wird über die Spaltöff-nungen der Blätter aus der Luft aufgenommen.

In den Zellen des Schwammgewebes und des Palisaden-gewebes befinden sich viele Chloroplasten. In ihnen wird Wasser mithilfe der Energie aus dem Sonnenlicht in Wasserstoff und Sauerstoff gespalten. Der **Sauerstoff** (O_2) gelangt über die Spaltöffnungen in die Aussenluft. Gleichzeitig wird aus Kohlenstoffdioxid und Wasserstoff das organische Molekül Traubenzucker (Glukose, $C_6H_{12}O_6$) aufgebaut. Darin ist durch Umwandlung von Sonnenener-gie nun Energie in chemischer Form gespeichert. Aus vielen Glukose-Teilchen kann in den Chloroplasten **Stärke** zusammengesetzt und die Energie so zwischengespei-chert werden.

Pflanzen produzieren Biomasse

Mithilfe der Energie aus dem Traubenzucker stellt die Pflanze weitere energiereiche Stoffe wie Fette und Eiweis-se her. Sie werden oft in Samen, Früchten oder Knollen gespeichert. Auch Zellulose wird aufgebaut, der Baustoff der Zellwände und der Hauptbestandteil von Holz. All dieses energiereiche organische Material wird als **Bio-masse** bezeichnet.

Wie werden energiereiche Stoffe durch die Fotosynthese aufgebaut? Welche Experimente zur Fotosynthese kannst du planen, durchführen und auswerten?

Wasser- und Stofftransport in den Pflanzen

1.
a) Wenn ihr den Bau von Wurzeln untersuchen wollt, besorgt euch Kressesamen. Legt eine Petrischale mit feuchtem Filterpapier aus und streut den Samen darauf. Legt anschliessend den Deckel auf und stellt das Gefäss bei Zimmertemperatur auf das Fenstersims. Achtet darauf, dass das Papier immer feucht bleibt.
b) Untersucht nach einigen Tagen die gekeimten Samen mit dem Binokular. Zeichnet einen Samen mit Wurzelspitze und beschriftet eure Zeichnungen.

3.
Unter dem Mikroskop kann man die Spaltöffnungen von Blättern erkennen.
a) Ritze mit einer Rasierklinge die Blatthaut ein und ziehe mit einer Pinzette von Unter- und Oberseite eines Blattes je ein kleines Hautstück ab. Gib jedes in einen Wassertropfen auf Objektträgern, decke mit Deckgläsern ab.
b) Fertige eine mikroskopische Zeichnung an. Wie unterscheiden sich die beiden Präparate?

2.
Wie ist der Stängel einer Pflanze gebaut? Zur Untersuchung könnt ihr einen gefärbten Stängel aus Versuch 5 nutzen.
a) Nehmt den gefärbten Stängel und fertigt einen hauchdünnen Querschnitt, wie es die Abbildung zeigt. Am besten arbeitet ihr dabei mit einer Rasierklinge mit Korkhalterung. Stellt ein mikroskopisches Präparat her und mikroskopiert.
b) Erstellt eine mikroskopische Zeichnung.

4. Erläutere mithilfe der Abbildung und des Informationstextes die Wasseraufnahme in eine Wurzelhaarzelle.

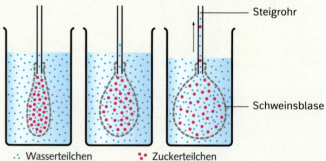

Steigrohr

Schweinsblase

Wasserteilchen   Zuckerteilchen

5.
Färbe Wasser mit blauer Tinte und stelle eine weisse Tulpe mit einem etwa 10 cm langen Stängel hinein. Beobachte viermal im Abstand von 15 min, was geschieht. Zeichne deine Beobachtungen auf.

6.
Osmose lässt sich an Kartoffelstäbchen beobachten.
a) Schneidet aus dem Kartoffelinneren frische Kartoffelstäbchen. Legt eines in Leitungswasser und das andere in eine konzentrierte Zuckerlösung. Formuliert eine Hypothese, was passiert, und lasst den Versuch mehrere Stunden stehen.
b) Nehmt die Stäbchen aus dem Wasser und versucht sie zu biegen. Beschreibt den Unterschied und erklärt, wie es zum unterschiedlichen Biegeverhalten der Kartoffelstäbchen kommt. War eure Hypothese richtig?

Wie kommt das Wasser in die Pflanzen?

Im Frühjahr säen die Landwirte den Mais auf ihren Feldern aus. Nach dem Keimen des Samens bildet sich ein ausgedehntes **Wurzelsystem.** Gleichzeitig wächst die Pflanze in die Höhe und nimmt über ihre Wurzeln grosse Mengen an Wasser und darin gelösten Mineralstoffen auf. Wie aber gelangt die Pflanze an dieses Wasser?

Die Streckungszone geht in die **Wurzelhaarzone** über. Diese ist für die **Wasseraufnahme** verantwortlich. Hier bilden die meisten Zellen der Oberhaut dünne Wurzelhaare aus. Diese schieben sich zwischen die Bodenteilchen und erreichen dort das dazwischen haftende Wasser mit den darin gelösten Mineralstoffen, die die Pflanzen für ein gesundes Wachstum brauchen.

Wichtige **Mineralstoffe** sind beispielsweise chemische Verbindungen mit Calcium, Kalium, Phosphor, Stickstoff, Magnesium, Eisen und Schwefel. Die Stickstoffverbindungen nennt man Nitrate, die Phosphorverbindungen Phosphate.

Die gelösten Mineralstoffe werden durch die **Diffusion** (Konzentrationsausgleich) in die Wurzel aufgenommen. Diese Art Diffusion durch eine halbdurchlässige Membran nennt man **Osmose.** Da in der Wurzel eine höhere Konzentration an Mineralstoffen vorhanden ist als im Bodenwasser, wird das Bodenwasser in die Wurzel diffundiert. Weil bei den Spaltöffnungen an den Blättern durch die Wärme immer Wasser verdunstet, entsteht im dünnen **Leitbündel** des **Pflanzenstängels** ein Unterdruck. Durch diesen wird das Wasser mit den darin gelösten Mineralstoffen entgegen der Schwerkraft nach oben zu allen Blättern einer Pflanze gesaugt.

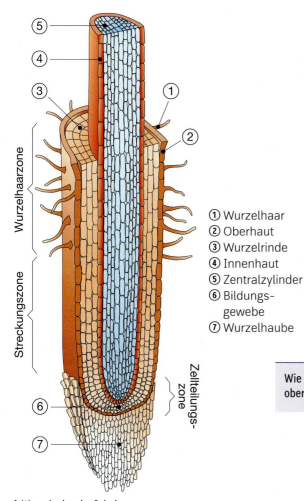

Wurzelhaarzone

Streckungszone

Zellteilungs-zone

① Wurzelhaar
② Oberhaut
③ Wurzelrinde
④ Innenhaut
⑤ Zentralzylinder
⑥ Bildungs-
  gewebe
⑦ Wurzelhaube

1 Wurzelspitze im Schnitt

Bau der Wurzeln

Wurzeln wachsen nur an ihrer Spitze. Dort liegt die **Zellteilungszone,** das zarte Bildungsgewebe, in dem durch ständige Zellteilungen neue Zellen entstehen. Das Bildungsgewebe wird von der Wurzelhaube umhüllt, deren äussere Zellen verschleimen und so das Eindringen der Wurzel in den Boden erleichtern. An die Zellteilungszone schliesst sich die **Streckungszone** an. Hier wachsen die Zellen in die Länge.

> Wie wird das Wasser von den untersten Wurzeln bis zum obersten Blatt einer Pflanze transportiert?

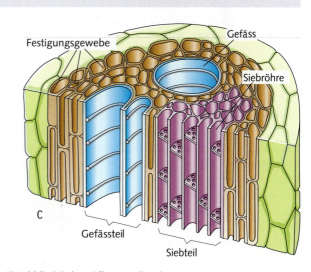

Festigungsgewebe

Gefäss

Siebröhre

c

Gefässteil

Siebteil

2 Leitbündel eines Pflanzenstängels

Aus Samen entwickeln sich Pflanzen

1.

Beschreibe, wie sich aus Samen Pflanzen entwickeln.

2.

Beschreibe, wie der Samen einer Feuerbohne aufgebaut ist. Lege dazu Samen der Feuer-Bohne etwa zwei Tage lang ins Wasser. Untersuche die gequollenen Samen mit der Lupe. Entferne die Samenschale vorsichtig mit einem Küchenmesser. Klappe dann die beiden Hälften auseinander und betrachte die Innenseiten. Zeichne und beschrifte.

Samen-schale

Keimwurzel

Keimstängel

Laubblätter

3.

Überlegt euch Versuche, mit denen ihr herausfinden könnt, welche der Bedingungen Wasser, Wärme, Erde, Licht und Luft für die Keimung eines Samens notwendig sind. Stellt Vermutungen an und begründet eure Vorgehensweisen. Führt die Versuche durch, überprüft eure Vermutungen und erstellt ein Versuchsprotokoll.

4.

Wenn ihr wissen möchtet, wie eine Feuerbohne wächst, braucht ihr Samen der Feuerbohne, Blumenerde, Marmeladengläser, Wasser, Papier, Bleistift und Lineal. Legt die Bohnen zwei Tage lang ins Wasser. Füllt Erde in eure Marmeladengläser. Drückt die Bohnensamen am Rand etwa 4 cm in die Erde, sodass ihr die Samen von aussen seht. Beschriftet die Gläser mit euren Namen und stellt sie hell und warm auf. Denkt daran, eure Pflanzen feucht zu halten.
a) Messt vier Wochen lang jeden zweiten Tag die Länge des Keimstängels. Schreibt die Werte auf.
b) Fertigt ein Verlaufsdiagramm über das Wachstum eurer Pflanze an.

Bau eines Samens

Aus den Blüten von Feuer-Bohnen entwickeln sich Früchte mit Samen, die **Bohnen.** In trockenem Zustand kann ein Samen lange Trockenzeiten oder Frost ohne Schaden überstehen. Wenn er aber in Wasser oder feuchte Erde gelegt wird, nimmt er Wasser auf und wird grösser. Diesen Vorgang nennt man **Quellung.**
Öffnet man eine aufgequollene Bohne und klappt dann die Hälften auseinander, sieht man im Inneren ein kleines Pflänzchen, den **Embryo.** Er besteht aus zwei winzigen Laubblättern, der Keimwurzel und dem Keimstängel. Die beiden weisslichen Hälften der Bohne werden **Keimblätter** genannt. Sie speichern die Nährstoffe, die zur Keimung nötig sind.

Der Samen keimt

Die Keimung vollzieht sich ohne Licht in der feuchten Erde. Nach einigen Tagen platzt die Samenschale auf und die **Keimwurzel** bricht durch. Sie dringt senkrecht in die Erde ein und bald bilden sich Seitenwurzeln. Erst jetzt streckt sich der **Keimstängel** und wächst aus der Samenschale heraus nach oben. Nach einigen Tagen durchbricht der Keimstängel mit den Laubblättern die Erdoberfläche.

Die Pflanze wächst

Nach der Keimung beginnt die Bohnenpflanze zu wachsen. Sie bildet grüne Blätter und nutzt jetzt das Sonnenlicht zur Fotosynthese. Blütenpflanzen wie die Feuer-Bohne haben zwei Keimblätter. Deshalb nennt man sie auch **zweikeimblättrige** Pflanzen. Die Samen anderer Pflanzen, zum Beispiel der Gräser, haben nur ein Keimblatt. Sie sind **einkeimblättrig.**

Wie ist ein Bohnensamen aufgebaut? Wie entwickeln sich – am Beispiel einer Bohnenpflanze – Pflanzen aus Samen?

1 Feuer-Bohne

Wachsen durch Feuer

Waldbrände haben auf die Natur oft schlimme Auswirkungen und zerstören meist Tausende Hektar Wald- oder Buschfläche. Darunter befinden sich häufig bedrohte und einzigartige Tiere und Pflanzen.
Der nordamerikanische **Mammutbaum** profitiert hingegen von einem Waldbrand: Seine Zapfen können sich nur durch die von einem Feuer nach oben steigende heisse Luft öffnen und so ihre Samen freigeben. Waldbrände sind also nicht nur zerstörende Feuer, sie können auch neues Leben mit sich bringen.

Pflanzen wie der Mammutbaum, die sich an das Feuer angepasst haben oder es sogar benötigen, nennt man **Pyrophyten**. Sie wachsen in Regionen, in denen natürliche Feuer häufig auftreten: Trockenwälder, Steppen, Savannen und Buschgebiete. Dann können die Samen auf den durch mineralreiche Asche frisch gedüngten Boden fallen, einsinken und anfangen zu keimen. Zu Gute kommt den grössten Lebewesen der Erde auch, dass viele ihrer Konkurrenten nicht so feuerresistent sind wie sie und verbrennen. So haben die riesigen Bäume genügend Platz und Licht für sich. Die ältesten und grössten Bäume der Welt haben noch einen weiteren Superlativ zu bieten – sie wachsen auch am schnellsten. Und das müssen sie auch, denn das nächste Feuer kommt bestimmt.

STREIFZUG

Ungeschlechtliche Vermehrung ...

Ungeschlechtliche Vermehrung

Blütenpflanzen vermehren sich durch Samen. Manche sind jedoch in der Lage, sich zusätzlich ohne Ausbildung von Samen zu vermehren. Diese ungeschlechtliche Vermehrung erfolgt zum Beispiel durch Ausläufer wie bei der Erdbeere. Kartoffelpflanzen bilden Sprossknollen und Tulpen bilden Brutzwiebeln. Viele Zimmerpflanzen kann man über Blattstecklinge vermehren. Da nur eine Elternpflanze existiert, entstehen Nachkommen mit identischen Erbeigenschaften der Elternpflanzen.

Ausläufer

Die Erdbeere bildet lange Ausläufer. Das sind oberirdische Seitensprosse, die von der Mutterpflanze wegwachsen. Die an den Ausläufern heranwachsenden Tochterpflanzen werden zunächst durch die Ausläufer mit Nährstoffen versorgt. Haben die Tochterpflanzen Blätter und Wurzeln ausgebildet, können sie sich selbst versorgen. Die Ausläufer, also die Verbindungen zur Mutterpflanze, vertrocknen.

Vermehrung durch Sprossknollen

Die Sprosse einiger für uns wichtiger Nutzpflanzen bilden unterirdische Sprossknollen, zum Beispiel die Kartoffel. Wird die Kartoffel nicht für die Ernährung oder als Viehfutter genutzt, dient sie als „Saatgut". Aus jeder Knolle wächst im folgenden Jahr eine neue Pflanze heran.

Vermehrung durch Blattstecklinge

Gärtnereien für Zimmerpflanzen vermehren einige Pflanzen wie Dickblattgewächse oder Usambaraveilchen über Blattstecklinge. Dazu werden Blätter oder Blattteile von voll entwickelten Pflanzen abgeschnitten und in feuchte Erde gedrückt. Die Pflanzenteile bilden schnell Wurzeln und kleine Blättchen und können anschliessend verpflanzt werden.

Vermehrung durch Zwiebeln

Wenn man im Frühjahr blühende Tulpen haben möchte, muss man im Herbst Tulpenzwiebeln in die Erde stecken. Aus ihnen treiben die Tulpen aus und verbrauchen die in den Zwiebeln gespeicherten Nährstoffe. Während der Wachstumsphase im Sommer bildet jede Tulpe mit Hilfe ihrer grünen Blätter Nährstoffe. Einen Teil davon verbraucht sie selbst. Was übrig bleibt, wird in einer neuen Zwiebel, der Ersatzzwiebel, gespeichert. Aus ihr treibt dann im nächsten Jahr wieder eine neue Tulpe aus. Gleichzeitig können auch noch Brutzwiebeln zwischen den Zwiebelschalen entstehen, aus denen ebenfalls weitere Tulpen heranwachsen. So blühen im Frühling immer wieder Tulpen, obwohl man nur wenige gesteckt hat.

Ersatzzwiebel

Brutzwiebel

... auch bei anderen Lebewesen

Ungeschlechtliche Vermehrung tritt nicht nur bei Pflanzen auf, sondern auch bei Pilzen, Einzellern und niederen Tieren.

Pilze

Bei Pilzen ist eine ungeschlechtliche Vermehrung sehr häufig. Die Vermehrung erfolgt hierbei nicht durch die Ausbildung von Geschlechtszellen, die durch den Wind oder durch Tiere zu einem anderen Pilz weitergetragen werden, sondern durch die Entstehung von Sporen. Diese werden dann durch den Wind oder andere Tiere weiterverbreitet. Dadurch entsteht ein DNA-gleicher Pilz an einem anderen Ort.
Das Bild zeigt Schimmelsporen unter dem Elektronenmikroskop.

Regenwurm

Der Regenwurm pflanzt sich auf verschiedene Arten fort. Einerseits paart er sich mit Artgenossen, andererseits ist es ihm aber auch möglich, einzelne Segmente seines Körpers abzustossen. Anschliessend setzen sich die Segmente zu einem voll lebensfähigen Wurm zusammen. Diese Eigenschaft ermöglicht es Regenwürmern, sich auch ohne Geschlechtspartner fortzupflanzen.

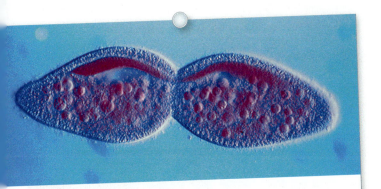

Einzeller

Die Vermehrung der Einzeller geschieht häufig ungeschlechtlich – entweder durch Teilung (zwei gleich grosse Organismen entstehen aus einem) oder durch Knospung (ein kleinerer Organismus entsteht aus einem grösseren). So entstehen zwei Organismen mit demselben Erbgut. Auch eine geschlechtliche Fortpflanzung kann stattfinden, indem zwei Einzeller miteinander verschmelzen und sich anschliessend wieder trennen. Diesen Vorgang nennt man Konjugation. Es entstehen zwei Organismen mit unterschiedlichem Erbgut.

PINNWAND

Wie verbreiten sich Pflanzen?

1. ☰ Ⓐ
Betrachte die beiden Abbildungen.
a) Beschreibe, was du siehst und stelle einen Zusammenhang zwischen den beiden Fotos her.
b) Begründe, warum man an Strassenrändern oder auf Mauern oft einzelne Löwenzahnpflanzen sieht.

2. Ⓥ
a) Betrachte eine Löwenzahnfrucht mit der Lupe und zeichne. Ordne jedem Teil der Frucht eine Funktion zu.
b) Betrachte den unteren Teil der Frucht ohne das Schirmchen mit einer Lupe. Überlege dir einen Versuch, mit dem du die Bedeutung deiner Entdeckung demonstrieren kannst. Tipp: Benutze mehrere Löwenzahnfrüchte ohne Schirmchen, ein Blatt Papier und ein Wolltuch.

3. Ⓥ
Viele Früchte werden durch den Wind verbreitet.
a) Sammele Flugfrüchte von Bäumen und führe Flugversuche durch. Beschreibe die Flugeinrichtungen der Früchte.
b) Zeichne einige Flugfrüchte und erstelle Steckbriefe der dazugehörigen Pflanzen.
c) Erstelle Protokolle zu den Flugversuchen.

4. ☰ Ⓠ
Benenne die vier links abgebildeten Arten.
Benutze dazu ein Bestimmungsbuch.

5. ☰ Ⓐ
Unten siehst du Früchte von Klette (A), Eberesche (B) und Hasel (C). Diese werden durch Tiere verbreitet. Beschreibe, wie die Verbreitung der gezeigten Früchte geschieht. Benenne Tiere, die dafür infrage kommen.

6. ☰ Ⓠ
Nenne weitere Pflanzenarten, deren Früchte auf die gleiche Weise verbreitet werden.

A

B

C

Samenverbreitung

Überlege dir, was passieren würde, wenn alle Samen von Pflanzen senkrecht zu Boden fielen und dort keimen würden. Die kleinen Pflanzen stünden so dicht, dass sie weder ausreichend Licht noch Wasser oder Mineralstoffe bekämen. Deshalb sind die Samen oder Früchte von Pflanzen mit den unterschiedlichsten Einrichtungen ausgestattet, die den Transport und das Keimen in einiger Entfernung von der Mutterpflanze ermöglichen.

Verbreitung durch den Wind

Die Samen von Pflanzen wie dem Löwenzahn oder vieler Bäume werden durch den Wind verbreitet. Ihre Früchte besitzen fallschirmartige oder flügelartige Fortsätze. Nach der Landung verhaken sie sich auf dem Untergrund, keimen und wachsen zu einer neuen Pflanze heran.

Selbstverbreitung

Pflanzen wie Ginster, Springkraut oder Bohnen verbreiten sich von selbst. Wenn ihre Früchte reif sind, trocknen sie aus und brechen auf. Die Hüllen der Früchte verdrehen sich dabei und schleudern die Samen heraus.

Verbreitung durch Tiere

Manche Früchte wie Kletten haben kleine Widerhaken, mit denen sie sich am Fell von Tieren verhaken. Andere Früchte locken Vögel und andere Tiere mit leuchtenden Farben und zuckerhaltigem Fruchtfleisch an. Die Tiere fressen dann die Früchte. Die in den Früchten liegenden Samen haben unverdauliche Schalen und werden mit dem Kot der Tiere an anderer Stelle ausgeschieden.
Auch Ameisen tragen zur Samenverbreitung bei. Veilchensamen haben beispielsweise nahrhafte Anhängsel. Wenn die Ameisen die Samen zu ihrem Bau schleppen, fressen sie unterwegs das Anhängsel und lassen den Samen liegen.
Andere Tiere wie Eichhörnchen oder Eichelhäher, die im Herbst Nüsse als Wintervorrat vergraben und sie dann später nicht mehr wiederfinden, tragen ebenfalls zur Samenverbreitung bei.

Verbreitung durch Wasser

Einige Pflanzen wie die Sumpfdotterblume haben Schwimmfrüchte. Sie enthalten Luft und können mit der Strömung weit fortgetrieben werden. Auch Kokosnüsse mit ihrer harten, wasserfesten Schale werden über das Wasser verbreitet.

1 Verbreitung bei Pflanzen:
A Selbstverbreitung beim Springkraut,
B durch Ameisen bei Veilchen,
C durch Wasser bei der Sumpfdotterblume,
D durch Wasser bei Kokospalmen

Wie verbreiten sich Pflanzen?
Kannst du verschiedene Beispiele nennen?

Von der Blüte zur Frucht

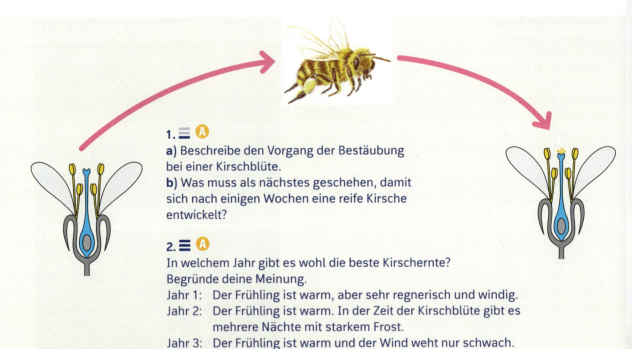

1. ≡ Ⓐ
a) Beschreibe den Vorgang der Bestäubung bei einer Kirschblüte.
b) Was muss als nächstes geschehen, damit sich nach einigen Wochen eine reife Kirsche entwickelt?

2. ≡ Ⓐ
In welchem Jahr gibt es wohl die beste Kirschernte? Begründe deine Meinung.
Jahr 1: Der Frühling ist warm, aber sehr regnerisch und windig.
Jahr 2: Der Frühling ist warm. In der Zeit der Kirschblüte gibt es mehrere Nächte mit starkem Frost.
Jahr 3: Der Frühling ist warm und der Wind weht nur schwach.

3. ≡ Ⓐ
Es gibt Pflanzen, die durch den Wind bestäubt werden. Zu ihnen gehört zum Beispiel die Hasel, die bereits im Februar blüht. Die Laubblätter entwickeln sich erst später.
a) Begründe, warum diese zeitliche Abfolge für die Pflanze sinnvoll ist.
b) Nenne andere Pflanzen, die durch den Wind bestäubt werden.

4. ≡ Ⓥ
Untersuche verschiedene Früchte wie Äpfel, Birnen, Aprikosen, Kirschen oder Stachelbeeren.
Du kannst sie dazu aufschneiden, den Längsschnitt mit der Lupe betrachten und zeichnen. Ordne sie in drei Gruppen und begründet eure Zuordnung.

TIPP
Verwende die folgenden Begriffe:

Beere   Stein-frucht   Kernfrucht

Bestäubung

Bei der Nahrungssuche fliegen Bienen von Blüte zu Blüte. Dabei besuchen sie über einen längeren Zeitraum hinweg nur Blüten einer Pflanzenart. An ihren behaarten Körpern bleiben viele **Pollenkörner** haften. Bei weiteren Blütenbesuchen tragen sie die Pollenkörner auf die klebrige Narbe anderer Blüten der gleichen Art. Diesen Vorgang wird **Bestäubung** genannt. Zu den Pflanzen, die durch Insekten wie die Biene bestäubt werden, gehören viele Obstbäume, Sträucher und Wildkräuter.

1 Bestäubung und Befruchtung

Befruchtung

Nach der Bestäubung keimen die Pollenkörner auf der Narbe. Mithilfe des Mikroskops kannst du erkennen, dass sich aus jedem Pollenkorn ein Pollenschlauch entwickelt. Dieser wächst durch den Griffel bis ins Innere des Fruchtknotens.

Der Pollenschlauch, der am schnellsten wächst, dringt in die Samenanlage ein. Hier öffnet er sich und setzt eine männliche Geschlechtszelle frei. Sie verschmilzt mit der Eizelle. Das Verschmelzen des männlichen Zellkerns mit dem Zellkern der weiblichen Eizelle wird **Befruchtung** genannt.

2 Entwicklung der Früchte

Von der Frucht zum Samen

In den Wochen nach der Befruchtung entwickelt sich aus der Blüte die **Frucht,** zum Beispiel eine Kirsche. Zuerst werden die Kronblätter der Blüte braun und fallen ab. Der Griffel und die Narbe vertrocknen. Der Fruchtknoten wird immer dicker und du erkennst mit der Zeit die Kirsche. Am Anfang ist sie noch grün. Aus der Wand des Fruchtknotens entwickelt sich die glatte Aussenhaut, das rote Fruchtfleisch und die steinharte innere Fruchtwand um den Kirschkern. Daher werden Kirschen als **Steinfrüchte** bezeichnet. Im Inneren des Kirschkerns hat sich aus der Samenanlage mit der befruchteten Eizelle der **Samen** gebildet.

Gelangt ein Kirschkern in den Boden, kann daraus ein neuer Kirschbaum heranwachsen.

3 Reife Kirschen

gekeimtes Pollenkorn
Pollenschlauch
Eizelle in der Samenanlage

Keimling
Nährgewebe
Samenschale
Fruchthaut
Fruchtfleisch

Zellteilung führt zu Wachstum

1. ☰ Ⓥ

In den Wurzelspitzen austreibender Zwiebeln finden viele Mitosen statt.

Du kannst selbst Präparate zur mikroskopischen Untersuchung der Mitosestadien anfertigen:

a) Entferne die äussere Schale einer Küchenzwiebel und setze sie auf ein Glas mit Wasser. Im Glas sollte so viel Wasser sein, dass die Zwiebel die Wasseroberfläche gerade nicht berührt.

b) Nach 2 bis 4 Tagen haben sich kleine Wurzeln gebildet. Schneide etwa 3 mm lange Spitzen ab und gib sie alle zusammen in ein kleines Becherglas. Bedecke sie mit etwas Karmin-Essigsäure. Koche die Wurzelspitzen kurz auf.

c) Bringe 3 bis 4 Wurzelspitzen mit der Pinzette auf einen Objektträger und lege ein Deckgläschen auf. Fertige nun ein Quetschpräparat an: Lege dazu den Objektträger auf den Tisch als ebenen Untergrund. Falte ein Stück Filterpapier mehrfach und lege es auf das Deckgläschen. Drücke dann von oben mit dem Daumen kräftig auf das Filterpapier, möglichst ohne seitliches Verrutschen.

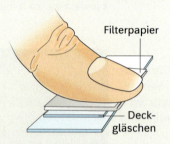

Filterpapier

Deckgläschen

d) Mikroskopiere die Wurzelspitzen. Suche bei geringer Vergrösserung Zellen in verschiedenen Mitosestadien. Mikroskopiere dann bei starker Vergrösserung (z. B. 500-fach). Fertige Zeichnungen einzelner Mitosestadien an.

2. ☰ Ⓥ

a) Stellt die Phasen der Mitose mithilfe eines Modells aus Pfeifenputzern nach.

b) Erklärt bei einer Präsentation, was das Modell gut zeigt.

c) Nennt die Vorgänge der Mitose, die mit diesem Modell nicht so gut oder gar nicht dargestellt werden.

3. ☰ Ⓐ

a) Gib die Phasen der Mitose an und erläutere dabei die Veränderungen und die Bewegungen der Chromosomen.

b) Begründe, warum einer Zellteilung eine Mitose vorausgehen muss.

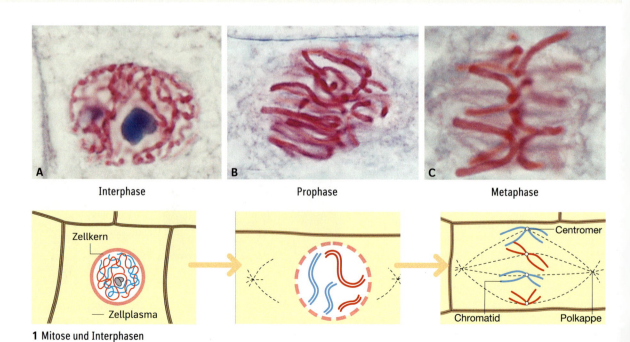

A — Interphase B — Prophase C — Metaphase

Zellkern

Zellplasma

Centromer

Chromatid — Polkappe

1 Mitose und Interphasen

Wachstum durch Zellteilung

Vielzeller wie Pflanzen und Tiere wachsen, indem sich Zellen teilen.

Bei jeder Zellteilung findet auch eine **Kernteilung,** die **Mitose,** statt. Mehrere Phasen lassen sich dabei unterscheiden:

Prophase: Die Chromosomen beginnen sich aufzuspiralisieren. Die Kernmembran löst sich auf. Ausserdem bildet sich der **Spindelapparat.** Damit werden die Chromosomen bewegt.

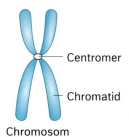

Centromer

Chromatid

Chromosom

Metaphase: Die Chromosomen haben jetzt ihre dichtest gepackte Form erreicht und sind daher unter dem Mikroskop am deutlichsten zu sehen. Jedes Chromosom besteht aus zwei Hälften, den beiden **Chromatiden,** die genetisch identische Erbinformationen enthalten. Diese hängen nur noch an einer leicht eingeschnürten Stelle, dem Centromer. Der Spindelapparat verbindet sich mit den Centromeren, wodurch die Chromosomen in der Mitte der Zelle angeordnet werden.

Anaphase: Jetzt werden die Chromosomen in ihre Chromatiden getrennt, die vom Spindelapparat zu den beiden Polen der Zelle gezogen werden. Dabei gelangt von jedem Chromosom ein Chromatid in jeweils eine Zellhälfte. Jede neue Zelle erhält also einen kompletten Satz Chromosomen, die jeweils aus einem Chromatid bestehen. Damit hat jede Zelle die vollständige Erbinformation.

Telophase: Die Chromosomen entspiralisieren sich wieder. Der Spindelapparat löst sich auf. Es bilden sich Kernmembranen, und die beiden neuen Zellen werden voneinander getrennt, indem sich Zellmembranen und Zellwände neu bilden.

Der Zellzyklus

Zwischen zwei Zellteilungen, in der Interphase, wachsen die Zellen zu ihrer ursprünglichen Grösse heran. Die Chromosomen sind entspiralisiert und es findet intensiver Stoffwechsel statt. Durch identische Verdopplung entstehen wieder zwei Chromatiden an jedem Chromosom. Dieser Kreislauf aus Zellteilung und Interphase wiederholt sich in schnell wachsenden Geweben innerhalb etwa eines Tages.

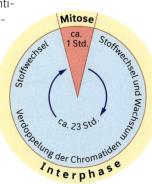

2 Zellzyklus

Wie heissen die einzelnen Phasen der Mitose? Was geschieht bei der Interphase und der Mitose im Zellzyklus?

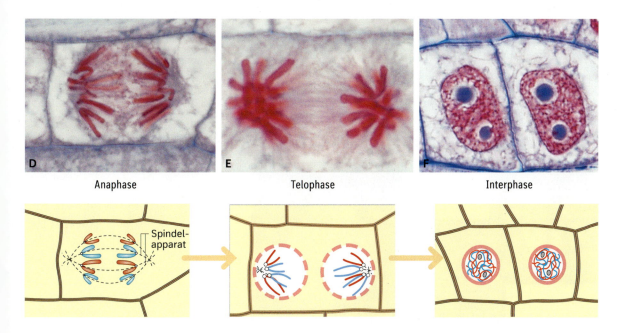

D   Anaphase

E   Telophase

F   Interphase

Spindel-apparat

Pflanzen – Licht ermöglicht Stoffaufbau

Bedeutung der Pflanzen

Auf der Erde finden sich überall Pflanzen, die aus Kohlendioxid und Wasser, mit Hilfe von Sonnenlicht, Sauerstoff und Traubenzucker herstellen können. Diesen Vorgang nennen wir Fotosynthese.

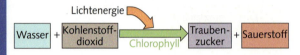

Organe der Pflanze

Jede Pflanze hat verschiede Grundorgane, welche sich je nach Umgebung angepasst haben. Es sind dies die unterirdischen Wurzeln und die Sprossachse mit den Blättern, Blüten und den Früchten.

Transpiration und Gasaustausch

Damit der Gasaustausch und die Transpiration möglich sind, hat jedes Blatt an der Unterseite Spaltöffnungen. Durch diese wird Sauerstoff abgegeben und Kohlendioxid aufgenommen (Gasaustausch) und dafür gesorgt, dass der Wassertransport von der Wurzel bis zum Blatt (Transpiration) stattfinden kann.

Samen

Die Pflanzen stellen Samen her, die sie durch Wind, Wasser, Tiere oder sich selbst (Springkraft oder Schleuderung) weiterverbreiten. Wenn diese Samen den neuen Standort erreicht haben, quellen sie auf, keimen und beginnen, Wurzeln zu schlagen und zu wachsen.

Ungeschlechtliche Vermehrung

Pflanzen können sich nicht nur geschlechtlich durch Samen verbreiten, sondern können sich auch ungeschlechtlich vermehren. Dies geschieht durch Sprossknollen (Kartoffeln), Ausläufer (Erdbeere), Blattstecklinge (Kakteen) oder durch Zwiebeln (Tulpen).

Vermehrung und Wachstum durch Zellteilung

Durch die Zellteilung können Pflanzen wachsen. Bei der **Mitose** wird der Zellkern in drei Phasen geteilt und es entstehen zwei Zellkerne mit der genau gleichen Erbsubstanz. Diese Phasen heissen Prophase, Metaphase, Anaphase und Telophase. Nach diesen Phasen wachsen die beiden Zellen in der Interphase zu zwei kompletten Zellen, die identisch mit der Ausgangszelle sind, heran.

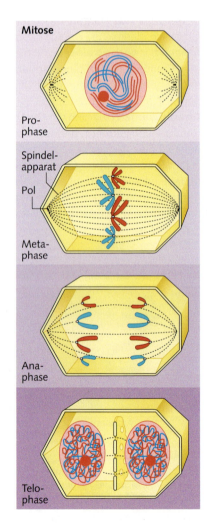

1. ☰ Ⓐ
Nenne für jeden der folgenden Pflanzenteile zwei Beispielpflanzen, die der Mensch nutzt: Wurzel, Sprossachse, Blatt, Knospe, Frucht, Samen und Blüte.

2. ☰ Ⓐ
Beschreibe anhand von Beispielen, wie sich Pflanzen an ihre Umgebung angepasst haben, die in Trockengebieten, kalten Gebieten oder in tropischen Regenwäldern heimisch sind.

3. ☰ Ⓐ
a) Benenne die gekennzeichneten Pflanzenorgane.
b) Gib für jedes Organ wichtige Funktionen an.

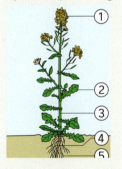

4. ☰ Ⓐ
a) Beschreibe die Fotosynthesereaktion.
b) Nenne Stoffe, in denen Pflanzen Energie speichern.
c) Erkläre, warum auch Tiere und Menschen von der Fotosynthese abhängen.

5. ☰ Ⓐ
a) Nenne Bedingungen, die die Fotosynthese beeinflussen.
b) Beschreibe einen Versuch, mit dem man die Abhängigkeit für einen dieser Faktoren nachweisen kann.

6. ☰ Ⓐ
Die beiden Abbildungen links zeigen unterschiedliche Pflanzengewebe.
Ordne den beiden Abbildungen die Begriffe „Blattgewebe" und „Wurzelgewebe" zu.

7. ☰ Ⓐ
Erkläre an Hand der untenstehenden Skizzen die unterschiedlichen Phasen der Mitose.

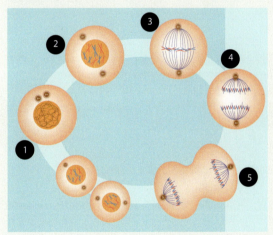

8. ☰ Ⓐ
Wie entsteht eine Frucht? Nimm als Beispiel eine Kirsche und erkläre, wie aus einer Kirschblüte eine fertige Kirsche entsteht.

9. ☰ Ⓐ
Bewerte die Nutzung von Rapsöl zur Herstellung von Biodiesel als Kraftstoff für Autos.

Leben im Wasser

Warum sind Pflanzen in den Uferzonen wichtig?

Warum ist es wichtig, unsere Seen zu schützen?

Wie schnell fliesst ein Bach?

Beobachtungen am Wasser

1. ≣ Ⓥ
Betrachte das Wasser eines Sees vom Ufer oder einem Steg aus. Beschreibe, was du im Wasser siehst.

2. ≣ Ⓥ
Entnimm Wasserproben aus verschiedenen Gewässern. Beschrifte die Probengefässe mit dem Namen der Entnahmestelle. Untersuche die Proben auf Trübung, Farbe und Geruch. Erstelle eine Tabelle, die Ort und Wassereigenschaften enthält.

3. ≣ Ⓥ
Richte in einem abgedunkelten Raum das Lichtbündel einer hell leuchtenden Taschenlampe von oben auf deine Wasserproben aus Versuch 2. Was kannst du beobachten?

4. ≣ Ⓐ
Berichte über die Ergebnisse deiner Untersuchungen aus den Versuchen 1 bis 3.

5. ≣ Ⓐ
Wodurch kommen Trübung, Farbe und Geruch von Wasser zustande?

1 Durchleuchten von Wasserproben

Arbeiten am Wasser erfordern erhöhte Aufmerksamkeit! Befolge genau die Anweisungen deiner Lehrerin oder deines Lehrers!

Wasseruntersuchungen

Gewässer sind u. a. durch Lichtverhältnisse, Wassertemperatur, Fliessgeschwindigkeit und Sauerstoffgehaltg gekennzeichnet. Diese unbelebten Einflüsse nennt man **abiotische Faktoren.** Mit verschiedenen Hilfsmitteln können wir diese Faktoren untersuchen.

Trübung

Die Sauberkeit eines Gewässers kannst du auch ohne Hilfsmittel überprüfen. Dazu musst du nur in das Wasser hineinschauen und feststellen, wie tief du sehen kannst. Je trüber das Wasser ist, desto weniger tief kannst du blicken. Die **Trübung** wird meist durch feine **Schwebeteilchen** aus pflanzlichen und tierischen Überresten verursacht. Diese werfen das einfallende Licht zurück.

Farbe und Geruch

Sind Algen im Wasser vorhanden, weist das Wasser eine grüne **Farbe** auf. Ein unangenehmer, fauliger **Geruch** deutet meistens auf verfaulendes Pflanzenmaterial im Wasser hin. Dieses färbt das Wasser gelb bis braun. Moorwasser ist dunkelbraun gefärbt.

Beschreibe und unterscheide Wasserproben anhand ihrer Trübung, ihrer Farbe und ihres Geruchs.

Messungen am Wasser

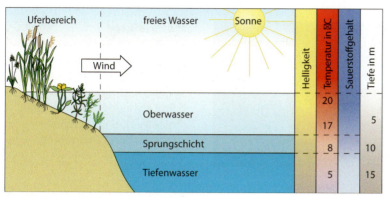

1 Wasserschichten in einem Gewässer im Sommer

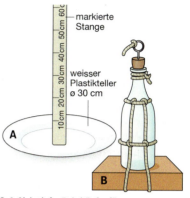

2 **A** Sichttiefe, **B** Schöpfgefäss

1.  Ⓥ

a) Knüpfe in eine lange Schnur Knoten im Abstand von 20 cm. Befestige an einem Ende der Schnur ein Gewichtsstück. Lass dieses Messlot im See versinken, bis das Gewichtsstück den Boden berührt. Bestimme anhand der Knoten die Wassertiefe.
b) Wiederhole die Messung an vier weiteren Stellen und trage alle Messwerte in eine Tabelle ein.

2. ☰ Ⓥ

Schraube einen weissen Plastikteller an eine lange Stange. Markiere die Stange im Abstand von 10 cm (Bild 2 A). Tauche den Teller ins Wasser, bis du ihn gerade noch sehen kannst. Lies die Sichttiefe ab und notiere den Wert.

3. ☰ Ⓥ

a) Baue ein Schöpfgefäss wie in Bild 2 B. Der Korken muss leichtgängig und an einem eigenen Seil befestigt sein. Knüpfe in das Halteband Knoten im Abstand von 1 m. Versenke das Gefäss. Löse den Korken. Ziehe das mit Wasser gefüllte Gefäss nach oben. Miss sofort die Temperatur des Wassers. Wiederhole die Messung in drei weiteren Wassertiefen und notiere die Werte.
b) Vergleiche die Messwerte mit den Werten in Bild 1.

4. ☰ Ⓠ

Begründe, warum du die Wassertemperatur in verschiedenen Wassertiefen nicht einfach mit einem abgesenkten Thermometer messen kannst.

Wasser- und Sichttiefe

Die **Wassertiefe** lässt sich mit einem Messlot messen. Die **Sichttiefe** eines Gewässers wird von der Trübung beeinflusst. Du kannst sie mit einem weissen Plastikteller messen, der an einer Stange befestigt ist. Der Teller wirft das Licht zurück, das von oben ins Wasser dringt.

Wassertemperatur und Sauerstoffgehalt

Die Temperatur in verschiedenen Wassertiefen kannst du mit einem Schöpfgefäss wie in Bild 2 B messen. Im Sommer wird das Oberflächenwasser von der Sonne erwärmt. Mit der Tiefe nimmt die Temperatur ab. Mit der **Wassertemperatur** ändern sich der **Sauerstoffgehalt** und damit die Lebensmöglichkeiten von Pflanzen und Tieren. Kaltes Wasser enthält mehr Sauerstoff als warmes Wasser. Trotzdem enthält das kalte Tiefenwasser weniger Sauerstoff als das wärmere Oberflächenwasser. Mit zunehmender Tiefe gelangt immer weniger Licht ins Wasser, so dass dort kaum noch Wasserpflanzen leben können. Während an der Oberfläche der Sauerstoffgehalt hoch ist, weil die Wasserpflanzen tagsüber durch Fotosynthese Sauerstoff produzieren können, nimmt der Gehalt mit der Tiefe ab.

> Wie führst du Untersuchungen zur Wassertiefe und zur Wassertemperatur in einem Gewässer durch? Welcher Zusammenhang besteht zum Sauerstoffgehalt?

Fliessgeschwindigkeit bestimmen

Wie schnell fliesst Wasser?

Wasser fliesst unterschiedlich schnell. Ein Bach kann gemütlich vor sich hin plätschern, bei Hochwasser aber auch zu einem reissenden Strom werden. In beiden Fällen ist die Fliessgeschwindigkeit des Wassers unterschiedlich gross.

Materialliste

- verschiedene Holzstücke, Korken, Blätter
- Messband oder anderes Messgerät für Distanzen
- Stoppuhr oder anderer Zeitmesser, z. B. Smartphone
- Fotoapparat/Smartphone
- Versuchsheft

Durchführung

❶ Sucht euch einen Bach oder Fluss, dessen Ufer frei zugänglich ist und an dem ihr gut Schwimmobjekte zu Wasser lassen könnt.

❷ Legt eine Strecke fest, die das Schwimmobjekt zurücklegen soll. Messt die Länge dieser Strecke. Markiert Anfang und Ende.

❸ Messt die Zeit, die das Objekt benötigt, um die Strecke zurückzulegen.

❹ Haltet den Ablauf des Experiments und die Messwerte tabellarisch fest. Führt das Experiment mit unterschiedlichen Objekten und in mehreren Gruppen durch.

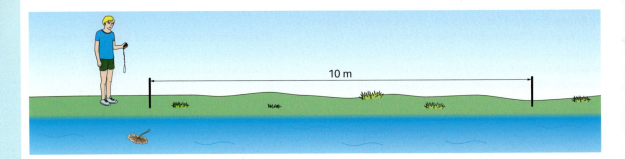

10 m

Auswertung

- Berechnet aus den Messwerten die Fliessgeschwindigkeit des Wassers.
- Vergleicht das Ergebnis mit anderen Gruppen aus eurer Klasse.
- Optimiert das Schwimmobjekt und die Messmethoden so, dass ihr möglichst genau die Fliessgeschwindigkeit bestimmen könnt.
- Fertigt ein aussagekräftiges Versuchsprotokoll an.

Berechnung der Fliessgeschwindigkeit:

$$\frac{\text{Strecke (z. B. 10 m)}}{\text{gestoppte Zeit in Sekunden}} = ... \frac{m}{s}$$

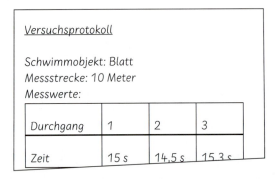

Versuchsprotokoll

Schwimmobjekt: Blatt
Messstrecke: 10 Meter
Messwerte:

Durchgang	1	2	3
Zeit	15 s	14,5 s	15,3 s

ACHTUNG

- Haltet Sicherheitsvorschriften ein.
- Beschädigt nicht die Ufervegetation.

Bestimmung von Sauerstoff und Luft in Wasserproben

Sauerstoffgehalt in Gewässern

Ohne Sauerstoff in Bächen, Flüssen, Seen und Meeren gibt es kein Leben im Wasser. Normalerweise haben diese Gewässer einen Sauerstoffgehalt von $9 \frac{mg}{l}$ bis $12 \frac{mg}{l}$. Sinkt er unter $4 \frac{mg}{l}$, ersticken Fische und andere Wassertiere.

Da sich mit steigender Wassertemperatur immer weniger Sauerstoff im Wasser löst, können heisse Tage im Sommer zu Sauerstoffmangel führen. Eine weitere Minderung des Sauerstoffgehalts ergibt sich durch die Pflanzen, die nachts Sauerstoff verbrauchen. Auch Fäulnis- und Abbauprozesse im Wasser benötigen grosse Mengen Sauerstoff.

❶ Bestimmung des Sauerstoffgehaltes

Spüle die Sauerstoff-Probeflasche deines Probensets mit dem zu untersuchenden Wasser zweimal aus und fülle sie dann luftblasenfrei bis zum Überlaufen. Gib nacheinander je fünf Tropfen von Reagenz 1 und Reagenz 2 zu. Verschliesse die Flasche mit dem abgeschrägten Stopfen luftblasenfrei und schüttle etwa 30 s lang. Gib dann 10 Tropfen von Reagenz 3 zu, verschliesse erneut und schüttle nochmals. Spüle mit der so erhaltenen Lösung das Messgefäss und fülle bis zur 5 ml-Markierung auf.

Setze es dann auf die Farbkarte auf und ordne es einer Farbe zu. Jetzt kannst du den Sauerstoffgehalt in $\frac{mg}{l}$ ablesen.

Untersuche so auch Wasserproben unterschiedlicher Herkunft, wie Regenwasser oder Teichwasser aus verschiedenen Tiefen.

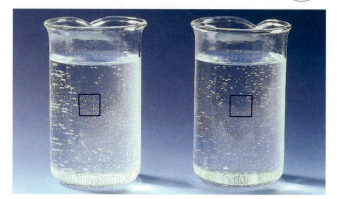

1 Gelöste Luft in Wasser

> **Ganz schön wenig**
> Ein Milligramm pro Liter $\left(\frac{mg}{l}\right)$ bedeutet, dass auf eine Million Teilchen eines Stoffes ein einziges Teilchen eines anderen Stoffes kommt.

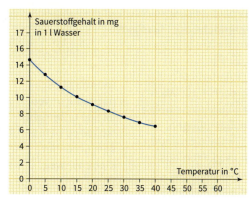

2 Sauerstoffgehalt bei verschiedenen Temperaturen

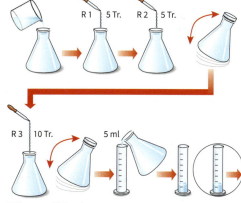

3 Sauerstoff-Bestimmung

❷ Unterschiedlich viel Luft in Wasser

Untersuche, ob sich in Wasser mehr Luft lösen lässt, wenn es mit einem Schwingbesen durchgerührt wird. Bringe 1 l Wasser zum Sieden und lass es abkühlen. Fülle es dann in zwei Bechergläser, auf die du zwei gleichgrosse Quadrate von 1,5 cm x 1,5 cm gezeichnet hast (Bild 1).

Rühre eine der Wasserproben kräftig mit dem Schwingbesen durch. Stelle anschliessend die Proben für etwa eine halbe Stunde an einen warmen Ort, zum Beispiel auf die Fensterbank. Zähle nach dieser Zeit die Luftbläschen in den markierten Bereichen und vergleiche.

PRAKTIKUM

Wasser – eine ganz normale Flüssigkeit

1.
Versuche, mithilfe eines kleinen Stückes Löschpapier eine Büroklammer zum Schwimmen zu bringen. Benutze als Flüssigkeit etwas Spiritus in einer kleinen Petrischale. Lege das Löschpapier mit der Büroklammer vorsichtig auf die ruhige Oberfläche der Flüssigkeit.

2.
a) Wiederhole Versuch 1 mit Wasser. Vergleiche deine Beobachtungen.
b) Teste auch andere Flüssigkeiten aus der Küche, zum Beispiel Speiseöl.

> **TIPP**
> Falls das Löschpapier nicht von alleine untergeht, stosse es behutsam unter der Klammer weg.

3.
Für viele Insekten ist die in Versuch 2 gefundene Eigenschaft des Wassers lebensnotwendig. Beschreibe diese Eigenschaft des Wassers.

4.
Stelle Glasröhrchen mit unterschiedlichem Durchmesser in Spiritus. Beschreibe deine Beobachtung.

5.
Wiederhole den Versuch 4 mit Wasser und vergleiche deine Ergebnisse. Formuliere daraus einen Je-desto-Satz.

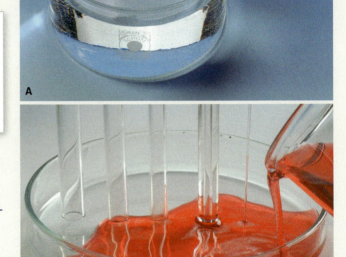
1 Wasser: **A** hat eine besondere Oberfläche, **B** in dünnen Röhrchen

Die Oberflächenspannung
Kleine Wassermengen bilden stabile, beim Fallen fast kugelförmige Tropfen. Es sieht so aus, als würden sie wie durch eine Haut zusammengehalten.

Laufen auf dem Wasser
Diese **Oberflächenspannung** bewirkt, dass Insekten auf einer Wasseroberfläche laufen können und dass kleine Gegenstände, die eigentlich schwerer sind als Wasser, darauf schwimmen können.

2 Fallende Wassertropfen sind nahezu kugelförmig.

3 Wasserläufer nutzen die Oberflächenspannung.

6. ≡ Ⓥ
Schmelze eine kleine Menge Kerzenwachs in einem Becherglas. Gib dann ein kleines Stück festes Wachs dazu. Beschreibe deine Beobachtungen.

7. ≡ Ⓥ
a) Fülle ein Becherglas mit Wasser und gib ein grosses Stückchen Eis hinein. Vergleiche deine Beobachtung mit Versuch 6.
b) Beschreibe die besondere Eigenschaft von festem Wasser.

8. ≡ Ⓠ
Nenne Tiere, die ohne die in Versuch 7 gefundene Eigenschaft des Wassers nicht überleben könnten.

9. ≡ Ⓠ
Erstelle eine Liste mit Stoffen und Gegenständen, die das Wasser transportieren kann. Unterscheide dabei sichtbare Stoffe wie zum Beispiel Holz von unsichtbaren Stoffen.

10. ≡ Ⓠ
Auf dem Wasserweg erreichen uns unterschiedliche Waren aus fremden Ländern. Finde mindestens 10 Beispiele.

11. ≡ Ⓠ
Nenne unterschiedliche Gewässer, auf denen Schiffe verkehren können.

12. ≡ Ⓠ
Nenne Stoffe und Materialien, die mit unseren Abwässern aus den Haushalten wegtransportiert werden.

4 A Festes Wachs in flüssigem Wachs, **B** Eis in Wasser

13. ≡ Ⓠ
Welche anderen schwimmenden Transportmittel gibt es noch? Stelle sie in einer Übersicht zusammen.

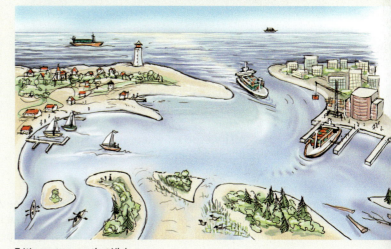

5 Wasser transportiert Vieles.

Die Adhäsion

Zwischen Wasser und vielen anderen Materialien herrscht eine Anziehungskraft, die **Adhäsion.** Deshalb haften Wassertropfen an einer Fensterscheibe und deshalb wird das Wasser an einer Gefässwand hochgezogen. In dünnen Röhren, **Kapillaren**, steigt das Wasser entgegen der Schwerkraft nach oben, und zwar umso höher, je dünner sie sind.

Schwimmen auf Wasser

Gibst du etwas festes Frittierfett in bereits geschmolzenes Fett in der Fritteuse, dann geht es unter. Das ist bei allen Stoffen so – nur nicht bei Wasser. Hier schwimmt der feste Stoff, das Eis, auf der Flüssigkeit. Ein Stück Eis nimmt mehr Raum ein als die gleiche Menge Wasser. Das Eis ist leichter als das flüssige Wasser und schwimmt deshalb. Diese besondere Eigenschaft des Wassers wird **Anomalie des Wassers** genannt.

Wir untersuchen einen See

1. Ⓐ

Was verstehst du unter einem gesunden See? Schreibe Stichwörter auf.

2. Ⓠ

Vergleicht die abgebildeten Seen miteinander. Welche abiotischen Faktoren bestimmen die einzelnen Seen? Wie sehen die Uferzonen aus? Welche Pflanzen und Tiere könnten hier jeweils leben? Stellt Vermutungen an. Vielleicht könnt ihr eure Vermutungen mit Fotos oder Texten belegen. Stellt die Ergebnisse eurer Arbeit in einem Kurzvortrag vor.

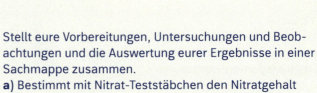

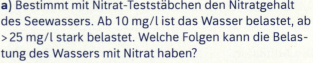

3. Ⓠ

Hinsichtlich der Grösse bestehen unter den Seen beträchtliche Unterschiede. Verschafft euch Informationen über einen grösseren See eurer Wahl und stellt ihn auf einem Plakat vor.

4. Ⓥ

Vielleicht gibt es in der Nähe eures Wohnorts einen See oder Teich. Plant eine Exkursion, bei dem ihr verschiedene Aspekte untersucht.

Stellt eure Vorbereitungen, Untersuchungen und Beobachtungen und die Auswertung eurer Ergebnisse in einer Sachmappe zusammen.

a) Bestimmt mit Nitrat-Teststäbchen den Nitratgehalt des Seewassers. Ab 10 mg/l ist das Wasser belastet, ab > 25 mg/l stark belastet. Welche Folgen kann die Belastung des Wassers mit Nitrat haben?

b) Denkt euch einen Versuch aus, mit dem ihr mit einfachen Geräten die Sichttiefe eines Sees bestimmen könnt. Führt diesen durch und stellt Vermutungen an, welche Bedeutung die Sichttiefe für die dort vorkommenden Lebewesen haben kann.

c) Wählt Pflanzen und Tiere eures Sees aus und stellt sie in Steckbriefen vor.

5. Q
Der Froschlöffel ist eigentlich eine Pflanze, die im Röhricht wächst. Sie gedeiht aber auch als Landpflanze oder als Unterwasserpflanze. Beschreibt, welche Veränderungen man an der Pflanze entsprechend ihrer unterschiedlichen Standorte erkennen kann.

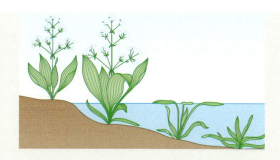

6. Q
a) Wozu brauchen die an einem See nistenden Vögel das Schilf?
b) Begründet, warum Seeufer oft unter Naturschutz stehen. Entwerft Regeln für das Verhalten am und auf einem See.
c) In welcher Zeit sollten Uferzonen auf jeden Fall von Menschen gemieden werden? Nutzt die nebenstehende Abbildung.

Brutzeiten von Wasservögeln

	März	April	Mai	Juni	Juli
Stockente		■	■		
Lachmöwe			■	■	
Teichhuhn			■	■	
Rohrsänger				■	■
Blesshuhn			■	■	
Rohrdommel		■	■		
Haubentaucher				■	■

7. Q
Stockenten sind in Körperbau und Lebensweise ihrem Lebensraum angepasst. Erstellt einen Steckbrief und stellt die Vögel und ihre Anpassungen in einem Kurzvortrag vor.

① Stockente
② Reiherente
③ Fluss-Seeschwalbe
④ Haubentaucher

8. ≣ A
Erklärt mithilfe der Abbildung und anhand des Informationstextes den Begriff der „ökologischen Nische" in Bezug auf die Nutzung von Nahrungsquellen durch verschiedene Wasservögel.

Seen sind verschieden

Wer schon einmal an einem naturbelassenen Waldsee entlanggewandert ist und in einem Naherholungsgebiet in einem Baggersee gebadet hat, wird festgestellt haben, dass See nicht gleich See ist. Ein naturbelassener See hat an der vom Wind geschützten Seite meist eine dicht bewachsene **Uferzone**. Auch im Wasser wachsen zahlreiche Pflanzen. Im Dickicht der Pflanzen leben viele Tiere. Das Wasser ist klar und sauerstoffreich. Als Badeseen werden häufig Baggerseen genutzt. Sie haben meist Schotter- oder Sandufer oder künstlich angelegte Grasufer. Im Uferbereich gedeihen nur wenige Pflanzen. Die Aktivitäten der Menschen haben die meisten Tierarten vertrieben. Neben den Seen sind auch die kleineren und flacheren Weiher, Teiche und Tümpel stehende Gewässer.

1 Weide
2 Erle
3 Segge
4 Blutweiderich

5 Wasserschwertlilie
6 Pfeilkraut
7 Froschlöffel
8 Rohrkolben
9 Schilf
10 Binse
11 Teichsimse

12 Wasserknöterich
13 Seerose
14 Teichrose

15 Wasserpest
16 Tausendblatt
17 Krauses Laichkraut
18 Hornblatt

19 Armleuchteralgen
20 Algen

Tiefenalgenzone   Tauchblattzone   Schwimmblattzone   Röhricht   Erlenzone

1 Pflanzenzonen eines naturbelassenen Sees

Die Pflanzenzonen eines Sees

Geht man über einen Steg vom Land zum offenen Wasser, erkennt man, dass sich der Pflanzenbewuchs des Uferbereichs auf einer Strecke von wenigen Metern schnell ändert. Der Pflanzenwuchs wird scheinbar niedriger. Zuletzt ragen nur noch schwimmende Blätter und Blüten über die Wasseroberfläche. Weiter draussen sind die Pflanzen ganz untergetaucht.

Im Uferbereich, der **Erlenzone,** wachsen Weiden und Erlen. Darunter blüht der Blutweiderich: Binsen und Seggen breiten sich aus. Die Pflanzen hier vertragen ständig hohes Grundwasser oder teilweise Überflutung.

Etwas weiter am Uferrand, wo immer Wasser steht, beginnt das **Röhricht.** Hier gedeihen Schilf und Rohrkolben. In dieser Zone wachsen auch Schwertlilie, Pfeilkraut und Froschlöffel. Sie kommen bis zu einer Wassertiefe von 1,5 m vor.

An das Röhricht schliesst sich die **Schwimmblattzone** an. Zu den Schwimmblattpflanzen zählen gelb blühende Teichrosen und weiss blühende Seerosen sowie der rosa blühende Wasserknöterich.

Je tiefer das Wasser wird, um so mehr treten die Schwimmpflanzen zurück. Andere Wasserpflanzen, die ganz untergetaucht leben, breiten sich aus. In dieser **Tauchblattzone** finden wir Pflanzen wie Laichkräuter, Tausendblatt, Wasserpest und Hornkraut. Stängel und Blätter dieser Pflanzen werden vom Wasser gestützt und benötigen daher keine Schutzschicht oder ein Festigungsgewebe. Die Blätter sind oft sehr klein oder zerschlitzt.

In der **Tiefalgenzone** wachsen in klaren Seen Quellmoos und blütenlose Armleuchteralgen, die auf dem Seeboden grosse Unterwasserwiesen bilden. Andere Algen, das pflanzliche Plankton, findet man in allen Zonen des Sees. Sie sind winzig und bestehen meist nur aus einer oder wenigen Zellen. Je nach Trübung des Wassers können ab 5 m bis 10 m Tiefe keine Pflanzen mehr wachsen, weil das Sonnenlicht nicht mehr zur Fotosynthese ausreicht.

Die Tiere eines Sees

An einem naturnahen Gewässer leben viele Tiere auf engem Raum. Am Beispiel unterschiedlicher Vogelarten kann man beobachten, wie dieses Zusammenleben gelingt, ohne dass die einzelnen Arten in Konkurrenz zueinander treten.

Stockenten bevorzugen pflanzliche Nahrung. Sie tauchen von Zeit zu Zeit Kopf und Vorderkörper ins Wasser und durchpflügen mit offenem Schnabel den schlammigen Grund auf der Suche nach Teilen von Wasserpflanzen, aber auch Insektenlarven, Würmern und Schnecken. Wenn sie den Schnabel schliessen, wird der Schmutz mit dem Wasser herausgedrückt. Die Nahrung bleibt bei diesem Seihschnabel zwischen den Hornleisten wie in einem Sieb hängen und wird verschluckt. **Reiherenten** können ganz untertauchen. Sie suchen ihre Nahrung in grösserer Tiefe und bleiben bis zu 40 Sekunden unter Wasser. Dabei erbeuten sie kleine Muscheln, Schnecken, aber auch Insektenlarven und Würmer.

2 Tiere an einem naturbelassenen See: **A** Uferzone eines Sees, **B** Haubentaucher, **C** Reiherente, **D** Teichmolch

Ökologischen Nischen im See

Haubentaucher sind ausgezeichnete Taucher. Sie gleiten in bis zu 7 m Tiefe hinab. Ihre Beute sind kleine Fische, die sie mit dem spitzen Schnabel packen und ganz hinunterschlucken. Wenn **Fluss-Seeschwalben** aus der Luft einen Fisch erspähen, legen sie die Flügel an und schiessen wie ein Pfeil ins Wasser. Die Beute wird im Flug verzehrt. Die einzelnen Arten haben sich also auf unterschiedliche Bereiche eines Sees und das dort verfügbare Nahrungsangebot spezialisiert. Wie die Nahrungsreviere sind auch die Nester der Vögel in den Pflanzenzonen unterschiedlich verteilt. Stockenten brüten an Land, Reiherenten auf kleinen Inseln. Haubentaucher bauen ein schwimmendes Nest am Rand des Röhrichts. Fluss-Seeschwalben nisten an Ufern ohne Pflanzenbewuchs. Die Vogelarten zeigen unterschiedliche Angepasstheiten an den Lebensraum, wo sie Schutz finden, Nahrung suchen und Junge aufziehen. Man bezeichnet diese Spezialisierung als **ökologische Nische.** Dadurch ist es möglich, dass viele Arten auf engstem Raum nebeneinander leben können.

Im Uferbereich sind der Boden und die Pflanzen von zahlreichen Tierarten besiedelt. Hier findet man Wasserinsekten, Würmer und Schnecken. Frösche und Teichmolche nutzen die Uferzonen, kommen aber auch in grösseren Wassertiefen vor. Im freien Wasser eines Sees leben Fische wie Rotauge und Hecht.

Ein See ist also nicht nur durch seine abiotischen Faktoren wie Fliessgeschwindigkeit oder Wassertemperatur gekennzeichnet, sondern auch durch Pflanzen, Tiere und ihre Beziehungen zueinander. Diese belebten Einflüsse nennt man **biotische Faktoren.**

Welche Pflanzenzonen hat ein See? Wie nennt man die belebten Einflüsse eines Gewässers?

Einzeller – winzige Seebewohner

1. V

In einem Wassertropfen kannst du unter dem Mikroskop verschiedenste Kleinstlebewesen entdecken. An folgenden Stellen lässt sich gut Material entnehmen:

– Gartenteich: Abgeschabtes von Pflanzenstängeln, Steinen oder vermodernden Blättern und anderen Pflanzenteilen
– Aquarium: Bodensatz
– Blumenvase mit älterem Blumenwasser: Tropfen von der Kahmhaut an der Oberfläche
– Heuaufguss: wenig Heu in einem grossen Glas mit Teichwasser auffüllen, ein bis zwei Wochen stehen lassen, Tropfen aus der Kahmhaut

Am besten gibst du die Probe direkt auf einen Objektträger, deckst den Tropfen mit einem Deckgläschen ab und mikroskopierst die Lebewesen sofort.

a) Vergleiche die Lebewesen unter folgenden Gesichtspunkten:

– Farbe: Welche Rückschlüsse kannst du auf die Ernährungsweise ziehen?
– Beweglichkeit: Beschreibe Bewegungsweisen.
– Grösse: Schätze die Zellgrösse mithilfe von Millimeterfolie oder durch Grössenvergleiche
– Form, Zahl und Anordnung der Zellen: Zeichne typische Formen.
– Verhalten: Beschreibe Reaktionen auf Reize wie beim Anstossen an Hindernisse.

b) Bestimme einige der Lebewesen. Benutze dazu die Pinnwand „Leben im Wassertropfen" oder ein Bestimmungsbuch.

c) Notiere mithilfe eines Bestimmungsbuches einige Eigenschaften der gefundenen Arten.

Anhand des Vorkommens bestimmter Arten kann man auch Rückschlüsse auf die Wassergüte eines Gewässers ziehen.

2. ≡ V

Fotografiere einige der mikroskopierten Lebewesen zum Beispiel mithilfe einer auf das Mikroskop aufgesetzten Digitalkamera. Du kannst auch kurze Filmsequenzen aufnehmen und am Bildschirm deiner Klasse vorführen.

A
B
C
D
E
F

3. ≡ A

Das Mikrofoto links zeigt Kleinstlebewesen aus einem Teich. Bestimme mithilfe der Pinnwand „Leben im Wassertropfen" die mit Buchstaben gekennzeichneten Lebewesen.

4. ≡ A

Notiere die für Lebewesen typischen Kennzeichen. Erkläre Beispiele, welche davon sich bei Einzellern unter dem Mikroskop direkt beobachten lassen.

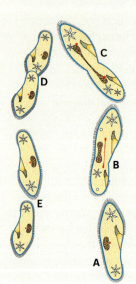

C
D
B
E
A

5. ≡ A

Beschreibe den hier skizzierten Vorgang möglichst genau. Welche Kennzeichen von Lebewesen, die man nicht immer so einfach beobachten kann, sind hier am Beispiel eines Pantoffeltierchens dargestellt?

Bachflohkrebse

Vorkommen und Aussehen

Der Bachflohkrebs gehört zu den häufigsten Bewohnern der kleinen und mittleren nicht zu stark verschmutzten Fliessgewässer in Mitteleuropa. Um sie aufzuspüren, hält man ein feinmaschiges Netz in Strömungsrichtung hinter einen Stein auf den Gewässergrund. Dann dreht man den Stein um und fängt alle sich darunter befindenden Bachflohkrebse ein.

Bachflohkrebse brauchen viel Sauerstoff und eine relativ kühle Wassertemperatur. Temperaturen über 28 °C vertragen sie nicht. Eine starke Population von Bachflohkrebsen ist ein Zeichen für eine gute Wasserqualität. Flohkrebse bewegen sich seitlich über den Gewässergrund und „paddeln", wenn es sein muss, mit dem Hinterleib auch gegen die Strömung an.

1 Bachflohkrebse werden bis zu 22 mm gross, wobei die Männchen normalerweise etwas grösser sind als die Weibchen. Sie haben einen dunklen, meist bräunlichen Panzer.

Ernährung

Bachflohkrebse ernähren sich vorwiegend von Falllaub, das von den Bäumen der Umgebung ins Gewässer gelangt. Sie können sich aber auch von organischen Nahrungspartikeln aller Art ernähren, welche sie aus dem Wasser herausfiltern. Ist diese Nahrungsquelle knapp, wurde auch schon Kannibalismus beobachtet.

Fortpflanzung

Nach etwa zehn Häutungen ist der Flohkrebs geschlechtsreif. Zur Befruchtung klammert sich ein Männchen für etwa 8 Tage an das Weibchen, ohne loszulassen. Das Weibchen legt in dieser Zeit zwischen 8 und 100 Eier. Die Jungen schlüpfen nach etwa 3 bis 4 Wochen. Danach beginnen sie ihr eigenes, etwa zehnmonatiges Leben, in dem sie sich sechs- bis neunmal fortpflanzen können.

Bachflohkrebse züchten

Um Bachflohkrebs zu züchten, eignet sich ein Behälter, der grösser als ein Einmachglas ist. In das Becken füllt man etwas Bodengrund und Bodenschlamm. Wenn das erledigt ist, kann mit der Zucht begonnen werden. Aus den Eiern, die man in einer Zoohandlung kaufen kann, schlüpfen fertig entwickelte Flohkrebse. Diese beginnen schnell mit der Nahrungsaufnahme. Die Nahrung finden sie in Form von Bodenschlamm (Mulm), Algen, zerfallenen Pflanzen und Fischkot. Als Futter eignen sich alle Arten pflanzlicher Nahrung, also auch verschiedene Küchenabfälle. Jedoch sollte nicht zu viel gefüttert werden, da die Zersetzung von Futter den Sauerstoff im Zuchtbecken schnell verbrauchen kann.

1. Wovon ernähren sich Bachflohkrebse hauptsächlich?

2. Welche Zuchtbedingungen müssen für eine erfolgreiche Zucht herrschen?

3. Überlege dir den natürlichen Nutzen von Flusskrebsen!

STREIFZUG

Leben im Wassertropfen

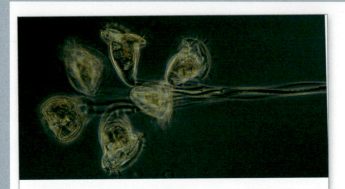

Glockentierchen
Einordnung und Körperbau: Wimpertierchen ·
verwandt mit den Pantoffeltierchen
Fortbewegung: mit beweglichen Stielen an
Pflanzen und Steinen sitzend

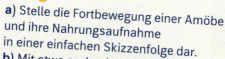

a) Stelle die Fortbewegung einer Amöbe
und ihre Nahrungsaufnahme
in einer einfachen Skizzenfolge dar.
b) Mit etwa sechzehn aufeinander
folgenden Skizzen kannst du die Vorgänge wie in einem Film in Form eines
Daumenkinos „lebendig" werden lassen.

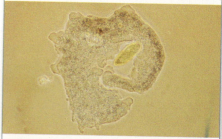

Rädertier
Körperbau:
mehrzelliges
Tier aus etwa
100 Zellen · bis
0,5 mm gross ·
viele verschie-
dene Arten
Fortbewegung:
mit beweglichem
Fuss
Ernährung: Bakterien und Einzeller ·
zwei Wimperkränze strudeln Nahrung in
den Mund, diese sehen wie sich drehende Rädchen aus

Amöben
Einordnung und Körperbau: über
1 mm gross · tierische Einzeller ·
wechselnde Gestalt, daher auch
„Wechseltierchen" genannt
Fortbewegung: mit Scheinfüsschen an Pflanzen und Untergrund
kriechend · Oberfläche wird ausge-
stülpt, Zellplasma fliesst hinein,
Scheinfüsschen wird grösser,
restliches Plasma wird von hinten
nachgezogen
Ernährung: Bakterien und Einzeller · Nahrung wird durch Scheinfüsschen umflossen, in Nahrungsbläschen aufgenommen und
verdaut

Bakterien

Einordnung und Körperbau:
Einzeller · 0,001 mm
bis 0,01 mm ·
einzeln oder in
Gruppen

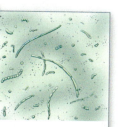

Fortbewegung: beweglich oder
unbeweglich
Ernährung: bauen abgestorbene
Tier- und Pflanzenreste ab · dienen
selbst als Nahrung vieler Lebewesen

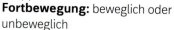

Kugel-Blaualge

Ringalge

Schwingalgen

Blaugrüne Bakterien

Einordnung und Körperbau: Einzeller ·
einzeln oder Fäden oder Gruppen bildend
Ernährung: durch Fotosynthese mithilfe
des grünen Farbstoffs Chlorophyll · früher
als „Blaualgen" bezeichnet · im Sommer
Massenvermehrung · „Algenblüten"

2. ≡ Ⓐ
Erläutere am Beispiel des Glockentier-
chens und des Hüllenflagellaten, dass
die Einteilung in Pflanzen oder Tiere
bei den Einzellern nicht einfach ist.

3. ≡ Ⓐ
Die Algen im Plankton müssen in den
oberen Wasserschichten schweben, um
für die Fotosynthese genügend Licht
zu erhalten. Beschreibe Schwebeein-
richtungen der abgebildeten Algen.

Hüllenflagellat

Der Hüllenflagellat kann mithilfe der
Geisseln und des Augenflecks auf
Licht-reize reagieren.

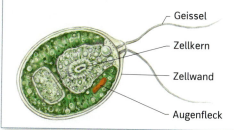

Geissel

Zellkern

Zellwand

Augenfleck

Zackenrädchen

Kamm-Kieselalge

Hüllenflagellat

Schwebsternchen

Mondalge

Gürtelalge

Schraubenalge

Mosaik-Grünalge

Algen

Einordnung und Körperbau:
einfache Pflanzen · viele Arten ·
Einzeller · Mehrzeller · Gruppen
oder Fäden bildend
Fortbewegung: unbeweglich
oder durch Geisseln beweglich
Ernährung: Fotosynthese ·
Chloroplasten oft mit unge-
wöhnlichen Formen: becher-
oder schraubenförmig

Nahrungsbeziehungen im See

1. ≡ Ⓐ
a) Erläutert die Nahrungskette von Abbildung 2. Benutzt dazu die Begriffe „Produzenten" und „Konsumenten".
b) Welcher Teil des Stoffkreislaufs fehlt?

2. ≡ Ⓐ
Welche Lebewesen stehen am Anfang einer Nahrungskette in einem See? Stelle einige Vertreter vor.

3. ≡ Ⓐ
Welche Lebewesen in einem See gehören zu den Destruenten? Welche Aufgabe erfüllen sie?

4. ≡ Ⓐ
Was stellt die folgende Abbildung dar? Ergänzt die fehlenden Begriffe.

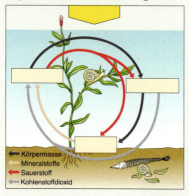

← Körpermasse
← Mineralstoffe
← Sauerstoff
← Kohlenstoffdioxid

5. ≡ Ⓐ
Stellt euch vor, alle Fische in einem See wären verschwunden. Welche Auswirkungen hätte dies auf die anderen Lebewesen im See? Beschreibt.

→ wird gefressen von

6. Ⓠ
Die Abbildungen zeigen verschiedene Pflanzen und Tiere eines Sees.
a) Welche Lebewesen sind abgebildet? Ordnet jeder Abbildung den richtigen Namen zu: Blesshuhn, Flohkrebs, Gelbrandkäferlarve, Graureiher, Haubentaucher, Hecht, Kaulquappe, Libellenlarve, Pflanzenreste, pflanzliches Plankton, tierisches Plankton, Rotauge, Ruderwanze, Schlammröhrenwurm, Schwebe- und Sinkstoffe, Stechmückenlarve, Teichmuschel, Teichrose, Wasserfloh, Wasserschnecke.
b) Stellt aus diesen Lebewesen ein Nahrungsnetz zusammen.
c) Erstellt Folien mit dem PC und präsentiert sie mithilfe eines Präsentationsprogramms.

Von den Produzenten zum Endkonsumenten

Im Wasser eines Sees schweben winzige Algen. Sie sind die wichtigste Grundlage für die Ernährung aller tierischen Lebewesen im Wasser. Denn nur grüne Pflanzen, zu denen Algen und Wasserpflanzen gehören, können mithilfe des Sonnenlichts aus Wasser und Kohlenstoffdioxid Nährstoffe herstellen. Sie gehören zu den **Produzenten.** Von ihnen ernähren sich alle Pflanzenfresser wie der Wasserfloh. Er ist ein **Konsument** erster Ordnung. Aber auch Wasserflöhe können gefressen werden, zum Beispiel von Libellenlarven. Eine Libellenlarve ist dann ein Konsument zweiter Ordnung. Viele Fische ernähren sich von im Wasser lebenden Kleintieren, so auch das Rotauge. Es ist ein Konsument dritter Ordnung. Rotaugen wiederum sind eine Beute für grössere Raubfische wie den Hecht. Dieser wird dann als Konsument vierter Ordnung bezeichnet. Er hat keine natürlichen Feinde und steht deshalb als **Endkonsument** an der Spitze der **Nahrungspyramide.**

Nahrungsketten und Nahrungsnetze

Die Lebewesen im See bilden **Nahrungsketten.** Am Anfang einer Nahrungskette stehen stets Pflanzen. Dann folgen Pflanzenfresser, die wiederum von Fleischfressern verzehrt werden. Dieses einfache Modell entspricht jedoch nur teilweise der Wirklichkeit. Meist ernährt sich ein Tier von unterschiedlichen Pflanzen oder fängt verschiedene Beutetiere. Die verschiedenen Nahrungsketten verknüpfen sich zu einem **Nahrungsnetz**. Räuber und Beute hängen voneinander ab, ohne dass eine Art ausstirbt. So entsteht in einem natürlichen See ein **ökologisches Gleichgewicht.**

Destruenten schliessen den Stoffkreislauf

Abgestorbene Lebewesen sowie tierische oder pflanzliche Abfälle werden durch Bakterien, Pilze und weitere **Destruenten** zersetzt. Zu ihnen gehören zum Beispiel Kleinkrebse und Würmer. Diese Zersetzer bauen die organischen Bestandteile ab. Dabei entstehen lösliche Mineralstoffe und Kohlenstoffdioxid, die von Pflanzen wieder aufgenommen werden. Somit schliesst sich der **Stoffkreislauf.**

> In welcher Beziehung stehen die einzelnen Lebewesen eines Sees?

A

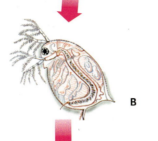
B

C

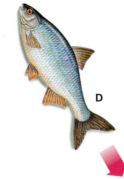
D

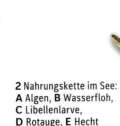
E

2 Nahrungskette im See:
A Algen, **B** Wasserfloh,
C Libellenlarve,
D Rotauge, **E** Hecht

1 Nahrungspyramide

Wenn der Mensch eingreift

Liebe Wassersportfreunde!

Das Befahren des Sees mit Booten bis
1 m Breite und 6 m Länge ist erlaubt vom:

16. Juli bis 30. September von 8 bis 19 Uhr
und vom
1. Oktober bis 31. Januar von 8 bis 16 Uhr

Vom 1. Februar bis zum 15. Juli darf das Gewässer
nicht befahren werden. Das Ein- und Aussteigen
ist nur an den gekennzeichneten Stellen zu-
lässig. Motorboote sind gänzlich verboten.
Ein Verstoss stellt eine Ordnungswidrigkeit dar.

Der Oberstadtdirektor

1.

a) Lies den Text auf dem abgebildeten Schild. Hältst du die Hinweise für überzogen? Begründe deine Meinung.
b) Werte die unten stehende Tabelle zu den störungs-empfindlichen Zeiten von Fischen, Wasservögeln und Lurchen aus und überprüfe deine Meinung.

J	F	M	A	M	J	J	A	S	O	N	D
					Brasse						
	Hecht										
				Rotfeder							
			Blesshuhn								
			Krickente								
					Wasser-frosch						
			Kammolch								

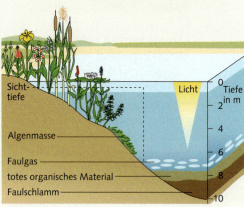

Sicht-tiefe

Licht

Tiefe in m

0
2
4
6
8
10

Algenmasse

Faulgas

totes organisches Material

Faulschlamm

2.

a) Nenne mögliche Ursachen für die Eutrophierung eines Sees.
b) Erläutere mithilfe der Abbildung und des Informationstextes die Folgen der Eutrophierung für das Ökosystem See.
c) An stark belasteten Seen wird manchmal Luft mittels Schläuchen in den See gepumpt und dort über Düsen verteilt. Erkläre den Sinn dieser Massnahme.

3. ⓠ

a) Diskutiert in einem Rollenspiel die unterschiedlichen Interessen bei der Nutzung eines Sees. Wählt dazu je einen Vertreter eines Wassersportvereins, des Fremdenverkehrs, der Landwirtschaft, der Fischzucht und des Naturschutzes.
b) Informiert euch zuvor in Sachbüchern, im Internet oder bei Fachleuten über die Interessen und Argumente der jeweiligen Position.
c) Bestimmt einen Gesprächsleiter, der die Gesprächsleitung übernimmt. Er führt mit einer kurzen Begrüssung in die Diskussion ein und beendet diese mit einer Zusammenfassung.

Fremdenverkehr

Wassersport

Nutzung des Sees

Landwirtschaft

Fischzucht

Naturschutz

1 Strandbad

Freizeitaktivitäten belasten den See

Seen sind beliebte Freizeitgebiete. Für Wassersportler bieten sie verschiedene Aktivitäten wie Segeln, Surfen oder Bootfahren. Andere suchen beim Wandern die Nähe zur Natur, campen am Ufer oder erfrischen sich beim Baden im kühlen Nass.

Die vielfältigen Freizeitaktivitäten beeinflussen jedoch das empfindliche Ökosystem See nachhaltig: So benötigen viele Tierarten **Rückzugsräume** und Ruhezeiten, in denen sie vor Störungen sicher sind. Werden Vögel beim Brüten oder bei der Jungenaufzucht aufgescheucht, verlassen viele von ihnen ihren Lebensraum. Bei Fischen sind die Laichzeit und die Zeit kurz nach dem Schlüpfen der Larven empfindliche Phasen. Paddel- und Motorboote können hier besonders stören.

Menschliche Eingriffe beeinflussen auch die Pflanzenzonen eines Sees: Durch Bootsanleger und Badestellen wird das **Röhricht** zurückgedrängt. Damit verschwindet die Lebensgrundlage vieler Tierarten. Besonders nachteilig ist die Zerstörung der Schilfgürtel, da Schilf zur Selbstreinigung des Wassers beiträgt. Durch neu angelegte Campingplätze, Wanderwege und Strandbäder schwindet auch die Erlenzone. Allmählich verliert das Ufer so seinen natürlichen Schutzsaum und ist damit dem Wind und Wellenschlag ausgesetzt. In der Folge wird fruchtbarer Boden weggespült. Der See verändert sein Aussehen.

Weitere Belastungen kommen hinzu. Urlauber lassen ihren **Müll** achtlos zurück oder werfen ihn unbedacht ins Wasser. Tierliebhaber füttern Wasservögel und locken damit Stockenten und Schwäne in Scharen an. Nicht gefressenes Futter sinkt auf den Grund des Sees und verfault dort. Zusätzlich wird Wasser durch Kot belastet.

Belastungen durch Landwirtschaft und Abwässer

Äcker und Weiden werden mit **Mineralstoffen** wie Phosphat und Nitrat sowie mit Gülle gedüngt. Besonders bei intensiver Landwirtschaft gelangt ein Teil dieser Dünger mit dem Regen in die Bäche und Flüsse und anschliessend in die Seen. Durch unzureichend geklärte Abwässer von Camping- und Badeplätzen werden weitere Mineralstoffe in den See eingeschwemmt.

Auf diese Weise sammeln sich im See mehr Mineralstoffe an als von den Wasserpflanzen aufgenommen werden können. Es kommt zur **Eutrophierung** des Sees, in deren Folge sich Algen massenhaft vermehren. Man spricht von einer **Algenblüte.** Das Wasser ist nun grün und trüb. Die Oberfläche des Sees ist dann häufig von einem Schleim aus blaugrünen Bakterien überzogen.

2 Belastung eines Sees und seine Folgen:
A Gülleausbringung, **B** Algenblüte

Ein See kann „umkippen"

Das trübe Wasser lässt nur wenig Licht hindurch, so dass viele Pflanzen absterben und zu Boden sinken. Hier werden sie von Destruenten zunächst mithilfe von Sauerstoff abgebaut. Durch das Überangebot an abgestorbenem Pflanzenmaterial wird dann aber der gesamte Sauerstoff am Grund des Sees verbraucht. Dieser Sauerstoffmangel kann alle Bereiche des Sees erfassen. Man spricht dann vom **„Umkippen"** des Sees. Die verbliebenen Pflanzenreste bilden einen schwarzen, übel riechenden Faulschlamm. In ihm leben Bakterien, die giftige Faulgase bilden. Der See wird nun zu einem lebensfeindlichen Ort.

Die Gewässergüte lässt sich bestimmen

3. Ⓥ
Bevor ihr die Güte eines Gewässers bestimmt, solltet ihr euch von diesem einen ersten Überblick verschaffen. Hierzu gehört nicht nur die Beschaffenheit der Uferzonen und die Vielfalt der Pflanzen, sondern auch die Lage und die Umgebung des Gewässers. Zur Bestandsaufnahme gehören auch Wetterbedingungen, Farbe und Trübung des Wassers, Schaumbildung und Geruchsintensität.
Fertigt dazu ein Protokoll an.

1. ☰ Ⓐ
Nenne Gründe, warum die Güte eines Gewässers manchmal bestimmt wird.

2. ☰ Ⓐ
Gib verschiedene Methoden zur Bestimmung der Gewässergüte an.

4. ☰ Ⓐ
Vergleiche die Aussagekraft einer chemischen und einer biologischen Untersuchung zur Gewässergüte.

Lebensraum Wasser

Wasser ist der Lebensraum vieler verschiedener Pflanzen- und Tierarten. Welche Pflanzen und Tiere in einem Gewässer vorkommen, hängt von der **Gewässergüte** ab.

Gewässergüte

Um die Güte eines Gewässers zu beurteilen, lassen sich verschiedene Untersuchungen durchführen. Hierzu gehören die Bestimmung **abiotischer Faktoren** wie Wassertemperatur, Säuregrad (pH-Wert), Sauerstoff- und Mineralstoffgehalt. Bei der Untersuchung **biotischer Faktoren** gibt das Vorkommen bestimmter pflanzlicher und tierischer Lebewesen Hinweise auf die jeweilige Gewässergüte.

Optische Einschätzung der Gewässergüte

Zur optischen Einschätzung der Gewässergüte wird das Gewässer auf **Trübung** und **Sichttiefe** untersucht. Grünalgen und Trübstoffe im Wasser behindern den Lichteinfall. So kann bereits dicht unter der Wasseroberfläche keine Fotosynthese mehr stattfinden. Damit sinkt der für Lebewesen nötige Sauerstoffgehalt des Wassers. Wenn sich am Gewässergrund Pflanzenreste zersetzen, können Faulgase entstehen. Sie steigen auf und bilden Blasen an der Wasseroberfläche.

Beispiele	pH-Wert Bezeichnung	Wirkung auf Lebewesen
	0 sauer	
Batteriesäure	1	
Essigsäure	2	
	3	• tödlich für alle Tiere bis auf einige Planktonarten • tödlich für Aal und Bachsaibling
Orangensaft	4	• tödlich für Flussbarsch und Hecht • Fortpflanzung für kaum eine
reiner Regen	5	Fischart möglich • Forelle und Lachs schlüpfen nicht
	6	
menschlicher Urin	7 neutral	
Seewasser	8	
	9	
	10	
	11	
Ammoniak	12	
	13	
Natronlauge	14 alkalisch	

1 Wirkung des pH-Werts auf Lebewesen in Gewässern

Chemische Bestimmung der Wassergüte

Genauer lässt sich die Gewässergüte chemisch beurteilen. Dazu werden unter anderem der Gehalt an Sauerstoff, der Säuregrad (pH-Wert) und der Gehalt von vorhandenen gelösten Mineralstoffen wie Nitraten und Phosphaten überprüft. Nitrate und Phosphate sind Mineralstoffe, die als Dünger in Gewässer gelangen können.

Der pH-Wert gibt an, ob ein Wasser sauer, neutral oder alkalisch ist. Je weiter der Wert von pH 7 abweicht, desto weniger Tierarten kommen im Gewässer vor. Die Werte können allerdings stark schwanken, zum Beispiel nach Regenfällen. Die chemische Bestimmung der Gewässergüte ist daher eher als eine Momentaufnahme anzusehen.

Biologische Bestimmung der Gewässergüte

Häufig ist auch eine biologische Bestimmung der Gewässergüte sinnvoll. Manche Lebewesen benötigen sehr sauberes Wasser. Andere können auch in verunreinigtem Wasser leben. Lebewesen, die nur bei einer gewissen Wassergüte vorkommen, werden **Zeigerorganismen** (auch **Leitorganismen** oder **Bioindikatoren**) genannt.

Wenn Tiere längere Zeit in verunreinigtem Wasser leben müssen oder wenn die Verunreinigungen kurzfristig sehr stark sind, beginnt der Rückgang empfindlicher Arten. So lässt sich an den im Gewässer vorkommenden Arten und ihrer Häufigkeit die langfristige Gewässergüte ablesen.

Gewässergüteklassen

Mithilfe der chemischen und biologischen Bestimmung der Gewässergüte kann man vier **Gewässergüteklassen** mit Zwischenstufen unterscheiden. Die Gewässergüteklasse I steht für unbelastetes bis sehr gering belastetes Wasser. Die Güteklassen II bis IV weisen auf zunehmende Verschmutzung hin.

Welche optischen, chemischen und biologischen Methoden zur Bestimmung der Wassergüte gibt es?

Güte-klasse	Zustand	Sicht-tiefe (cm)	Wasser-tempera-tur (°C)	Sauer-stoff ($\frac{mg}{l}$)	pH-Wert	Nitrat ($\frac{mg}{l}$)
I	**unbelastet:** klar, kaum Lebewesen, da wenig Mineralstoffe, Trinkwasserqualität Z: zahlreiche Arten von Algen in geringer Anzahl · wenig Kleintiere	> 200	10 – 12	> 8	7,0	0 – 1
I – II	**gering belastet:** klar, Mineralsalze, Uferbewuchs, Wasserpflanzen und Tiere, Badeseen	150 – 200	12 – 14	7 – 8	7,5 6,0	1 – 1,5
II	**mässig belastet:** leichte Trübung durch Algen und pflanzliche Überreste Z: sehr grosse Artenvielfalt und grosse Dichte von Algen, Wimperntierchen und Rädertieren · reicher Pflanzenwuchs · Wasserpflanzenbestände bedecken grössere Fläche	100 – 150	14 – 16	6 – 7	8,0 5,5	1,5 – 2,5
II – III	**kritisch belastet:** trüb durch Algen und Bakterien, am Boden Faulschlamm	70 – 100	16 – 18	5 – 6	8,5 5,0	2,5 – 5
III	**stark verschmutzt:** stark getrübt durch Bakterien, Fäulnisvorgänge, kaum Fische Z: viele Abwasserbakterien und Wimperntierchen	40 – 70	18 – 22	3 – 5	9,0 5,5	5 – 30
III – IV	**sehr stark verschmutzt:** sehr starke Trübung verursacht durch Abwässer, Fäulnis	20 – 40	22 – 24	2 – 3	9,5 5,0	30 – 50
IV	**übermässig verschmutzt:** übel riechend Z: ausser Fäulnisbakterien keine Lebewesen	< 20	> 24	< 2	10 < 5	> 100

2 Messwerte und Zeigerorganismen (Z) zur Bestimmung der Gewässergüte. < kleiner als, > grösser als

Gewässergüte eines Sees

Hinweise für die Teamarbeit

Die interessantesten Erkenntnisse über ein stehendes Gewässer wie einen Teich oder See erhaltet ihr, wenn ihr es selber erkundet. Auf diesen Seiten findet ihr Vorschläge für Untersuchungen, die von mehreren Teams an unterschiedlichen Stellen des Gewässers durchgeführt werden können.

- Erkundet die Lage und Umgebung des Gewässers.
- Sucht geeignete Positionen, an denen ihr die Untersuchungen durchführen könnt.
- Führt die Messungen und andere Untersuchungen durch und haltet euer Vorgehen und die Messwerte in Protokollen fest.
- Vergleicht eure Messergebnisse mit den Werten in der Tabelle in Abbildung 2 auf Seite 121.
- Wenn ihr alle Ergebnisse zusammengetragen habt, könnt ihr die Gewässergüte bestimmen.
- Präsentiert die Ergebnisse eurer Gewässeruntersuchung in geeigneter Form.

ALLE TEAMS
Messen der Sichttiefe

- Baut ein Gerät zur Messung der Sichttiefe eines Gewässers (Abbildung).
- Markiert die Schnur im Abstand von je 50 cm mit Knoten oder farbigen Fäden.
- Senkt die Scheibe bis auf den Grund oder so tief, bis ihr sie nicht mehr erkennen könnt.
- Messt die Sichttiefe an verschiedenen Stellen des Gewässers.

Knoten als Markierung

Scheibe

Gewicht

ALLE TEAMS
Bestimmung der Wassertemperatur

- Baut ein Gerät zur Messung der Wassertemperatur (Abbildung).
- Markiert die Schnur im Abstand von 10 cm mit Knoten oder farbigen Fäden.
- Beschwert das Thermometer mit einem Gewicht.
- Senkt das Thermometer auf die gewünschte Tiefe ab. So könnt ihr die Wassertemperatur auch in unterschiedlichen Wassertiefen messen.
- Wartet einige Minuten.
- Zieht dann das Thermometer rasch hoch und lest sofort die Temperatur ab.
- Messt auch die Lufttemperatur.

farbige Fäden als Markierung

Gewicht

Thermometer

TIPP
Vor der Untersuchung eines Teiches oder Sees müsst ihr zunächst die Erlaubnis des Eigentümers einholen.

ACHTUNG
Bringt Tiere, die ihr dem Gewässer entnommen habt, nach der Untersuchung unversehrt in den Teich oder See zurück.

ALLE TEAMS
Biologische Untersuchung

- Beobachtet Tiere wie Vögel, Amphibien, Fische oder Insektenarten. Macht Fotos und Notizen.
- Besorgt euch Wasserproben. Streicht dazu mit dem Planktonnetz durch das Wasser. Nehmt auch den Belag von Wasserpflanzen und Schlammproben.
- Untersucht die Proben in der Schule.
- Zum Betrachten und Bestimmen der Mikroorganismen benötigt ihr Lupen, Binokulare oder Mikroskope. Wie ihr vorgeht, könnt ihr auf der Seite „Methode: Arbeiten mit dem Mikroskop" nachlesen.
- Bestimmt die im Tropfen befindlichen Organismen. Die Tabelle auf Seite 121 hilft euch, Zeigerorganismen für bestimmte Gewässergüteklassen zu erkennen.
- Zur weiteren Bestimmung bittet eure Lehrerin oder euren Lehrer um Unterstützung.

ALLE TEAMS
Chemische Bestimmung der Gewässergüte

Bestimmung des Säuregrads (pH-Wert)
- Universal-pH-Indikatorpapier ist dafür geeignet.
- Nehmt eine Wasserprobe.
- Taucht einen Teststreifen in die Wasserprobe.
- Vergleicht die Färbung des Teststreifens mit der Farbskala auf der Packung und lest den pH-Wert ab.

Bestimmung des Sauerstoffgehalts
- Ihr benötigt dazu ein Sauerstoffmessgerät und ein Becherglas.
- Verwendet das Gerät nach Gebrauchsanweisung.

Bestimmung des Nitratgehalts
- Nitratteststäbchen sind dafür geeignet.
- Nehmt eine Wasserprobe.
- Taucht ein Teststäbchen in die Wasserprobe.
- Vergleicht die Färbung des Teststreifens mit der Farbskala auf der Packung und lest den Nitrat-Wert ab.

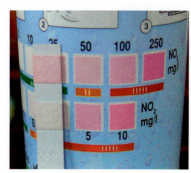

LERNEN IM TEAM

Leben im Wasser

Pflanzenzonen eines Sees

Naturbelassene Seen haben verschiedene Pflanzenzonen, die sich vom Uferbereich innert weniger Meter stark verändern. Es sind dies die ① Erlenzone (Bäume am Ufer, z. B. Erlen, nicht in der Grafik), das ② Röhricht, die ③ Schwimmblattzone, die ④ Tauchblattzone und die ⑤ Tiefenalgenzone.

Biotische und abiotische Faktoren

In und an einem See leben viele verschiedene Tier- und Pflanzenarten zusammen und in gegenseitiger Beziehung. Diese Beziehungen werden belebte Einflüsse oder **biotische Faktoren** genannt. Unbelebte Einflüsse wie Wassertemperatur, Fliessgeschwindigkeit oder Sauerstoffgehalt des Wassers werden auch **abiotische Faktoren** genannt.

Leben im Wassertropfen

In einem Wassertropfen leben unzählige Lebewesen. Neben verschiedenen Algen und Bakterien findet man auch Wimpertierchen (das Bild zeigt ein Heutierchen, ein einzelliges, in Süsswasser vorkommendes Wimpertierchen), Amöben und verschiedene mehrzellige Lebewesen wie Fadenwürmer oder Rädertierchen.

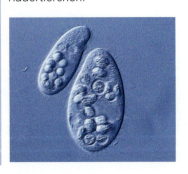

Ökologisches Gleichgewicht

Ein naturbelassener See ist in einem **ökologischen Gleichgewicht.** Algen und andere Grünpflanzen, die mit der Fotosynthese Sauerstoff und Nährstoffe herstellen, sind die Grundlage jeglichen Lebens im See. Sie werden **Produzenten** genannt. Diese werden von den **Konsumenten** wie den Fischen oder Larven im Wasser gefressen. Wenn dann Konsumenten sterben, werden ihre sterblichen Überreste von den **Destruenten** in lösliche Mineralstoffe und Kohlendioxid zersetzt, die dann die Pflanzen wieder aufnehmen können. Dann ist der **Kreislauf** geschlossen. Dieser Kreislauf ist im Gleichgewicht, es sei denn der Mensch greift ein.

Anomalie des Wassers

Wasser verhält sich anders als alle anderen Stoffe. So hat Wasser bei einer Temperatur von 4 °C die grösste Dichte. Das ist für alle Lebewesen im Wasser von grosser Bedeutung, denn so gefriert ihr Lebensraum von oben herab zu und lässt bei genügender Tiefe genug Lebensraum für die im Wasser lebenden Tiere.

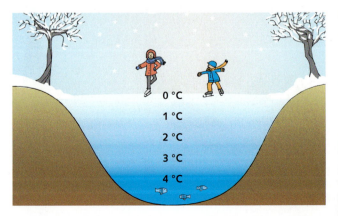

1. ≡ Ⓐ

a) Der See wir durch biotische und abiotische Faktoren geprägt. Erkläre die Begriffe abiotische und biotisch.

b) Ordne nach abiotischen und biotischen Faktoren: Fliessgeschwindigkeit, Hecht, Libellenlarve, Temperatur, Algen, Seerosen, Sauerstoffgehalt des Wassers, Nitratgehalt des Wassers, Wasserfloh, Wassermolch

2. ≡ Ⓐ

Benenne die Uferzonen des Sees und ordne ihnen folgende Begriffe zu: Schilf, Algen, Seerose, Weide, Rohrkolben, Hornblatt, Wasserpest, Erle.

3. ≡ Ⓐ

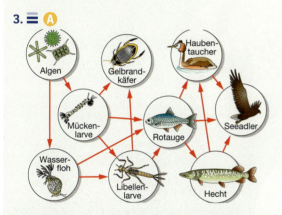

a) Schreibe aus dem Nahrungsnetz mögliche Nahrungsketten heraus.

b) Kennzeichen in den Nahrungsketten jeweils die Produzenten mit P, die Konsumenten mit K, die Endkonsumenten mit EK und die Destruenten mit D.

4. ≡ Ⓐ

Warum belasten Freizeitaktivitäten wie Surfen, Bootfahren oder Wandern in Ufernähe den See? Schreibe auf, wer stört, wann diese Störung auftritt und wo gestört wird.

5. ≡ Ⓐ

Einzeller sind mit verschiedenen Einrichtungen zur Fortbewegung ausgestattet. Beschreibe Struktur und Funktion solcher Einrichtungen am Beispiel von den Pantoffeltierchen, der Amöbe und des Hüllenflagellats.

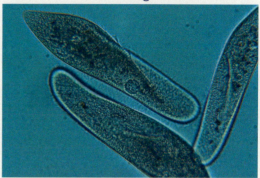

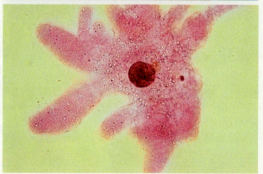

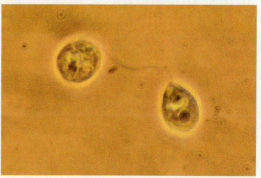

6. ≡ Ⓐ

Was hat der Untergang der Titanic mit der Anomalie des Wassers zu tun? Erkläre und mache eine passende Zeichnung dazu.

7. ≡ Ⓐ

Schreibe auf, warum Wasser für den Menschen eine so zentrale Rolle als Lösungsmittel spielt.

Körperbau und Bewegung

Wie funktioniert
ein Gelenk?

Warum brauchen
Muskeln Training?

Wo kommt die
Energie her?

Von der Zelle zum Organismus Mensch

1. ≡ Ⓐ
a) Die Abbildung A zeigt Zellen aus der Darmwand.
Beschreibe deren Bau.
b) Beschreibe die Anordnung der Zellen im Gewebe
der Dünndarmwand. Nutze dazu die Abbildung B.
c) Nenne Organe, die in den Abbildungen C und D zu
sehen sind.
d) Gib das Organsystem an, das die Abbildung D zeigt.
e) Benenne weitere Organsysteme des Organismus
Mensch.

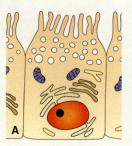
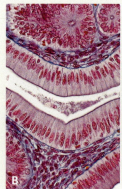

Der Mensch besteht aus Zellen

Der Körper des Menschen besteht wie bei
allen Lebewesen aus **Zellen.** Betrachtet man
Zellen aus verschiedenen Bereichen des
menschlichen Körpers, so stellt man fest, dass
sie unterschiedlich aufgebaut sind. Je nach
Funktion unterscheiden sie sich in Form,
Grösse und innerem Aufbau. Sie besitzen
jedoch alle einen ähnlichen Grundaufbau.
Immer sind eine Zellmembran, Zellplasma und
ein Zellkern zu finden.
Es gibt über 200 verschiedene Zelltypen im
menschlichen Körper. Die Gesamtzahl der
Zellen schätzt man auf rund 10 Billionen.

Die Struktur unterstützt die Funktion

Die länglichen Zellen der Darmwand liegen
dicht beieinander. Sie grenzen das Körperinnere
gegen den Darminhalt ab. Gleichzeitig sorgen
sie für die kontrollierte Aufnahme von Grund-
bausteinen der Nährstoffe. Dazu besitzen sie
zum Darminneren hin Ausstülpungen, die ihre
Oberfläche vergrössern.
Knorpelzellen dagegen sind rundlich, haben
einen grossen Zellkern und liegen in Gruppen
von zwei bis drei Zellen in der Knorpelgrundmasse. Diese hat die Knorpelzellen um sich
herum gebildet.
Die Knorpelgrundmasse enthält viele Fasern,
die den Knorpel elastisch machen. Knorpel
befindet sich an vielen Stellen des Skelettes.
Er überzieht die Knochen und wirkt als
Stossdämpfer in den Gelenken.

Gewebe

Zellen, die die gleiche Funktion erfüllen und
ähnlich aufgebaut sind, bilden ein Gewebe.
Um bestimmte Funktionen im Körper erfüllen
zu können, müssen viele dieser gleichartigen
Zellen zusammenarbeiten.

Organ

Eine Einheit, in der verschiedene Gewebe
zusammen wirken, nennt man Organ.

Organsystem

Lebewesen haben viele Organe, die gemeinsam eine Grundfunktion erfüllen. Magen,
Leber und Darm sind Organe, die zusammen
in einem Organsystem, dem Verdauungssy-
stem, arbeiten.

Organismus

Alle Organsysteme zusammen bilden den
Organismus.

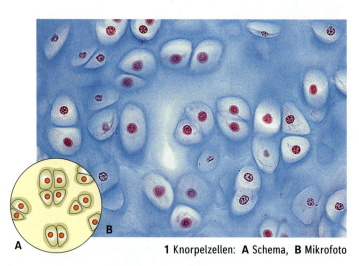

1 Knorpelzellen: **A** Schema, **B** Mikrofoto

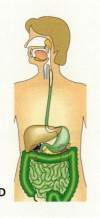

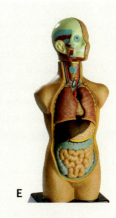

C   D   E

2. ≡ Ⓐ
Erläutere am Beispiel des Darmes, welche Funktion durch seine besondere Struktur gefördert wird. Die Abbildungsreihe A bis E hilft dir dabei.

3. ≡ Ⓐ
Erkläre an zwei weiteren Beispielen von menschlichen Zellen, wie die Struktur die Funktion unterstützt.

Muskelzellen

Muskelzellen bilden das Muskelgewebe. Sie können sich zusammenziehen und wieder gestreckt werden.
Eine Bewegung ist jedoch erst durch die Zusammenarbeit vieler Muskeln möglich.

Sinneszellen und Nervenzellen der Netzhaut

Oft ist das Zusammenwirken mehrerer Zelltypen nötig. In der Netzhaut des Auges zum Beispiel nehmen Sinneszellen Lichtreize auf und wandeln sie in elektrische Impulse um. Nervenzellen leiten die elektrischen Impulse zum Gehirn weiter.

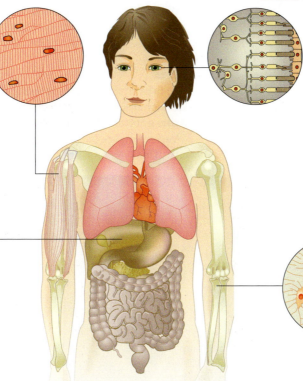

2 Zellen im menschlichen Organismus

Leberzellen

Leberzellen haben eine rundliche Form. In ihnen werden Kohlenhydrate gespeichert und bei Bedarf wieder an den Körper abgegeben. Ausserdem werden in der Leber Eiweissstoffe auf- und abgebaut sowie Giftstoffe entsorgt.

Knochenzellen

Knochenzellen sind über zahlreiche Fortsätze mit den Nachbarzellen verbunden. Der Kalk zwischen den Zellen sorgt für Festigung der Knochen.

Kannst du den Zusammenhang, die Eigenschaft und die Funktion von Zellen beschreiben?
Kannst du darstellen, wie sich der Organismus aus Organsystemen, Organen, Gewebe und Zellen zusammensetzt?

Das Skelett gibt dem Körper Halt

1. ☰ Ⓥ
Untersuche das Skelett aus der Biologiesammlung mithilfe des Notizzettels.

2. ☰ Ⓥ
a) Versuche möglichst viele Knochen des auf Seite 101
abgebildeten Skeletts an deinem Körper zu ertasten.
Beginne mit Schlüsselbein und Brustbein.
b) Baue mit einem Partner ein „lebendes Skelett".
Beschrifte dazu Kreppbandstreifen mit den Namen der
Knochen und klebe sie auf die Kleidung deines Partners.
Präge dir die Namen der Knochen gut ein.

Forschungsaufträge am Skelett

- Gesamtzahl der Knochen des menschlichen
  Skeletts: ○ 153, ○ 211 oder ○ 317?
- Länge der grössten und der besonders
  kleinen Knochen bestimmen. Hinweis:
  Der mit nur 2,7 mm kleinste Knochen des
  Skeletts befindet sich im Mittelohr.
- Anzahl der Knochen, aus denen die Hand
  besteht, bestimmen. Beweglichkeit des
  Handgelenks und der Finger feststellen.
- Unterschiede zwischen Röhrenknochen und
  Plattenknochen bestimmen.
  Beispiele für beide Typen finden.
- Hohlräume des Skeletts nennen
  und die in ihnen geschützt
  liegenden Organe aufzählen.

3. ☰ Ⓐ
a) Vergleiche das Skelett der Arme und Beine. Erkennst
du Gemeinsamkeiten im Aufbau? Stelle die einander
entsprechenden Knochen in einer Tabelle gegenüber.
b) Begründe, warum
die Knochen der Beine
die kräftigsten des ganzen
Körpers sein müssen.

Armskelett	Beinskelett
Oberarm	Oberschenkel
Elle	

5. ☰ Ⓐ
a) Erkennst du die Verletzung auf dem Röntgenbild?
Welcher Knochen ist betroffen? Wie könnte der Schaden entstanden sein? Berichte auch von eigenen
Verletzungen.
b) „Der Knochen lebt!" Begründe diese Aussage mithilfe
von Abbildung 1 auf Seite 101.
Denke auch daran, wie sich
Knochen beim Wachstum verändern und was nach einem Knochenbruch geschieht.

4. ☰ Ⓥ
a) Baue aus den abgebildeten
Materialien ein einfaches Modell
für Röhrenknochen.
b) Erkunde mithilfe von Büchern
oder anderen Gewichten, welche
Belastungsrichtung Röhrenknochen besonders gut verkraften.

Biologie

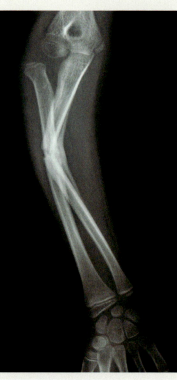

Erwachsene Menschen haben ungefähr 210 Knochen. Man fasst die Knochen nach ihrer Lage und Funktion zu Knochengruppen zusammen, die du an den unterschiedlichen Farben auf der Abbildung erkennen kannst.

Das Skelett stützt den Körper

Die Gesamtheit der Knochen nennt man Skelett oder Knochengerüst. Wie ein Gerüst sich selbst trägt, so stützt das Skelett den gesamten Körper. Das **Armskelett** ermöglicht die Ausübung sehr vieler Tätigkeiten. Es ist über den **Schultergürtel** an der Wirbelsäule befestigt. Das **Beinskelett** trägt das Körpergewicht. Über den **Beckengürtel** ist es mit der Wirbelsäule beweglich verbunden.

Das Skelett schützt den Körper

Kleine Stösse und Verletzungen lassen sich im Alltag nicht vermeiden. Vor grösseren Verletzungen ist man durch das Skelett aber gut geschützt. Der **Schädel** umgibt das Gehirn wie ein Schutzhelm und verhindert so Verletzungen. Ähnlich schützt der **Brustkorb** das Herz und die empfindliche Lunge.

Knochen sind stabil

Röhrenknochen sind innen markhaltig. Kalkverbindungen in den Knochen sorgen für deren Festigkeit, Knorpelanteile machen sie dennoch elastisch. Durch dieses Zusammenspiel bleiben Knochen biegsam und halten dennoch grossen Belastungen stand.

> Welche Aufgabe hat das Skelett? Welches sind die wichtigsten Knochen des menschlichen Skeletts? Zu welcher Knochengruppen gehören sie jeweils?

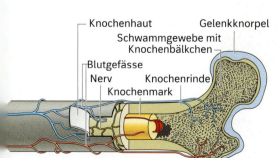

1 Aufbau des Oberschenkelknochens

Knochenhaut — Gelenkknorpel — Schwammgewebe mit Knochenbälkchen — Blutgefässe — Nerv — Knochenrinde — Knochenmark

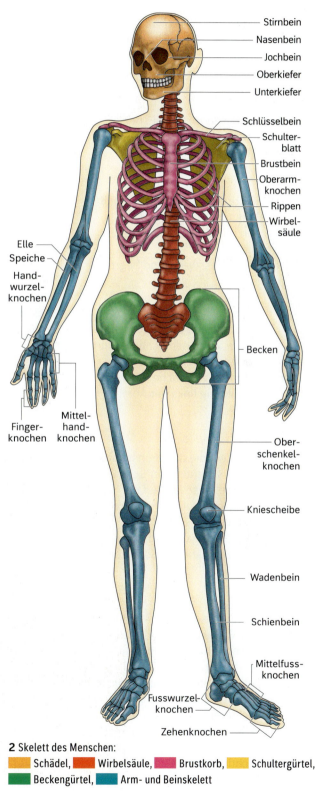

Stirnbein — Nasenbein — Jochbein — Oberkiefer — Unterkiefer — Schlüsselbein — Schulterblatt — Brustbein — Oberarmknochen — Rippen — Wirbelsäule — Becken — Oberschenkelknochen — Kniescheibe — Wadenbein — Schienbein — Mittelfussknochen — Fusswurzelknochen — Zehenknochen

Elle — Speiche — Handwurzelknochen — Fingerknochen — Mittelhandknochen

2 Skelett des Menschen: Schädel, Wirbelsäule, Brustkorb, Schultergürtel, Beckengürtel, Arm- und Beinskelett

Die Wirbelsäule – Hauptstütze des Skeletts

1. ≡ Ⓥ
a) Beuge deinen Rumpf nach vorne, nach hinten und zu beiden Seiten. Beschreibe, in welchen Abschnitten der Wirbelsäule welche Bewegungen möglich sind. Wo ist die Beweglichkeit am grössten?
b) Ertaste die Wirbelsäule am Rücken deines Partners. Nenne die Teile der Wirbelknochen in Abbildung 1C, die du fühlen kannst.

2. ≡ Ⓥ
a) Miss deine Körperhöhe morgens nach dem Aufstehen und abends vor dem Schlafengehen möglichst genau. Notiere diese Ergebnisse.
b) Vergleiche die Messwerte und begründe das Ergebnis.

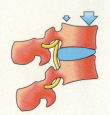

3. ≡ Ⓐ
Nenne die Bereiche der Wirbelsäule, an denen Schäden durch falsches Sitzen auftreten können. Vergleiche dazu die Abbildung links mit Abbildung 1B.

4. ≡ Ⓐ
a) Berechne die Zeit, die du durchschnittlich an einem Tag sitzend in der Schule verbringst. Rechne diese Zeit auf ein Schuljahr hoch. Ein Schuljahr hat durchschnittlich 182 Schultage.
b) Wie viel Zeit verbringst du ungefähr während deiner zehnjährigen Schulzeit sitzend in der Schule?

5. ≡ Ⓐ
Betrachte die linke Abbildung. Die Pfeile zeigen dir, wie du deinen Rucksack optimal einstellst.
a) Ordne den Pfeilen folgende Begriffe zu: Abschluss in Schulterhöhe – dicht am Körper – Rucksack senkrecht.
b) Überprüfe, ob dein Rucksack richtig eingestellt ist.

Die Wirbelsäule hält den Körper aufrecht

Als stabile, aber dennoch bewegliche Säule durchzieht die Wirbelsäule den Körper. Von der Seite betrachtet ist sie in Form eines „Doppel-S" gekrümmt. Dadurch kann sie beim Laufen und Springen Stösse abfedern.

Die Wirbelsäule besteht aus über 30 knöchernen **Wirbeln,** die durch elastische **Bandscheiben** voneinander getrennt sind. Diese wirken beim Laufen und Springen wie Stossdämpfer. Die Wirbel werden durch starke Bänder und Muskeln zu einer Einheit verspannt.
Zwischen Wirbelkörper und Wirbelbogen liegt das **Wirbelloch.** Übereinander gereiht bilden diese Öffnungen den Wirbelkanal. Hier verläuft gut geschützt das empfindliche **Rückenmark**, der Hauptnervenstrang. Dornfortsätze und Querfortsätze an den Wirbelknochen dienen diesen als Ansatz für die Wirbelmuskulatur.

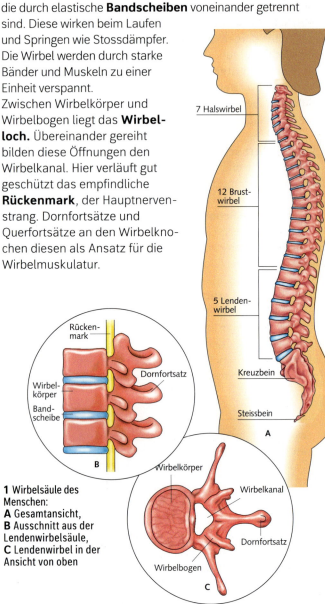

1 Wirbelsäule des Menschen:
A Gesamtansicht,
B Ausschnitt aus der Lendenwirbelsäule,
C Lendenwirbel in der Ansicht von oben

Welchen Aufbau hat die Wirbelsäule?
Welche Funktion hat die Wirbelsäule?

Arbeiten mit Modellen

Modelle machen Kompliziertes einfach

Modelle veranschaulichen die Wirklichkeit und helfen, sie besser zu verstehen. Dabei werden nur bestimmte Eigenschaften und Merkmale des Originals vereinfacht dargestellt. Modelle werden immer dann eingesetzt, wenn komplizierte Sachverhalte besonders anschaulich gezeigt werden sollen.

Mit dem rechts abgebildeten Modell kannst du den **Bau der Wirbelsäule** sehr viel leichter verstehen.

Du erkennst sofort, dass sie sich im Wesentlichen aus zwei Bestandteilen zusammensetzt. Dies zeigt folgende Tabelle:

Wirklichkeit	Modell
Wirbelkörper	Scheiben aus Wellpappe
Bandscheiben	Scheiben aus Schaumstoff

Das Modell veranschaulicht aber noch mehr. Mit einem einfachen Versuch kannst du dir die **Funktion der Wirbelsäule** verdeutlichen:

- Drückst du von oben auf das Modell, verformt sich der Schaumstoff. Du erkennst daran, dass die Bandscheiben für die stossdämpfende Wirkung der Wirbelsäule verantwortlich sind.
- Belastest du das Modell seitlich, dann neigt es sich, was dir die seitliche Beweglichkeit der Wirbelsäule verdeutlicht.

Modelle zeigen nicht alles!

Auch wenn das Modell den Bau und die Funktion der Wirbelsäule recht gut veranschaulicht, so hat es doch auch seine Grenzen:

- Der unterschiedliche Bau von Hals-, Brust- und Lendenwirbeln wird nicht gezeigt.
- Weder Wirbelkanal noch die Dornfortsätze sind zu erkennen. Das Gleiche gilt für die stabilisierenden Muskeln und Bänder.
- Es ist nicht erkennbar, dass die Wirbel im Brustbereich mit den Rippen verbunden sind.
- Im Bereich der Lendenwirbelsäule ist auch eine Drehbewegung möglich. In unserem Modell wird dies nicht deutlich.

Bauanleitung:

- Schneide 11 runde Scheiben aus Wellpappe und 10 aus Schaumstoff (0,5 cm dick) heraus. Der Durchmesser sollte etwa 5 cm betragen.
- Verbinde die Teile mit Kunststoffkleber oder Silikon.

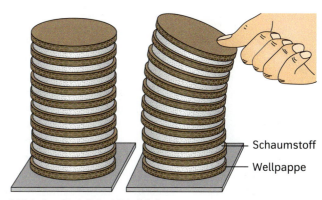

1 Einfaches Modell der Wirbelsäule

Schaumstoff
Wellpappe

METHODE

1. ≣ Ⓥ

a) Biege mit zwei 40 cm langen und etwa 2 mm dicken Drahtstücken die unten abgebildeten Wirbelsäulenformen nach. Achte dabei genau auf die unterschiedliche Krümmung. Überprüfe, welches Modell mehr der menschlichen Wirbelsäule ähnelt.

b) Belaste beide Modelle, zum Beispiel mit einem Murmelsäckchen oder etwas Ähnlichem.

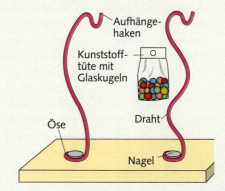

Aufhänge-haken
Kunststoff-tüte mit Glaskugeln
Draht
Öse
Nagel

c) Beschreibe, wie beide Modelle auf die Belastung reagieren. Welche Form ist stärker belastbar?

d) Vergleiche in einer Tabelle Wirklichkeit und Modell.

Gelenke machen uns beweglich

1. ≡ Ⓥ
a) Der Flickflack rechts zeigt, wie beweglich unser Körper ist. Benenne die Gelenke, die bei dieser Übung beteiligt sind.
b) Suche an deinem Körper nach Gelenken und untersuche, in welche Richtung sie beweglich sind. Beginne bei den Armen und Beinen. Denke aber auch an den Kopf und die Wirbelsäule.

2. ≡ Ⓥ:
a) Stülpe ein 30 cm langes Stück einer Papp- oder Teppichbodenröhre über den Ellenbogen. Versuche nun, dich zu kämmen oder in einen Apfel zu beissen. Was stellst du fest?
b) Befestige mit Kreppband den Daumen an der Handfläche. Welche Tätigkeiten sind jetzt fast unmöglich? Erkläre den Satz: „Der Daumen macht die Hand zu unserem vielseitigsten Werkzeug."

3. ≡ Ⓥ
Untersuche am Skelett aus der Biologiesammlung die Beweglichkeit von Hüftgelenk, Knie, Ellenbogen und Handgelenk. Erstelle eine Tabelle der Kugel- und Scharniergelenke. Finde weitere Beispiele.

Kugelgelenke	Scharniergelenke
Hüftgelenk	

4. ≡ Ⓠ
Mit welchen Gelenktypen lassen sich die abgebildeten Gegenstände vergleichen? Suche weitere technische Gelenke in deiner Umgebung.

5. ≡ Ⓥ
a) Baue aus den abgebildeten Materialien das Modell eines Scharniergelenks.
• Schneide aus einer der beiden Kartonrollen der Länge nach einen etwa 3 cm breiten Streifen heraus.
• Klebe mit Heiss- oder Zwei-Komponenten-Kleber die Rundhölzer seitlich an die Kartonrollen.
• Schiebe beide Gelenkteile ineinander und überprüfe die Bewegungsmöglichkeiten.
b) Beschreibe, wie du beim Bau eines Kugelgelenkmodells vorgehen würdest. Baue das Modell dann. Du kannst dazu aufgeschnittene Bälle verschiedener Grösse, Holzkugeln und Rundhölzer verwenden.

TIPP:
Verwende aufgeschnittene Bälle verschiedener Grösse, Holzkugeln und Rundhölzer.

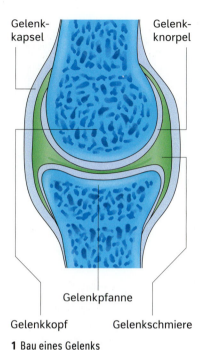

1 Bau eines Gelenks

Gelenk-
kapsel

Gelenk-
knorpel

Gelenkpfanne

Gelenkkopf   Gelenkschmiere

Aufbau eines Gelenks

Damit du dich bewegen kannst, müssen deine Knochen beweglich miteinander verbunden sein. Diese Aufgabe übernehmen die Gelenke. Am Skelett kannst du erkennen, dass das Ende eines Knochens, der **Gelenkkopf,** genau in die Vertiefung des anderen Knochens, die **Gelenkpfanne,** passt. Die **Gelenkkapsel** verbindet beide Knochenenden elastisch und gleichzeitig fest miteinander. Dies wird durch Bänder und Muskeln verstärkt. Damit die beiden Knochen nicht aneinander reiben, sind die Gelenkflächen von **Gelenkknorpel** überzogen. Dieser wirkt wie ein Stossdämpfer. Im Gelenkspalt befindet sich zusätzlich **Gelenkschmiere.** Sie wirkt wie ein Gleitmittel. Die über 100 Gelenke des Menschen besitzen alle denselben Grundaufbau. Man unterscheidet aber nach ihrer Beweglichkeit mehrere Gelenkformen:

Das Kugelgelenk

Dein Oberschenkel ist fest mit dem Becken verbunden, trotzdem kann sich das Bein in fast alle Richtungen frei bewegen. Das Hüftgelenk ist ein **Kugelgelenk,** weil sein Gelenkkopf wie eine Kugel aussieht. Auch das Schultergelenk ist ein Kugelgelenk. Kugelgelenke sind die beweglichsten Gelenke deines Körpers.

Das Scharniergelenk

Deinen Unterarm kannst du nur in eine Richtung bewegen. Weil das Ellenbogengelenk an das Scharnier einer Tür erinnert, nennt man es **Scharniergelenk.** Knie- und Fingergelenke zählen auch dazu.

Das Drehgelenk

Die Drehung deines Kopfes ermöglichen die beiden oberen Halswirbel. Sie sind durch ein **Drehgelenk** miteinander verbunden.

Das Sattelgelenk

Dein Daumen kann sich in zwei Richtungen bewegen wie ein Reiter auf einem gesattelten Pferd - nach vorne und hinten, nach links und nach rechts. Das Daumengrundgelenk ist ein **Sattelgelenk.** Deshalb hat der Daumen eine Sonderstellung gegenüber den anderen Fingern: Er kann der Handfläche gegenübergestellt werden, was zum Beispiel das präzise Greifen und damit den Werkzeuggebrauch ermöglicht.

> Wie ist ein Gelenk aufgebaut? Welches sind die vier verschiedenen Gelenkformen und ihre jeweiligen Bewegungsrichtungen? Zähle Beispiele dafür am menschlichen Skelett auf.

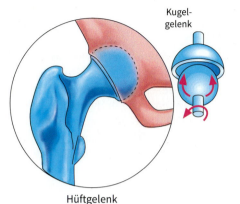

Kugel-
gelenk

Hüftgelenk

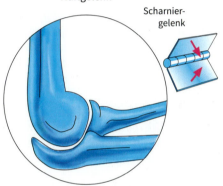

Scharnier-
gelenk

Ellenbogengelenk

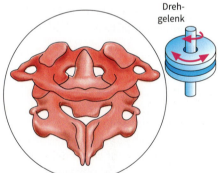

Dreh-
gelenk

Die ersten beiden Halswirbel

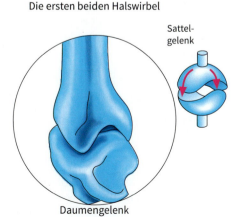

Sattel-
gelenk

Daumengelenk

2 Gelenktypen

Bau und Funktion von Muskeln

1.
a) Ertaste den Unterarmbeuger und den Unterarmstrecker.
b) Beschreibe die Veränderungen der Muskeln bei Anspannung und Entspannung. Gib auch an, welche „Übungen" du ausführst, um die Muskeln zu spannen.
c) Ertaste im angespannten Zustand auch die Sehnen, mit denen die Muskeln an den Unterarmknochen befestigt sind.

2.
a) Beschreibe den Aufbau eines Muskels anhand der Abbildungen 1 A, B und D.
b) Erläutere die Funktionen der verschiedenen Bestandteile des Muskels.

3.
Erkläre die Funktionen der Blutgefässe und der Nervenzellen, die zu jeder Muskelfaser Kontakt haben.

4.
Beschreibe die Energieumsetzungen, die im Muskel stattfinden.

5.
a) Schneide aus verschieden farbigen Papieren oder Folien Modelle der Actin- und Myosinfilamente.
b) Verschiebe die Filamentmodelle auf dem Tisch oder auf dem Projektor und erkläre, wie die Muskelkontraktion funktioniert.
c) Beurteile, was das Modell gut über die Muskelkontraktion zeigt und welche Vorgänge sich hiermit nicht darstellen lassen.

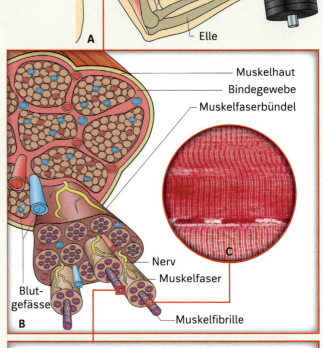

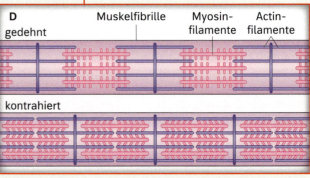

1 Skelettmuskulatur: **A** Muskeln und Sehnen des Oberarms, **B** Aufbau des Muskels, **C** quer gestreifter Skelettmuskel im mikroskopischen Bild, **D** Muskelkontraktion im Schema

6.
Erkläre, warum sich Muskelfasern nicht mehr als auf die Hälfte verkürzen können.

7.
Erkläre, wie sich Muskeln dehnen, also nach einer Kontraktion wieder verlängern.

8.
Führe Dehnübungen für verschiedene Muskeln vor und erkläre die Bedeutung von Dehnübungen im Sport.

Muskeln arbeiten zusammen

Mehr als 600 Muskeln sorgen dafür, dass Menschen laufen und springen, sich strecken und bücken können. Allein an deinem Gesichtsausdruck – ob traurig oder fröhlich – sind über 30 Gesichtsmuskeln beteiligt!

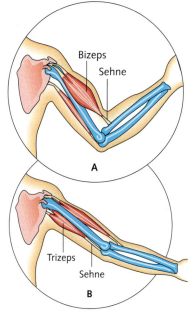

1 Muskeln des Oberarms:
A Bizeps beim Armbeugen,
B Trizeps beim Armstrecken

Muskeln als Team

Vorn am Oberarm befindet sich ein besonders kräftiger Muskel, der Bizeps. Verkürzt er sich, so wird der Unterarm gebeugt. Der Bizeps heisst deshalb auch **Beuger.** Um den Arm wieder zu strecken, muss sich der Muskel auf der Rückseite des Oberarms verkürzen. Hier liegt der **Strecker** des Unterarms, der Trizeps. Beuger und Strecker arbeiten abwechselnd und in entgegengesetzter Richtung, sie sind **Gegenspieler.** Zur Bewegung eines Gelenks leisten also immer mindestens zwei Muskeln „Teamarbeit". Verkürzt sich ein Muskel, wird er dicker und fühlt sich hart an.

Feinbau des Muskels

Die Skelettmuskeln sind über Sehnen an den Knochen befestigt, auf die sie die Kraft übertragen. Der Muskel besteht aus vielen Muskelfaserbündeln, die von der Muskelhaut zusammengehalten werden. In den Bündeln liegen die **Muskelfasern**. Diese langen Riesenmuskelzellen sind durch das Verschmelzen vieler Zellen entstanden. So besitzen sie oft viele Zellkerne, Mitochondrien und andere Zellorganellen. Zu den Muskelfasern ziehen Nervenendigungen, die die Nervensignale auf die Muskelfaser übertragen. Blutgefässe umspinnen die Muskelfasern und versorgen sie mit Nährstoffen und Sauerstoff zur Energieversorgung.

Energieumwandlung im Muskel

Wo kommt die Energie für die Muskelarbeit her und welchen Weg nimmt sie? Die Energie wird als chemische Energie mit der Nahrung aufgenommen. Nach der Verdauung werden Traubenzucker (Glukose) und andere Nährstoffbausteine über das Blut zu den Muskelfasern gebracht. Zusammen mit dem Sauerstoff aus dem Blut gelangen sie in die Muskelfasern. In den Mitochondrien der Muskelfasern findet die Zellatmung statt. Glukose reagiert also mit Sauerstoff. Kohlenstoffdioxid und Wasser werden gebildet. Die dabei frei werdende Energie wird genutzt, um **ATP** aufzubauen, den wiederaufladbaren Energieträger in der Zelle. Die Energie aus dem ATP sorgt dafür,

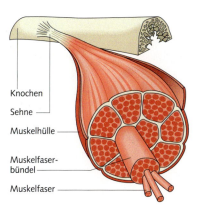

2 Feinbau des Muskels

dass sich die Myosin- und Actinfilamente auch unter Aufbringung von Kraft ineinanderschieben können – Bewegungsenergie wird frei. Wie bei jedem Energiefluss entsteht auch bei der Muskelarbeit Wärme. Daher wird einem beim Sporttreiben warm und man beginnt zu schwitzen.

> Wie ist ein Muskel aufgebaut? Wie funktioniert er? Wie fliesst die Energie im Muskel?

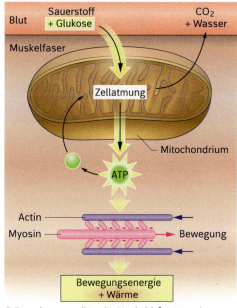

3 Energieumwandlung im Muskel (→ = Weg der Stoffe, → = Energiefluss)

Was Muskeltraining bewirkt

1 Krafttraining

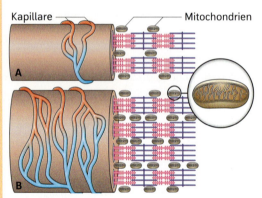

Kapillare   Mitochondrien

A

B

2 Trainingswirkung: **A** untrainierte Muskelfaser,
B trainierte Muskelfaser

3 Ausdauertraining

1. Erkläre, wie es durch Training zu zwei
Wirkungen kommt:
- vermehrte Kraftentfaltung
- verbesserte Energieversorgung.

2. Vergleiche die Wirkungen von Krafttraining und Ausdauertraining.

Muskelaufbau durch Training

Wer sich das Bein gebrochen hat und es schonen muss,
merkt, dass sich Muskelmasse innerhalb weniger Wochen
abbaut. Umgekehrt bewirkt Muskeltraining einen deut-
lichen Muskelaufbau.

Durch Trainingsreize, die über der sonst üblichen Belastung liegen, wird der Körper zu Reaktionen veranlasst, die
den Muskel verändern:
- Die Zahl der Muskelfasern bleibt gleich, aber die Fasern
  werden dicker. Es werden mehr Muskelfibrillen mit ihren
  kontraktilen Actin- und Myosinfilamenten aufgebaut.
  Der Muskel kann so mehr Kraft entwickeln.
- Die Zahl der Mitochondrien in den Muskelfasern nimmt
  zu. Dadurch wird die Energieversorgung des Muskels
  verbessert: Über mehr Zellatmung kann pro Zeiteinheit
  mehr von dem mobilen Energieträger ATP gebildet
  werden.
- Die Zahl und Verzweigung der Blutkapillaren um die
  Muskelfasern nimmt zu. Dadurch wird der Muskel
  effektiver mit Sauerstoff und mit Nährstoffen versorgt.
  Seine Energieversorgung wird somit gesteigert.
- Die Zahl der Zellkerne in den Fasern steigt. Dadurch
  werden der Stoffwechsel und die Aufbautätigkeit in den
  Muskelfasern verstärkt.

Je nach Art des Trainings entwickeln sich die Muskeln
unterschiedlich. **Krafttraining** bringt mehr Muskelmasse
hervor und ermöglicht eine stärkere Kraftentfaltung. **Ausdauertraining** lässt den Muskel weniger schnell ermüden.

Training des Herz-Kreislauf-Systems

Das Herz-Kreislauf-System wird durch Ausdauertraining
angeregt und wird leistungsfähiger.
- Der Herzmuskel wird trainiert.
- Das Blutvolumen und die Zahl der roten Blutkörperchen
  steigen und damit verbessert sich die Sauerstoffversorgung des Körpers.
- Die Atembewegungen verlaufen effektiver.
- Der Stoffwechsel schaltet schneller und wirksamer auf
  die Belastungssituation um und kann Energiereserven
  aus Glykogen oder Fetten leichter aktivieren.

Sporternährung

Bei Ausdauertraining unterstützt eine kohlenhydratreiche
Ernährung die Energieversorgung. Zum Muskelaufbau wird
Eiweiss (Protein) benötigt, das eine ausgeglichene Ernährung liefert. Proteinshakes und Nahrungsergänzungsmittel
sind auch für gute Sportler nicht nötig. Wichtiger ist die
ausreichende Versorgung mit Wasser und Mineralsalzen,
um Verluste beim Schwitzen auszugleichen.

Doping – Wirkungen und Folgen

Anabolika

Anabolika sind verbotene Substanzen, die dem männlichen Geschlechtshormon Testosteron chemisch ähneln. Sie bewirken einen stärkeren Muskelaufbau, haben aber schwerwiegende Nebenwirkungen wie Leber- und Herzerkrankungen. Sogar Todesfälle kommen vor. Bei Frauen führen Anabolika zu einer Vermännlichung des Erscheinungsbildes, bei Männern zu eingeschränkter Spermienproduktion bis hin zur Sterilität.

Stimulanzien

Stimulanzien sind Aufputschmittel wie Amphetamine. Sie steigern die Konzentration, mobilisieren die letzten Energiereserven und unterdrücken Schmerzsignale. Diese leistungssteigernden Wirkungen stellen gleichzeitig ein hohes Risiko dar, den Körper zu überlasten.

Doping im Sport

Als Doping im Sport bezeichnet man alle unerlaubten Methoden zur Leistungssteigerung, beispielsweise durch die Einnahme verbotener chemischer Substanzen. Einerseits schafft Doping unfaire Verhältnisse im Wettkampf, andererseits bewirkt es schwer wiegende Gesundheitsschäden.

1. Beschreibe an zwei Beispielen die Wirkungen von Doping und erkläre jeweils den Zusammenhang zu den Nebenwirkungen.

2.
a) Recherchiere und berichte, wie die Anti-Doping-Organisationen WADA und NADA gegen Doping vorgehen.
b) Erkläre, warum der Dopingnachweis oft schwierig ist.

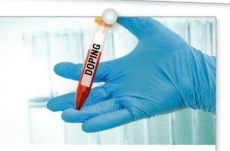

Doping mit Eigenblut

Eine ähnliche Wirkung wie EPO (s. Zettel rechts) hat ein noch schwieriger nachweisbares Blutdoping. Der Sportler spendet sich lange vor dem Wettkampf selbst Blut. Die roten Blutkörperchen werden angereichert. Zum Wettkampf erhält der Sportler diese zusätzlich ins Blut übertragen.

EPO

EPO ist ein Hormon, das in der Niere gebildet wird und die Produktion roter Blutkörperchen anregt. Es lindert z. B. bei nierenkranken Patienten die Blutarmut. Illegal wird EPO im Radsport und anderen Ausdauersportarten als Dopingsubstanz verwendet. Die höhere Zahl roter Blutkörperchen bewirkt eine bessere Sauerstoffversorgung und damit gesteigerte Energiegewinnung in den Muskeln. Das Blut wird durch die vermehrte Zellzahl aber auch dickflüssiger, was schon zu Todesfällen im Radsport geführt hat.

PINNWAND

Energie für die Zellen

1. ≡ Ⓐ
Vergleiche die Energiegewinnung bei der Zellatmung mit der Verbrennung einer Kerze.

2. ≡ Ⓐ
Stecke mit dem Molekülbaukasten aus der Chemiesammlung je ein Modellmolekül der Stoffe Kohlenstoffdioxid, Wasser und Traubenzucker zusammen. Zeige an diesen Modellen den Weg des Sauerstoffes in der Zellatmung.

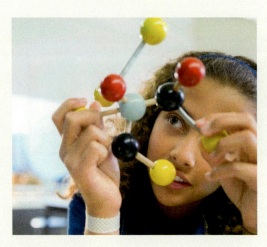

3. ≡ Ⓐ
Welche Rolle spielen die Mitochondrien und die Chloroplasten bei der Energiegewinnung in den Zellen? Stelle ihre Funktion in einer Tabelle gegenüber.

4. ≡ Ⓐ
Begründe, warum das Sonnenlicht der Ursprung aller Energie für das Leben auf der Erde ist.

5. ≡ Ⓐ
a) Schreibe die Wortgleichung der Fotosynthese auf und setze die Wortgleichung der Zellatmung darunter.
b) Vergleiche beide Reaktionen.

6. ≡ Ⓐ
Beschreibe den Zusammenhang von Zellatmung und Fotosynthese in einem Kreislaufschema. Betrachte dazu die unten stehende Abbildung.
Bringt in eurer Darstellung auch das Teilchenmodell unter.

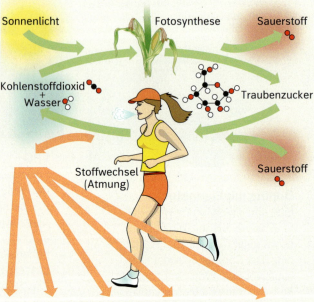

Sonnenlicht · Fotosynthese · Sauerstoff · Kohlenstoffdioxid + Wasser · Traubenzucker · Stoffwechsel (Atmung) · Sauerstoff · Bewegung Herztätigkeit Denkprozesse Stoffwechselvorgänge Körpertemperatur

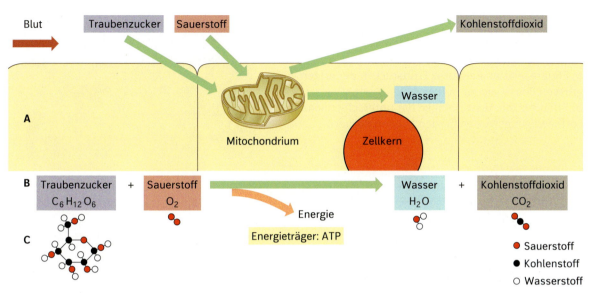

1 Zellatmung: **A** Schema, **B** Wortgleichung, **C** Teilchenmodell

Zellatmung

Die Zellen nutzen vor allem Traubenzucker für die Energiegewinnung. Die Freisetzung der Energie erfolgt über eine chemische Reaktion, bei der Traubenzucker mit Sauerstoff reagiert. Allerdings wird die Energie nicht in einem Schritt als Licht oder Wärme frei, wie es bei einer Verbrennung der Fall ist. Stattdessen gibt der Traubenzucker die Energie auf ein Speichermolekül mit dem Namen ATP ab. Man kann diesen Vorgang mit der Aufladung eines Akkus vergleichen.

So kann die Energie für den Aufbau körpereigener Stoffe, für Wachstum, Bewegung und für die Tätigkeit der Nervenzellen genutzt werden. Ausserdem entstehen Wärme und als Abbauprodukte Kohlenstoffdioxid und Wasser. Diese Reaktion bezeichnet man als **Zellatmung.** Sie läuft innerhalb der Zelle in speziellen Organellen, den **Mitochondrien,** ab.

Ohne Sauerstoff keine Zellatmung

Der für die Zellatmung benötigte Sauerstoff wird über die äussere Atmung zur Verfügung gestellt. Er gelangt über die Atemwege ins Blut und wird zu allen Zellen transportiert. Erhalten die Zellen einmal nicht genügend Sauerstoff, sterben sie aufgrund von Energiemangel schon nach kurzer Zeit ab.

Alle Energie kommt von der Sonne

Die in den Nährstoffen enthaltene Energie kommt letztlich von der Sonne. Pflanzen verwenden Sonnenenergie, um über die **Fotosynthese** aus Kohlenstoffdioxid und Wasser Traubenzucker aufzubauen und zu speichern. Diese Reaktion läuft in speziellen Organellen der Pflanzenzellen, den **Chloroplasten,** ab.

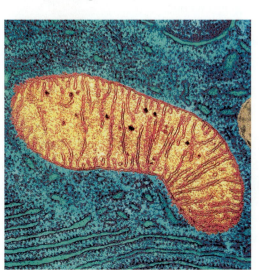

2 Elektronenmikroskopische Aufnahme eines Mitochondriums

> Kannst du erläutern, wie durch die Zellatmung Energie freigesetzt wird? Kannst du die Zellatmung und die Fotosynthese in einem Kreislauf darstellen?

Ohne Energie nichts los

1. ☰ Ⓐ

Paul und Linus fahren jeden Morgen 3 km zur Schule. Paul fährt Rad, Linus Roller.
a) Erkläre, warum Paul trotz Frühstück in der ersten grossen Pause wieder Hunger hat.
b) Erläutere die Auswirkungen der unterschiedlichen Fortbewegungsweisen für den ganzen Körper.

Alter in Jahren	Mann 174 cm, 70 kg	Frau 166 cm, 60 kg
14 – 18	7900 kJ	6200 kJ
19 – 35	7300 kJ	6000 kJ
36 – 50	6800 kJ	5600 kJ
61 – 65	6200 kJ	5200 kJ

1 Grundumsatz

2. ☰ Ⓐ

a) Definiere, was man unter dem Grundumsatz versteht.
b) Nenne und erkläre mithilfe der Tabelle Faktoren, die den Grundumsatz beeinflussen.

3. ☰ Ⓐ

Ein Apfel enthält etwa 300 kJ, ein Müsliriegel etwa 500 kJ und ein belegtes Brötchen etwa 800 kJ Energie. Rechne für jedes dieser Nahrungsmittel aus, wie lange es dich mit Energie versorgen würde, wenn du eine der im Diagramm (Bild 2) gezeigten Tätigkeiten ausführst.

4. ☰ Ⓠ

Energie auch aus Getränken?
a) Notiere die Energiegehalte von Apfelsaft, ungesüsstem Früchtetee, Vollmilch und einem Energydrink. Die Angaben findest du auf den Etiketten oder im Internet.
b) Erkläre den unterschiedlichen Energiegehalt der Getränke. Schaue dir dazu die Nährwerttabelle und die Zutatenliste des jeweiligen Getränks an.
c) Gib an, wie man die Energie, die in einem Liter eines Energydrinks steckt, durch eine Aktivität wieder verbrauchen könnte.

Tätigkeiten

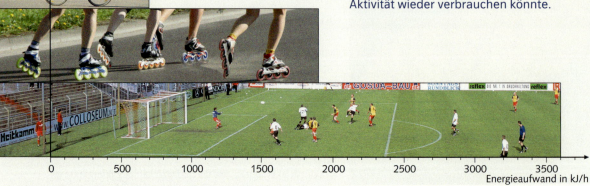

0   500   1000   1500   2000   2500   3000   3500

Energieaufwand in kJ/h

2 Leistungsumsatz bei verschiedenen Tätigkeiten

Energie

Für alle unsere Lebensvorgänge benötigen wir Energie: für Arbeit, Spiel und Sport, aber auch für grundlegende Vorgänge unseres Körpers wie Atmung, Herzschlag und Verdauung. Die Energie wird dem Körper über die Nahrung zugeführt. Die Masseinheit für die Energie ist Kilojoule (kJ).

Grundumsatz

Die Energiemenge, die der Mensch in völliger Ruhe zur Aufrechterhaltung der Lebensfunktionen pro Tag braucht, nennt man **Grundumsatz.** Eine vereinfachte Regel sagt, dass man sein Körpergewicht in kg mit 100 multiplizieren muss, um den ungefähren Grundumsatz in kJ pro Tag zu berechnen. Dieser wird noch durch viele andere Faktoren wie Alter, Geschlecht, Krankheiten oder Klima beeinflusst.

Leistungs- und Gesamtumsatz

Bei Aktivität benötigen wir zusätzliche Energie. Dieser **Leistungsumsatz** hängt von dem Ausmass der verrichteten Tätigkeit ab und ist bei Muskelarbeit am grössten, bei geistiger Arbeit am geringsten. Grund- und Leistungsumsatz zusammen ergeben den **Gesamtumsatz.**

Als Faustregel kommt zum Grundumsatz etwa 30 % davon als Leistungsumsatz hinzu. Wer die Tage hauptsächlich im Sitzen vor dem Computer zubringt, kann nur etwa 20 % als Leistungsumsatz berechnen, ein Sportler oder Schwerarbeiter bis zu 110 %.

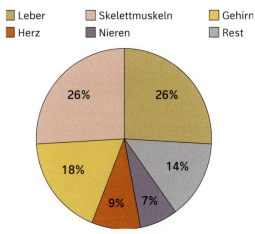

- 🟨 Leber
- 🟧 Herz
- 🟫 Skelettmuskeln
- 🟪 Nieren
- 🟨 Gehirn
- ⬜ Rest

26% | 26% | 18% | 9% | 7% | 14%

3 Beiträge zum Grundumsatz

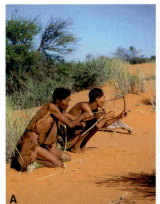

4 Nahrungsbeschaffung: **A** früher, **B** heute

Energieumsatz und Energieerhaltung

Seinen Energiebedarf deckt der Mensch über die Nahrung als **Energieträger.** Die Nahrungsmittel werden verdaut und die Nährstoffbausteine ins Blut und Lymphe aufgenommen und zu allen Zellen transportiert. Dort wird die Energie durch die **Zellatmung** freigesetzt.

Nach dem Prinzip der **Energieerhaltung** wird die gesamte chemische Energie aus den Nährstoffen umgewandelt in Bewegungsenergie, chemische Energie und Wärme. Übersteigt die Energiezufuhr die Energieabgabe, wird der Überschuss als Körperfett gespeichert. Bei mangelhafter Energiezufuhr werden Fett oder sogar Muskelmasse abgebaut.

Veränderte Lebensweisen

Früher – und bei manchen Naturvölkern noch heute – stellte die Nahrungsbeschaffung durch Jagen, Sammeln oder Ackerbau einen hohen körperlichen Aufwand dar. Sie war keineswegs immer gesichert. Daher war es vorteilhaft, in guten Zeiten Fettpolster und damit Energiereserven für Mangelzeiten anzulegen.

Heute bedienen wir uns beim Einkauf im Supermarkt aus einem reichen **Lebensmittelangebot.** Dagegen ist Bewegung kaum gefordert: in der Schule und in vielen Berufen finden sitzende Tätigkeiten statt. Auch in der Freizeit sitzen wir viel an Fernsehern oder Computern. **Bewegungsmangel** stellt sich ein, wenn wir nicht aktiv Sport treiben. Wenn man dann noch zu viel Zucker und Fett isst, besteht die Gefahr, dass die Fettpolster zu **Übergewicht** führen.

Erkläre Grund-, Leistungs- und Gesamtumsatz. Schätze diese grob ab und vergleiche mit dem Energiegehalt von Nahrungsmitteln.

Bewegung und Ernährung im Gleichgewicht

1. ≡ Ⓐ
a) Ordne die Tätigkeiten den passenden Gerichten zu.
b) Erläutere, was das Bild der Waage aussagen soll.

2. Ⓠ
a) Führe für den Verlauf einer Woche ein Bewegungs- und Ernährungsprotokoll.
b) Bewerte, ob Sport und Ernährung etwa im Gleichgewicht stehen.
c) Bewerte, ob du dich insgesamt ausreichend bewegst.

Bewegung

Bewegung und körperliche Betätigung liegen in der Natur des Menschen und machen Spass, vor allem gemeinsam mit anderen bei Spiel und Sport.

Bewegung ist aber auch wichtig, um den Körper gesund und leistungsfähig zu erhalten. Muskeln und Sehnen werden durch Übung gestärkt. Die Durchblutung aller Organe wird gefördert. Dadurch steigen die allgemeine Fitness und das Wohlbefinden. Kopfschmerzen, Kreislaufprobleme oder Müdigkeit wird vorgebeugt. Kräftige Muskeln und Sehnen senken das Risiko für Verletzungen und Haltungsschäden. Rückenprobleme treten seltener auf.

Als Faustregel kann gelten, dass sich Kinder und Jugendliche etwa eine Stunde täglich spielerisch oder sportlich bewegen sollten.

Überbelastung oder einseitige Belastung kann Muskeln, Sehnen und Gelenke aber auch schädigen. Jeder muss in seiner Situation das richtige Mass finden.

Ernährung

Die Ernährung muss auf die körperlichen Bedürfnisse und das Ausmass an Bewegung abgestimmt werden. Dies gilt insbesondere für den Energiegehalt der Nahrung.

Bei reichlich Sport oder körperlicher Arbeit sorgt kohlenhydratreiche und fetthaltige Nahrung für den nötigen Energienachschub. Nudeln, Reis, Kartoffeln, auch in fetthaltiger Zubereitung z. B. als Pommes frites, können in grösseren Portionen gegessen werden. Zurückhaltend mit Kohlenhydraten und Fetten sollten Menschen sein, die sich im Alltag weniger bewegen. Sie sollten eher auf Obst und Gemüse zurückgreifen.

Alle Menschen müssen auf eine vielseitige Ernährung achten, die dem Körper neben der Energie auch Vitamine und Mineralstoffe zuführt sowie die nötigen Baustoffe in Form von Eiweissen (Proteinen).

Welche Bedeutung hat Bewegung für die Gesunderhaltung des Körpers? Erkläre das Gleichgewicht zwischen Bewegung und Ernährung.

Überernährung hat Folgen

1. ≡ Ⓐ
a) Beschreibe die im Foto dargestellte Situation.
b) Erkläre, wie solche Situationen zu Übergewicht führen können.

2. ≡ Ⓐ
Berechne deinen BMI. Beurteile ihn.

3. ≡ Ⓐ
Beschreibe gesundheitliche Probleme, die sich aus Übergewicht ergeben können.

4. ≡ Ⓐ
Entwickle Vorschläge, wie der „Teufelskreis" zwischen Übergewicht und Bewegungsmangel durchbrochen werden kann.

Risiko Überernährung

In unseren modernen Zivilisationsgesellschaften besteht die Gefahr des **Bewegungsmangels.** Zugleich stehen wir laufend vor einem reichhaltigen **Lebensmittelangebot.** Die Werbung lockt uns noch dazu mit vielen energiereichen Produkten. Da fällt es schwer, nicht einfach zuzugreifen.
Solange Bewegung und Ernährung im Gleichgewicht stehen, bleibt das Körpergewicht bei Erwachsenen über längere Zeit in etwa gleich. Wird auf Dauer jedoch zu viel Energie zugeführt, wird im Körper Fett eingelagert und es entsteht **Übergewicht.**

Übergewicht

Das Körpergewicht hängt nicht nur von der Ernährung und Bewegung ab, sondern hat viele Ursachen. Genetische Veranlagung, Alter, Geschlecht und Stoffwechseleigenschaften spielen eine Rolle. Jeder Mensch ist anders und man sollte nicht bestimmten Idealgewichten nachjagen.
Dennoch kann man grob einen „Normalbereich" des Körpergewichtes benennen. Er lässt sich durch den **Body-Mass-Index (BMI)** angeben. Man berechnet ihn, indem man das Körpergewicht (in kg) durch das Quadrat der Körpergrösse (in m) teilt. Zum Beispiel ergibt sich bei 63 kg Gewicht und 1,68 m Körpergrösse:

$$\frac{63}{1,68^2} = 22,3$$

Als normal gilt bei Erwachsenen ein BMI zwischen 20 und 25, bei 14-Jährigen etwa zwischen 16,5 und 24. Diese groben Richtwerte können auch leicht über- oder unterschritten werden.

Übergewicht hat Folgen

Starkes Übergewicht führt auf Dauer zu gesundheitlichen Problemen. Einerseits werden Sehnen und Gelenke überlastet, was zu Schmerzen und Dauerschäden führt. Herz und Kreislauf können den Körper kaum versorgen, **Kreislaufprobleme** sind die Folge. Fettablagerungen in den Blutgefässen begünstigen **Bluthochdruck** und **Arteriosklerose.** Dies ist die häufigste Ursache für **Herzinfarkte** und **Schlaganfälle.** Auch für eine Form der Zuckerkrankheit, den **Diabetes Typ 2,** ist Übergewicht eine entscheidende Ursache.
Übergewicht und seine Folgeerkrankungen treten in unserer Gesellschaft immer häufiger auf.

Modern und gesund leben

Den Ausgleich zwischen Sport und Ernährung zu kennen und einzuüben, kann helfen, einen gesunden Lebensstil zu entwickeln. Körperliche Fitness, Aktivität in Beruf und Freizeit bei abwechslungsreicher und nicht zu energiehaltiger Ernährung sorgen insgesamt für dauerhaftes Wohlbefinden.

Welche Ursachen und Folgen hat Übergewicht?

1 Gemeinsam gesund kochen

Körperbau und Bewegung

Knochen

Unser Skelett besteht aus 232 verschiedenen Knochen, die unseren Körper stützen und mit Hilfe der Gelenke und Sehnen beweglich halten.

Muskeln

Muskeln arbeiten immer zusammen. Jeder Muskel braucht einen Gegenspieler. Diese werden auch Beuger und Strecker genannt. Duch gezieltes Muskeltraining gelingt es uns, die Muskeln zu vergrössern und für ganz spezielle Tätigkeiten zu spezialisieren.

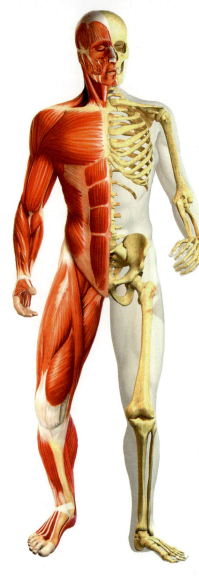

Gelenke

Es gibt verschiedene Gelenkarten.
Die Kugelgelenke verbinden unsere Gliedmassen mit dem Rumpf, die Scharniergelenke machen unsere Gliedmassen beweglich und das Drehgelenk ist verantwortlich, dass wir unseren Kopf drehen können.Schliesslich macht das Daumen- oder Sattelgelenk die Gelenkarten komplett.

Energieumsatz des Körpers

Der Gesamtenergieumsatz des Körpers setzt sich aus dem Grundursatz und dem Leistungsumsatz zusammen.

Fotosynthese

Bei der Fotosynthese wird die Energie des Sonnenlichts von den Pflanzen genutzt, um energiereiche Nährstoffe aufzubauen. Dafür ist das Chlorophyll in den Chloroplasten nötig. Aus Kohlenstoffdioxid und Wasser entstehen Sauerstoff und Glukose. Damit können Stärke und andere Nähr- und Baustoffe aufgebaut werden.

Zellatmung

Bei der Zellatmung in den Mitochondrien der Zellen von Pflanzen, Tieren und Menschen reagiert Glukose mit Sauerstoff. Dabei wird die in der Glukose gespeicherte Energie wieder frei. Sie kann für alle Lebensprozesse genutzt werden. Bei der Reaktion entstehen Wasser und Kohlenstoffdioxid.

Lichtenergie, Chlorophyll

| Wasser $6\,H_2O$ | + | Kohlenstoffdioxid $6\,CO_2$ | → Fotosynthese ← Zellatmung | Traubenzucker $C_6H_{12}O_6$ (Glukose) | + | Sauerstoff $6\,O_2$ |

1. ≡ Ⓐ
Vergleiche in einer Tabelle den Aufbau des Arm- und Beinskeletts.

2. ≡ Ⓐ
Vergleiche den Aufbau eines Röhrenknochens und den Aufbau des Eiffelturmes.

3. ≡ Ⓐ
Benenne die nummerierten Teile des Röhrenknochens.

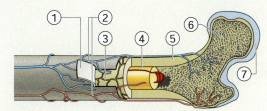

4. ≡ Ⓐ
a) Benenne die nummerierten Teile der menschlichen Wirbelsäule.
b) Erläutere die Funktion der Bandscheiben.

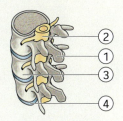

5. ≡ Ⓐ
a) Beschreibe den allgemeinen Bau eines Gelenks.
b) Nenne die vier Gelenktypen und beschreibe ihren Aufbau und ihre daraus abzuleitende Funktionsweise.

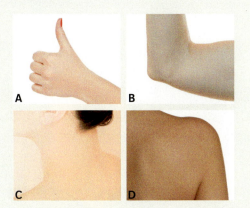

A B

C D

6. ≡ Ⓐ
Benenne die nummerierten Teile des Gelenks und beschreibe jeweils ihre Funktion.

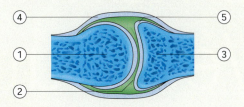

7. ≡ Ⓐ
a) Notiere die Bestandteile 1 bis 6 des Muskels.
b) Beschreibe, wie es zu Muskelkater kommt und was dabei im Muskel passiert.

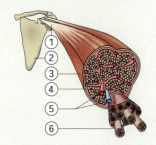

8. ≡ Ⓐ
a) Erläutere, warum Bizeps und Trizeps als Beuger und Strecker bezeichnet werden.
b) Erkläre, warum es an Gelenken immer eines Gegenspielers bedarf.

9. ≡ Ⓐ
Erkläre, welche Funktionen die Blutgefässe in den Muskeln haben und was passiert, wenn diese unterbrochen werden oder durch eine Verletzung zerstört werden.

10. ≡ Ⓐ
Zellatmung ohne Sauerstoff … möglich? Erkläre.

11. ≡ Ⓐ
Stelle den Weg des Sauerstoffs und des Kohlenstoffdioxids in der Zellatmung als Kreislauf dar.

12. ≡ Ⓐ
Beschreibe, wie sich Ernährung und Bewegung auf die Entwicklung des Körpergewichts auswirken können.

Ernährung und Verdauung

Wozu essen wir eigentlich?
Was passiert mit der
Nahrung im Körper?

Welche Stoffe
stecken in der
Nahrung?

Welchen Weg
nimmt das Essen
durch unseren
Körper?

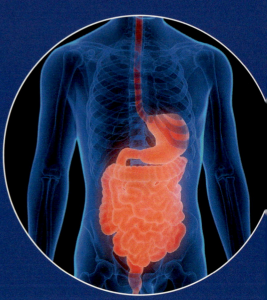

Essen – nicht nur weil's schmeckt

1. ≡ Ⓐ
Essen erfüllt vielfältige Aufgaben. Erstelle hierzu eine Mindmap. Denke daran, wann und bei welchen Anlässen gegessen wird.

2. ≡ Ⓐ
a) Beschreibe den Wandel unserer Essgewohnheiten anhand der Diagramme.
b) Gib mögliche Gründe für diese Veränderungen an.

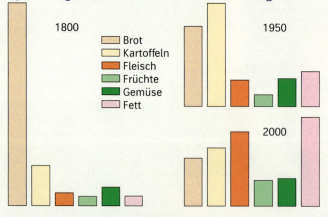

1800

- ▢ Brot
- ▢ Kartoffeln
- ▢ Fleisch
- ▢ Früchte
- ▢ Gemüse
- ▢ Fett

1950

2000

3. Ⓠ
Das Bild zeigt eine muslimische Familie beim Fest des Fastenbrechens. Erkundet traditionelle Essgewohnheiten und besondere Speiseregeln aus verschiedenen Kulturen. Präsentiert die Ergebnisse.

4. ≡ Ⓐ
a) Ordne den Nummern 1 bis 15 die entsprechenden Begriffe zu.
b) Beschreibe allgemein, was bei der Verdauung im Mund, im Magen und im Darm mit der Nahrung passiert.

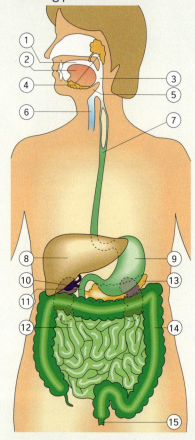

5. ≡ Ⓐ
Erkläre die Begriffe Betriebsstoffe, Baustoffe und Ergänzungsstoffe.

6. Ⓠ
Manche Menschen ernähren sich vegetarisch.
a) Befrage Vegetarier nach den Gründen dafür und bewerte diese.
b) Sammelt Argumente, die gegen eine vegetarische Ernährung sprechen könnten und begründet.
c) Formuliere deine eigene Einstellung zur vegetarischen Ernährung.

1 Frühstücksbrötchen

Warum essen wir?

Auf diese Frage werden die meisten wohl spontan antworten: „Weil ich Hunger habe!" oder „Weil es mir schmeckt."
Eine Pizza oder Nudeln machen nicht nur satt, sie schmecken auch gut und steigern unser Wohlbefinden. Besonders in der Gemeinschaft mit der Familie oder Freunden macht Essen einfach Freude.
Essen erfüllt aber eine weitere, für den Menschen zentrale Aufgabe: Es versorgt uns mit allen Nähr- und Ergänzungsstoffen, die wir benötigen, um zu wachsen, gesund zu bleiben und leistungsfähig zu sein.

Nährstoff-kette

Verdauungs-enzym

Grund-bausteine

Blutgefäss

2 Zerlegung von Nähr-stoffen

Nährstoffe spenden Energie und liefern Baustoffe

Zu den Nährstoffen gehören **Kohlenhydrate, Fette** und **Eiweisse.**
Kohlenhydrate und Fette sind **Betriebsstoffe,** die bei ihrem Abbau im Stoffwechsel Energie liefern. Unser gesamter Organismus ist auf diese Energiezufuhr angewiesen. Besonders viel Energie benötigen die Muskeln, das Gehirn und die Verdauungsorgane. Auch für die Aufrechterhaltung einer konstanten Körpertemperatur ist Energie notwendig. Eiweisse nehmen in unserer Ernährung eine andere Rolle ein. Sie dienen weniger als Energielieferanten, sondern sind vor allem **Baustoffe,** die für den Bau von Zellen, z. B. Muskelzellen, benötigt werden.

Ergänzungsstoffe sind unentbehrlich

Mit der Nahrung nehmen wir auch **Vitamine, Mineralstoffe, Ballaststoffe** und **Wasser** zu uns. Diese Ergänzungsstoffe liefern keine Energie, sind aber für eine gesunde Ernährung unentbehrlich.
Vitamine und Mineralstoffe spielen eine wesentliche Rolle bei der Regulierung des Stoffwechsels. Ballaststoffe sind unverdauliche Bestandteile von Pflanzen, die im Darm quellen und so die Darmtätigkeit verstärken. Wasser dient als Lösungs- und Transportmittel.

Nährstoffe werden verdaut

Nach einer Mahlzeit laufen im Körper zahlreiche mechanische und chemische Vorgänge ab. Die grossen Moleküle der Kohlenhydrate, Fette und Eiweisse werden in kleinere Bausteine zerlegt und vom Körper aufgenommen. Dabei spielen die **Enzyme** eine wichtige Rolle. Sie sind für die Spaltung der Nährstoffe zuständig.
Nach der Zerlegung der Nährstoffe in ihre Grundbausteine gehen sie ins Blut oder in die Lymphe über. Von diesen Flüssigkeiten werden sie dann zu den Körperzellen transportiert und hier entweder vollständig zur Energiegewinnung abgebaut oder zum Aufbau neuer Stoffe und Zellen verwendet.

Kannst du die Bau-, Betriebs- und Ergänzungsstoffe als Bestandteile unserer Nahrung nennen und ihre Funktion beschreiben?

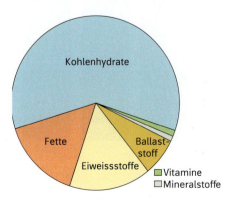

3 Zusammensetzung einer ausgewogenen Ernährung für einen Schüler (10–14 Jahre)

Kohlenhydrate

1. ≡ Ⓐ

Kohlenhydrate unterteilt man in Einfachzucker, Zweifachzucker und Vielfachzucker. Erkläre mithilfe der Abbildung 2 diese Einteilung.

2. ≡ Ⓥ

Untersuche die Wirkung des Enzyms Amylase auf Stärke. Gib dazu in zwei Bechergläser jeweils 100 ml Wasser und eine Messerspitze Stärke. Rühre gut um. Füge nun in ein Becherglas etwas Amylase-Lösung und lass diese kurz einwirken. Gib anschliessend in beide Becher-gläser drei Tropfen Jod-Kalium-jodid-Lösung und rühre um. Beobachte und schreibe zu diesem Versuch ein Versuchs-protokoll.

3. ≡ Ⓐ

Das Säulendiagramm zeigt die Entwicklung des täglichen Zu-ckerkonsums in **Deutschland** in g/Tag und Person.
Beschreibe die Veränderungen und nenne mögliche Ursachen.

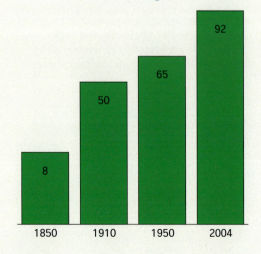

4. ≡ Ⓐ

Nenne gesundheitliche Folgen eines hohen Zuckerkonsums.

5. ≡ Ⓐ

a) Beschreibe mithilfe der Grafik die Wirkungsweise des Enzyms Maltase.

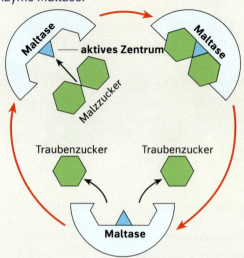

b) Damit ein Stoff von einem Enzym gespalten werden kann, muss dieser genau zur räumlichen Gestalt des Enzyms passen (Schlüssel-Schloss-Prinzip). Begründe, warum das Enzym Maltase Haushaltszucker nicht spalten kann.

6. ≡ Ⓐ

In einem Versuch wurden zwei verschiedene Frühstücke miteinander verglichen. Man wollte herausfinden, welches Frühstück länger satt macht und fit hält. Nach dem Frühstück wurde dazu mehrmals in zeitlichem Abstand der Blutzuckerspiegel gemessen. Das folgende Diagramm zeigt die Ergebnisse.
a) Beschreibe die im Diagramm dargestellten Zusam-menhänge.
b) Erläutere, welches Frühstück die sinnvollere Variante ist.

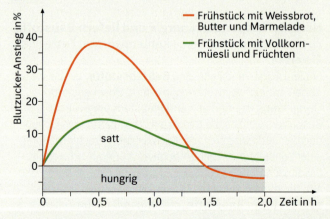

1 Auswahl an kohlenhydratreichen Nahrungsmitteln

Bedeutung der Kohlenhydrate

Mit unserer Nahrung nehmen wir unterschiedliche Kohlenhydrate zu uns. Kartoffeln, Nudeln und Brot enthalten viel **Stärke.** In Süsswaren findet sich **Haushaltszucker (Saccharose).** Die unterschiedlichen Kohlenhydrate werden im Körper zu **Traubenzucker (Glukose)** umgewandelt. Dieser kann dann von allen Zellen zur Energiegewinnung weiter abgebaut werden. Kohlenhydrate sind also Betriebsstoffe, die dem Körper Energie liefern.

Bedarf an Kohlenhydraten

Die Aufnahme von Kohlenhydraten ist für den Energiehaushalt des Körpers von grosser Bedeutung. Oft nehmen wir jedoch die falschen Kohlenhydrate zu uns: Haushaltszucker wird im Körper schnell in die beiden Bausteine Traubenzucker und Fruchtzucker zerlegt. Der Traubenzucker lässt den **Blutzuckerspiegel** rasch ansteigen. Unser Körper reagiert darauf und senkt den Blutzuckerspiegel wieder. Dies wirkt sich als

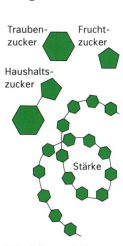

2 Modelle von Kohlenhydraten

Hungersignal aus. Wer zu viel Zucker isst, bekommt also schneller wieder Hunger. Ausserdem fördert zu viel Zucker Übergewicht und Karies.

Stärke verhält sich in unserem Körper anders: Dieser Vielfachzucker besteht aus langen Ketten von Traubenzucker-Bausteinen, die zunächst zerlegt werden müssen. Der Blutzuckerspiegel steigt somit nur allmählich an. Stärkehaltige Lebensmittel machen daher länger satt.

Verdauung der Kohlenhydrate

Bereits im Mund beginnt die Verdauung der Kohlenhydrate. Während wir unsere Nahrung kauen und einspeicheln, spaltet das Enzym **Amylase** die Stärke. Dieses Enzym wird in den Speicheldrüsen gebildet und zerlegt Stärke in zahlreiche Einheiten aus Malzzucker. Dieser Zucker besteht aus zwei Traubenzucker-Bausteinen.

Mithilfe des Enzyms **Maltase** wird anschliessend Malzzucker im Dünndarm in die einzelnen Bausteine zerlegt. Auch Haushaltszucker wird hier gespalten. Traubenzucker gelangt nun durch die Darmwand ins Blut und wird zu den Zellen transportiert. Hier erfolgt bei der Zellatmung die eigentliche Energiegewinnung. Nehmen wir mit der Nahrung mehr Kohlenhydrate auf als wir benötigen, so werden diese als **Glykogen** in der Leber und in den Muskeln gespeichert. Bei Bedarf kann dieses kurzfristig wieder zu Traubenzucker abgebaut werden.

Ballaststoffe

Eine besondere Rolle bei der Verdauung spielen die Ballaststoffe. Diese Vielfachzucker können nicht von den Enzymen im Darm zerlegt werden. Unverdaut füllen sie den Magen und bewirken so ein Sättigungsgefühl. Gleichzeitig verstärken sie die Darmbewegung.

3 Verdauung der Kohlenhydrate

> Kannst du den Aufbau von Kohlenhydraten, ihre Verdauung und ihre Bedeutung als Energielieferanten des Körpers erläutern?

Fette

1. ≣ Ⓥ

Fette lassen sich mit Sudan-(III)-Lösung nachweisen.
a) Gib in ein erstes Reagenzglas 8 ml Wasser und in ein zweites 4 ml Wasser und 4 ml Speiseöl und anschliessend in beide Reagenzgläser einige Tropfen Sudan-(III)-Lösung. Schüttele und notiere deine Beobachtungen.

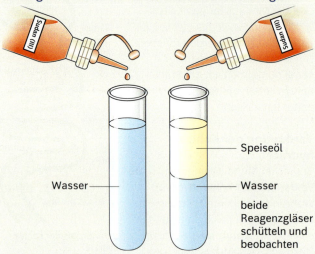

Speiseöl

Wasser

Wasser

beide Reagenzgläser schütteln und beobachten

b) Überprüfe mithilfe der Sudan-(III)-Lösung auch Milch, Süssgetränke, Rahm und Mineralwasser auf Fett. Protokolliere den Versuch.

2. ≣ Ⓐ

Die Tabelle zeigt den Fettgehalt einiger Lebensmittel.
a) Vergleiche die Fettmenge einer Salami-Pizza mit der empfohlenen Tagesration an Fett. Was stellst du fest?
b) Erkläre den Begriff „versteckte Fette".
c) Liste den Fettgehalt weiterer Lebensmittel auf.

1 Salami-Pizza (400 g)	52 g Fett
Erdnüsse geröstet (100 g)	50 g Fett
100 g Chips	39 g Fett
Eiskaffee mit Rahm (200 ml)	32 g Fett
1 Tafel Schokolade	30 g Fett
2 Wiener Würstchen	28 g Fett
1 Stück Schwarzwälder Kirschtorte	25 g Fett
Fleischsalat (100 g)	19 g Fett
Erdnuss-Schokoladenriegel (60 g)	17 g Fett
Pommes Frites (150 g)	15 g Fett
Hamburger	12 g Fett
1 Schokogipfeli (60 g)	12 g Fett
Rahmjogurt (150 g)	12 g Fett

3. ≣ Ⓐ

a) Der Fettkonsum in der Schweiz ist stetig angestiegen. Täglich essen wir durchschnittlich ca. 40 g Fett. Gib mögliche Ursachen für den Anstieg des Fettkonsums an.
b) Nenne gesundheitliche Folgen des erhöhten Fettkonsums.

4. ≣ Ⓐ

a) Erläutere die Funktion der Gallenflüssigkeit bei der Fettverdauung.
b) Manche Menschen leiden an einer verminderten Produktion von Gallenflüssigkeit. Beschreibe, zu welchen Auswirkungen dies führen kann.

5. ≣ Ⓥ

Mit diesem Versuch lässt sich die Wirkung von Galle bei der Verdauung verdeutlichen.
a) Fülle zwei Reagenzgläser mit 5 ml Wasser und zehn Tropfen Speiseöl. Gib in das zweite Reagenzglas zusätzlich 5 ml Ochsengalle. Verschliesse beide Reagenzgläser und schüttle sie kräftig. Danach stelle sie fünf Minuten ruhig.

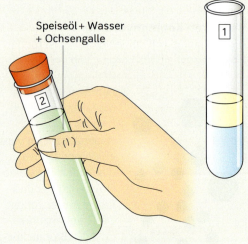

Speiseöl + Wasser + Ochsengalle

b) Beschreibe deine Beobachtungen und erkläre die Versuchsergebnisse.
c) Vergleiche die Versuchsbeobachtungen mit den entsprechenden Vorgängen bei der Fettverdauung.

1 Fetthaltige Nahrungsmittel

Bedeutung der Fette

Fette sind wichtige Betriebsstoffe des Körpers. Jedes Gramm Fett liefert bei seinem Abbau mehr als doppelt so viel Energie wie ein Gramm Kohlenhydrate.

Wer jedoch zu viel Fett zu sich nimmt, hat schnell ein Gewichtsproblem. Überschüssige Fette werden in unserem Körper als Depotfette an Bauch, Hüften und Gesäss gespeichert. Neben Übergewicht können Herz-Kreislauf-Erkrankungen und Zuckerkrankheit weitere Folgen eines erhöhten Fettkonsums sein.

Andererseits sind Fette wichtig für unseren Körper. Kleinere Fettdepots schützen empfindliche Organe wie Augen und Nieren vor Druck und Stoss und isolieren gegen Kälte. Ausserdem ermöglichen Fette die Aufnahme von Vitaminen im Darm und dienen als Energiereserve, etwa bei längeren Krankheiten.

Aufbau von Fetten

Fette bestehen aus Glycerin und drei meist verschiedenen Fettsäuren. Einige dieser Fettsäuren sind für uns Menschen **essenziell,** d. h., wir können sie nicht selbst bilden und müssen sie daher mit der Nahrung aufnehmen. Essenzielle Fettsäuren kommen vorwiegend in Pflanzenölen vor. Solche Fette sollte man deshalb tierischen Fetten vorziehen.

Einteilung der Fette

Je nach Herkunft unterteilt man Fette in tierische Fette, z. B. Schmalz und Butter, und pflanzliche Fette, z. B. in Nüssen und Oliven.

Fette findet man aber nicht nur in Streichfetten oder Ölen, sondern auch versteckt in Wurstwaren, Fleisch, Käse oder Süsswaren. Bereits eine Tafel Schokolade enthält 30 g Fett und deckt damit einen Grossteil der empfohlenen Tagesration von 60 g bis 80 g. Ein Zuviel an **versteckten Fetten** kann so leicht zum Problem werden.

Verdauung der Fette

Fette sind in Wasser unlöslich. Damit sie verdaut werden können, muss zunächst die von der Leber gebildete **Gallenflüssigkeit** einwirken. Sie umhüllt das Fett und wirkt so als Vermittler zwischen Fett und Wasser. Die Fette sind nun **emulgiert**, d. h. in kleinsten Tröpfchen im Wasser verteilt. Durch diese Oberflächenvergrösserung kann jetzt ein Enzym der Bauchspeicheldrüse, die **Lipase,** einwirken. Sie zerlegt im Dünndarm das Fett in Glycerin und Fettsäuren. Diese Spaltprodukte werden anschliessend aus dem Darm in die Lymphe aufgenommen. Von dort gelangen sie ins Blut und werden im Körper verteilt.

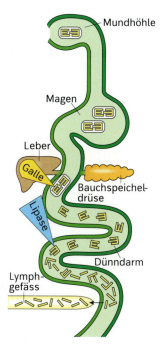

3 Fettverdauung

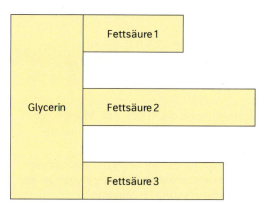

2 Grundaufbau von Fetten

Kannst du erläutern, welche Funktion die Fette im Energiehaushalt des Körpers haben, wie sie verdaut werden und welches Risiko eine zu hohe Fettzufuhr birgt?

Eiweisse

4. ☰ **Q**

Ähnliche Vorgänge wie in dem Versuch aus Aufgabe 3 finden auch bei der Herstellung von Jogurt und Dickmilch statt. Recherchiere, wie diese Lebensmittel hergestellt werden und berichte, wie die Ansäuerung der Milch erfolgt.

1. ☰ **A**

Gerichte wie Linsensuppe mit Würstchen stellen ideale Eiweissquellen dar. Begründe, warum gerade die Kombination dieser Lebensmittel wertvolles Eiweiss liefert.

2. ☰ **A**

a) Berechne mithilfe der folgenden Abbildung deinen persönlichen täglichen Eiweissbedarf.
b) Begründe, warum Säuglinge und Kleinkinder einen erhöhten Eiweissbedarf haben.

Täglicher Eiweissbedarf

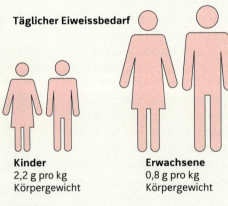

Kinder
2,2 g pro kg
Körpergewicht

Erwachsene
0,8 g pro kg
Körpergewicht

3. ☰ **V**

a) Untersuche die Wirkung von Säuren auf Eiweiss. Fülle dazu ein Reagenzglas halbvoll mit Milch und gib einige Tropfen Zitronensaft hinzu. Verschliesse das Reagenzglas mit einem Stopfen und schüttle es kräftig. Halte deine Beobachtungen und Erklärungen in einem Versuchsprotokoll fest.
b) Nenne das Verdauungsorgan, in dem ein ähnlicher Vorgang stattfindet.

5. ☰ **A**

Die folgenden Abbildungen zeigen die Durchführung eines Experiments zur Eiweissverdauung.

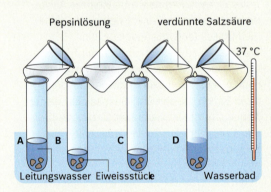

Pepsinlösung · verdünnte Salzsäure · 37 °C

A · B · C · D

Leitungswasser · Eiweissstücke · Wasserbad

Nach 30 Minuten kann man folgende Beobachtung machen:

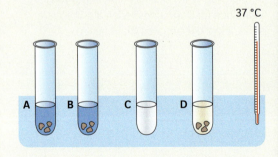

37 °C

A · B · C · D

a) Beschreibe die in den Abbildungen gezeigten Veränderungen und formuliere daraus Schlussfolgerungen.
b) Vergleiche die Versuchsbeobachtungen mit den entsprechenden Vorgängen bei der Eiweissverdauung im Magen.

1 Eiweissreiche Nahrungsmittel

Aufbau der Eiweisse

In unserem Körper gibt es eine Vielzahl unterschiedlicher **Eiweisse** oder **Proteine** mit unterschiedlichen Funktionen. Trotz dieser Vielfalt besitzen alle Eiweisse einen ähnlichen Aufbau:

Ihre Grundbausteine sind stets 20 **Aminosäuren**, die wie Perlen einer Kette in unterschiedlicher Reihenfolge verbunden sind. Ein Teil der Aminosäuren kann vom Körper selbst hergestellt werden. Die übrigen **essenziellen** Aminosäuren müssen mit der Nahrung aufgenommen werden.

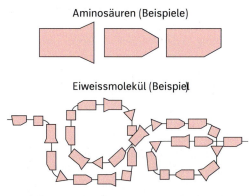

Aminosäuren (Beispiele)

Eiweissmolekül (Beispiel)

2 Modelle von Aminosäuren und einem Eiweissmolekül

Bedeutung der Eiweisse

Eiweisse sind lebenswichtige Baustoffe unseres Körpers. Als wesentlicher Bestandteil der Zellen, z. B. der Muskelzellen, spielen sie eine wichtige Rolle bei deren Aufbau. Im Blut sind sie der Baustein für die roten und weis-

sen Blutkörperchen und der Gerinnungsfaktoren. Die Antikörper des Immunsystems bestehen aus Eiweissen. Eiweisse haben ausserdem eine steuernde Aufgabe im gesamten Stoffwechsel. Als **Enzyme** sind sie verantwortlich für die Umwandlung von Stoffen, als **Hormone** steuern sie wichtige Lebensvorgänge.

Eiweissbedarf

Im Gegensatz zu Kohlenhydraten und Fetten kann unser Körper keine Eiweissreserven anlegen. Zum Aufbau körpereigener Eiweisse müssen wir daher täglich Eiweiss zu uns nehmen.

Etwa zwei Drittel des Nahrungseiweisses sollte von pflanzlichen Lebensmitteln wie z. B. Bohnen, Linsen, Erbsen, Kartoffeln und Nüssen stammen. Tatsächlich nehmen wir meist zu viel tierisches Eiweiss zu uns, insbesondere zu viel Fleisch und Wurstwaren. Nahrungseiweiss ist dann besonders wertvoll, wenn es essenzielle Aminosäuren enthält. Dies erreicht man bei einer gesunden Ernährung durch ein ausgewogenes Verhältnis pflanzlicher und tierischer Eiweissquellen.

Verdauung der Eiweisse

Die Eiweissverdauung beginnt im Magen. Salzsäure im Magensaft lässt die Eiweisse gerinnen. Dabei entknäuelen sich die langen Eiweissketten und können nun vom Enzym **Pepsin** in kürzere Ketten gespalten werden.

Die Bauchspeicheldrüse bildet weitere Enzyme, z. B. das **Trypsin.** Es zerlegt die nun kürzeren Ketten in die einzelnen Aminosäuren, die durch die Darmwand ins Blut gelangen.

Vom Blut werden sie zu den Zellen transportiert und hier zum Aufbau körpereigener Eiweisse verwendet.

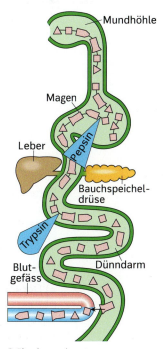

Mundhöhle

Magen

Leber

Pepsin

Bauchspeicheldrüse

Trypsin

Blutgefäss

Dünndarm

3 Eiweissverdauung

Kannst du den Aufbau der Eiweisse aus Aminosäuren darstellen und ihre vielfältigen Funktionen im menschlichen Körper erläutern? Kannst du die Verdauung der Eiweisse beschreiben?

Kleine Mengen – grosse Wirkung

1. ≡ Ⓐ
Erkläre mit deinen Worten folgende Begriffe:
Vitamine, Mineralstoffe, Ergänzungsstoffe, Mengenelemente, Spurenelemente.

2. ≡ Ⓐ
Die Abbildung zeigt verschiedene Nahrungsmittel. Ermittle mithilfe der Pinnwand, welche Vitamine und Mineralstoffe in diesen Lebensmitteln enthalten sind. Erstelle dazu eine Tabelle.

3. ≡ Ⓐ
Rohes Gemüse ist besonders vitaminreich. Erkläre, warum es durchaus sinnvoll ist, etwas Fetthaltiges dazu zu essen.

4. ≡ Ⓠ
a) Der Tagesbedarf an Calcium beträgt bei Jugendlichen etwa 1,2 g. Vergleiche diesen Bedarf mit dem Tagesbedarf an Iod.
b) Recherchiere, wie man diesen Tagesbedarf decken kann.

Ergänzungsstoffe sind lebensnotwendig

Mit der Nahrung nehmen wir neben Nährstoffen auch **Vitamine** und **Mineralstoffe** zu uns. Zusammen bezeichnet man sie als **Ergänzungsstoffe.** Sie liefern keine Energie, sind aber lebensnotwendig. Bereits kleine Mengen reichen aus, um unseren täglichen Bedarf zu decken.

Vitamine

Heute kennt man zahlreiche unterschiedliche Vitamine, die in unserem Körper vielfältige Funktionen übernehmen. Sie regulieren den Stoffwechsel, stärken das Abwehrsystem und sind am Aufbau von Zellen, Knochen, Zähnen sowie an der Blutbildung beteiligt.
Die meisten Vitamine sind wasserlöslich. Zu ihnen zählt Vitamin C, von dem wir täglich mindestens 75 mg benötigen.
Fettlösliche Vitamine hingegen können von unserem Körper nur dann aufgenommen werden, wenn wir gleichzeitig Fett mit der Nahrung zu uns nehmen.
Fehlt aufgrund einseitiger Ernährung auch nur ein einziges Vitamin, so kann es zu bedrohlichen **Mangelerkrankungen** kommen. Bei einer abwechslungsreichen Ernährung tritt ein solcher Mangel aber praktisch nicht auf. Zusätzliche Vitaminpräparate sind deshalb in der Regel nicht notwendig.

Mineralstoffe

Mineralstoffe können verschiedene Funktionen haben. Kalzium z. B. ist als Baustoff am Knochenaufbau beteiligt. Natrium und Kalium regulieren den Wasserhaushalt und sind für die Reizleitung in den Nerven von Bedeutung. Mineralstoffe benötigt unser Körper in relativ geringen Mengen. Bei einem Bedarf von etwa einem Gramm pro Tag spricht man von **Mengenelementen.** Zu ihnen zählen beispielsweise Kalzium, Natrium und Kalium. Andere Mineralstoffe wie Eisen, Magnesium oder Iod werden jedoch in deutlich geringeren Mengen benötigt. Man bezeichnet sie deshalb als **Spurenelemente.** Der Tagesbedarf von Iod liegt bei etwa 0,2 mg. Bekommt der Körper weniger als diese Menge, kann dies ebenfalls zu Mangelerkrankungen führen: Der Kropf, eine Vergrösserung der Schilddrüse im Halsbereich, wird durch eine zu geringe Zufuhr an Iod verursacht.

> **Welche Bedeutung haben Vitamine und Mineralstoffe für den Körper?**

Vitamine, Mineralstoffe und Spurenelemente

1. ≡ Ⓐ
Gib Ergänzungsstoffe an, die für die gesunde Bildung von Knochen und Zähnen von Bedeutung sind.

2. ≡ Ⓐ
Begründe, warum Schwangere einen erhöhten Eisenbedarf haben.

3. ≡ Ⓠ
Recherchiere im Internet oder in der Fachliteratur über Vitaminmangelkrankheiten (Beri-Beri, Skorbut und andere). Halte einen Kurzvortrag.

Name	wichtig für …	enthalten in …	Mangelerscheinung
Vitamin B_1	Nervensystem, Verdauung von Kohlenhydraten und Fetten, Konzentrationsfähigkeit	Naturreis, Hülsenfrüchte, Kartoffeln, Milchprodukte, Schweinefleisch	oft unzureichende Versorgung, dauerhafter Mangel führt zu Beri-Beri
Vitamin B_2	Sehvorgang, Gesunderhaltung von Haut und Schleimhäuten, Kohlenhydratstoffwechsel	Fisch, Leber, Milchprodukte, Eier, Hefe	führt zu Erschöpfung, eingerissenen Mundwinkeln, Wachstumshemmung
Vitamin B_6	Verdauung der Eiweisse, Blutbildung, Nervensystem	Bananen, Leber, Walnüsse, Milch, Käse, Eier	führt zu fettiger, schuppiger Haut, Gewichtsverlust
Vitamin B_{12}	Bildung der roten Blutkörperchen, Verdauung, Wachstum	Fleisch, Innereien, Fisch, Milchprodukte, Eier	Störungen bei der Erneuerung von Nerven- und Blutzellen, Blutarmut
Vitamin C	Abwehrkräfte, Zähne, Zahnfleisch, Enzymaktivität	Peperoni, Zitrusfrüchte, Kiwi, Brokkoli, Äpfel, Sauerkraut	erhöhte Anfälligkeit für Krankheiten, dauerhafter Mangel führt zu Skorbut
Folsäure	Blutbildung, Nervensystem	grünes Gemüse wie Kohl, Spinat, Salat, Eigelb, Tomaten	Blutarmut, gestörtes Immunsystem
Vitamin A	Neubildung von Haut und Schleimhäuten, Sehvorgang	Leber, Butter, Brokkoli, Vollmilch, als Vorstufe in Karotten	Nachtblindheit, Wachstumsstörung, geschädigte Haut
Vitamin D	Knochen, Zähne	Fisch, Leber, Lebertran, Ei, Milchprodukte	weiche und biegsame Knochen, dauerhafter Mangel führt zu Rachitis
Vitamin E	Sauerstoffversorgung der Zellen, Durchblutung	Walnüsse, Mandeln, Erdnüsse, Pflanzenöle, Hering	tritt bei Menschen äusserst selten auf
Vitamin K	Blutgerinnung	grünes Gemüse, Leber	Störung der Blutgerinnung
Kalzium	Knochen, Zähne, Muskelbewegung	Milchprodukte, Nüsse, Vollkornbrot	Knochenentkalkung (Osteoporose)
Magnesium	Muskeltätigkeit, Knochen, Zähne, Nerven, Enzyme	Grünkohl, Weisskohl, Milch, Käse, Fisch	Krämpfe der Skelettmuskulatur
Eisen	Blutbildung, Sauerstoffversorgung, Enzyme	fast alle Lebensmittel ausser Milchprodukte	Blutarmut (Anämie)
Iod	Funktion der Schilddrüse	Meeresfische, iodhaltiges Speisesalz	Kropfbildung
Fluor	Knochen und Zähne	Meeresfische, schwarzer Tee	Kariesanfälligkeit

 wasserlösliche Vitamine

 fettlösliche Vitamine

 Mineralstoffe

 Spurenelemente

PINNWAND

Verdauung

1. ≣ Ⓐ
Nenne die Organe, die an der Verdauung beteiligt sind.

2. ≣ Ⓐ
Gib Verdauungsorgane an, in denen Nährstoffe gespalten werden.

3. ≣ Ⓐ
Wo werden die Nährstoffbestandteile ins Blut aufgenommen?

Lebensmittel zur Energiegewinnung

Dein Körper benötigt Lebensmittel, die wichtige Nährstoffe, also Kohlenhydrate, Eiweisse und Fette enthalten. Bei der Verdauung werden diese in kleine Bestandteile zerlegt, damit sie vom Körper zur Energiegewinnung genutzt werden können. Dabei hat jedes Verdauungsorgan bestimmte Aufgaben.

Die Verdauung beginnt im **Mund**. Die Nahrung wird durch die Zähne mechanisch zerkleinert. Mit Hilfe des Speichels wird Stärke, die in dem Brötchen enthalten ist, in kleinere Bausteine zerlegt.

Die Speisestücke werden durch die **Speiseröhre** in den Magen befördert.

Im **Magen** wird der Nahrungsbrei durch die Bewegungen der Magenmuskulatur geknetet und mit Magensaft vermischt. Die im Magensaft enthaltene Salzsäure tötet Bakterien und Keime ab und hilft dabei, Eiweissstoffe in kleinere Bausteine zu spalten.

Der Nahrungsbrei wird in den 3 m bist 4 m langen **Dünndarm** gegeben. Hier werden Fette mit Hilfe von Gallenflüssigkeit in feinste Tröpfchen zerlegt. Andere Verdauungssäfte sorgen für die vollständige Zerlegung von Kohlenhydraten, Fetten und Eiweissen in kleinste Bestandteile.

Durch die dünne Wand des **Dünndarms** gelangen die Nährstoffbestandteile ins Blut. Von dort werden sie zu allen Zellen transportiert und versorgen diese mit Energie und Baustoffen.

Die unverdaulichen Reste gelangen in den **Dickdarm**. Dort werden dem Brei Wasser und Mineralstoffe entzogen. Die eingedickten Reste werden als Kot durch den After ausgeschieden.

Grosse Flächen zeigen grosse Wirkung

In vielen Organen von Tieren, Pflanzen und Menschen findest du Strukturen, die Oberflächen vergrössern. Dadurch sind die jeweiligen Organe hervorragend an bestimmte Funktionen angepasst.

1. 🟡 **A**
Erkläre den Vorteil für Pflanzen, wenn sie viele kleine statt wenige dicke Wurzeln haben.

2. 🟡 **A**
Bei Kälte rollen sich Igel im Winterschlaf zusammen. Erkläre dieses Verhalten, indem du auf die Veränderung der Oberfläche eingehst.

3. 🟡 **Q**
Das Prinzip der Oberflächenvergrösserung wird auch bei technischen Geräten berücksichtigt, beispielsweise bei Heizkörpern. Erkläre.

Kiemenblättchen bei Fischen
Fische besitzen spezielle Atmungsorgane, die Kiemen. Diese bestehen aus vielen, sehr dünnen und stark durchbluteten Kiemenblättchen, über die Sauerstoff aus dem Wasser ins Blut aufgenommen und Kohlenstoffdioxid an das Wasser abgegeben wird. Die vielen dünnen Kiemenblättchen haben insgesamt eine grosse Oberfläche, wodurch ein guter Gasaustausch möglich wird.

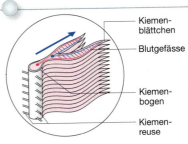

Kiemenblättchen
Blutgefässe
Kiemenbogen
Kiemenreuse

Lungenbläschen beim Menschen
Beim Atmen gelangt Luft über die Luftröhre in die Bronchien und dann in die Lungenbläschen. Hier findet der Gasaustausch statt: Sauerstoff gelangt durch die Wände der Lungenbläschen ins Blut und Kohlenstoffdioxid kommt aus den Blutgefässen in die Lungenbläschen. Von dort wird das Kohlenstoffdioxid mit der Atemluft ausgeatmet. Die vielen Lungenbläschen besitzen insgesamt eine grosse Oberfläche, vergleichbar mit der Grösse eines Tennisplatzes, wodurch der Gasaustausch optimal stattfinden kann.

Ast der Lungenarterie
Ast der Lungenvene
Lungenbläschen

Wurzeln der Pflanzen
Viele Pflanzen bilden viele kleine Wurzeln aus, über die sie Wasser und Mineralstoffe aus dem Boden aufnehmen. Je mehr Wurzeln vorhanden sind, desto grösser ist die Oberfläche, über die Stoffe in die Pflanze gelangen können.

Darmwand des Menschen
Die Oberfläche der Wand des Dünndarms wird durch viele Falten und winzige Ausstülpungen, die sogenannten Darmzotten, um ein Vielfaches vergrössert. So können viele Nährstoffbestandteile durch die Dünndarmwand gleichzeitig ins Blut gelangen.

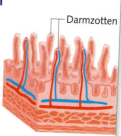

Darmzotten

Ausgewogene Ernährung

1.
a) Trage zusammen, was du gestern den ganzen Tag gegessen hast.
b) Vergleiche deinen Speiseplan mit der Ernährungspyramide. Beachte dabei, dass manche Portionen für einen Tag oder eine Woche angeben sind.

2. ≣ Ⓐ
Beschreibe den Energiegehalt der unterschiedlichen Ebenen der Ernährungspyramide.
Nimm dabei die Angaben zum Energiegehalt der einzelnen Nährstoffgruppen zu Hilfe.

3. ≣ Ⓐ
Stelle mithilfe der Ernährungspyramide zwei verschiedene Tagespläne zusammen.

4. Ⓠ
Recherchiere nach Gründen, warum du dich täglich vollwertig ernähren solltest.

Wie versorge ich mich optimal?

Täglich Pizza, Pommes und Döner? Diese Gerichte schmecken gut und liefern uns Energie. Wozu müssen wir Obst und Gemüse essen? Wie treffen wir aus dem Angebot der Lebensmittel die richtige Wahl um unseren Körper optimal zu versorgen?
Unseren Energiebedarf sollten wir nicht wahllos decken. Ziel einer **vollwertigen Ernährung** ist es, den Körper optimal mit allen lebensnotwendigen Nährstoffen zu versorgen. Die **Ernährungspyramide** gibt hierfür eine Orientierungshilfe.

Ernährungspyramide

Die breite Basis zeigt Lebensmittel, die die Grundlage unserer Ernährung bilden. Sie können reichlich verzehrt werden. Neben den Getränken bilden vor allem Getreide und Getreideprodukte das Fundament einer gesunden Ernährung. Diese Lebensmittel sind sehr kohlenhydratreich und enthalten einen hohen Anteil an Ballaststoffen. Die dritte Ebene bilden Gemüse und Obst, sie liefern uns Vitamine, Mineralstoffe, Wasser und Ballaststoffe. Weitere Ebenen bilden Milch und Milchprodukte. Sie dürfen täglich verzehrt werden, allerdings sollte man auf den Fettgehalt achten. Fleisch, Geflügel, Wurst, Fisch und Eier sind meist sehr fettreich und sollten sparsamer verwendet werden.

Die dünne Spitze zeigt uns, welche Lebensmittel wir nur in kleinen Mengen zu uns nehmen sollten, da sie viel Fett und Zucker enthalten. Innerhalb einer Stufe sollte zwischen den Lebensmitteln abgewechselt werden, um eine ausgewogene Ernährung zu garantieren.

Haupt – und Zwischenmahlzeiten

Empfehlenswert ist es, wenn wir unserem Körper fünf Mahlzeiten über den Tag verteilt zuführen. Dabei sollten Frühstück und Abendessen je 25 % des täglichen Energiebedarfes liefern, 30 % das Mittagessen und jeweils 10 % die beiden Zwischenmahlzeiten.
Die Energie wird in der Einheit **Kilojoule (kJ)** angegeben. Die Nährstoffe liefern uns unterschiedliche Energiemengen. Fett liefert uns pro Gramm 39 kJ, Eiweiss 17 kJ und Kohlenhydrate ebenfalls 17 kJ. Dies wird bei der Ernährungsempfehlung berücksichtigt.

Welche ausgewogene Ernährung wird empfohlen?

tierische Fette   Süissgkeiten

Fleisch 2-3 x pro Woche

Eier 2-3 Stück pro Woche

Fisch 1 x pro Woche

Milch und Milchprodu... mind. 2 x täglich

Obst m... 2 x täg...

Gemüse mind. 2-3 x täglich

Getreideprodukte, Kartoffeln, Hülsenfrüchte mehrmals täglich

Getränke mind. 1,5 l täglich (vorwiegend Wasser)

1 Ernährungspyramide

Essstörungen

Essstörungen treten manchmal bei Jugendlichen mit dem Beginn der Pubertät auf. Meist sind sie als Hilferuf für seelische Probleme, verdrängte Gefühle oder unerfüllte Bedürfnisse zu verstehen. Einen Ausweg aus diesen Krankheiten kann nur eine Therapie bringen. Essstörungen können in vielen Varianten auftreten. Am bekanntesten sind die Magersucht, die Bulimie und die Binge-Eating-Störung.

1. ☰ Ⓐ
Vergleiche die drei vorgestellten Essstörungen. Erstelle hierzu eine Tabelle.

2. ☰ Ⓐ
Beschreibt, was ihr tun würdet, wenn ihr bei einer Freundin oder einem Freund ein auffälliges Essverhalten feststellt.

3. Ⓠ
Gib an, an wen sich Betroffene mit einer Essstörung wenden können, um Hilfe zu erhalten.

PINNWAND

Bulimie

Die Bulimie wird auch als Ess-Brech-Sucht bezeichnet. Die Betroffenen sind in der Regel normalgewichtig und es ist nicht auf den ersten Blick zu erkennen, dass sie Probleme haben. Im Unterschied zu Magersüchtigen können sie jedoch ihr Essverhalten nicht kontrollieren und stopfen in Heisshungeranfällen grosse Mengen an Lebensmitteln in sich hinein. Um trotz der grossen Kalorienzufuhr nicht dicker zu werden, erbrechen sie das Gegessene, nehmen Abführmittel oder setzen sich bis zum nächsten Heisshungeranfall auf eine Dauerdiät.

Binge-Eating-Störung

„Binge" kommt aus dem Englischen und bedeutet „Gelage". Betroffene Patienten verlieren häufig die Kontrolle über die aufgenommene Essensmenge. Während regelmässiger Heisshungerattacken verzehren sie Unmengen an Lebensmitteln und damit an Energie. Anders als bei Menschen, die an Bulimie erkrankt sind, machen sie diese übermässige Energiezufuhr nicht durch Erbrechen, eine Diät, Abführmittel oder übermässigen Sport rückgängig. Diese Personen sind in der Regel stark übergewichtig.

Magersucht

Magersüchtige Menschen sind meist starke Persönlichkeiten. Sie meinen, umso mehr leisten zu können und geliebt zu werden, je dünner sie sind. Sie haben in der Regel eine verzerrte Wahrnehmung von ihrem Körper und fühlen sich meist noch zu dick, obwohl sie bereits unter starkem Untergewicht leiden. Viele Magersüchtige betreiben übermässig viel Sport. Durch die starke Abmagerung kann es zu Ausfällen von Organen kommen. Manche Magersüchtige sterben sogar an den Folgen.

Der Weg der Nahrung durch den Körper

1. ≡ Ⓥ
Versuche, im Handstand mit einem Strohhalm aus einem Becher zu trinken. Gelangt das Getränk entgegen der Schwerkraft in den Magen? Erkläre.

2. ≡ Ⓐ
a) Nenne die Aufgaben aller im Text fett gedruckten Organe. Fertige dazu eine Tabelle der „Verdauungs-Stationen" an.
b) Der Text nennt vier verschiedene Verdauungsflüssigkeiten. Notiere auch deren Funktion.

3. ≡ Ⓐ
Bei welchem Organ finden wir wie beim Darm eine Oberflächenvergrösserung? Wozu dient sie dort?

4. ≡ Ⓥ
a) Gib eine Messerspitze Stärke in 300 ml Wasser. Koche die Aufschwemmung unter Rühren auf und lasse sie dann auf etwa 37 °C abkühlen.

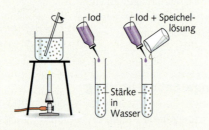

b) Giesse 2 Reagenzgläser mit der Stärkeaufschwemmung halb voll. Gib je 3 Tropfen Iodkaliumiodid-Lösung hinzu.
c) Gib in ein Reagenzglas zusätzlich etwas Mundspeichel und schüttele vorsichtig. Beobachte die Veränderungen über 30 min.
d) Fertige ein Versuchsprotokoll an.

5. ≡ Ⓠ
Verdauungsorgane machen sich oft erst dann bemerkbar, wenn sie nicht richtig „funktionieren". Recherchiere die Ursachen von Durchfall, Verstopfung und Erbrechen.

Verdauung bedeutet Zerkleinerung

Ein Käsebrötchen enthält wichtige Nährstoffe: das Kohlenhydrat Stärke, sowie Fette und Eiweisse. Damit diese vom Körper genutzt werden können, müssen sie schrittweise in ihre kleinsten Bestandteile zerlegt werden. Diesen Vorgang nennt man **Verdauung.**

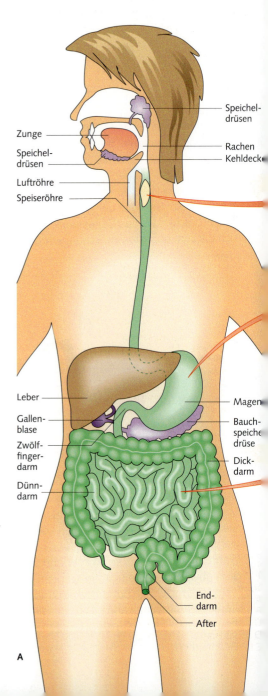

A

Verdauung beginnt im Mund

Beim Kauen wird die Nahrung durch die Zähne mechanisch zerkleinert. **Speicheldrüsen** sondern täglich etwa 1,5 l Speichel ab, der den Bissen gleitfähig macht. Speichel enthält ausserdem ein Verdauungsenzym, das Stärke in Zuckerbausteine zerlegt.

Von der Zunge wird der Bissen an den Gaumen gedrückt und dann geschluckt. So gelangt er in die 25 cm lange **Speiseröhre.** Ihre Muskeln ziehen sich hinter dem Speisebrocken wellenförmig zusammen und befördern ihn so schubweise in den Magen.

Nützliche Säure im Magen

Der sich im **Magen** sammelnde Speisebrei wird durch Bewegungen der Magenmuskulatur durchgeknetet. Dabei wird er mit Magensaft vermischt. Magensaft wird in den Drüsen der Magenschleimhaut produziert und enthält verdünnte Salzsäure. Sie tötet Bakterien und Keime ab, die mit der Nahrung aufgenommen werden. Magensaft trägt ausserdem dazu bei, dass Eiweissstoffe in ihre Bausteine aufgespalten werden.

Zerlegung der Nährstoffe im Dünndarm

Durch einen ringförmiger Muskel am Magenausgang, den Pförtner, wird der Nahrungsbrei portionsweise in den 3 m bis 4 m langen **Dünndarm** abgegeben. Dort wird er von wellenförmigen Bewegungen der Darmwandmuskulatur langsam weitertransportiert. In den ersten Abschnitt des Dünndarms, den Zwölffingerdarm, geben Gallenblase und Bauchspeicheldrüse Verdauungsflüssigkeiten mit Verdauungsenzymen ab. Die Gallenflüssigkeit wird in der Leber erzeugt. Sie zerlegt Fette in kleinste Tröpfchen und unterstützt so deren Verdauung. Die Verdauungssäfte der Bauchspeicheldrüse und weitere aus der Dünndarmwand sorgen dafür, dass bisher noch nicht vollständig verdaute Kohlenhydrate, Eiweisse und Fette in ihre Bestandteile zerlegt werden.

Ins Blut und auf die Reise

Die Oberfläche der Dünndarm-Innenwand wird durch viele Falten, auf denen winzige fingerförmige **Dünndarmzotten** sitzen, auf über 150 m² vergrössert. So kann der Darm eine grosse Menge Nährstoffbausteine gleichzeitig aufnehmen. Durch die dünne Wand der Darmzotten gelangen die zerlegten Nährstoffbausteine ins **Blut.** Über den Blutkreislauf werden sie dann zu allen Körperzellen transportiert und versorgen diese mit Energie und Baustoffen.

Im Dickdarm: nur nichts verschwenden!

Unverdauliche Reste, die Ballaststoffe, gelangen in den **Dickdarm.** Dort werden dem noch flüssigen Brei Wasser und Mineralstoffe entzogen, die der Körper noch verwenden kann. Die unverdaulichen Reste sammeln sich schliesslich im Enddarm und werden als Kot durch den **After** ausgeschieden.

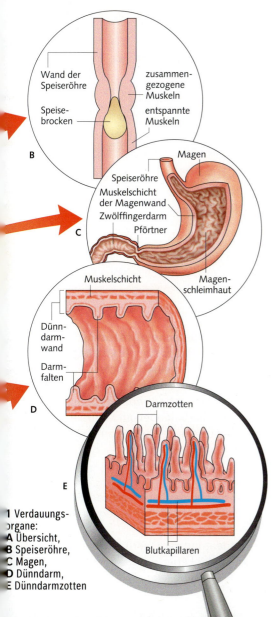

1 Verdauungsorgane:
A Übersicht,
B Speiseröhre,
C Magen,
D Dünndarm,
E Dünndarmzotten

Wand der Speiseröhre

zusammengezogene Muskeln

Speisebrocken

entspannte Muskeln

B

Magen

Speiseröhre

Muskelschicht der Magenwand

Zwölffingerdarm

Pförtner

C

Muskelschicht

Magenschleimhaut

Dünndarmwand

Darmfalten

D

Darmzotten

E

Blutkapillaren

Nährstoffkette

Verdauungsenzym

Grundbausteine

Blutgefäss

2 Zerlegung der Nährstoffe (Schema)

Die Leber – eine lebenswichtige „Chemiefabrik"

1. ☰ Ⓐ
a) Beschreibe die Lage und den äusseren Bau der Leber.
b) Entwickle ein Informationsplakat oder eine Mindmap zum Thema „Aufgaben der Leber".

2. ☰ Ⓐ
Beschreibe die Blutversorgung der Leberläppchen. Nutze hierzu die Abbildung vom Feinbau der Leber.

3. ☰ Ⓠ
Berichtet über Schadstoffe, die in unseren Körper gelangen können und in der Leber verarbeitet werden.

4. ☰ Ⓠ
Informiert euch über die verschiedenen Arten der Hepatitis. Nennt Möglichkeiten der Ansteckung und macht Vorschläge, wie man sich vor einer Infektion schützen kann. Gestaltet dazu ein Informationsplakat.

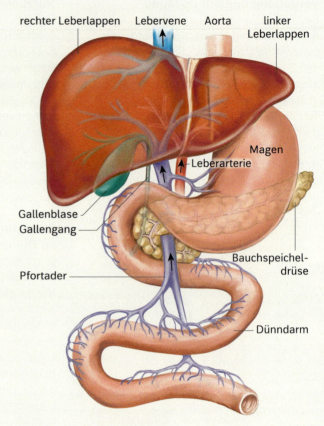

1 Die Leber und ihre Nachbarorgane

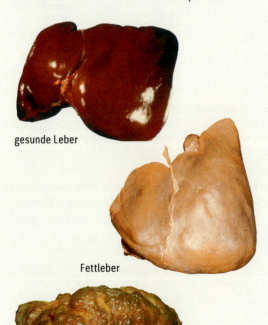

gesunde Leber

Fettleber

Leberzirrhose

5. ☰ Ⓐ
Beschreibe anhand der linken Abbildungen und mithilfe des Informationstextes die verschiedenen Formen einer Lebererkrankung und nenne mögliche Ursachen.

6. ☰ Ⓥ
Untersuche Leberzellen unter dem Mikroskop.
Zupfe von einer Schweineleber ein stecknadelgrosses Stück ab und zerdrücke es in einem Tropfen Wasser auf einem Objektträger. Decke es mit einem Deckgläschen ab und mikroskopiere das Leberpräparat zunächst im Hellfeld und dann durch Abblenden im Kontrast. Fertige eine mikroskopische Zeichnung an und beschrifte eine Leberzelle.

7. ☰ Ⓐ
a) Vergleiche den Feinbau der Leber mit dem Feinbau der Lunge unter dem Aspekt „Oberflächenvergrösserung".
b) Erläutere die Bedeutung der Oberflächenvergrösserung für die Funktion der Leber.

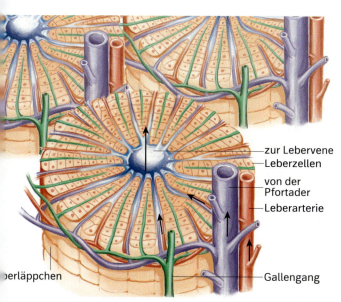

zur Lebervene
Leberzellen
von der Pfortader
Leberarterie

Gallengang

...erläppchen

2 Feinbau der Leberläppchen (die Pfeile stellen die Fliessrichtung des Blutes dar)

Lage und Bau der Leber

Im rechten Oberbauch unter dem Zwerchfell und durch den Brustkorb geschützt liegt die Leber. Sie hat eine feste, glatte Oberfläche und ist aufgrund der starken Durchblutung dunkelrot bis braun gefärbt. Äusserlich sind zwei Leberlappen zu erkennen. Innen besteht die Leber aus etwa 100 000 stecknadelkopfgrossen **Leberläppchen.** Das sind feine, blutumspülte Schichten von Leberzellen.

Über die **Leberarterie** erhält die Leber sauerstoffreiches Blut. Die **Pfortader** kommt vom Darm und versorgt die Leber mit nährstoffreichem Blut. Das Blut durchfliesst die Leberläppchen und wird schliesslich über die **Lebervene** abgeführt. Am unteren Leberrand liegt die **Gallenblase.** In ihr sammelt sich die gelbgrüne Gallenflüssigkeit, die von der Leber gebildet und für die Fettverdauung im Dünndarm benötigt wird.

Funktionen der Leber

Die Leber ist an mehr als 500 verschiedenen **Stoffwechselvorgängen** beteiligt. Daher wird sie auch als „Chemiefabrik des Körpers" bezeichnet.
Zunächst werden die in der Nahrung befindlichen Nährstoffe im Magen-Darm-Trakt verdaut, so dass ihre Bausteine schliesslich ins Blut aufgenommen werden können. Über die Pfortader gelangen diese Stoffe in die Leber, wo sie umgebaut oder gespeichert werden.

Neben ihrer Funktion als Stoffwechselorgan ist die Leber auch ein Speicherorgan. Traubenzucker wird zu Glykogen

zusammengesetzt und in der Leber als Energieträger gelagert. Ebenso speichert die Leber Vitamine und Spurenelemente.

Die im Blut enthaltenen Aminosäuren nutzen die Leberzellen zum Teil für den Aufbau körpereigener Eiweisse. Das für die Blutgerinnung benötigte Fibrinogen ist hierfür ein Beispiel. Überschüssige Aminosäuren können von den Leberzellen aber auch zur Energiegewinnung oder zum Aufbau von Kohlenhydraten verwendet werden. Als Abfallprodukt entsteht dabei Harnstoff. Dieser wird an das Blut abgegeben und über die Nieren ausgeschieden.

So besteht eine weitere Funktion der Leber in der **Entgiftung** des Körpers. Einige Abfallstoffe werden mit der Gallenflüssigkeit in den Darm abgeführt, andere gespeichert oder abgebaut. Zu den von der Leber abgebauten Giften zählt auch der Alkohol.

Gefahren für die Leber

Übermässiger Alkoholgenuss, Medikamentenmissbrauch und eine ungesunde Lebensweise mit fettreicher Ernährung führen zu einer starken Belastung der Leber. Die überlastete Leber kann die mit der Nahrung zugeführten Fette nicht mehr abbauen und lagert sie ab. So kommt es zur Ausbildung einer **Fettleber.** Aber auch durch Infektionen wie **Hepatitis** kann die Leber geschädigt werden.

Die **Leberzirrhose** (Leberzersetzung) ist das Endstadium vieler Lebererkrankungen. Die Zellen sterben ab, die Leber schrumpft und kann ihre zahlreichen Funktionen nicht mehr erfüllen. In schweren Fällen ist dann eine **Lebertransplantation** die letzte Rettung, denn ein Leben ohne funktionsfähige Leber ist nur für wenige Stunden möglich. Medikamente oder Maschinen, die die Leber ersetzen könnten, gibt es nicht.

> Du kannst den Aufbau der Leber beschreiben und ihre Funktionen beim Stoffwechsel, bei der Speicherung von Stoffen und bei der Entgiftung des Körpers erläutern.

Ernährung und Verdauung

Nährstoffe

Unsere Lebensmittel enthalten Nährstoffe aus drei wichtigen Nährstoffgruppen: Kohlenhydrate, Eiweisse (Proteine) und Fette. Kohlenhydrate und Fette liefern Energie und sind daher überwiegend Betriebsstoffe. Eiweisse sind darüber hinaus Baustoffe unseres Körpers.

Energiegehalt der Nährstoffe

Die Nährstoffe liefern dem Körper Energie für alle Lebensprozesse. Die Energiemenge, der Brennwert, wird in Kilojoule (kJ) angegeben. .

Gesunde Ernährung

Eine gesunde Ernährung ist vielseitig und liefert dem Körper ein ausgewogenes Verhältnis an Nähr- und Ergänzungsstoffen. Die Ernährungspyramide hilft bei der Zusammenstellung geeigneter Mahlzeiten. Ausserdem halten sich bei gesunder Ernährung Energiezufuhr und Energieumsatz in etwa die Waage.

Verdauung

Unsere Verdauung beginnt im Mund. Die Zähne zerkleinern die Nahrung. Zusammen mit Speichel entsteht ein Speisebrei, der durch die Speiseröhre in den Magen geschluckt wird. Hier wird die Nahrung vorübergehend gespeichert. Magensäure tötet Bakterien ab und leitet die Eiweissverdauung ein. Der Speisebrei kommt nach und nach in den Dünndarm. Dort zerlegen Verdauungsenzyme aus der Bauchspeicheldrüse alle Nährstoffe in ihre Bestandteile.
Für den Fettabbau wird zudem die Gallenflüssigkeit aus der Leber benötigt.
Die Nährstoffbausteine gelangen aus dem Darm ins Blut und in die Lymphflüssigkeit. Unverdauliche Reste kommen in den Dickdarm. Hier werden noch Wasser und Mineralsalze zurückgewonnen, bevor der Kot durch den After ausgeschieden wird.

Essstörungen

Essstörungen können vielfältige Ursachen haben. Magersucht, Bulimie und Binge Eating sind ernst zu nehmende Suchterkrankungen.

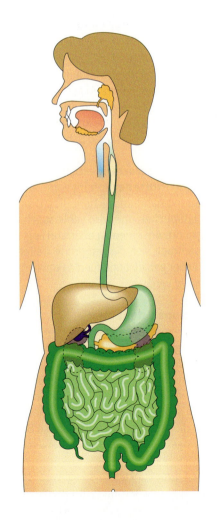

1. Ⓐ

a) Nenne die drei Nährstoffe, die in den oben abgebildeten Lebensmitteln hauptsächlich enthalten sind.
b) Gib für jeden Nährstoff jeweils drei Beispiele für weitere Lebensmittel an, in denen sie reichlich vorkommen.
c) Erläutere mithilfe der Fachbegriffe Bau- und Betriebsstoffe die Bedeutung der drei Nährstoffe.

2. ☰ Ⓐ

a) Beschreibe, wie du nachweisen könntest, dass in Kiwi keine Stärke enthalten ist.
b) Erkläre, warum Obst und Gemüse für unsere Ernährung wichtig sind.

3. ☰ Ⓐ

Beurteile, ob das Getränk mit diesen Nährwerten als täglicher Durstlöscher geeignet ist.

Nährwert je 100 ml	
Brennwert	180 kJ
Fett	0 g
Kohlenhydrate (davon Zucker)	10,7 g 10,7 g
Eiweiss	0 g
Salz	0 g

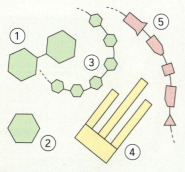

4. Ⓐ

Benenne die abgebildeten Nährstoffe und ihre Bausteine.

5. ☰ Ⓐ

a) Benenne die abgebildeten Verdauungsorgane.
b) Gib die Funktion jedes Verdauungsorgans an.

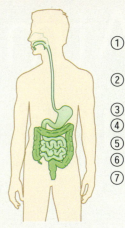

6. ☰ Ⓐ

Beschreibe die Wirkungsweise von mindestens einem Verdauungsenzym.

7. ☰ Ⓠ

a) Erstelle mithilfe der Ernährungspyramide einen Speiseplan für einen Tag.
b) Tausche deinen Plan mit dem eines Lernpartners und bewertet eure Pläne gegenseitig.

8. ☰ Ⓠ

a) Lies auf einer Guetzlipackung den Energiegehalt von 100 g Guetzli ab.
b) Ermittle, wie lange du Velo fahren müsstest, um die Energie von 100 g Guetzli wieder abzugeben.
c) Beschreibe mögliche Auswirkungen einer längerfristig nicht ausgeglichenen Energiebilanz.

9. ☰ Ⓐ

a) Beschreibe mögliche Ursachen für eine Magersucht.
b) Erkläre, warum an Magersucht Erkrankte ärztliche Hilfe brauchen.
c) Gib zwei Möglichkeiten an, wo Magersüchtige Ansprechpartner finden können.

10. ☰ Ⓐ

Erkläre den Unterschied zwischen Binge Eating und Übergewicht.

Atmung, Blut und Kreislauf

Wann muss er
Luft holen?

Macht das Herz
eigentlich niemals
Pause?

Warum zählen
manchmal Sekunden?

Atmung und Gasaustausch

1. Ⓐ
Beschreibe den Weg der Atemluft im Körper. Benenne die dabei beteiligten Organe.

2. Ⓐ
Erläutere mithilfe des Informationstextes den Weg der Atemgase Sauerstoff und Kohlenstoffdioxid im Körper. Erkläre dabei die Begriffe „Gasaustausch" und „Energiegewinnung in den Körperzellen" näher.

3. Ⓥ
a) Findet heraus, wie viel Liter Luft ihr mit einem Atemzug aus eurer Lunge pusten könnt.
b) Vergleicht die Messwerte mehrerer Schülerinnen und Schüler. Sucht Erklärungen für die Unterschiede.

4. Ⓥ 🔶 🔶 👓 ⚪
a) Leitet man Kohlenstoffdioxid in klares Kalkwasser, so ergibt sich eine milchig weisse Trübung.
Überprüfe zunächst, wie der Test abläuft: Leite etwas CO_2-Gas aus einer Mineralwasserflasche in ein Reagenzglas. Gib einige Tropfen Kalkwasser dazu. Verschliesse das Reagenzglas mit einem Stopfen und schüttele. Beobachte und beschreibe die Veränderung des Kalkwassers.
b) Untersuche frische Luft und tief ausgeatmete Luft auf Kohlenstoffdioxid.
Beobachte und vergleiche die Ergebnisse.

5. Ⓥ
a) Plant ein Modell, das das Prinzip der Oberflächenvergrösserung bei den Lungenbläschen zeigen kann. Die Grafiken mit den Luftballons im Karton können euch dabei helfen.
b) Baut euer Modell auf. Erklärt an dem Modell, wie sich Oberfläche und Volumen der Ballons verändern, wenn man den Karton mit weniger oder mehr Ballons anfüllt.
c) Vergleicht euer Modell mit den Lungenbläschen. Erläutert die Bedeutung der Oberflächenvergrösserung für die Funktion der Lungenbläschen.

6. Ⓐ
Beschreibe, wie in den Lungenbläschen die Sauerstoffteilchen aus der Atemluft ins Blut und die Kohlenstoffdioxidteilchen aus dem Blut in die Atemluft gelangen. Dabei hilft dir die Abbildung 2 auf der rechten Seite sowie die Seite zum Thema Diffusion und Osmose.

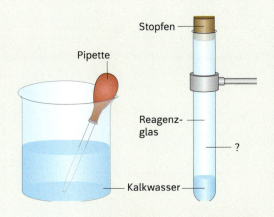

Pipette

Stopfen

Reagenzglas

?

Kalkwasser

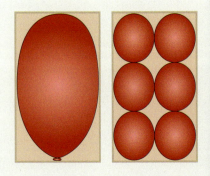

Der Weg der Atemluft

Beim Atmen strömt die Luft zunächst durch den **Mundraum** oder **Nasenraum.** Über den **Rachen,** wo sich Nasen- und Mundraum vereinigen, gelangt die Luft zum Kehlkopf. Er trennt Speiseröhre und **Luftröhre.** Damit keine Speiseteile in die Luftröhre gelangen, wird sie beim Schlucken vom **Kehldeckel** verschlossen.
Die Luftröhre teilt sich in zwei **Hauptbronchien.** Jede versorgt einen der beiden **Lungenflügel.**

Luftröhre und Bronchien besitzen Versteifungen aus Knorpel, damit sie sich beim Einatmen nicht durch den Unterdruck verschliessen. Diese Knorpelspangen kann man im Halsbereich ertasten
Die Bronchien verzweigen sich in der Lunge in immer kleinere Atemkanälchen, die in Trauben aus winzigen **Lungenbläschen** enden. Durch ihre dünnen Wände können die Sauerstoff- und Kohlenstoffdioxidteilchen beim **Gasaustausch** hindurch wandern.

Der Brustkorb arbeitet wie ein Blasebalg

Die Luft muss abwechselnd eingesogen und ausgestossen werden. Beide Vorgänge kannst du gut an einem Blasebalg beobachten, den man beim Aufpumpen von Luftmatratzen benutzt. Genau so wirkt die Verkleinerung und die Vergrösserung des Brustraumes. Daran ist vor allem das **Zwerchfell** beteiligt, eine dünne Muskelhaut, die quer durch den Bauchraum gespannt ist.

Zum Einatmen zieht sich das Zwerchfell nach unten. Der Brustraum vergrössert sich und mit ihm erweitern sich die Lungenflügel. Nun wird Luft in die Lunge gesogen. Wölbt sich das Zwerchfell anschliessend wieder nach oben, wird die Lunge zusammengedrückt und presst die Atemluft nach aussen. Durch die Bewegung des Zwerchfells wird auch die Bauchdecke leicht nach aussen gedrückt. Man spricht deshalb von der **Bauchatmung.**

Bei tieferen Atembewegungen wird die Bauchatmung von der **Brustatmung** unterstützt. Dabei bewegen sich die Rippen schräg nach oben. Brustraum und Lunge erweitern sich und die Luft wird tief eingesogen. Kehren die Rippen in ihre Ausgangsstellung zurück, wird die Luft zum Ausatmen wieder herausgepresst.

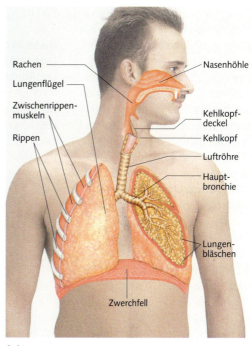

Rachen
Lungenflügel
Zwischenrippen-
muskeln
Rippen
Nasenhöhle
Kehlkopf-
deckel
Kehlkopf
Luftröhre
Haupt-
bronchie
Lungen-
bläschen
Zwerchfell

1 Atmungsorgane

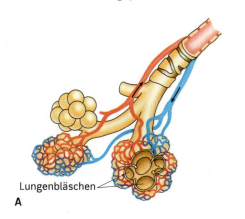

Lungenbläschen

A

2 Lungenbläschen: **A** Bau, **B** Gasaustausch

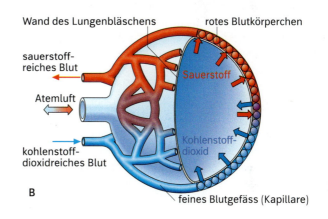

Wand des Lungenbläschens
rotes Blutkörperchen
sauerstoff-
reiches Blut
Sauerstoff
Atemluft
Kohlenstoff-
dioxid
kohlenstoff-
dioxidreiches Blut
B
feines Blutgefäss (Kapillare)

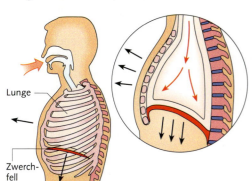

Lunge
Zwerch-
fell

3 Einatmen durch Brust- und Bauchatmung

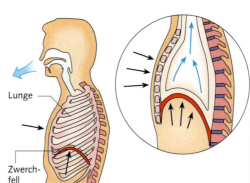

Lunge
Zwerch-
fell

4 Ausatmen durch Brust- und Bauchatmung

Wie bewegt sich die Atemluft durch die Atmungsorgane? Worin unterscheiden sich Bauchatmung und Brustatmung?

Gasaustausch

Die Einatmungsluft enthält rund 21 % Sauerstoff und etwa 0,03 % Kohlenstoffdioxid. In der Ausatmungsluft befinden sich nur noch etwa 17 % Sauerstoff, dafür ist der Anteil des Kohlenstoffdioxids um vier Prozent gestiegen. Unser Körper nimmt also Sauerstoff auf und gibt dafür in der gleichen Menge Kohlenstoffdioxid ab. Diesen Vorgang nennt man **Gasaustausch**. Der aufgenommene Sauerstoff wird in allen Zellen unseres Körpers zur Energiegewinnung benötigt. Betrachten wir die einzelnen Schritte des Gasaustausches nun noch etwas näher:

innere Oberfläche der Lunge etwa 100 m².

Gasaustausch durch Diffusion

Der Antrieb für den Gasaustausch ist der Konzentrationsunterschied der Atemgase in den Lungenbläschen und im Blut.

Dort bildet sich bei der Energiegewinnung Kohlenstoffdioxid als Abbauprodukt. Es liegt also hier in hoher Konzentration vor und geht deshalb in das kohlenstoffdioxidarme Blut über, wird zur Lunge transportiert und dort in die Luft der Lungenbläschen abgegeben. Beim Ausatmen verlässt das Kohlenstoffdioxid unseren Körper. Die beschriebenen Vorgänge bezeichnet man als **äussere Atmung.**

Zellatmung oder innere Atmung

Die Energiegewinnung in den Körperzellen erfolgt durch die **Zellatmung.** Bei diesem Vorgang

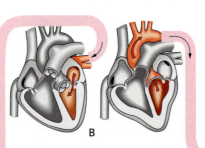

B

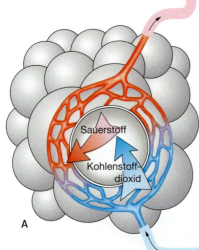

Sauerstoff

Kohlenstoff-dioxid

A

Das vorbeiströmende Blut kommt aus den Körpergeweben und ist sauerstoffarm. Diesem Konzentrationsgefälle folgend, gehen Sauerstoffteilchen aus den Lungenbläschen in das Blut über. Diesen Vorgang nennt man Diffusion. Kommt dieses Blut in einen Muskel, der viel Sauerstoff verbraucht hat, so wandert der Sauerstoff wegen des Konzentrationsgefälles aus dem Blut in die Muskelzellen.

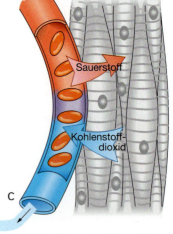

Muskelgewebe

Sauerstoff

Kohlenstoff-dioxid

C

Die Lungenbläschen sind von zahlreichen haarfeinen Blutgefässen, den Kapillaren, umgeben. Ihre Wand ist so dünn, dass die Sauerstoff- und Kohlenstoffdioxidteilchen durch sie hindurchwandern können. Damit dies gleichzeitig mit möglichst vielen Teilchen funktioniert, muss die Grenzfläche zwischen Atemluft und Blut sehr gross sein. Diese Oberflächenvergrösserung wird durch die grosse Anzahl von ca. 300 Millionen Lungenbläschen erreicht. Dadurch beträgt die

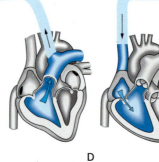

D

2 Atemgase im Kreislauf: **A** Gasaustausch in den Lungenbläschen, **B** Pumpvorgang in die Körperzellen, **C** Gasaustausch im Gewebe, **D** Pumpvorgang in die Lunge

wird der Sauerstoff benötigt, um Traubenzucker zu „verbrennen", der ebenfalls mit dem Blut in die Körperzellen transportiert wurde. Als Abbauprodukte entstehen Kohlenstoffdioxid und Wasser. Diese Reaktion setzt Energie frei, die wir für alle Lebensvorgänge brauchen.

Wie laufen die äussere Atmung und die Zellatmung ab?

Diffusion und Osmose

1.
a) Lege zur Rauchgewinnung ein noch glimmendes Stückchen Papier in einen Standzylinder und decke ihn mit einer Glasscheibe ab. Stelle auf diese Glasscheibe kopfüber einen zweiten Standzylinder. Warte bis sich die Bewegung der Rauchteilchen beruhigt hat und der untere Zylinder nicht mehr warm ist. Entferne dann vorsichtig die Glasscheibe. Was beobachtest du? Notiere und erkläre.
b) Stelle den Vorgang zeichnerisch als Teilchenmodell dar.

2.
Lege je einen Teebeutel zur gleichen Zeit in ein Glas mit kaltem Wasser und in ein Glas mit heissem Wasser.
a) Beschreibe deine Beobachtungen und formuliere eine Erklärung dafür.
b) Stelle den Vorgang zeichnerisch als Teilchenmodell dar.

3.
a) Erkläre mithilfe des Informationstextes, warum Kirschen im Regen platzen. Begründe auch, warum dies nur bei reifen Kirschen passiert.
b) Plant einen Versuch zu diesem Phänomen und führt ihn durch.

4.
Baut ein Modell, mit dem ihr die Vorgänge der Teilchenbewegung, der Diffusion und Osmose veranschaulichen könnt.

> **TIPP**
> Nützliche Materialien sind Murmeln oder Holzperlen verschiedener Grösse und Farben, ein flacher Karton, ein passend geschnittener Karton- oder Holzkamm.

Teilchenbewegung

Alle Teilchen eines Stoffes sind in ständiger Bewegung. Je höher die Temperatur ist, desto schneller bewegen sie sich. In festen Stoffen bewegen sie sich an ihrem festen Platz hin und her. In Flüssigkeiten und Gasen bewegen sie sich relativ frei, stossen gegeneinander und können so vielfach ihre Richtung ändern. Diese **Wärmebewegung** ist die Grundlage vieler Stofftransporte in Zellen und in Organismen.

Diffusion

Die feinen Feststoffteilchen in einem Rauch verteilen sich so lange im Raum, bis deren Konzentration überall gleich ist. Ursache dafür ist die Wärmebewegung. Dabei bewegen sich die Teilchen von der höheren zur niedrigeren Konzentration. Einen solchen Konzentrationsausgleich in einem Gas oder einer Flüssigkeit nennt man **Diffusion.**

Bei der Atmung zum Beispiel gelangt der Sauerstoff aufgrund des Konzentrationsunterschiedes durch Diffusion aus der Luft der Lunge ins Blut. Aus dem Blut diffundiert er in jede Zelle. Auch Nährstoffe können durch Diffusion in die Zellen gelangen.

Osmose

Jede Zelle von Pflanzen und Tieren ist von einer Zellmembran, auch **Biomembran** genannt, umgeben. Sie stellt eine Barriere für den Stoffaustausch dar. Biomembranen besitzen jedoch kleinste Öffnungen, durch die kleine Stoffteilchen (z. B. Wasserteilchen) hindurchdiffundieren können, grössere Teilchen (z. B. Zuckerteilchen) jedoch nicht. Man spricht deshalb von **halbdurchlässigen Membranen.** Die Diffusion durch eine halbdurchlässige Membran nennt man **Osmose.**

Für die Form vieler Pflanzenzellen ist die Osmose verantwortlich. Wasser kann in die Zellen hineindiffundieren, Zucker oder Salze jedoch nicht heraus. So steigt der Druck im Inneren der Zelle. Dieser **osmotische Druck** sorgt für die straffe, feste Form der Zellen.

> Kannst du Beispiele für Vorgänge der Diffusion und Osmose beschreiben und mithilfe des Teilchenmodells der Stoffe erklären?

Erkrankungen der Atemwege

Schnupfen

Erkrankungen mit Schnupfen treten in der kalten Jahreszeit auf. Die trockene Luft in geheizten Räumen trocknet die Nasenschleimhaut aus. So können Krankheitserreger leichter über die Nase in den Körper eindringen.

Hat man sich infiziert, sorgen die weissen Blutkörperchen für die Abwehr der Krankheitserreger. Deshalb wird die Nasenschleimhaut nun stark durchblutet. Dies hat eine doppelte Wirkung: Zum einen scheidet sie mehr Flüssigkeit aus, um die Erreger wegzuschwemmen. Die Nase „läuft". Zum anderen schwillt die Nasenschleimhaut durch die starke Durchblutung an. Die Nase ist „verstopft".

Allergien

Schnupfen kann auch bei Allergien auftreten. Viele Menschen leiden an Allergien gegen Pollen, Hausstaub, Tierhaare und vieles mehr. Auf diese Fremdkörper reagiert die Nasenschleimhaut, die Nase „läuft". Oft tränen auch die Augen.

Husten

Für viele Menschen ist Husten noch unangenehmer als Schnupfen. Meist husten wir, um Schleim aus der Luftröhre zu entfernen. Normalerweise wird das von den Flimmerhärchen erledigt, die sich auf der Schleimhaut der Luftröhre befinden. Ist der Schleim durch Staubteilchen oder Krankheitserreger belastet, schaffen die Flimmerhärchen diese Aufgabe nicht mehr.

Bronchitis

Bronchitis nennt man die Entzündung der Bronchien. Das sind die

1 Schnupfen

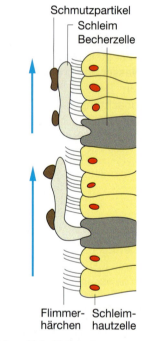

Schmutzpartikel
Schleim
Becherzelle

Flimmer-   Schleim-
härchen   hautzelle

2 Bronchialschleimhaut

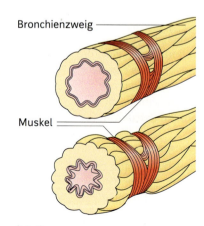

Bronchienzweig

Muskel

3 Asthma

Verzweigungen der Luftröhre. Zu einer Bronchitis kommt es, wenn der mit Bakterien befallene Schleim der Bronchien nicht durch die Flimmerhärchen oder durch Husten entfernt werden kann. Die Wände der Bronchien schwellen an. Dadurch verengen sich die Bronchien, so dass man „schlecht Luft bekommt".

Raucher haben oft eine **chronische** Bronchitis. Das heisst, die Bronchien werden gar nicht mehr gesund. Die Teerstoffe aus dem Zigarettenrauch haben die Flimmerhärchen so stark beschädigt, dass sie den Schleim nicht mehr abtransportieren. Er kann nur noch durch Husten entfernt werden. Man spricht dann von „Raucherhusten".

Asthma

Asthma ist eine gefährliche Erkrankung der Atemwege. Die Bronchien sind von Muskelfasern umwickelt. Wenn diese sich verkrampfen und zusammenziehen, werden die Atemkanäle abgeschnürt. Es droht ein lebensgefährlicher Sauerstoffmangel im Körper. Asthma kann wie Schnupfen durch eine Allergie ausgelöst werden.

1. 🅐
Trage in eine Tabelle die beschriebenen Krankheiten ein und notiere, wodurch sie entstehen.

2. 🅐
Schreibe Ratschläge auf, wie man sich vor diesen Erkrankungen schützen kann.

Tauchen

Gerätetauchen
Gerätetaucher
führen einen Luftvorrat in Druckluftflaschen mit sich und können so länger und tiefer tauchen.

Mit dem Mundstück wird der sogenannte **Lungenautomat** gehalten. Er ermöglicht durch eine ausgeklügelte Kombination von Ventilen das Einatmen bei dem gerade herrschenden Wasserdruck und das Ausatmen ins Wasser.

Schnorcheln
Beim **Schnorcheln** betrachtet die „Taucherin" von der Wasseroberfläche aus die Unterwasserwelt durch die Maske. Sie atmet dabei ruhig durch den Schnorchel. Hat sie etwas Interessantes entdeckt, hält sie die Luft an und taucht kurz ab, normalerweise nur wenige Meter tief. Nach dem Auftauchen bläst sie das Wasser aus dem Schnorchel und atmet wieder normal.

Gefahren des Tauchens
Je tiefer man taucht, desto höher wird der Wasserdruck und drückt auf den Körper. Bereits ab zwei bis drei Metern Tiefe vermeidet ein **Druckausgleich** schmerzhaften Druck auf die Trommelfelle der Ohren. Keinesfalls dürfen längere **Schnorchel** als üblich verwendet werden. Man würde sonst immer wieder dieselbe Luft ein- und ausatmen und bald durch das ausgeatmete Kohlenstoffdioxid ohnmächtig werden. Ausserdem würde sich durch den Druckunterschied zur Aussenluft schnell lebensgefährlich viel Flüssigkeit in der Lunge sammeln.
Beim Auftauchen aus über 20 m Tiefe besteht die Gefahr der **Taucherkrankheit**. Ähnlich wie beim Aufdrehen einer Mineralwasserflasche Gasblasen aufsteigen, perlen im Blut Gasbläschen mit Stickstoff aus, wenn der Druck zu schnell absinkt. Die Folge sind starke Schmerzen oder sogar ein Kreislaufzusammenbruch. Je nach Tauchtiefe und -dauer müssen die Taucher daher minuten- bis stundenlange Pausen in verschiedenen Tiefen einhalten.

Tauchen
Taucher können von unten in den Luftraum einer offenen **Taucherglocke** ein- und aussteigen. Diese funktioniert ähnlich wie ein umgestülptes, unter Wasser gehaltenes Trinkglas. Grössere **Unterwasserstationen,** wie die in der Abbildung, werden über Schläuche mit Pressluft versorgt. Die Luft in der Station hat denselben Druck wie das umgebende Wasser. So können Taucher dort für längere Zeit leben und arbeiten, ohne zwischendurch auftauchen zu müssen.

2. ☰ Ⓐ
Erkläre, warum Taucher beim Auftauchen aus grösseren Tiefen bestimmte Pausen einhalten müssen, in eine Taucherglocke aber sofort eintauchen und das Atemgerät ablegen können.

3. ☰ Ⓠ
Halte einen kurzen Vortrag zu einem der Themen
• Geschichte und Technik von Taucherglocken und Unterwasserstationen,
• JACQUES YVES COUSTEAU – ein Pionier des Tauchens,
• JACQUES PICCARD – am tiefsten Punkt der Meere.

1. ☰ Ⓐ
Vergleiche das Atmen beim Schnorcheln mit dem beim Gerätetauchen.

PINNWAND

Blut hat viele Funktionen

1. ≣ Ⓐ
Man kann frischem Tierblut etwas zugeben, sodass es nicht gerinnt. Lässt man solches Blut einen Tag lang stehen, macht man die unten abgebildete Beobachtung.
a) Beschreibe die Beobachtung.
b) Erkläre die Beobachtung mithilfe der Schemazeichnungen.

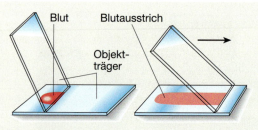

3 Erstellen eines Blutausstrichs

4. ≣ Ⓥ
Erstellt einen Blutausstrich aus dem ungerinnbar gemachten Tierblut, das man beim Schlachter besorgen kann. Abbildung 3 zeigt, wie ihr vorgeht.

1 Blutsenkung: **A** Blut, **B** Schemazeichnung

5. ≣ Ⓥ
Mikroskopiert Blut. Verwendet dazu einen Blutausstrich aus Aufgabe 4 oder ein Dauerpräparat. Nutzt beim Mikroskopieren die Seite „Methode: Arbeiten mit dem Mikroskop".
a) Benennt die Blutzellen, die ihr erkennen könnt. Beschreibt, woran ihr sie erkennt.
b) Zeichnet das Bild einiger Blutzellen bei stärkster Vergrösserung.

HINWEIS
Wegen Infektionsgefahr ist es verboten, menschliches Blut in der Schule zu untersuchen.

2. ≣ Ⓐ
Welche Blutzellen erkennst du auf dem Foto rechts? Ordne den Ziffern 1, 2 und 3 Begriffe zu und begründe deine Zuordnung.

3. ≣ Ⓐ
Gib die Funktionen des Blutplasmas und der Blutzellen an. Erstelle dazu eine Tabelle.

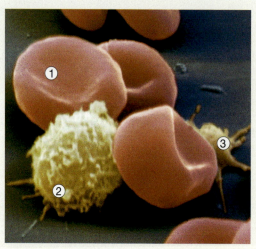

2 Blutzellen im elektronenmikroskopischen Bild

6. Ⓥ
a) Entwickelt einen Modellversuch zum Vorgang der Blutgerinnung. Überlegt euch, womit man das Netz aus Fibrinfäden und die darin hängenbleibenden Blutkörperchen darstellen kann. Benutzt zum Beispiel Knetmasse, ein Sieb, Papierschnipsel oder andere Materialien.
b) Vergleicht euer Modell mit der Wirklichkeit. Nennt Gemeinsamkeiten und Unterschiede.

Zusammensetzung und Funktionen des Blutes

Blut ist ein Gemisch aus festen und flüssigen Bestandteilen. Lässt man frisches Blut in einem Glasgefäss eine Weile stehen und verhindert durch ein hinzugefügtes Mittel die Blutgerinnung, sinken die festen Bestandteile, die **Blutzellen,** nach unten. Sie bilden eine rote, undurchsichtige Masse.

Darüber steht die hellgelbe, durchsichtige Blutflüssigkeit, das **Blutplasma.** Entfernt man aus dem Blutplasma die Gerinnungsfaktoren, spricht man von **Blutserum.**

Das Blutplasma besteht zum grössten Teil aus Wasser. Es befördert Nährstoffe, Abbaustoffe und Botenstoffe des Körpers, die Hormone, an ihr Ziel. Gleichzeitig verteilt es die Körperwärme, ähnlich wie das heisse Wasser in einer Zentralheizung.

Im Blutplasma schwimmen die Blutzellen. Man unterscheidet drei Gruppen. Eine Gruppe, die **roten Blutkörperchen (Erythrozyten),** sind als scheibenförmige, leicht eingedellte Zellen gut im Mikroskopbild zu erkennen. Sie enthalten den roten Blutfarbstoff Hämoglobin. Ihre Funktion besteht im Transport von Sauerstoff aus den Lungenbläschen in alle Zellen des Körpers und im Rücktransport von Kohlenstoffdioxid zur Lunge.

In weitaus geringerer Zahl entdeckt man im Blutbild als zweite Gruppe farblose, unregelmässig geformte Zellen, die **weissen Blutkörperchen.**

Blutzellen

Rote Blutkörperchen (Erythrozyten)

Aussehen:	runde, flache Scheiben, in der Mitte eingedellt
Herkunft:	rotes Knochenmark
Aufgabe:	Transport von Sauerstoff und Kohlendioxid, enthalten den roten Blutfarbstoff Hämoglobin
Lebensdauer:	etwa 120 Tage

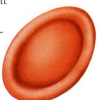

Weisse Blutkörperchen

Aussehen:	kugelförmig bis unregelmässig
Herkunft:	rotes Knochenmark, Lymphknoten, Milz
Aufgabe:	vernichten Krankheitserreger
Lebensdauer:	wenige Tage bis Jahre

Blutplättchen

Aussehen:	unregelmässig geformt
Herkunft:	rotes Knochenmark
Aufgabe:	lösen Blutgerinnung aus
Lebensdauer:	7 Tage

2 Blutzellen

Sie sind Teil unseres Abwehrsystems und bekämpfen Krankheitserreger und Gifte, die beispielsweise durch Wunden in die Blutbahn eingedrungen sind. Bei der Bekämpfung von Krankheitserregern können sie durch die Poren der kleinsten Blutgefässe auch in das benachbarte Gewebe wandern.

Die dritte Gruppe der Blutzellen bilden die **Blutplättchen.** Sie sind an der Blutgerinnung beteiligt.

Blutgerinnung

Ist eine blutende Wunde entstanden, sammeln sich an der Wundstelle Blutplättchen. Diese geben durch den Kontakt mit der Luft einen Stoff frei, der dafür sorgt, dass an dieser Stelle ein Netz aus langen Eiweissfäden entsteht. In diesem Fibrinnetz bleiben die Blutplättchen und die roten und weissen Blutkörperchen hängen und verschliessen die Wunde. Durch Austrocknung entsteht schliesslich Schorf.

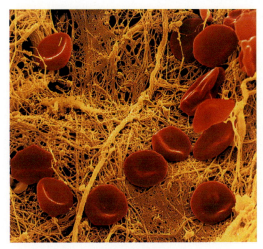

1 Fibrinnetz mit roten Blutkörperchen

Wie ist das Blut zusammengesetzt?
Welche Funktionen hat das Blut?

Blutgruppen und Blutkrankheiten

1. ≡ 🅐
Nenne die verschiedenen Blutgruppen und erstelle eine Tabelle, aus der ersichtlich ist, welche Blutgruppe mit welcher verträglich ist.

2. ≡ 🅐
Versuche herauszufinden, welche Blutgruppen in deiner Klasse vertreten sind.

3. ≡ 🅐
Inwiefern war die Entdeckung von KARL LANDSTEINER eine Revolution in der Medizin?

4. ≡ 🅐
Wähle eine der vorgestellten Blutkrankheiten aus und erstelle ein Plakat, welches du der Klasse kurz vorstellst.

Blutgruppen

Es gibt vier verschiedene Blutgruppen. Es sind dies: **A**, **B**, **AB** und **0**. Diese können nicht wahllos miteinander vertauscht werden. Es gibt nämlich Blutgruppen, die sich nicht miteinander vertragen. Wenn man diese trotzdem miteinander mischt, führt das zu **Verklumpungen**, die zum Tode führen können.

Es war KARL LANDSTEINER (1868–1943), der um 1900 die klassischen Blutgruppen aufstellte und entdeckte, dass es in den roten Blutkörperchen zwei verschiedene Stoffe (**Ballungsstoffe**) gibt, die für diese Verklumpungen verantwortlich sind und mit A und B bezeichnet werden.

Weiter gibt es im Blutserum zwei **Antikörper** (Teile, die gegen die andere Blutgruppe sind). Sie heissen **Anti-A** und **Anti-B**.

1 KARL LANDSTEINER

Die **Blutgruppe A** enthält den Ballungsstoff A und den Antikörper B. Das heisst, wenn die Blutgruppe B der Blutgruppe A beigemischt wird, dann verklumpen diese.

Die **Blutgruppe B** hat den Ballungsstoff B und den Antikörper A. Auch da verklumpen beide Blutgruppen miteinander.

Die **Blutgruppe 0** hat keinen Ballungsstoff und kann deshalb jeder Blutgruppe beigemischt werden. Man bezeichnet die Blutgruppe 0 als Universalspender, also eine Blutgruppe, die allen anderen spenden kann.

Die **Blutgruppe AB** hat beide Ballungsstoffe, aber keine Antikörper. Deshalb kann die Blutgruppe AB von allen anderen Blutgruppen Blut empfangen. Die Blutgruppe AB wird daher als Universalempfänger bezeichnet.

Tabelle 2 fasst die Verträglichkeiten zusammen.

		Blutempfänger			
		0	A	B	AB
Blutspender	0	🟩	🟩	🟩	🟩
	A	🟥	🟩	🟥	🟩
	B	🟥	🟥	🟩	🟩
	AB	🟥	🟥	🟥	🟩

2 Verträglichkeit der Blutgruppen: Rot eingefärbt sind die Mischungen, die zu Verklumpfungen führen. Die grün eingefärbten Mischungen sind hingegen möglich.

Anämien

Anämien durch grosse Blutverluste in Folge von Unfällen oder stark blutenden Geschwüren im Magen-Darm-Trakt gelten als die einfachste Form der Blutarmut. Sie sind leicht zu lokalisieren und oft durch eine Bluttransfusion heilbar. Weit weniger dramatisch sind die Anämien, welche durch ständige oder wiederkehrende Blutverluste passieren, wie zum Beispiel bei einer starken Regelblutung der Frau. Durch Medikamente oder gesunde Ernährung kann man diese beheben.
Weitaus komplizierter ist jedoch die Blutarmut, welche durch eine **Störung der Neubildung der roten Blutkörperchen** hervorgerufen wird. In diesen Fällen werden zu wenige oder fehlerhafte rote Blutkörperchen hergestellt. Daher ist der Körper nicht mehr in der Lage, genügend Sauerstoff zu den Zellen zu schaffen, welche diesen für die Zellatmung benötigen. Passiert dies, schlägt das meistens auf das Wohlbefinden der Betroffenen in Form von Müdigkeit, Schwäche oder Schwindel.

Leukämien

Leukämien sind die schwersten Blutkrankheiten. Bis heute ist kein wirksames Mittel gefunden worden, um eine dauernde Heilung hervorzurufen. In seltenen Fällen kann man die Leukämie durch eine Knochenmarktransplantation heilen, aber oft kehrt die Krankheit wieder. Es sind heute zwar viele sehr gute Medikamente verfügbar, sie können den Verlauf der Krankheit jedoch nur verlangsamen, nicht aber stoppen. Man unterscheidet zwischen zwei verschiedenen Leukämiearten, die **chronische** und die **akute** Leukämie.
Bei der chronischen Leukämie ist der Krankheitsverlauf viel weniger dramatisch als bei einer akuten Leukämie, die – wenn sie nicht behandelt wird – innert weniger Tagen oder Wochen zum Tode führen kann. Sie dauert oft über Jahre und die Symptome sind anfänglich nicht einschneidend. Müdigkeit und Schwäche, aber auch starke Lymphknotenschwellungen gehören zu den häufigsten Merkmalen der chronischen Leukämie.
Beide Leukämiearten sind durch eine Knochenmarktransplantation oder durch Medikamente heil- oder eindämmbar.

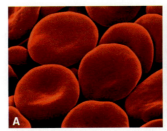

3 Rote Blutkörperchen: **A** normal entwickelt, **B** bei Sichelzellanämie

Die Bluterkrankheit

Man kann das Kapitel über die Erkrankungen des Blutes nicht abschliessen, ohne die Bluterkrankheit zu erwähnen. Bei dieser Krankheit liegt eine Störung der Blutgerinnung vor. Die Blutungen stoppen nicht von selber. Unfälle, Operationen oder schlimmere Quetschungen können zu ernsthaften Hämatomen führen. Die Bluterkrankheit ist nicht ganz so selten, wie vielfach angenommen wird. Auf 12 000 Menschen kommt in der Schweiz etwa ein Bluter. Um beschwerdefrei leben zu können, gibt es heute künstlich hergestellte Substanzen, die als Medikament eingenommen werden können. Dadurch ist der Körper in der Lage ist, die Blutung selber zu stoppen. Die Betroffenen können so ein weitegehend beschwerdefreies Leben führen.

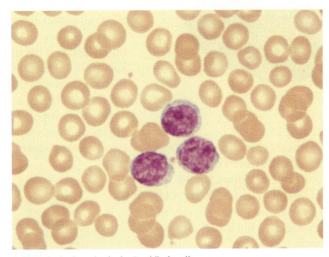

4 Chronische lymphatische Leukämiezellen

Wie viele Blutgruppen gibt es? Wie heissen sie?
Was liegt bei einer Anämie vor?

Herz, Blutkreislauf und Lymphgefässsystem

1. **A**

Beschreibe mithilfe der Abbildungen dieser Doppelseite in einem Fliessdiagramm den Weg des Blutes durch den Körper. Beginne mit der Station „rechte Herzkammer". Verfolge den Weg bis zur Zehenspitze und zurück zur rechten Herzkammer.

rechte Herzkammer	→	

Rahme alle Stationen rot ein, wo sauerstoffreiches Blut transportiert wird, und rahme blau ein, wo kohlenstoffdioxidreiches Blut transportiert wird.

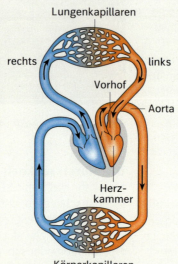

Lungenkapillaren

rechts links

Vorhof

Aorta

Herz-kammer

Körperkapillaren

5. **V**

a) Untersucht ein Schweineherz, das ihr euch vom Schlachthof oder Metzger besorgt. Legt das Herz in eine Glasschale und betrachtet es von aussen. Zeigt die Herzkranzgefässe. Schneidet das Herz mit einem scharfen Messer wie in der Abbildung durch. Die Vorhöfe und Herzkammern sollen offen sein.
b) Benennt die bezifferten Teile des Herzens, und zeigt sie am präparierten Herzen.
c) Erläutert am präparierten Herzen seine Funktion.

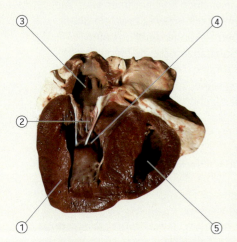

③ ④
②
① ⑤

2. **A**

a) Beschreibe und vergleiche die Arbeitsweisen der Herzklappen und der Venenklappen.
b) Erläutere, zu welchen Problemen es kommen kann, wenn die Klappen fehlerhaft arbeiten.

3. **Q**

Beschreibe Teile aus der Technik, die in ähnlicher Weise wie die Herz- oder Venenklappen funktionieren.

4. **A**

Erkläre, wie das Lymphgefässsystem funktioniert.

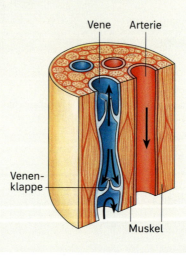

Vene Arterie

Venen-klappe

Muskel

Der Blutkreislauf

Das Blut kann seine Funktionen nur erfüllen, wenn es alle Teile des Körpers erreicht. Deshalb zirkuliert es ständig durch die **Blutgefässe,** die den Körper in einem dichten Netz durchziehen. Den Antrieb für diesen geschlossenen **Blutkreislauf** liefert das **Herz.**

Mit jedem Herzschlag wird sauerstoffreiches Blut aus der linken Herzkammer in die grösste Körperarterie, die **Aorta,** gepresst. **Arterien** nennt man alle Blutgefässe, die das Blut vom Herzen weg führen. Die Druckwelle des Blutes kann man als Pulsschlag fühlen. Die Arterien verzweigen sich bis in die haarfeinen **Kapillaren.** Durch ihre dünnen Wände gibt das Blut Sauerstoff und Nährstoffe an die benachbarten Zellen ab und nimmt Kohlenstoffdioxid und andere Abbaustoffe von dort auf.

Auf dem Rückweg zum Herzen vereinigen sich die Kapillaren wieder zu grösseren Gefässen, den **Venen.** In ihnen wirkt der Druck des Herzens nicht mehr. Deshalb muss das Blut durch die Bewegung der Muskeln und der benachbarten Arterien vorwärts getrieben werden. **Venenklappen** verhindern wie Ventile, dass das Blut zurück strömt. Durch die Körpervenen gelangt das kohlenstoffdioxidreiche Blut über den rechten Vorhof in die rechte Herzkammer. Von dort wird es durch die Lungenarterie in die Lunge zu den Lungenbläschen gepumpt. Hier erfolgt der Austausch von Kohlenstoffdioxid und Sauerstoff. Durch die Lungenvene gelangt das Blut über den linken Vorhof wieder in die linke Herzkammer.

Das Herz

Das Herz ist die zentrale Pumpe für das gesamte Blutkreislaufsystem. Es handelt sich um einen faustgrossen kräftigen Hohlmuskel, der ununterbrochen arbeitet. Er muss selbst mit Blut versorgt werden. Dies geschieht durch die aussen verlaufenden **Herzkranzgefässe.**

Innen wird das Herz durch die **Herzscheidewand** in eine linke und rechte Hälfte getrennt. Dadurch kann sich das sauerstoffreiche Blut nicht mit dem kohlenstoffdioxidreichen Blut vermischen. Beide Herzhälften bestehen aus je einem Vorhof und einer **Herzkammer.** Diese arbeiten bei der Pumpwirkung des Herzens zusammen. Wenn das Herz „schlägt", ziehen sich die Herzkammern zusammen und pressen das Blut in die Arterien. Die **Segelklappen** sind dabei geschlossen und verhindern, dass das Blut in die Vorhöfe zurückgedrückt wird. Gleichzeitig saugen die Vorhöfe das Blut aus den Venen an. Wenn die beiden Herzkammern geleert sind, entspannt sich der Herzmuskel. Dabei füllen sich die Herzkammern wieder, indem das Blut aus den Vorhöfen in die Herzkammern strömt. Zu diesem Zeitpunkt sind die **Taschenklappen** geschlossen, damit das Blut aus den Arterien nicht zurückfliesst.

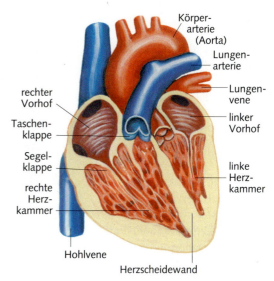

1 Bau des Herzens

Das Lymphgefässsystem

Wenn das Blut durch die engen Blutkapillaren strömt, wird Blutflüssigkeit in das umgebende Gewebe gedrückt. Dort gibt sie Nährstoffe an die Zellen ab und nimmt Abbaustoffe auf. Ein Teil dieser Gewebsflüssigkeit gelangt wieder in die Venen zurück. Der Rest ist die **Lymphe.**

Lymphkapillaren nehmen die Lymphe auf und leiten sie an grössere Lymphgefässe weiter. Diese sind wie die Venen mit Klappen ausgestattet. Die Lymphe wird durch die Bewegung benachbarter Arterien und Muskeln bis zur Schlüsselbeinvene weiterbefördert und dort in den Blutkreislauf geleitet. Das Lymphgefässsystem bildet somit keinen Kreislauf.

Die Lymphgefässe weisen zahlreiche Verdickungen auf, die **Lymphknoten.** Sie sind Bestandteil des Immunsystems und dienen der Abwehr von Krankheitserregern. Bei dieser Arbeit schwellen die Lymphknoten an. Solche verdickten Lymphknoten treten beispielsweise bei Erkältungen in den Achselhöhlen auf. Auch die Mandeln gehören zu den Lymphknoten.

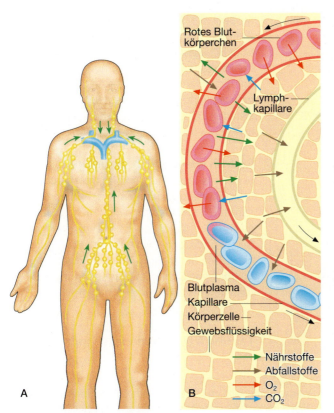

2 Lymphgefässsystem des Menschen:
A Schema, **B** Zusammenhang von Blut- und Lymphgefässsystem

Erläutere den Bau und die Funktion des Herzens und beschreibe den Weg des Blutes durch den Körper.

Notruf: Herzinfarkt

1. ☰ Ⓐ
a) Erkläre, was ein Schlaganfall und was ein Herzinfarkt ist.
b) Beschreibe, wie es zu diesen beiden Erkrankungen kommen kann.

2. ☰ Ⓠ
Welche Risikofaktoren können zu Herz- und Kreislauferkrankungen führen? Sammelt Informationen und stellt sie in einem Kurzvortrag dar.

3. ☰ Ⓠ
Informiert euch bei einem Rettungssanitäter, im Internet oder in Fachbüchern zu folgenden Fragen:
a) Welche Symptome gehen einem Schlaganfall oder einem Herzinfarkt voraus?
b) Gibt es dabei unterschiedliche Erscheinungen bei Männern und Frauen?
c) Welche Sofortmassnahmen muss ein Ersthelfer bei einem Schlaganfall oder einem Herzinfarkt ergreifen?

4. ☰ Ⓐ
Besprecht in Kleingruppen, was man bereits im Jugendalter zur Vorbeugung von Herz- und Kreislauferkrankungen tun kann.
Stellt das Ergebnis eurer Gruppenarbeit in einem Flyer zusammen.

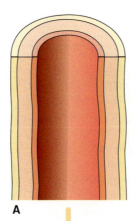

A

Ablagerungen

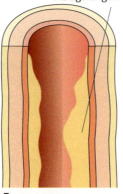

B

Blutpfropf

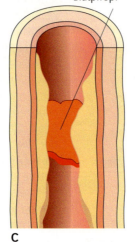

C

1 Arterien: **A** gesund, **B** verengt, **C** verschlossen

Herz- und Kreislauferkrankungen stehen in den Industriestaaten mit rund 50 Prozent an oberster Stelle aller Todesursachen.

Bluthochdruck und Arteriosklerose

Erkrankungen von Herz und Kreislauf beginnen oft mit **Bluthochdruck** und Arterienverkalkung, auch **Arteriosklerose** genannt. Ein ständig erhöhter Druck des Blutes auf die Arterienwände führt dazu, dass diese dicker werden und ihre Elastizität verlieren. An solchen krankhaft veränderten Wänden lagern sich im Laufe der Jahre Fett und Kalkstoffe ab. Die Gefässe werden immer enger und härter. Als Folge einer solchen Arterienverkalkung treten Durchblutungstörungen auf.

Schlaganfall und Herzinfarkt

Im schlimmsten Fall wird ein verkalktes Blutgefäss vollständig verstopft. Verantwortlich dafür ist meist ein Blutgerinnsel, das sich an einer Engstelle festsetzt und den Blutstrom blockiert. Dadurch fällt die lebenswichtige Versorgung mit Sauerstoff für Teile des Körpers aus. Geschieht dies im Bereich des Gehirns, spricht man von einem Hirnschlag oder Schlaganfall. Als Folge treten häufig Lähmungen oder Wahrnehmungsstörungen auf. Bei einem Herzinfarkt sind die Herzkranzgefässe verstopft. Teile des Herzmuskels erhalten keinen Sauerstoff mehr, sterben ab und können zu einem Herzstillstand führen.

So früh wie möglich vorbeugen

Schon als Jugendlicher kann man solchen Erkrankungen vorbeugen, indem man bestimmte Risikofaktoren wie Rauchen, übermässigen Alkoholgenuss, Bewegungsmangel, Stress und Übergewicht ausschaltet. Durch sportliche Betätigung, gesunde Ernährung, ausreichend Schlaf und Entspannung wirkt man den Risikofaktoren entgegen.

Was versteht man unter einem Herzinfarkt? Wie kann es zu einem Herzonfarkt kommen? Erläutere an Beispielen, was man zur Vorbeugung von Herz- und Kreislauferkrankungen tun kann.

Leben retten mit Organspenden

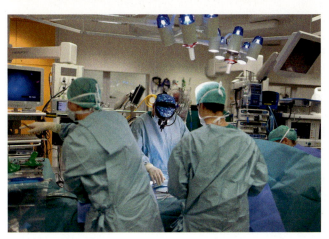

1 Herztransplantation

Die erste Herzverpflanzung

1967 gelang dem südafrikanischen Arzt Christian Barnard (1922 – 2001) eine medizinische Sensation: Er pflanzte einem Patienten das Herz einer tödlich verunglückten Frau ein. Der Patient überlebte die Operation allerdings nur 18 Tage. Ein Herz, das der Arzt einige Jahre später verpflanzte, schlug sogar noch 23 Jahre. Heute gehören Herztransplantationen zur medizinischen Routine.

Risiko durch Abstossungsreaktion

Der Grund dafür, dass in den Anfängen der Herztransplantation die Patienten so bald starben, liegt im körpereigenen Abwehrsystem, dem Immunsystem. Dieses erkennt das neue Organ als Fremdkörper und zerstört es. Erst als man Medikamente fand, die das Immunsystem hemmen, konnte die Abstossungsreaktion unterdrückt werden. Diese Medikamente haben jedoch den Nachteil, dass die Patienten anfälliger gegen Infektionskrankheiten sind. Trotzdem bekamen weltweit schon über 80 000 Menschen ein neues Herz, leben zum Teil ganz normal, sind berufstätig und treiben sogar Sport.

Künstliche Herzen

Seit 1982 gibt es zahlreiche Versuche, künstliche Herzen zu entwickeln. Vielen Patienten wurden seitdem sogenannte Herzunterstützungssysteme eingepflanzt. Dabei handelt es sich um winzige Blutpumpen, die ein nicht voll funktionsfähiges Herz unterstützen.

Organspende

Nicht nur Herzen werden übertragen, sondern auch viele andere Organe, vor allem Nieren, Lungen und Lebern. Bei Trübung der Augenhornhaut kann eine neue Hornhaut transplantiert werden, die das Sehen wieder ermöglicht. Viele tausend schwerkranke Patienten stehen auf der Warteliste für eine Organtransplantation, die für die meisten einem „zweiten Geburtstag" gleichkommt. Es sind jedoch zu wenige Menschen bereit, sich nach ihrem Tod als Organspender zur Verfügung zu stellen. Wer sich eine klare Meinung gebildet hat, ob er nach seinem Tod Organe spenden möchte oder nicht, sollte eine Organspende-Karte mit sich führen oder auf das Smartphone laden.

2 Organspende-Karte

1. 🇶
Führt eine Pro-und-Contra-Diskussion zum Thema Organspende durch. Überlegt euch zuvor Gründe, die für oder gegen eine Organtransplantation und für oder gegen eine Organspende sprechen.

2. 🇦
Gestaltet ein Plakat, das Menschen zur Organspendebereitschaft aufruft.

STREIFZUG

Das vegetative Nervensystem – Steuerung innerer Organe

1. Ⓐ
a) Nenne die beiden Systemteile des vegetativen Nervensystems.
b) Die nebenstehenden Abbildungen zeigen Situationen, in denen jeweils ein Systemteil besonders aktiv ist. Gib an, um welchen Teil es sich jeweils handelt und begründe deine Einschätzung.

2. Ⓐ
Beschreibe eine Situation beim Essen, die der Arbeitsweise des vegetativen Nervensystems nicht entspricht und eine, die ihr entgegenkommt.

3. Ⓐ
Eine Präsentation vor der Klasse wird oft als „Stresssituation" eingestuft.
a) Beschreibe körperliche Reaktionen, die in solchen Situationen typischerweise auftreten können.
b) Erkläre sie mit den Wirkungen des vegetativen Nervensystems.

4. Ⓐ
Beschreibe das Zusammenwirken von Nerven- und Hormonsystem am Beispiel Stress.

5. Ⓐ
Erkläre mithilfe der Wirkungen von Sympathikus und Parasympathikus,
a) weshalb in manchen Situationen „die Augen vor Schreck geweitet" sind.
b) weshalb man bei einer Bronchitis häufig abends oder nachts von Husten geplagt wird.
c) weshalb man in Stressphasen kaum Hunger hat.
d) weshalb es bei Jungen in der Pubertät häufig nachts zu einer ungewollten Erektion kommt.

6. Ⓠ
Das vegetative Nervensystem arbeitet zwar unbewusst, da es aber über das Gehirn gesteuert wird, gibt es Einflussmöglichkeiten.
a) Recherchiere, welche Körperfunktionen beispielsweise durch mentales Training, durch autogenes Training oder durch Yoga beeinflusst werden können.
b) Stelle Entspannungsübungen vor, die im Alltag angewendet werden können.

Das vegetative Nervensystem

Viele Vorgänge im Körper wie die Atmung, der Herzschlag oder die Verdauung laufen unbewusst ab. Sie werden über das **vegetative Nervensystem** gesteuert. Es passt die Tätigkeit der inneren Organe an den Bedarf des Organismus an. So erhöht es beispielsweise die Anzahl der Herzschläge und die Atemfrequenz, wenn wir schnell rennen. Gleichzeitig verlangsamt es die Darmbewegungen. Wenn wir essen, nehmen die Bewegungen des Darms zu. Atmung und Herzschlag sind dann verlangsamt.
Das vegetative Nervensystem besteht aus zwei Teilen, die wie Gegenspieler wirken. Der **Sympathikus** ist aktiv bei körperlicher Leistung, Stress oder Angst. Der **Parasympathikus** ist aktiv, wenn wir entspannt sind.

Sympathikus

Der Sympathikus ist über Nervenstränge, die seitlich aus dem Rückenmark austreten, mit den Organen im Körper verbunden. Wird er aktiviert, stellt er den Körper auf Leistung ein. Er lässt das Herz schneller schlagen. Der Blutdruck und die Muskelspannung steigen, die Pupillen und Bronchien werden geweitet. Die Verdauung wird gehemmt. Das Nebennierenmark schüttet die Hormone **Adrenalin** und **Noradrenalin** aus. Sie unterstützen die Aktivierung des Körpers und die Aufmerksamkeit wird gesteigert. Die Muskeln werden gut mit Sauerstoff und Nährstoffen versorgt.

Parasympathikus

Die Nervenbahnen des Parasympathikus gehen vom Gehirn und vom unteren Rückenmark aus. Sie erreichen dieselben Organe wie die Nervenbahnen des Sympathikus, führen dort jedoch zu entgegengesetzten Wirkungen.

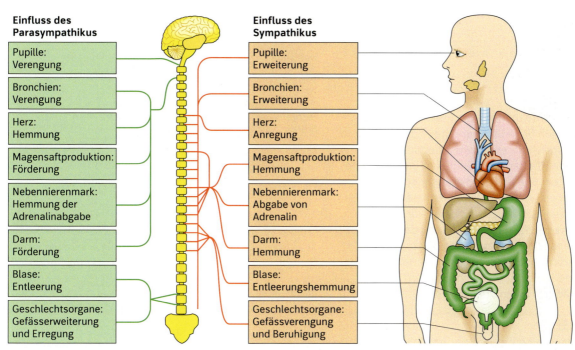

Einfluss des Parasympathikus

- Pupille: Verengung
- Bronchien: Verengung
- Herz: Hemmung
- Magensaftproduktion: Förderung
- Nebennierenmark: Hemmung der Adrenalinabgabe
- Darm: Förderung
- Blase: Entleerung
- Geschlechtsorgane: Gefässerweiterung und Erregung

Einfluss des Sympathikus

- Pupille: Erweiterung
- Bronchien: Erweiterung
- Herz: Anregung
- Magensaftproduktion: Hemmung
- Nebennierenmark: Abgabe von Adrenalin
- Darm: Hemmung
- Blase: Entleerungshemmung
- Geschlechtsorgane: Gefässverengung und Beruhigung

1 Funktionen des vegetativen Nervensystems

Wird der Parasympathikus aktiviert, sinken Blutdruck und Herzfrequenz. Verstärkte Magensaftproduktion und Darmbewegungen fördern die Verdauung. Der Körper erholt sich. Während des Schlafs ist dieser Nerv besonders aktiv.

Steuerung im Gehirn

Die Aktivitäten des vegetativen Nervensystems werden vom Gehirn gesteuert. Eine plötzlich eintretende gefährliche Situation im Strassenverkehr verursacht einen Schreck. Im **Grosshirn** wird die Situation erfasst. Es leitet eine bewusste Handlung zur Vermeidung der Gefahrensituation ein. Dies könnte ein Sprung zur Seite sein.

Im **Zwischenhirn** erfolgt die gefühlsmässige Bewertung der Situation als Gefahr. Der Körper stellt sich auf Flucht ein. Über den Sympathikus werden unbewusst alle Organe zu erhöhter Aktivität angeregt, die eine Höchstleistung des Körpers, wie etwa einen kraftvollen Sprung, unterstützen. Gleichzeitig werden alle Organe gehemmt, welche die Leistung behindern könnten. Sportliche Höchstleistungen kommen auf diese Weise zustande.

Bei einem Vortrag vor Publikum oder in einer Prüfungssituation wird der Sympathikus ebenfalls aktiv. Das Herz klopft, der Kopf wird rot und die Hände werden feucht. Der Körper stellt sich auf Flucht ein, stattdessen sollen schwierige Aufgaben gelöst werden. Eine Folge dieses Widerspruchs kann dann zum Beispiel eine Denkblockade sein.

Störung des Zusammenspiels

In längeren Stressphasen kann das Zusammenspiel zwischen Sympathikus und Parasympathikus gestört sein. Ein stark erregter Sympathikus kann beispielsweise das Einschlafen verhindern oder zu Verdauungsbeschwerden führen. In solchen Situationen können Yogaübungen oder andere Entspannungstechniken helfen.

Wie funktioniert das vegetative Nervensystem?

2 Gefährliche Situation

3 Beeinflussung des vegetativen Nervensystems

Die Nieren entgiften das Blut

1. ☰ Ⓐ
Beschreibe die Lage und den Bau der
Nieren.

2. ☰ Ⓥ
Führt in Teamarbeit die Präparation einer
frischen Schweineniere durch. Ihr Aufbau
entspricht in etwa einer menschlichen
Niere. Ihr benötigt dafür eine flache Schale
und ein Skalpell oder ein sehr scharfes
Messer. Wenn ihr die Niere hinlegt und
waagerecht durchschneidet, könnt ihr die
Nierenrinde, das Nierenmark, das Nierenbecken, den Harnleiter und die zu- und
abführenden Blutgefässe erkennen. Fertigt
eine biologische Zeichnung von dem
Präparat an und beschriftet sie.

3. ☰ Ⓐ
Beschreibe mithilfe der Abbildungen 3 A
bis C die Funktion der Nieren und die Entstehung des Urins.

4. ☰ Ⓠ
Beschreibe den Vorgang der Dialyse.
Nutze die Abbildungen 2 A bis C und
recherchiere im Internet oder in der Fachliteratur. Informationsmaterial gibt es auch
beim Arzt oder von den Krankenkassen.

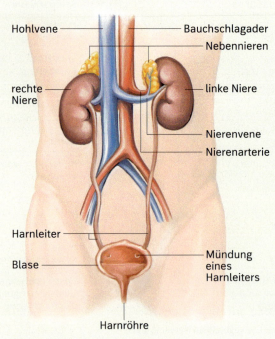

1 Lage der Nieren und des Harnsystems

5. ☰ Ⓥ
a) Entwickelt ein Funktionsmodell zu den
Vorgängen im Dialsysator. Hilfreiche Hinweise findet ihr in Abbildung 2 C und im
Kapitel „Diffusion und Osmose".
b) Vergleicht euer Modell mit der Wirklichkeit. Benennt dabei Gemeinsamkeiten und
Unterschiede.

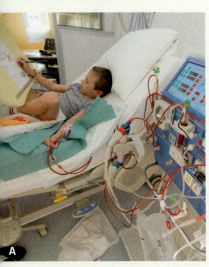

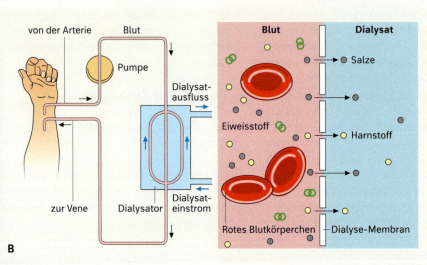

2 Funktion einer künstlichen Niere: **A** Patient am Dialyse-Apparat angeschlossen, **B** Vorgang der Dialyse (Schema),
C Bewegung der Giftstoffe ins Dialysat (Schema)

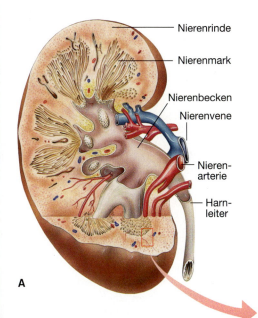

A

noch verwertbar sind. Dazu gehören z.B. Mineralstoffe, Traubenzucker und Wasser. Auf dem Weg des Primärharnes durch die zahlreichen Windungen der Nierenkanälchen wird der grösste Teil dieser Stoffe in den Blutkreislauf zurückgeführt. Es bleibt **Endharn,** auch **Urin** genannt, übrig, der vorwiegend aus Wasser, Salzen und Harnstoff besteht. Er sammelt sich in den Hohlräumen des Nierenbeckens und fliesst durch den schlauchartigen **Harnleiter** in die **Harnblase.** Von hier aus wird er durch die Harnröhre mehrmals täglich ausgeschieden.

Wenn die Nieren ausfallen

Infolge einer starken Erkältung können Bakterien über die Harnleiter bis in die Nieren wandern und zu einer Entzündung führen, in deren Verlauf Nierengewebe zerstört wird.

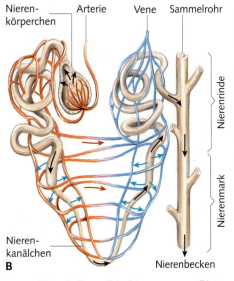

B

Aber auch durch Drogen und Medikamente kann Nierengewebe geschädigt werden. Wenn die Nieren völlig versagen, sind diese Menschen dann auf eine künstliche Niere (Dialyse-Apparat) oder eine Organtransplantation angewiesen.

Abfall muss entsorgt werden

Durch Atmung und Nahrung nehmen wir ständig Stoffe auf, die unser Körper zum Leben benötigt. Die dabei entstehenden nicht verwertbaren und zum Teil giftigen Abbaustoffe werden durch die Haut, die Lungen, den Darm und die Nieren ausgeschieden.

Aufbau und Funktion der Nieren

Die bohnenförmigen Nieren liegen auf der Körperrückseite zu beiden Seiten der Wirbelsäule. An der Einbuchtung führen eine Arterie hinein und eine Vene heraus. Im Längsschnitt erkennt man einen Hohlraum im Inneren, das **Nierenbecken.** Das Nierengewebe selbst besteht aus der hellen **Nierenrinde** und dem dunkleren **Nierenmark** mit etwa einer Million kugeliger **Nierenkörperchen.** Jedes besteht aus einer doppelwandigen Kapsel. In ihnen bewegt sich das Blut mit solch hohem Druck, dass u.a. Wasser, Mineralsalze, Traubenzucker und Harnstoff durch Poren in der Gefässwand hindurchgepresst werden. Eiweissteilchen und rote Blutkörperchen sind für die Poren zu gross, sie werden deshalb mit dem Blutstrom weitertransportiert. Durch diesen Filtervorgang entsteht **Primärharn.** Neben giftigen Abbauprodukten wie **Harnstoff** enthält der Primärharn auch Stoffe, die für den Körper

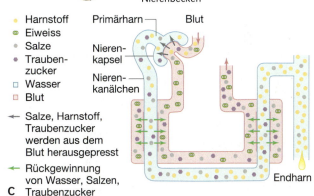

C

- ● Harnstoff
- ⊕ Eiweiss
- ● Salze
- ● Traubenzucker
- □ Wasser
- □ Blut

← Salze, Harnstoff, Traubenzucker werden aus dem Blut herausgepresst

← Rückgewinnung von Wasser, Salzen, Traubenzucker

3 Niere: **A** Bau, **B** Feinbau, **C** Harnbildung (Schema)

Beschreibe, wie die Nieren dem Körper Giftstoffe entziehen, die anschliessend mit dem Urin ausgeschieden werden.

Die Haut hält alles zusammen

1. ☰ **A**
Stelle in einer Tabelle die Bestandteile der Haut und ihre jeweilige Funktion zusammen. Unterteile dabei in Ober-, Leder- und Unterhaut.

2. **Q**
Informiere dich über die Bedeutung der Schweissdrüsen und Blutgefässe bei der Regulation der Körpertemperatur. Präsentiere deine Ergebnisse in einem kurzen Vortrag.

Die Haut – ein vielseitiges Organ

Die nur wenige Millimeter dicke Haut hat eine grosse Fläche und erfüllt zahlreiche Funktionen.

Die dünne **Oberhaut** setzt sich aus drei Zellschichten zusammen. Die äussere **Hornschicht** schützt uns vor Krankheitserregern, Austrocknung und Verletzungen. Sie besteht aus abgestorbenen Zellen, die sich mit der Zeit ablösen. Die darunterliegende **Keimschicht** bildet ständig neue Zellen und erneuert die Hornhaut. Die untersten Zellen bilden die **Pigmentschicht.** Hier werden bei Sonneneinstrahlung dunkle Farbstoffe gebildet, die Pigmente, die vor UV-Strahlung schützen. Talgdrüsen in der **Lederhaut** geben Fett ab und halten die Haut so geschmeidig. Schweissdrüsen tragen zur Regulation der Körpertemperatur bei. Bindegewebsfasern verleihen der Haut Festigkeit, aber auch Verformbarkeit. In vielen Körperbereichen ist Fett in die **Unterhaut** eingelagert. So werden Stösse abgefangen. Das Fett dient auch als Schutz vor Wärmeverlust und als Energiespeicher.

Die Haut als Sinnesorgan

Mit der Haut fühlen und tasten wir. Durch verschiedene **Sinneskörperchen** reagieren wir auf Reize.

Die Verteilung der etwa 500 000 **Tastkörperchen** in der Haut ist nicht überall gleich. Sehr zahlreich sind sie auf den Fingerspitzen und den Lippen. Die wenigsten befinden sich auf dem Rücken. Blinde Menschen können mithilfe der Tastkörperchen an den Fingerkuppen die Blindenschrift lesen. Mit den etwa 30 000 **Wärmekörperchen** und 250 000 **Kältekörperchen** können wir Reize wie „warm" und „kalt" wahrnehmen. An den Lippen und Armbeugen sind besonders viele Wärmekörperchen vorhanden. Zur Wahrnehmung von Schmerzen sind in der Haut über drei Millionen **freie Nervenendigungen** verteilt. Sie melden mechanische, chemische und thermische Reize und warnen uns vor Gefahr. Werden die Nervenendigungen beispielsweise nach einem Mückenstich leicht gereizt, juckt die Haut. Die **Lamellenkörperchen** in der Unterhaut nehmen starke Druckreize wie Stösse und Schläge auf.

Benenne die Bestandteile der Haut und beschreibe deren jeweilige Funktion.

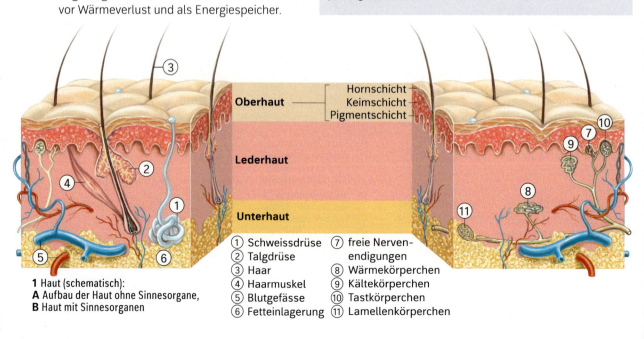

1 Haut (schematisch):
A Aufbau der Haut ohne Sinnesorgane,
B Haut mit Sinnesorganen

① Schweissdrüse
② Talgdrüse
③ Haar
④ Haarmuskel
⑤ Blutgefässe
⑥ Fetteinlagerung
⑦ freie Nervenendigungen
⑧ Wärmekörperchen
⑨ Kältekörperchen
⑩ Tastkörperchen
⑪ Lamellenkörperchen

Wie Tiere atmen

Unter Wasser atmen

Die Atmungsorgane der Fische sind die **Kiemen**. Sie liegen an den Kopfseiten und sind nach aussen durch die Kiemendeckel geschützt. Beim Atmen öffnet und schliesst der Fisch ständig sein Maul. Dabei werden die Kiemendeckel angelegt und abgespreizt. Öffnet der Fisch sein Maul, strömt Wasser durch die Mundhöhle zu den Kiemenblättchen. Dort wird Sauerstoff, der im Wasser gelöst ist, vom Blut aufgenommen. Im Blut gelöstes Kohlenstoffdioxid wird an das Wasser abgegeben. Bei der Kiemenatmung muss also ständig frisches Wasser an den Kiemen vorbeiströmen.

Hautatmung

Das einzige Wirbeltier, das zu 100 % **Hautatmung** einsetzt, ist der Lungenlose Salamander. Er hat keine oder nur ansatzweise Lungen. Die Hautatmung ist die am niedrigsten entwickelte Atmung und weniger effektiv als die anderen Atmungsformen. Das heisst: Sie liefert weniger Sauerstoff. Deshalb findet man die Hautatmung nur bei kleinen Tieren mit dünner Haut, die sich zudem ständig in einer feuchten Umgebung aufhalten müssen. Die Sauerstoffaufnahme erfolgt durch Diffusion durch die Haut. Auch das Kohlendioxid findet so seinen Weg nach aussen.
Bei wirbellosen Tieren ist die Hautatmung stärker vertreten. Auch der Mensch atmet ein wenig durch die Haut, aber der Anteil macht weniger als 1 % aus.

Tracheenatmung

Tiere wie Tausendfüsser, Raupen, Krebse und Skorpione atmen nicht durch ihr Maul, sondern durch viele kleine Atemlöcher, die sich an ihrem Körper befinden. Durch diese Löcher gelangt Luft in die **Tracheen**. Das sind kleine, schmale Röhren aus Chitin – ein Material, aus dem auch die Panzer von Insekten aufgebaut sind. Die dünnsten Verzweigungen dieses Röhrensystems heissen Tracheolen und münden in die Organe und Muskeln der Tiere. Beim Einatmen vergrössern sich die Tracheen, nehmen Luft auf und leiten den Sauerstoff zu den Zellen. Beim Ausatmen strömt das Kohlendioxid über die Tracheen wieder nach aussen. Anschliessend verengen sich die Röhren wieder.

PINNWAND

Atmung, Blut und Kreislauf

Der Organismus als Gesamtsystem

Alle Organe sind im Organismus untereinander vernetzt und unterstützen sich in ihrer Funktion. Die Versorgung des Organismus wird dabei von mehreren Organsystemen übernommen.

Die Atmungs-, Verdauungs- und Herz-Kreislauforgane sind optimal an ihre Funktion angepasst. Die Ausscheidungsorgane sorgen für die Entsorgung der Abbauprodukte.

Die Atmung

Beim Einatmen strömt die Luft durch die Nase, den Rachen, die Luftröhre und die Bronchien in die Lungenbläschen der Lunge. Dort findet der lebensnotwendige Gasaustausch statt. Dabei nimmt der Körper Sauerstoff auf. Diesen benötigt er, um in den Körperzellen Traubenzucker zu verbrennen und daraus Energie freizusetzen. Das dabei entstehende Kohlenstoffdioxid wird dann zur Lunge transportiert und mit der Ausatemluft abgegeben.

Das Blut

Das Blut besteht aus dem Blutplasma und den zellulären Blutbestandteilen. Das Blutplasma transportiert Nährstoffe, Abfallstoffe und die Blutzellen. Zu den Blutzellen gehören die roten Blutkörperchen, die den Sauerstoff transportieren. Die weissen Blutkörperchen wehren Krankheitserreger ab. Blutplättchen sind für die Blutgerinnung nötig

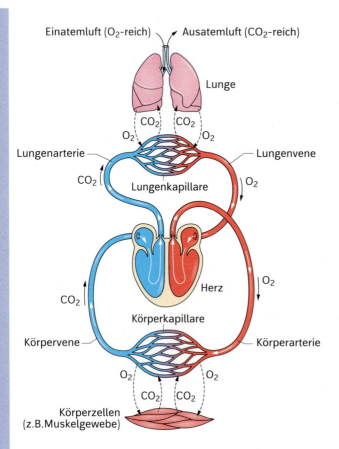

Herz und Kreislauf

Das Herz funktioniert als Saug-Druck-Pumpe. Es pumpt das Blut durch die Arterien in den Körper zu allen Organen. Dort steht das Blut über Kapillaren in engem Kontakt zu den Geweben und ermöglicht den Stoffaustausch mit den Zellen. Diese werden mit Sauerstoff und Nährstoffen versorgt und geben Abfallstoffe ab. Venen führen das Blut zurück zum Herzen. Im Lungenkreislauf „tankt" das Blut wieder Sauerstoff auf und gibt Kohlenstoffdioxid ab..

Gesundheitliche Gefahren

Falsche Ernährung, Übergewicht, Stress, Bewegungsmangel und Rauchen sind Gesundheitsrisiken. Sie können zur Erkrankung des Herz-Kreislauf-Systems und der Atmungsorgane führen.

1. ≣ Ⓥ
Wie verändert sich die Luft beim Atmen?
a) Untersuche dazu, wie lange eine Kerzenflamme in frischer Luft und in einer gleich
grossen Menge ausgeatmeter Luft brennt. Die
Abbildungen rechts zeigen dir, was ihr für den
Versuch braucht und wie ihr die ausgeatmete
Luft auffangen könnt.
b) Erklärt eure Beobachtungen.

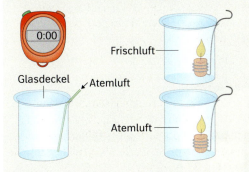

2. ≣ Ⓐ
Beschreibe anhand der Tabelle, wie sich die
Zusammensetzung der Luft durch das Atmen
verändert.

	eingeatmete Luft	ausgeatmete Luft
Stickstoff	78 %	78 %
Sauerstoff	21 %	17 %
Kohlenstoffdioxid	0,04 %	etwa 4 %
Edelgase	etwa 1 %	etwa 1 %

3. ≣ Ⓐ
Gib in einem Fliessdiagramm den Weg der Luft
durch die Atmungsorgane an, die sie vom
Einatmen bis zum Ausatmen nimmt.

4. ≣ Ⓐ
Beschreibe Vorgänge in den Lungenbläschen.

5. ≣ Ⓐ
Eine grosse Oberfläche ermöglicht die schnelle
Aufnahme und Abgabe von Stoffen.
Beschreibe, wie die Lunge durch ihre Struktur
an diese Funktion angepasst ist.

6. ≣ Ⓐ
Benenne die nummerierten Teile des Atmungs-
systems.

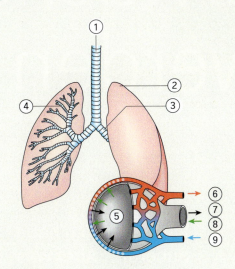

7. ≣ Ⓐ
Beschreibe einen Versuch, mit dem du das
Lungenvolumen messen kannst.

8. ≣ Ⓐ
Nenne die Bestandteile des Blutes und beschreibe ihre jeweiligen Funktionen.

9. ≣ Ⓐ
a) Nenne die Teile 1 bis
9 des Blutkreislaufes.
b) Beschreibe den Weg
des Blutes.

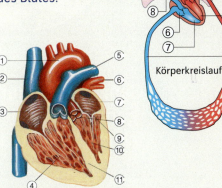

10. ≣ Ⓐ
a) Benenne die Teile 1 bis 11 des Herzens.
b) Erkläre anhand eines Modells die Funktion
des Herzens.

Erwachsen werden

„Ich glaube, ich habe Pubertät!" Aber was ist das eigentlich?

Was sind Verhütungsmittel und wie funktionieren sie?

Ganz privat oder doch ganz offen? Wie gehe ich mit Sexualität um?

Pubertät – mehr als nur körperliche Veränderung

1.

a) Beschreibe kurz die beiden Fotos links. Was ist jeweils dargestellt? Worin unterscheiden sich die beiden Situationen?

b) Was könnten die Personen jeweils gerade denken? Mache Vorschläge und begründe kurz.

c) Wie dieses Beispiel zeigt, denken junge Erwachsene ganz anders als Kinder – auch wenn sich die Situationen auf den ersten Blick vielleicht ähneln mögen. Erläutere weitere Beispiele, die diese Behauptung stützen.

2.

Die Bilder rechts zeigen, wie sich das Leben von der Kindheit bis zum Erwachsenenalter verändert. Stichpunkte, die hier oft genannt werden, sind „Freiheit" und „Verantwortung".

a) Wie unterscheidet sich das Leben eines Erwachsenen in Bezug auf Freiheit und Verantwortung von dem eines Kindes? Erläutere an Beispielen.

b) Gibt es weitere Stichworte, die für ganz besondere Veränderungen stehen, die das Erwachsenwerden mit sich bringt? Nenne und erläutere einige.

3.

Jeder erlebt die Zeit des Erwachsenwerdens anders. Höhen und Tiefen der Stimmung können schnell wechseln. Dies kann man oft nur schwer in Worte fassen – manchen fällt es leichter, sich durch eine Collage, ein Gedicht oder ein Bild auszudrücken. Das hat auch das Mädchen im Bild links getan.

a) Beschreibe und deute das Bild. Was glaubst du, was das Mädchen ausdrücken wollte und wie hat sie es dargestellt?

b) Was hältst du von dieser Sicht? Ist sie typisch für die Pubertät? Begründe deine Meinung.

c) Wie würdest du die Pubertät abbilden? Beschreibe deine Idee oder setze sie um. Erläutere, warum du dich entschieden hast, die Pubertät so darzustellen.

Mehr als Sex

Was passiert in der Pubertät? Fragt man Jugendliche kurz vor oder nach dem Beginn ihrer Pubertät, kreisen die Antworten hauptsächlich um die körperliche Entwicklung, um „Hormone", „Sex haben" und „Kinder kriegen können".
Und es stimmt ja: Wir werden geschlechtsreif, und das bringt viele Veränderungen mit sich. Geschlechtsorgane nehmen ihre Tätigkeiten auf, Haare spriessen an bis dahin haarlosen Stellen, die Stimme verändert sich, Körperform und Körpergrösse lassen uns bald erwachsen erscheinen.

Pubertät findet auch im Kopf statt

Wer aber die Pubertät durchläuft, dem wird klar, dass es um mehr als um körperliche Veränderungen geht: Pubertät findet auch im Kopf statt.

Das neue Denken

Kinder denken auf einfachen Wegen. Bewegungsabläufe oder etwa eine Sprache lernen sie schnell. Aber zum Beispiel eine unübersichtliche Situation im Strassenverkehr zu erfassen, fällt Kindern schwerer als Jugendlichen oder Erwachsenen. Das gilt auch für die Einschätzung dessen, was andere Menschen empfinden.

Verantwortung

Wer erwachsen wird, übernimmt mehr und mehr die Verantwortung. Egal, ob es sich um die eigene Ausbildung und berufliche Laufbahn, die Teilnahme am Strassenverkehr oder um eine partnerschaftliche Beziehung handelt, in allen Fällen geht das nur gut, wenn wir bereit und fähig sind, Verantwortung zu übernehmen. Auch wenn man nicht gleich eine Familie gründen will, muss man sich in einer Beziehung der Verantwortung bewusst sein, die man nicht länger nur für sich, sondern auch für den Partner und das gemeinsame Leben übernimmt. Kinder können das noch nicht – von Erwachsenen wird es nicht nur erwartet, es ist fast lebenswichtig für sie.

1 Verantwortung: **A** Partnerschaft, **B** Strassenverkehr, **C** Familie

Baustelle im Kopf

Veränderungen im Gehirn während der Pubertät

Hirnforscher haben entdeckt, dass sich das menschliche Gehirn im Laufe der Pubertät verändert. Es besteht aus Nervenzellen, die miteinander verknüpft sind. Bei Neugeborenen gibt es zunächst nur wenige Verknüpfungen.
In den Verknüpfungen ist das Gelernte gespeichert. Je mehr wir lernen, umso komplexer wird das Nervennetz im Kopf.
In der Pubertät bildet das Gehirn dann verstärkt eine fettähnliche Substanz, das **Myelin.** Damit umhüllte Nervenzellen arbeiten bis zu 30-mal schneller als solche

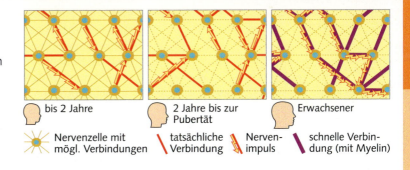

ohne Myelin. So können Erwachsenengehirne komplexe Situationen schneller und besser verarbeiten. Doch das Myelin erschwert das Knüpfen neuer Verbindungen. Bewegungen oder Wörter wie Vokabeln zu lernen

wird schwerer. Auch die Gefühle kann der Umbau des Gehirns beeinflussen: Wut und Resignation können sich schnell mit Euphorie und Freude abwechseln. Solche Stimmungsschwankungen sind typisch für die Pubertät.

STREIFZUG

Hormone steuern die Pubertät

1. ≡ Ⓐ
a) Erläutere die Steuerung der Pubertät durch Hormone. Zeige für eines der beiden Geschlechter, welche Organe und Hormone beteiligt sind, wie und wo diese jeweils wirken und wie eine Regulierung des Hormonspiegels erfolgt.
b) Welche im Text beschriebenen Details fehlen in der Abbildung? Erläutere kurz und mache Vorschläge, wie man die Abbildung sinnvoll ergänzen könnte.

2. ≡ Ⓐ
Informiere dich darüber, was Hormone sind und nach welchen Prinzipien das Hormonsystem arbeitet.

3. ≡ Ⓠ
Finde mehr über die Rolle der Hormone beim Doping heraus. Internetsuchstichworte sind zum Beispiel „Doping", „Testosteron", „Androgene" und Kombinationen davon. Fasse das Wesentliche zusammen und gehe dabei besonders auf die Wirkung der Hormone und die mit Hormondoping verbundenen Risiken ein.

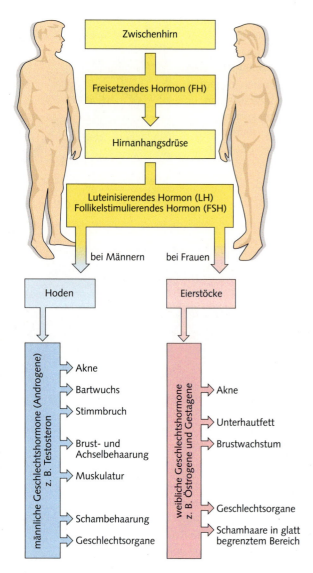

1 Hormonelle Steuerung der Sexualentwicklung

Ein Auslöser – viele Wirkungen

Der Zeitpunkt, zu dem die Pubertät beginnt, ist individuell unterschiedlich. Das Zwischenhirn löst zu Beginn der Pubertät die Produktion von Hormonen aus, die man **Freisetzende Hormone (FH)** nennt. Denn diese Hormone veranlassen die Hirnanhangsdrüse, die Hypophyse, weitere Hormone freizusetzen. Dazu gehören das **Luteinisierende Hormon (LH)** und das **Follikelstimulierende Hormon (FSH).** Sie wirken auf die Keimdrüsen. Dies sind die Hoden der Jungen und die Eierstöcke der Mädchen.

Hoden und Eierstöcke bilden Geschlechtshormone

Die Hoden der Jungen bilden nun männliche Geschlechtshormone, die **Androgene.** Eines davon ist das Testosteron. Es fördert zum Beispiel den Wuchs von Bart und Körperhaaren, den Muskelaufbau und die Spermienbildung.
Die Eierstöcke der Mädchen schütten weibliche Geschlechtshormone wie die **Östrogene** und **Gestagene** aus. Sie lassen Eizellen heranreifen, Scheide, Gebärmutter und Brüste wachsen.
Auch die Nebennierenrinde schüttet unter dem Einfluss von FSH und LH Geschlechtshormone aus und zwar sowohl Androgene als auch Östrogene und Gestagene. Daher kommen Geschlechtshormone in geringen Mengen auch im Körper des jeweils anderen Geschlechts vor. So wird die Scham- und Achselbehaarung bei Frauen von Testosteron bewirkt.
Das Zwischenhirn erhält laufend Rückmeldungen über das Mischungsverhältnis aller genannten Hormone und reguliert es laufend nach. Durch Krankheiten oder Medikamentenmissbrauch kann diese Regulation gestört werden.

So unterschiedlich Beginn, Verlauf und Gefühle während der Pubertät auch sind, die Regulationsmechanismen, die dabei ablaufen, sind bei allen Menschen gleich.

Bau und Funktion der weiblichen Geschlechtsorgane

1. ☰ Ⓐ

Laut nebenstehendem Zeitungsartikel wissen Frauen oft zu wenig über den eigenen Körper.
a) Würdest du dieser Behauptung zustimmen? Begründe deine Aussage.
b) Frauen sollten ihren Körper, insbesondere ihre Geschlechtsorgane und deren Funktion besser kennen. Nenne Gründe, die aus deiner Sicht für diese Forderung sprechen.
c) Überlegt euch in Gruppen, woher man an entsprechende Informationen kommen könnte. Nennt verschiedene Quellen. Was spricht jeweils dafür, was dagegen, sich gerade bei dieser Stelle zu informieren?

2. ☰ Ⓐ

Stelle Namen, Lage, Bau und Funktionen der einzelnen weiblichen Geschlechtsorgane in einer übersichtlichen Tabelle zusammen.

3. ☰ Ⓐ

Stelle die hormonelle Regulation des Menstruationszyklus in einem Diagramm ähnlich der Abbildung auf der linken Seite dar. Nutze dazu die Informationen der folgenden Seiten.

Der eigene Körper oft unbekannt

Frauenärzte, Lehrer, Sozialarbeiter, Berater und viele Eltern vermuten schon lange, dass Mädchen und junge Frauen zu wenig über ihren Körper wissen – vor allem im Bezug auf die Sexualorgane. Das zumindest legt eine Umfrage nahe, die im Auftrag unserer Zeitung durchgeführt wurde.

„Wir sehen hier jede Woche junge Frauen, die zwar schon über einschlägige sexuelle Erfahrungen verfügen, über das, was dabei im Einzelnen abläuft, aber so gut wie nichts wissen," so eine Beraterin von Pro Familia, die sich über das Ergebnis der Umfrage nicht wundert.

„Sex ist in fast allen Medien eine Art Dauerbrenner – aber echte Informationen dazu sucht man oft vergeblich. Woher sollen es die jungen Frauen denn erfahren, wenn es ihnen keiner verrät?", so die Expertin weiter.

Egal, ob es um eigene die Gesundheit, die tägliche Hygiene oder um mehr Spass am Sex geht – Frau sollte ihren eigenen Körper kennen.

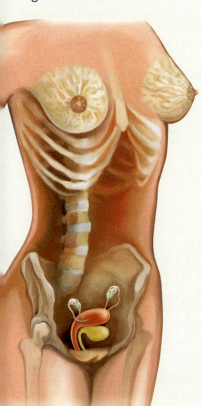

4. ☰ Ⓐ

Die Abbildung zeigt die Lage der weiblichen Geschlechtsorgane im Körper. Auf der folgenden Seite findest du weitere Abbildungen, die dasselbe zeigen, jedoch auf eine ganz andere Art.
a) Vergleiche diese Abbildung mit denen auf der Folgeseite. Nenne Gemeinsamkeiten und stelle die Unterschiede heraus.
b) Nenne jeweils Vor- und Nachteile der beiden Darstellungsformen.
c) Bewerte beide Arten der Darstellung. Zu welchem Zweck könnten sie jeweils eingesetzt werden und wozu eher nicht?

5. ☰ Ⓐ

Schreibe eine Art „Tagebuch", in dem du die Vorgänge, die zur Monatsblutung der Frau führen, notierst.

6. Ⓠ

Hersteller von Hygieneartikeln oder Verhütunsgsmitteln sowie öffentliche Stellen wie S&X Sexuelle Gesundheit Zentralschweiz bieten Informationsbroschüren zum Thema „Geschlechtsorgane" an.
a) Stellt zunächst Kriterien zur Bewertung derartiger Broschüren auf. Erstellt in der Klasse eine möglichst umfassende Liste.
b) Besorgt euch verschiedene Broschüren. Viele bekommt ihr kostenlos, zum Beispiel in Apotheken und Arztpraxen, oder ihr könnt sie im Internet herunterladen.
c) Analysiert und bewertet die Broschüren im Hinblick auf die von euch aufgestellten Kriterien.
d) Erstellt eine Übersicht zu den verschiedenen Broschüren. Nennt jeweils den Herausgeber sowie positive und negative Kritikpunkte und erstellt eine abschliessende Bewertung.

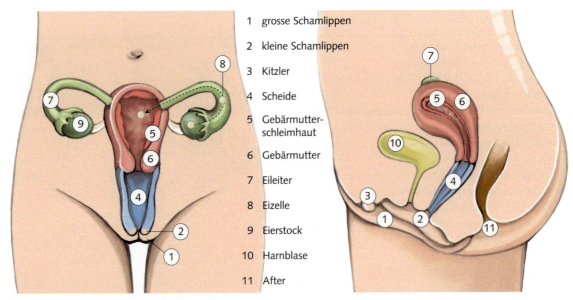

1 Geschlechtsorgane der Frau (Schema)

1 grosse Schamlippen

2 kleine Schamlippen

3 Kitzler

4 Scheide

5 Gebärmutter-
   schleimhaut

6 Gebärmutter

7 Eileiter

8 Eizelle

9 Eierstock

10 Harnblase

11 After

Die Geschlechtsorgane der Frau

Geschlechtsorgane sind Organe, die der Fortpflanzung dienen. Sie sind schon bei der Geburt vorhanden, aber erst während der Pubertät entwickeln sie sich weiter und werden funktionsfähig. Das sichtbare Zeichen dafür ist bei Mädchen das Einsetzen der Regelblutung, der **Menstruation.** Die Vorgänge, die dazu führen, spielen sich im Inneren des Körpers ab.

Die **grossen Schamlippen** sind die einzigen Geschlechtsorgane der Frau, die von aussen sichtbar sind. Sie bedecken die **kleinen Schamlippen,** die wiederum den Kitzler umschliessen. Der **Kitzler,** den man auch die Klitoris nennt, reagiert empfindlich auf Berührungen. Die Harnröhre endet zwischen den kleinen Schamlippen. Dahinter befindet sich der Eingang zur **Scheide.** Die Scheide ist eine etwa 10 cm lange Röhre. Sie führt zur **Gebärmutter,** in der sich während der Schwangerschaft das Kind entwickelt. Mehrere hunderttausend **Eizellen** lagern unreif und in einer Art Ruheposition in den beiden **Eierstöcken,** die über die **Eileiter** mit der Gebärmutter verbunden sind. Erst in der Pubertät kommen die Vorgänge in Gang, die etwa einmal im Monat eine Eizelle aktivieren, sie heranreifen und durch die Eileiter in die Gebärmutter gelangen lassen.

Hormonelle Regulation des Menstruationszyklus

Das Wort Zyklus kommt aus dem Lateinischen und bedeutet Kreislauf. Denn die Vorgänge, die zur Menstruationsblutung führen, wiederholen sich etwa alle 28 Tage. Dabei wird der erste Tag der Monatsblutung als erster Tag des Zyklus bezeichnet. Denn etwa zu dieser Zeit erwacht eine der Eizellen in einem der beiden Eierstöcke aus ihrer Ruhe und setzt ihren Reifungsprozess fort. Ausgelöst wird dies durch das Follikelstimulierende Hormon (FSH), welches kurz zuvor von der Hirnanhangsdrüse ausgeschüttet wurde. Durch das Zusammenspiel weiterer Hormone wird sichergestellt, dass jeweils nur eine Eizelle heranreift. Diese beginnt zu wachsen und um sie herum bilden sich durch Teilung kleinere Zellen, die schliesslich ein Bläschen bilden. Dieser **Follikel** enthält neben der Eizelle auch etwas Flüssigkeit. Er schüttet seinerseits

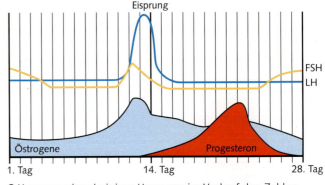

2 Hormonspiegel einiger Hormone im Verlauf des Zyklus

Östrogene aus.
Diese Hormone geben eine Rückmeldung über den begonnenen Reifungsprozess an die Hirnanhangsdrüse, die daraufhin weniger FSH produziert. Der wachsende Follikel wandert im Laufe der nächsten 10 bis 14 Tage an den Rand des Eierstockes. Kurz bevor der Follikel ganz ausgereift ist, produziert er besonders grosse Mengen an Östrogenen. Diese bewirken zum einen ein Heranwachsen der Gebärmutterschleimhaut, zum anderen veranlassen sie die Hirnanhangsdrüse, grosse Mengen des Luteinisierenden Hormons (LH) zu bilden.

Der Eisprung

Etwa am 14. Tag des Zyklus lässt der stark gestiegene LH-Spiegel den reifen Follikel aufplatzen und die Eizelle wird zusammen mit der Follikelflüssigkeit in den Eileiter gespült. Dies nennt man den **Eisprung.**
Der Rest des Follikels verkümmert zum sogenannten **Gelbkörper** und schüttet dabei ein Hormon aus, das man Gelbkörperhormon oder Progesteron nennt. Progesteron signalisiert, dass der Eisprung erfolgt ist. In der Hirnanhangsdrüse bremst es die weitere Produktion von LH und FSH, sodass zunächst keine weiteren Follikel heranreifen. In der Gebärmutter bewirkt es das Wachstum vieler Blutgefässe in die durch die vorherige Östrogenausschüttung verdickte Schleimhaut.
Wird die Eizelle auf ihrem Weg durch den Eileiter von einem Spermium befruchtet, findet sie in der Gebärmutter optimale Bedingungen für die Einnistung vor. Dort beginnt sie dann, weitere Hormone auszuschütten,

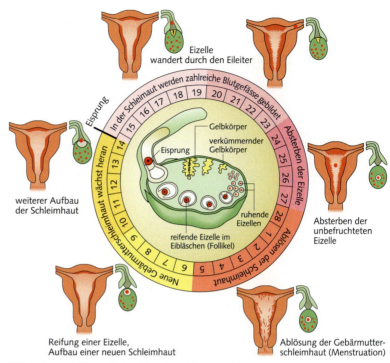

3 Vorgänge während des Menstruationszyklus

die den Beginn der Schwangerschaft signalisieren. Die Eizelle ist jedoch nur etwa 12 bis 24 Stunden nach dem Eisprung befruchtungsfähig. Bleibt sie unbefruchtet, verkümmert sie und stirbt ab. Dann bleibt auch die Bildung der Schwangerschaftshormone aus. Progesteron-, Östrogen- und LH-Spiegel normalisieren sich ebenfalls wieder.

Die Menstruation setzt ein

Die Blutgefässe in der verdickten Gebärmutterschleimhaut bilden sich zurück, die Schleimhaut selbst wird abgestossen. Zusammen mit ein wenig Blut wird sie durch die Scheide nach aussen abgegeben. Die Monatsblutung oder **Menstruation** beginnt. Gleichzeitig sendet das Gehirn schon wieder Signale, die zum Heranreifen eines weiteren Follikels führen. Der Kreislauf beginnt von Neuem.

Zu Beginn oft unregelmässig

Die hormonelle Steuerung des Menstruationszyklus muss sich zunächst einpendeln. Gerade zu Beginn der Pubertät kann der Zyklus unregelmässig sein. Die Dauer zwischen zwei Menstruationen, der Verlauf und die Stärke der Blutungen können schwanken. Daher muss auch nicht jede ausbleibende Regelblutung ein Zeichen für eine Schwangerschaft sein.
Auch kann es durch die stark schwankenden Hormonspiegel zu Stimmungsschwankungen und durch die Vorgänge in den Eileitern und der Gebärmutter zu unangenehmen Gefühlen oder sogar Schmerzen kommen. All dies ist zunächst kein Grund zur Sorge, sondern völlig normal. Bei starken oder lang anhaltenden Problemen sollte allerdings ein Arzt besucht werden.

Bau und Funktion der männlichen Geschlechtsorgane

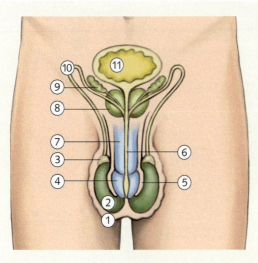
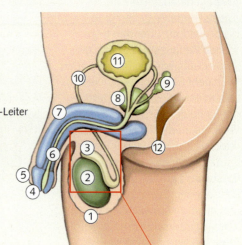

1 Hodensack
2 Hoden
3 Nebenhoden
4 Eichel
5 Vorhaut
6 Harn-Spermien-Leiter
7 Schwellkörper
8 Vorsteherdrüse (Prostata)
9 Bläschendrüse
10 Spermienleiter
11 Harnblase
12 After

1. 🄰
Die Abbildung zeigt die männlichen Geschlechtsorgane.
a) Was unterscheidet Geschlechtsorgane von anderen Organen?
b) Welche der in Abbildung genannten Teile sind kein Geschlechtsorgan beziehungsweise gehören zu keinem Geschlechtsorgan? Begründe.

2. 🄰
Beschreibe Lage und Bau der gezeigten Geschlechtsorgane des Mannes und liste ihre Funktionen auf.

3. 🄰
Beschreibe und erkläre das in der Bildreihe dargestellte Problem, mit dem sich Jungen in der Pubertät auseinandersetzen müssen. Verwende eine neutrale Sprache.

4. 🅀
Recherchiere die Antworten auf folgende Fragen und fasse sie kurz zusammen.
a) Warum ist die früher verbreitete Bezeichnung „Samen" für Spermien irreführend und warum sollte sie nicht mehr verwendet werden?
b) Wie lange sind Spermien unter welchen Bedingungen überlebensfähig?

5. 🅀
Recherchiere, was man unter Geschlechtskrankheiten versteht. Welche Geschlechtskrankheiten bekommen besonders Männer, und wie können sie sich schützen?

Vom Jungen zum Mann

Im Unterschied zu den weiblichen liegen die männlichen Geschlechtsorgane nicht alle versteckt in der Bauchhöhle. So kann jeder Junge ihre Entwicklung während der Pubertät unmittelbar mitverfolgen. **Penis** und **Hodensack** wachsen und scheinen eine Art „Eigenleben" zu entwickeln. Durch Wärme, Druck, den Anblick oder allein durch das Denken an eine attraktive Frau, oft aber auch ohne jeden erkennbaren Grund, kommt es zur sogenannten **Erektion.** Dann versteift sich der Penis, richtet sich auf und wird grösser, weil sich die Schwellkörper, schwammartige Gewebe in seinem Inneren, mit Blut füllen und sich dadurch vergrössern und verfestigen. Dies zählt zu den natürlichen Funktionen des Penis, denn nur im versteiften Zustand kann er während des Geschlechtsverkehrs in die Scheide einer Frau eindringen.

Spermienerguss

Spermien sind die männlichen Keimzellen. Sie entstehen in den **Hoden.** Sie bestehen aus Kopf, Mittelstück und einem Schwanzfaden, mit dem sie sich in Flüssigkeiten fortbewegen können. Beim Geschlechtsverkehr werden Spermien zusammen mit verschiedenen Flüssigkeiten aus der **Bläschen-** und der **Vorsteherdrüse** aus dem Penis herausgeschleudert. Dasselbe geschieht wenn sich ein Mann selbst befriedigt, gelegentlich aber auch ohne sein Zutun im Schlaf.

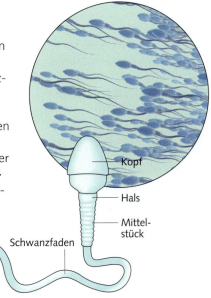

Kopf

Hals

Mittelstück

Schwanzfaden

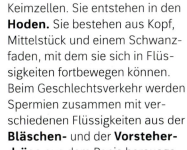

E

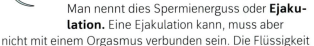

D

C

Man nennt dies Spermienerguss oder **Ejakulation.** Eine Ejakulation kann, muss aber nicht mit einem Orgasmus verbunden sein. Die Flüssigkeit mit den Spermien ist das **Sperma.** Bei einem Spermienerguss fliessen etwa 2 ml bis 6 ml Sperma, die jeweils 20 bis 150 Millionen Spermien enthalten können.

Spermien entstehen in den Hoden aus Stammzellen, den Spermienmutterzellen. Die Hoden sind in einzelne Hodenläppchen unterteilt, in denen jeweils stark gewundene Hodenkanälchen liegen. Die noch unreifen Spermien gelangen von den Hoden über die Hodenkanälchen in die Nebenhoden, wo sie weiter ausreifen und bis zur nächsten Ejakulation gespeichert werden.

Störungen der Spermienbildung

Spermien sind sehr empfindlich gegenüber hohen Temperaturen. Bereits bei der normalen Körpertemperatur können sie sich nicht optimal entwickeln. Die Spermienproduktion und -lagerung erfolgt deshalb ausserhalb des Bauchraumes im Hodensack. Enge Hosen drücken den Hodensack an den Körper und können so zu einer ungünstigen Temperatur der Hoden beitragen. Wenn die Hoden durch Schläge oder Quetschungen verletzt werden, können ebenfalls missgebildete Spermien entstehen. Auch Drogen wie Alkohol oder verschiedene Medikamente sowie Stress wirken sich auf die Spermienbildung negativ aus. Im Extremfall kann ein Mann dadurch unfruchtbar werden.

B

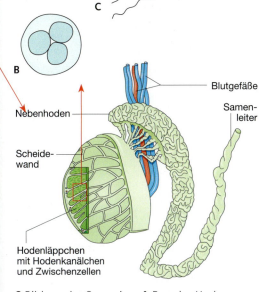

Blutgefäße

Samenleiter

Nebenhoden

Scheidewand

Hodenläppchen
mit Hodenkanälchen
und Zwischenzellen

2 Bildung der Spermien: **A** Bau der Hoden, **B–D** Spermienreifung, **E** reifes Spermium

Schwangerschaft und Geburt

1. ☰ Ⓐ
Erläutere anhand der Bilder A bis E, was bei der Befruchtung und in der frühen Keimesentwicklung geschieht.

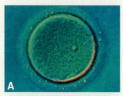

2. ☰ Ⓠ
Schwanger oder nicht schwanger?
a) Nenne Anzeichen einer Schwangerschaft. Befrage dazu Eltern, Freunde oder Bekannte.
b) Erkläre die Funktionsweise eines Schwangerschaftstests.

3. ☰ Ⓐ
a) Dies ist das Ultraschallbild eines Kindes. Beschreibe, was du auf dem Bild erkennen kannst.
b) Gib mithilfe der Tabelle und des Massstabes das ungefähre Alter des Kindes an. Begründe die Altersangabe.

4. ☰ Ⓐ
Heute haben Frühgeborene ungefähr ab dem 7. Monat schon eine gute Chance, zu überleben. Nenne die möglicherweise auftretenden Probleme, wenn ein Kind bereits nach 5 Monaten ge-boren wird.

Monat	1.	2.	3.	4.	5.	6.	7.	8.	9.	10.
Körpergewicht in g	6	12	41	175	500	800	1300	2300	2900	3500
Körperlänge in cm	1	4	9	16	25	30	35	40	45	51
Sexualorgane			●	·····	·····	·····	───	───	───	───
Kopf	●	·····	───	───	───	───	───	───	───	───
Lunge		●	·····	·····	·····	───	───	───	───	───
Herz	●	·····	·····	───	───	───	───	───	───	───
Gehirn		●	·····	───	───	───	───	───	───	───
Gliedmaßen	●	───	───	───	───	───	───	───	───	───

● ····· Beginn der Entwicklung und weitere Ausprägung
─── voll entwickelt vorliegende Organe

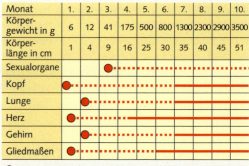

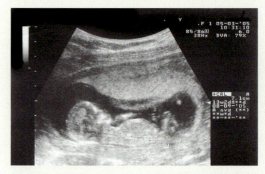

2 cm

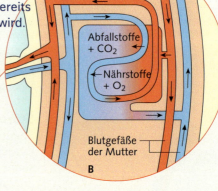

Blutgefäße des Embryos
Abfallstoffe + CO_2
Nährstoffe + O_2
Blutgefäße der Mutter
B

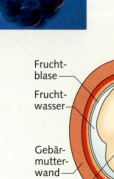

Frucht-blase
Frucht-wasser
Gebär-mutter-wand
Embryo
Gebärmutter-schleimhaut
Nabel-schnur
Plazenta

Gebärmutterhals
A

5. ☰ Ⓐ
a) Der Embryo entwickelt bis zum 7. Monat eine Lunge, zugleich liegt er in einer flüssigkeitsgefüllten Fruchtblase. Erkläre mithilfe der Abbildung, wie die Atmung und Ernährung über die Plazenta funktioniert.
b) Erläutere, wie sich Rauchen auf den Embryo auswirkt.

Befruchtung und Einnistung

Viele Paare wünschen sich ein Kind und freuen sich über die ersten Anzeichen einer Schwangerschaft, vor allem wenn die Regelblutung ausbleibt und der Schwangerschaftstest positiv ausfällt.

Ein Kind kann entstehen, wenn beim Geschlechtsverkehr Spermien des Mannes über die Scheide und die Gebärmutter in den Eileiter gelangen und dort auf eine reife Eizelle treffen. Um die Zeit des Eisprungs ist der Schleimpfropf, der sonst den Gebärmutterhals verschliesst, dünnflüssiger, sodass die Spermien leichter aus der Scheide in die Gebärmutter vordringen können. Obwohl bei einem Spermienerguss bis zu 150 Millionen Spermien abgegeben werden, gelingt es nur dem schnellsten Spermium, mit dem Kopf die Zellhaut der Eizelle zu durchdringen. Dies ist der Moment der **Befruchtung.** Die Eihülle wird danach sofort für andere Spermien undurchdringlich. Anschliessend verschmelzen die Zellkerne von Ei- und Spermienzelle. Ihre Erbanlagen kommen in einem Zellkern zusammen. Nach etwa einem Tag beginnt sich die befruchtete Eizelle zu teilen. Während weiterer Zellteilungen im Eileiter entsteht zunächst ein Zellhaufen, der sich weiter zum Bläschenkeim entwickelt. Er enthält einen flüssigkeitsgefüllten Hohlraum und unterschiedliche Zellen, aus denen sich später die Organe des Embryos entwickeln.

Dieser Bläschenkeim wird von Flimmerhärchen durch den Eileiter zur Gebärmutterschleimhaut transportiert, wo er sich festsetzt. Dabei wachsen Zellen des Keims, die Zotten, in die Gebärmutterschleimhaut ein. Dies ist die **Einnistung,** mit der die **Schwangerschaft** beginnt.

Zwillinge

Manchmal reifen zwei Eizellen gleichzeitig heran und werden von zwei Spermien befruchtet. So entstehen zweieiige **Zwillinge,** die unterschiedliches Erbgut besitzen und nicht mehr Ähnlichkeiten aufweisen als andere Geschwister. Seltener entstehen eineiige Zwillinge, die aus nur einer befruchteten Eizelle entstehen. Nach der ersten Teilung trennen sich die beiden Tochterzellen und entwickeln sich getrennt weiter. Die eineiigen Zwillinge besitzen identisches Erbgut, sodass sie sich oft zum Verwechseln ähnlich sehen.

Schwangerschaft und Keimesentwicklung

Das wachsende Kind wird in den ersten acht Wochen **Embryo** genannt. Der Embryo ist zwar noch klein und leicht, aber nach etwa acht Wochen sind bereits alle Organe angelegt. Von nun an wird das heranwachsende Kind **Fetus** genannt.

Nach 12 Wochen ist der Fetus ungefähr 9 cm gross und deutlich als menschliches Wesen zu erkennen. Allerdings macht der Kopf fast die Hälfte des Fetus aus. Man sieht bereits Augen, Ohren, Nase und Mund. Der Fetus hat ausgeformte Finger und Zehen mit Nägeln. Das Geschlecht ist erkennbar. All diese Entwicklungen bemerkt die Frau nicht.

Es ist schon ein einfaches Gehirn vorhanden. Einzelne Teile des Gehirns differenzieren sich bereits. Es entstehen immer mehr Verknüpfungen zwischen den Nervenzellen.

Die Wirbelsäule wird anhand der Rückenwirbel erkennbar. Sie verleiht dem Körper Stabilität.

Der Embryo schwimmt in der Fruchtblase, die ihn vor Erschütterungen weitgehend schützt.

Man erkennt bereits die sich entwickelnden Augen, allerdings sind noch keine Augenlider vorhanden.

Das Herz des Embryos hat zu schlagen begonnen.

Die Nabelschnur ist die lebenswichtige Verbindung zwischen Mutter und Kind, über die Nährstoffe und Sauerstoff zugeführt und Abfallstoffe entsorgt werden.

Die Plazenta besteht aus mütterlichem und kindlichem Gewebe mit zahlreichen Blutgefässen. Hier erfolgt der Stoffaustausch.

1 Embryo (Grafik, 6. Woche)

Der Fetus wächst jetzt sehr schnell und ist zu Beginn des fünften Monats etwa 16 cm gross und 150 g schwer. Die Organe und Muskeln entwickeln sich weiter. Der Fetus ist vorübergehend behaart. Dies lässt sich mit der Evolution des Menschen erklären. Der Körper wird bald mit einer weissen Fettschicht, der so genannten Käseschmiere,

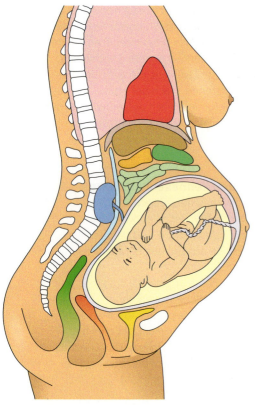

2 Fetus im Körper der Mutter (Schema)

des neunten Monats hat sich der Fetus normalerweise mit dem Kopf nach unten gedreht. Nach durchschnittlich 270 Tagen ist der Fetus zur Geburt bereit.

Die Geburt

Zu Beginn des Geburtsvorgangs, der **Eröffnungsphase,** setzen **Wehen** ein, die durch das Zusammenziehen und Entspannen der Muskeln in der Gebärmutterwand entstehen. Sie verursachen Schmerzen. Die Wehen drücken das Kind immer tiefer in das Becken. Dadurch weitet sich der Muttermund schrittweise, die **Fruchtblase** platzt und das Fruchtwasser läuft über die Scheide ab.

In der darauffolgenden **Austreibungsphase** wird das Kind mit Presswehen aus der Gebärmutter in die Scheide und dann ans Tageslicht gebracht. Zunächst erscheint der Kopf im Scheidenausgang, dann folgt der übrige Körper. Meistens helfen in dieser Phase eine Hebamme oder ein Arzt, indem das Kind vorsichtig gedreht und gezogen wird. Das Kind atmet sofort selbstständig, sodass nun die Nabelschnur durchtrennt werden kann.

In der dritten Phase, der so genannten **Nachgeburtsphase,** werden die Plazenta und die leere Fruchtblase ausgestossen. Aus dem Fetus ist ein **Säugling** geworden, der auf die Pflege von Mutter und Vater angewiesen ist.

überzogen. Diese schützt die Haut vor dem Fruchtwasser. Meist kann die Mutter ab dem 5. Monat Kindsbewegungen wahrnehmen. Der Fetus reagiert auf Reize wie Musik oder menschliche Stimmen.

Nach dem 6. Monat ist die Organentwicklung mit Ausnahme der Sexualorgane weitgehend abgeschlossen. Daher hat ein Kind ab dem 7. Monat gute Überlebenschancen, wenn es zu einer Frühgeburt kommt.

Im 8. und 9. Monat wachsen und reifen die Organe aus, und der Fetus nimmt weiter an Grösse und Gewicht zu, wodurch das Leben für die Mutter anstrengender wird. Viele Organe der Mutter werden zusammengedrückt, Atemnot und Harndrang können die Folge sein. Am Ende

3 Eltern mit Neugeborenem

Gesundheit für Mutter und Kind

Ernährung
Mutter und Kind benötigen eine gesunde, vitamin- und mineralstoffreiche Ernährung, zum Beispiel mit frischem Obst, Salaten, Gemüse, Milch- und Vollkornprodukten. Schwangere sollten nur wenig Koffein, das beispielsweise in Kaffee und Cola enthalten ist, zu sich nehmen, da es das Risiko für Fehlgeburten erhöhen kann. Bei Genuss von rohem Fleisch oder Rohmilchkäsesorten besteht die Gefahr einer bakteriellen Infektion, die dem Kind massiv schaden kann.

Alkohol
Der Embryo kann Alkohol kaum abbauen. Deshalb sollten Schwangere auf Alkohol verzichten. Er kann, besonders in den ersten drei Schwangerschaftsmonaten, zu schweren körperlichen und geistigen Entwicklungsschäden beim Kind führen.

Medikamente
Medikamente sollten nur in Notfällen und nach Absprache mit dem Arzt eingenommen werden. Dies gilt auch für frei verkäufliche Medikamente wie Kopfschmerz-, Schlaf- oder Abführtabletten.

Reisen
Lange Reisen, besonders exotische Fernziele, können eine Schwangere aufgrund der langen Anreise, der Temperaturunterschiede und der ungewohnten Speisen sehr belasten. Es ist in jedem Fall wichtig, auf einen ausreichenden Impfschutz und hygienische Verhältnisse zu achten.

Stress
Stress kann im Extremfall zu einer Minderversorgung mit Sauerstoff oder Nährstoffen führen und das Risiko einer Früh- oder Fehlgeburt erhöhen. Es ist also wichtig, auf genügend Erholungszeiten und Entspannungsphasen zu achten.

1.
Eine Frau hat eine Flugreise nach Südamerika geplant, als sie feststellt, dass sie schwanger ist. Stelle die Probleme dar, die bei einer solchen Tour entstehen könnten. Erläutere.

2.
Wie kann der Vater zu einer gesunden Entwicklung des ungeborenen Kindes beitragen?

Sport
Spazierengehen, Fahrradfahren oder Wassergymnastik sind für die Schwangere gute Möglichkeiten, sich in Bewegung zu halten und das Kind reichlich mit Sauerstoff zu versorgen. Sportarten wie Reiten oder Handballspielen, die mit Stössen und Erschütterungen verbunden sind, oder Leistungssport sind gefährlich. Auch Tauchen kann den Embryo bzw. Fetus schädigen.

Rauchen
Nikotin ist ein Nervengift und verengt die Blutgefässe der Schwangeren. Der Embryo wird dadurch schlechter mit Sauerstoff versorgt. Kinder von Raucherinnen haben häufig ein geringeres Geburtsgewicht und neigen zu Entwicklungsstörungen.

PINNWAND

Wir wollen (noch) kein Kind

1. ☰ Ⓐ
a) Mache Vorschläge, was in den Denkblasen stehen könnte.
b) Viele Paare verhüten beim „ersten Mal", also beim ersten Geschlechtsverkehr, nicht. Nenne Gründe für dieses Verhalten.
c) „Verhütung ist Frauensache, sie bekommen schliesslich die Kinder." Nimm zu dieser Aussage Stellung.

2. Ⓠ
a) Nenne Möglichkeiten, wo man Kondome kaufen kann und zu welchem Preis.
b) Welche Kriterien können beim Kauf von Kondomen eine Rolle spielen?

3. Ⓥ
a) Zeige mithilfe eines Modells, wie man ein Kondom richtig anwendet. Worauf muss man bei der Benutzung besonders achten? Wie entsorgt man Kondome nach der Benutzung?
b) Schreibe eine gut verständliche Gebrauchsanweisung für Kondome.

Fall A: Ein junges Ehepaar, seit fünf Jahren verheiratet, hat sich mit einer Krankengymnastikpraxis selbstständig gemacht. Die Frau nimmt die Pille.

Fall B: Ein Paar hat bereits drei Kinder und möchte auf keinen Fall weitere Kinder. Die Frau hat sich die Spirale einsetzen lassen.

Fall C: Beat, 21, ist zur Zeit solo und hat manchmal für kurze Zeit eine Freundin.

4. ☰ Ⓐ
Je nach Lebenssituation nutzen Paare unterschiedliche Verhütungsmethoden. In den Kästen rechts findest du drei solcher Fälle.
a) Benenne Kriterien, die bei der Wahl eines Verhütungsmittels von Bedeutung sind.
b) Gib an, welche Kriterien für die Wahl des Verhütungsmittels bei den Fällen A und B vermutlich besonders wichtig waren.
c) Zu welchem Verhütungsmittel würdest du im Fall C raten? Begründe.

5. ☰ Ⓐ
Ein junges Paar, beide sind 18, diskutiert über Verhütung. Sie möchte, dass er Kondome benutzt, er wünscht, dass sie die Pille nimmt. Bereitet mithilfe von Stichwortkarten ein Rollenspiel vor, bei dem die jeweiligen Vorteile und Nachteile der Verhütungsmittel deutlich werden, und führt es dann vor. Achtet darauf, dass ihr gegenseitig auf die Argumente eingeht.

Verhütungsmethoden

Die Frage nach der geeigneten Methode zur Empfängnisverhütung stellt sich für alle, die noch kein Kind haben möchten. Wichtig ist dabei, sich über die Sicherheit der Verhütungsmethode und über eventuelle Nebenwirkungen zu informieren. Auch mit der Anwendung des Verhütungsmittels muss man sich vertraut machen. Zwar gibt es immer noch viele Paare, die sich auf das „Aufpassen" verlassen. Hierbei zieht der Mann das Glied vor dem Spermienerguss aus der Scheide. Da jedoch schon vor dem Spermienerguss etwas Sperma aus der Harn-Spermienröhre austreten kann, ist dies keine Methode zur Empfängnisverhütung. Oft sind die Paare aber auch nur unsicher und haben Angst, über Verhütung zu sprechen.

Diaphragma

Beim Diaphragma handelt es sich um eine Gummikappe, die vor dem Geschlechtsverkehr über den Gebärmuttermund gelegt wird und das Eindringen von Spermien verhindert. Da die Handhabung nicht einfach ist, ist es eine relativ unsichere Methode.

Kondome

Das Kondom oder auch Präservativ besteht aus einer gummiartigen Substanz, in der Regel Latex. Es wird vor dem Geschlechtsverkehr über das steife Glied des Mannes gezogen und verhindert so, dass Sperma in die Scheide gelangt. Wendet man das Kondom mit etwas Übung vorschriftsmässig an, ist es ein sicheres Verhütungsmittel.
Das Kondom darf nie zusammen mit fett- oder ölhaltigen Substanzen wie zum Beispiel Cremes verwendet werden, da das Gummi dann durchlässig wird. Das Kondom schützt als einziges Verhütungsmittel vor Geschlechtskrankheiten und AIDS.

Anti-Baby-Pille

Die Anti-Baby-Pille enthält Hormone, die den weiblichen Eisprung verhindern. So kann keine Befruchtung stattfinden. Zusätzlich wird die Gebärmutterschleimhaut nur unvollständig aufgebaut, sodass sich kein Ei einnisten kann. Die Pille muss von der Ärztin oder dem Arzt verschrieben und pro Zyklus 21 oder 22 Tage lang täglich eingenommen werden. Danach setzt in der einwöchigen Pause die Regelblutung ein. Bei richtiger Anwendung schützt sie vom ersten Tag an sehr zuverlässig. Allerdings löst die Pille häufig Nebenwirkungen wie Zwischenblutungen und Gewichtszunahme aus. Bei Raucherinnen erhöht sie die Thrombosegefahr.

Hormonspirale

Die Hormonspirale besteht aus Kunststoff und ist mit Hormonen gefüllt. Sie verhindert den Aufbau der Gebärmutterschleimhaut und macht es den Spermien schwer, zur Eizelle vorzudringen. Die Verhütungssicherheit ist sehr hoch, doch können Nebenwirkungen auftreten.

Chemische Verhütungsmittel

Verschiedene Gels, Cremes, Zäpfchen oder Sprays werden kurz vor dem Geschlechtsverkehr in die Scheide eingeführt und töten Spermien ab. Sie verhüten nur sehr unsicher und sollten daher nur in Kombination, zum Beispiel mit einem Diaphragma, angewendet werden.

Natürliche Verhütungsmethoden

Durch tägliche Messung der Körpertemperatur und weitere Beobachtungen werden die fruchtbaren und unfruchtbaren Tage einer Frau bestimmt. Dabei können kleine Computer helfen, die beispielsweise das Aufzeichnen und Auswerten der Temperatur übernehmen. Diese Methoden setzen einen regelmässigen Zyklus und viel Disziplin in der Anwendung voraus. Für Jugendliche sind sie unsicher und daher ungeeignet.

Schwanger – was nun?

2. ≡ Ⓐ

Julia ist schwanger, und Tom ist der Vater des Kindes.
a) Betrachte die beiden Fotos und mache Vorschläge, was Julia und Tom jeweils denken könnten. Begründe kurz.
b) Erläutere, wie sich das Leben von Jugendlichen verändert, wenn sie Eltern werden.
c) Beschreibe und bewerte Möglichkeiten, wie Tom und Julia mit ihrer Situation umgehen könnten.

1. ≡ Ⓐ

Eine Freundin vertraut dir an, dass sie ungewollt schwanger ist und nicht weiss, was sie tun soll. Versuche sie davon zu überzeugen, zu einer professionellen Beratung zu gehen. Nenne deine Argumente.

3. Ⓠ

a) Informiere dich über Schwangerschaftsberatungsstellen in deiner Umgebung und nenne Adressen. Gib an, woher deine Informationen stammen.
b) Es gibt verschiedene Möglichkeiten der Beratung, vom direkten Gespräch über die telefonische bis zur E-Mail-Beratung. Informiere dich über diese Beratungsarten und nenne die jeweiligen Vor- und Nachteile.

4. ≡ Ⓐ

Erkläre, warum Säuglinge seltener weinen, wenn sie getragen werden, als wenn sie alleine im Bettchen oder Kinderwagen liegen.

5. Ⓐ

Auch noch weit über das Säuglingsalter hinaus tragen die Eltern die Verantwortung für die Entwicklung ihres Kindes. Diskutiert in der Klasse, was es bedeutet, ein Kind zu erziehen. Welche Pflichten bringt dies mit sich und worin liegt die Verantwortung der Eltern?

6. ≡ Ⓠ

a) Recherchiert Möglichkeiten der Pränataldiagnostik und stellt sie in einer Mindmap dar.
b) Eine Frau berichtet: „Mein Arzt hat bei einer Ultraschalluntersuchung meines Kindes einen recht grossen Kopfumfang festgestellt und auch ein erweitertes Nierenbecken, was bei Jungen aber öfter vorkommen kann. Der grosse Kopf beunruhigt mich schon. Soll ich eine Fruchtwasseruntersuchung durchführen lassen?"
Nennt Argumente, die für oder gegen eine Fruchtwasseruntersuchung sprechen.

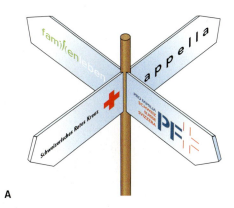

A

B

1 Schwangerschaftsberatung: **A** mögliche
Ansprechpartner, **B** Beratungsgespräch

Eine ungewollte Schwangerschaft

Julia, 17 Jahre, hat nach Durchführung eines
Schwangerschaftstests die Gewissheit: Sie ist
schwanger. Sie verspürt eine gewisse Freude,
hat zugleich aber auch Angst vor der Zukunft.
„Jetzt schon Mutter werden, wo ich doch
gerade die Ausbildung begonnen habe? Kann
ich die Verantwortung für mein Kind übernehmen? Wer soll das alles bezahlen? Wie wird
mein Freund reagieren? Was werden bloss
meine Eltern sagen?" Solche und viele andere
Fragen entstehen oft, wenn es zu einer
ungewollten Schwangerschaft gekommen ist.

Die Schwangerschaftskonfliktberatung

Erste Ansprechpartner für Fragen können
neben dem Partner Eltern, Freunde oder
Lehrer sein. Es gibt ausserdem anerkannte
Beratungsstellen, an die sich schwangere
Frauen und ihre Partner mit ihren Fragen und
Problemen wenden können. Die Beratungen
sind kostenlos und auf Wunsch anonym.
Das Ziel der so genannten **Schwanger-
schaftskonfliktberatung** liegt darin, unge-
borenes Leben zu schützen und deutlich zu
machen, dass das Ungeborene ein eigenes
Recht auf Leben hat. Im Hinblick darauf
zeigen Berater und Beraterinnen Paaren in
schwierigen Situationen Möglichkeiten auf,
wie sie ihr Leben mit dem Kind gestalten
könnten.
Die Beratungsstellen informieren beispielsweise über Durchsetzung rechtlicher Ansprü-
che, finanzielle Unterstützungsmöglichkeiten
wie Mutterschaftsurlaub, Familien- und
Kinderzulagen sowie mögliche Hilfen bei der
Wohnungssuche oder der Kinderbetreuung.

Aber die Beratung ist ergebnisoffen und die Schwangere
wird nicht dazu gedrängt, das Kind auf jeden Fall auszu-
tragen. Kann sich die Schwangere ein Leben mit dem Kind
überhaupt nicht vorstellen, bekommt sie Informationen
über andere Möglichkeiten, wie die Unterbringung des
Kindes in einer Pflegefamilie, die Freigabe zur Adoption
oder zum Schwangerschaftsabbruch.
Die endgültige Entscheidung über die Fortsetzung der
Schwangerschaft oder einen Abbruch liegt bei der
Schwangeren. Unabhängig von ihrer Entscheidung kann
die Schwangere auch weiterhin die Hilfe eines Beraters
oder einer Beraterin in Anspruch nehmen.

Der Schwangerschaftsabbruch

In der Schweiz ist ein Schwangerschaftsabbruch, auch
Abtreibung genannt, nach Artikel 119 des Strafgesetz-
buches grundsätzlich rechtswidrig, er bleibt aber unter
bestimmten Bedingungen straffrei.
Erwägt eine Schwangere nach Feststellung der Schwangerschaft durch einen Arzt oder eine Ärztin einen Abbruch,
muss sie sich von einer anerkannten Beratungsstelle
mindestens drei Tage vor dem Eingriff beraten lassen. Sie
hat so in jedem Fall eine gewisse Bedenkzeit. Die Betroffene erhält eine Bescheinigung als Beratungsnachweis,
mit der sie zu einem Arzt oder einer Ärztin gehen kann.
Diese können dann den Schwangerschaftsabbruch entweder medikamentös oder durch einen operativen Eingriff
vornehmen. Zwischen Befruchtung und Abbruch dürfen
allerdings nicht mehr als zwölf Wochen vergangen sein.
Bei unter 16-Jährigen verlangen die Frauenärztinnen oder
-ärzte in der Regel eine schriftliche Einverständniserklä-
rung zum Schwangerschaftsabbruch zumindest eines
Elternteils. In seltenen Fällen ist ein Schwangerschaftsabbruch nicht rechtswidrig, beispielsweise nach einer
Vergewaltigung oder wenn der körperliche oder seelische
Zustand der Frau durch die Schwangerschaft schwerwie-
gend beeinträchtigt ist.

AIDS – eine Krankheit, viele Gesichter

Die Immunschwächekrankheit AIDS ist nicht die einzige, wohl aber die derzeit bedrohlichste Krankheit, die durch Geschlechtsverkehr übertragen werden kann. Die Krankheit wird durch das HI-Virus (HIV) ausgelöst. Weltweit sind über 30 Millionen Menschen infiziert, jedes Jahr kommen über zwei bis vier Millionen neu dazu. Über zwei Millionen sterben an AIDS. Eine Heilung oder Impfung ist derzeit nicht möglich. Geschlechtskrankheiten sind ein globales und vielschichtiges Problem. Zu folgenden Teilbereichen könnt ihr zum Beispiel eine Ausstellung gestalten.

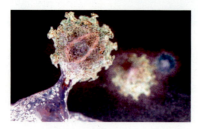

LERNEN IM TEAM

TEAM ❶
Medizinischer Hintergrund
Informiert euch über die Funktionsweise des Immunsystems und darüber, wie es durch das HI-Virus beeinträchtigt wird. Wie wird diese unheilbare Krankheit behandelt? Erstellt ein Plakat oder eine Folie, auf der die Zusammenhänge möglichst verständlich dargestellt werden.

TEAM ❷
Kampagnen gegen AIDS
Mit zahlreichen Kampagnen wird versucht, auf AIDS aufmerksam zu machen. Sie sollen über Risiken und Schutzmassnahmen aufklären, aber auch deutlich machen, wie wichtig es ist, diese immer einzuhalten. Dazu werden zum Beispiel Plakate aufgehängt, Werbefilme gezeigt, Broschüren verteilt und Internetseiten angeboten. Sammelt solche Materialien. Überlegt euch Kriterien für eine gute Kampagne und bewertet die Materialien danach.

TEAM ❸
AIDS ist mehr als nur AIDS
Mit dem HI-Virus Infizierte oder an AIDS Erkrankte leiden nicht nur körperlich. Sie sehen sich vielen weiteren psychischen und sozialen Problemen ausgesetzt. Einige werden in dem Film „Philadelphia" mit Tom Hanks aufgegriffen. Ähnliche Schicksale werden auch in Büchern oder im Internet vorgestellt. Sammelt Berichte und Informationen zur Ausgrenzung von mit HIV infizierten Menschen. Stellt einige Berichte und die darin thematisierten Probleme der Betroffenen vor.

TEAM ❹
Geschlechtskrankheiten
AIDS ist nicht die einzige Infektionskrankheit, die beim Geschlechtsverkehr übertragen werden kann. Sammelt Informationen zu Geschlechtskrankheiten. Stellt sie vor. Neben einer Übersicht über die Namen der Krankheiten solltet ihr jeweils die Symptome, Erreger, Ansteckungs-, Behandlungs- und Schutzmöglichkeiten vorstellen.

TEAM ❺
Ansteckung und Schutz
Beim Geschlechtsverkehr kann man sich mit dem HI-Virus infizieren, wenn man sich nicht schützt. Gibt es andere Ansteckungswege?

Wieso gibt es Kleinkinder mit AIDS? Was sind „Risikogruppen"? Warum gibt es keinen Grund zur Sorglosigkeit, wenn man keiner angehört?

Sexuell übertragbare Krankheiten

Geschlechtskrankheiten

Sexuell übertragbare Krankheiten sind Infektionskrankheiten, die meist durch Geschlechtsverkehr übertragen werden. Erreger sind Bakterien, Viren, Pilze oder Einzeller. Rechtzeitig erkannt, können sie fast alle behandelt und schlimme Folgeschäden – bis auf HIV – vermieden werden. Regelmässige Körperpflege, saubere Handtücher und tägliches Wechseln der Unterwäsche sollten selbstverständlich sein. Beim Geschlechtsverkehr muss eine Ansteckung durch die Benutzung von Kondomen verringert werden.

Geschlechts-krankheit	Neuerkran-kungen
Trichomoniasis	170 Mio.
Chlamydien	50 Mio.
HIV	40 Mio
Gonorrhoe	25 Mio.
Syphilis	4 Mio.
Hepatitis B	2 Mio.

Ansteckung und Schutz

Beim Geschlechtsverkehr kann man sich mit sexuell übertragbaren Krankheiten anstecken. Vor einer Ansteckung kann man sich meist mit einem Kondom schützen.

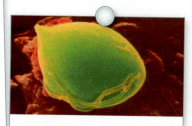

Trichomoniasis

Die Krankheit kann durch einzellige Geisseltierchen – den Trichomonaden – beim Sexualkontakt, durch unsaubere Handtücher oder in Schwimmbädern oder Saunen übertragen werden. Eine Infektion führt oft zu Schmerzen beim Wasserlassen oder zu Juckreiz.

PINNWAND

Hepatitis B

Diese Leberentzündung wird durch ein Virus verursacht. Es wird durch Körperflüssigkeiten wie Blut, Sperma oder Scheidensekret übertragen. Meist geschieht dies durch Kontakt von infiziertem Blut mit Schleimhäuten oder kleinen Wunden oder durch ungeschützten Geschlechtsverkehr.

1. Q Informiere dich über HIV und erstelle hierzu einen Pinnzettel.

2. Q Recherchiere Übertragungswege von Chlamydieninfektionen und deren Folgen. Erstelle hierzu einen Pinnzettel.

Gonorrhoe (Tripper)

Diese Bakterieninfektion verursacht Jucken in der Harnröhre, häufig Brennen beim Wasserlassen und eitrigen Ausfluss. Bleibt die Krankheit unbehandelt, kann sie durch Verkleben der Eileiter zu Unfruchtbarkeit, aber auch zu Blutvergiftung und Herzschäden führen.

Syphilis

Sie wird von Bakterien verursacht und ist sehr gefährlich. Unbehandelt führt sie zum Tod. Die Krankheit verläuft in drei Stadien: Zuerst treten drei Wochen nach Ansteckung rote, centgrosse, schmerzlose Geschwüre an der Infektionsstelle auf. Nach einigen Monaten erscheint als zweites Stadium ein fleckenartiger, nicht juckender Hautauschlag. Bis zu diesem Stadium ist eine Heilung möglich. Ohne Behandlung werden über mehrere Jahre im dritten Stadium verschiedene Organe schwer geschädigt.

Erwachsen werden

Verantwortung übernehmen

Zwischen Kindheit und Erwachsenenalter liegt die Pubertät. Wir werden geschlechtsreif. Unser Köper entwickelt sich. Auch das Gehirn und damit unser Denken verändern sich. So können wir als Erwachsene die Verantwortung für unser Handeln und unsere Kinder übernehmen.

Sexualität, Vielfalt und Toleranz

Sexualität ist etwas sehr Individuelles und Grundlage einer Beziehung. Die Vielfalt sexueller Neigungen und Identitäten muss anerkannt und nicht gefürchtet werden. Vorurteile helfen nicht weiter. Solange die Rechte aller gewahrt bleiben, muss man allen Formen von Sexualität und Partnerschaft mit gegenseitigem Respekt begegnen.

AUF EINEN BLICK

Hormone – chemische Botenstoffe

Geschlechtshormone steuern die Entwicklung in der Pubertät. So beeinflussen sie beispielsweise die Ausprägung der sekundären Geschlechtsmerkmale, die Reifung der Spermien oder den Ablauf des weiblichen Zyklus. Das Zwischenhirn löst die Freisetzung von Hormonen aus, die die Hirnanhangsdrüse (Hypophyse) aktivieren. Die dort freigesetzten Hormon wirken auf die Keimdrüsen. Hier werden die Geschlechtshormone gebildet, zum Beispiel Östrogene und Androgene.

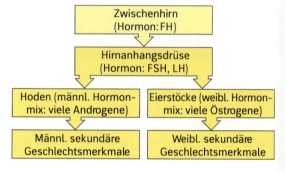

Zwischenhirn (Hormon: FH)

Hirnanhangsdrüse (Hormon: FSH, LH)

Hoden (männl. Hormonmix: viele Androgene)

Eierstöcke (weibl. Hormonmix: viele Östrogene)

Männl. sekundäre Geschlechtsmerkmale

Weibl. sekundäre Geschlechtsmerkmale

Wie ein Kind entsteht

Aus einer von einem Spermium befruchteten Eizelle kann sich nach Einnistung in der Gebärmutterschleimhaut ein Embryo entwickeln. Dieser wächst und entwickelt sich zum Fetus, der nach ungefähr neun Monaten zur Geburt bereit ist.

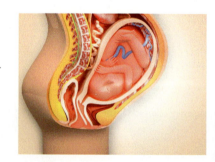

Schwangerschaftsverhütung

Viele Paare wollen (noch) kein Kind und verhüten deshalb. Man sollte Vor- und Nachteile der verschiedenen Methoden kennen, sie nach eigenen Bedürfnissen bewerten und dann die passende Methode auswählen. Nur Kondome schützen zusätzlich vor sexuell übertragbaren Krankheiten und AIDS.

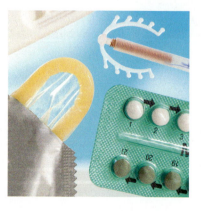

Schwangerschaftskonfliktberatung

Wer Beistand bei einer ungewollten Schwangerschaft und möglichen Abtreibung sucht, bekommt kostenlose Beratung bei einer Beratungsstelle. Entscheidet sich eine Schwangere für eine Abtreibung, muss sie schriftlich bestätigen, dass ein Beratungsgespräch erfolgt ist und sie sich für den Abbruch entschieden hat.

1. ≡ Ⓐ
Beschreibe je einen „typischen Tag" im Leben eines Kindes, eines Jugendlichen und eines Erwachsenen.

2. ≡ Ⓐ
Stelle zu den verschiedenen Verhütungs-mitteln eine Liste zusammen, welche die Vor- und Nachteile der Methode darstellt. Überlege dir, welche der erwähnten Verhütungsmethode du selbst in welcher Situation anwenden würdest.

3. ≡ Ⓐ
Beschreibe, welche Entwicklungen während des weiblichen Zyklus ablaufen in Bezug auf
• das Eibläschen und die Eizelle,
• die Gebärmutterschleimhaut,
• die beteiligten Hormone,
• die Wahrscheinlichkeit für eine Empfängnis.

4. ≡ Ⓠ
Stelle die einzelnen Phasen der Schwan-gerschaft von der Befruchtung bis zur Geburt zusammen. Recherchiere mög-lichst für jeden Abschnitt die wichtigsten Fakten sowie eine passende Abbildung. Stelle alles zu einer Broschüre „Wie ein Kind entsteht" zusammen.

5. ≡ Ⓐ
Erstelle einen „Zykluskalender", in den du für die Tage des Zyklus stichpunktartig aufschreibst, was in Sachen Hormone, Eizellen, Gebärmutter und so weiter im Körper passiert. Wenn es sich anbietet, kannst du Tage zusammenfassen. Beginne mit dem Tag, an dem die Menstruationsblutung einsetzt.

6. ≡ Ⓐ
Ordne den Buchstaben und Ziffern in den Abbildungen die richtigen Fachbegriffe zu.

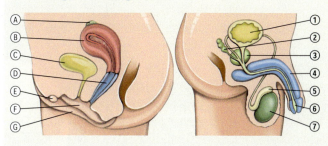

7. ≡ Ⓐ
a) Erörtere die Aussagen jeder Grafik zunächst einzeln.
b) Stelle dann den Zusammenhang her und ziehe aus den dargestellten Informationen eine Schlussfolgerung.

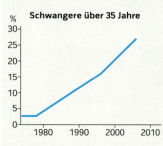

8. ≡ Ⓐ
Erläutere, wie die Geschlechts-organe des Mannes nur als zusammenwirkendes System ihre Funktion erfüllen können.

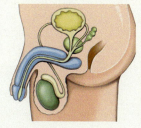

9. ≡ Ⓐ
Nenne männliche und weibliche Geschlechtshormone und welche Auswirkung sie auf die körperliche Entwick-lung haben.

Hören und staunen

Wie entstehen
Schallwellen?

Wie funktioniert
unser Ohr?

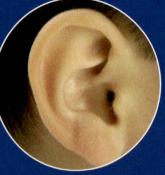

Wann ist der Lärm zuviel
und wie schützen wir uns davor?

Schall braucht eine Quelle ...

1.
Erzeuge auf verschiedene Art und Weise Schall und beschreibe, wie du vorgehst.

2.
Zähle Schallquellen in deiner Umgebung auf und beschreibe den entstehenden Schall.

3.
Erzeuge einen Ton, einen Klang, ein Geräusch und einen Knall. Erläutere deine Vorgehensweise.

4.
Fertige eine Übersicht in Form einer Tabelle oder Mindmap an, in der du den verschiedenen Schallarten unterschiedliche Schallquellen zuordnest.

1 Schall durch Sprechen

Kein Schall ohne Quelle

Musik, Worte, Vogelgezwitscher, Strassenlärm oder Wellenrauschen, alles was du hörst, ist **Schall.** Menschen, Tiere, Maschinen oder Gegenstände, die Schall erzeugen, werden **Schallquellen** genannt. Wie Schall erzeugt wird, wie er an das Ohr gelangt und wie er beeinflusst werden kann, erforscht die **Akustik.**

Verschiedene Schallarten

Jede Schallquelle erzeugt eine bestimmte **Schallart.**
Die angeblasene Flöte erzeugt einen **Ton** (Bild 2A). Viele Töne können mithilfe von Noten auf Notenlinien geschrieben werden.
Erklingen wie bei einem Windspiel mehrere Töne gleichzeitig, überlagern sich diese und es entsteht ein **Klang** (Bild 2B).
Eine Windmühle aus Papier dreht sich sehr schnell im Wind und erzeugt dabei ein **Geräusch** (Bild 2C).
Wenn ein aufgeblasener Luftballon plötzlich platzt, er-schrickst du durch einen **Knall** (Bild 2D).

Welche Arten von Schall gibt es?

A B C D

2 Schallquellen erzeugen als Schall: **A** einen Ton, **B** einen Klang, **C** ein Geräusch, **D** einen Knall.

... und einen Empfänger

1. ≡
a) Erzeuge mit verschiedenen Hilfsmitteln leisen, beruhigenden, lauten und störenden Schall.
b) Beschreibe, wie du den Schall jeweils erzeugt hast.
c) Ergänze die Tabelle mit eigenen Beispielen.

Schall	Schallerzeugung
leise	mit einem Blatt Papier Luft fächeln

2. ≡ A
Beschreibe je eine Situation, in der
a) du Schall als unangenehm empfindest.
b) Schall auf dich entspannend wirkt.

3. ≡
Recherchiere, in welchen Geräten Mikrofone als Schallempfänger eingesetzt werden.

Schall überträgt Informationen

Der Schall dient vor allem zur Verständigung. Menschen reden miteinander, singen, rufen und klatschen, um Informationen zu übertragen. Autofahrer hupen, Velofahrer klingeln oder Sirenen heulen, wenn Gefahr droht. Als Schallempfänger dienen uns die Ohren. Dabei wird der Schall sehr unterschiedlich empfunden. Das leise Surren einer Mücke wirkt vor dem Einschlafen ebenso störend wie die laute Musik aus Nachbars Garten. Das leise Zirpen von Grillen in einer Sommernacht und die laute Musik auf einem Rockkonzert werden von vielen Menschen dagegen als angenehm empfunden.

Andere Schallempfänger

Schwerhörigen Menschen kann ein Hörgerät helfen, wieder besser zu hören (Bild 2A). Es empfängt den Schall, wandelt ihn in Signale um, die verstärkt direkt an das Ohr abgegeben werden. Mikrofone sind besondere Schallempfänger (Bild 2B). Sie werden überall dort benötigt, wo Schall auf einem Medium gespeichert oder an entfernteren Orten gehört werden soll. Ein Schallpegelmessgerät empfängt den Schall und misst, wie laut er ist (Bild 2C).

Welche Schallempfänger gibt es?

1 Das Ohr – ein Schallempfänger

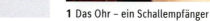

A   **B**   **C**
2 Schall wird empfangen vom: **A** Hörgerät, **B** Mikrofon, **C** Schallpegelmessgerät.

Schallquelle – Schallträger – Schallempfänger

1. ☰ **V**
Lege deine Finger an den Kehlkopf und singe. Beschreibe deine Empfindungen.

2. ☰ **V**
Schlage eine Stimmgabel an und halte sie in ein Glas mit Wasser. Erkläre deine Beobachtung.

3. ☰ **A**
Zähle Schallquellen in deiner Umgebung auf und gib jeweils an, was schwingt und somit den Schall erzeugt.

4. ☰ **V**
Erzeuge mit verschiedenen Hilfsmitteln Schall, bei dem du die Schwingungen der Schallquelle sehen oder spüren kannst.

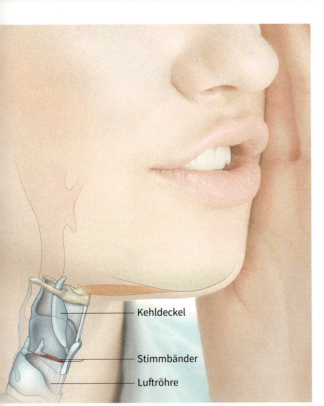

Der Kehlkopf als Schallquelle
Der Kehlkopf enthält zwei Stimmbänder (Bild 1). Sie sind elastisch und lassen sich von Muskeln spannen und lockern. Zwischen ihnen bleibt die Stimmritze frei, durch die beim Sprechen Luft strömt. Die strömende Luft versetzt die Stimmbänder in Schwingungen. Mit der Stärke des Luftstroms wird die **Lautstärke** reguliert, mit der Anspannung der Stimmbänder die **Tonhöhe.**

Schallsender schwingen
Jeder Körper, der zum Schwingen angeregt wird, erzeugt Schall und wird somit zur Schallquelle. Schallquellen werden auch **Schallsender** genannt. Sie senden Informationen in Form von **Schwingungen** aus.

Wenn du auf einer Flöte spielst, schwingt die Luft in der Flöte (Bild 2A). Bei einem Windspiel schlagen durch den Wind die Metallstäbe aneinander. Sie beginnen zu schwingen (Bild 2B). Die schnelle Drehung der Windmühlenflächen im Wind bringt die Luft zum Schwingen (Bild 2C). Wird die gespannte, sehr dünne Gummihaut eines Luftballons überdehnt oder durch einen spitzen Gegenstand verletzt, reisst die Gummihaut ein und zieht sich schlagartig zurück. Es ensteht eine einmalige heftige Schwingung, die du als Knall hörst (Bild 2D).

Kehldeckel

Stimmbänder

Luftröhre

1 Die Stimmbänder schwingen.

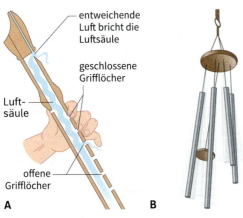

entweichende Luft bricht die Luftsäule

geschlossene Grifflöcher

Luft-säule

offene Grifflöcher

A

B

C

D

2 Schallquellen schwingen: **A** Luftsäule, **B** Metallstäbe, **C** Papierflächen, **D** Gummihaut

5.

a) Baue aus zwei Blech- oder Kunststoff-dosen und einem 5 m langen Bindfaden ein Dosentelefon. Probiere es aus und erkläre, warum es funktioniert.
b) Ersetze den Bindfaden nacheinander durch einen dünnen Metalldraht und eine Angelschnur, probiere erneut und erkläre.

6.

Notiere verschiedene Schall-empfänger und gib an, welcher Bestandteil jeweils die Schwin-gung übernimmt.

7.

Informiere dich über den Einsatz veschie-dener Mikrofone. Fertige zu einem Mikrofon einen Kurzvortrag an.

Schall braucht einen Träger

Schall breitet sich von einer Schallquelle aus, wenn um diese herum ein **Schallträger** vorhanden ist. Ein wichtiger Schallträger ist die Luft. Durch sie gelangen Musik, Worte und andere Geräusche in unsere Ohren. Schall breitet sich auch in anderen gasförmigen, flüssigen oder festen Stof-fen aus. Ohne Träger ist eine Übermittlung von Informatio-nen durch Schall nicht möglich.

Schallempfänger schwingen

Der Schall wird durch die Ohrmuschel aufgenommen und durch den Gehörgang auf das Trommelfell gelenkt (Bild 3). Das Trommelfell gerät durch den Schall in Schwingungen, die durch die Gehörknöchelchen auf die Schnecke im Ohr übertragen werden. Hier befinden sich sehr viele kleine Härchen als Empfänger des Schalls. Sie wandeln ihn in elektrische Signale um, die zum Gehirn geleitet werden. **Schallempfänger** wie Hörgerät, Mikrofon oder Schall-pegelmessgerät (Bild 4) besitzen eine dünne Membran, die schwingen kann. Die durch den Schall übertragene Information wird in elektrische Signale umgewandelt.

> Wie werden Informationen durch Schall übertragen?
> Welche Rolle spielt die Luft?

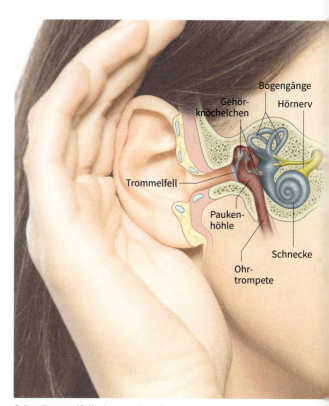

3 Das Trommelfell wird zum Schwingen gebracht.

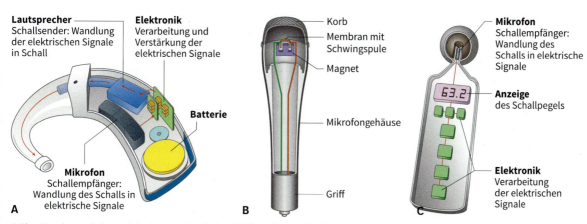

4 Eine Membran wird zum Schwingen gebracht im: **A** Hörgerät, **B** Mikrofon, **C** Schallpegelmessgerät.

Wie breitet sich Schall aus?

1 Schall trifft auf eine Kerze.

1. **V**
a) Baue den Versuch wie in Bild 1 auf und vermute, was passieren wird, wenn du das Tamburin anschlägst.
b) Schlage das Tamburin erst leicht und dann kräftig an. Beobachte und halte das Ergebnis in einem Je-desto-Satz fest.

2. **V**
Baue den Versuch wie in Bild 2 auf. Schlage das Tamburin erst leicht und dann kräftig an. Erkläre deine Beobachtungen.

3. ≡ **V**
Gehe mit deinen Mitschülerinnen und Mitschülern erst in einen Klassenraum ohne Teppichboden, mit Teppichboden und anschliessend in die Turnhalle. Ruft dort jeweils gemeinsam laut: „Hallo". Beschreibe deine Wahrnehmungen. Erkläre den Unterschied.

2 Schall trifft auf ein Tamburin.

3 Hier fehlt die Luft.

4. ≡ **V**
a) Hänge eine elektrische Klingel in ein Glasgefäss wie in Bild 3 und schalte sie an. Pumpe die Luft aus dem Gefäss und beobachte.
b) Lass langsam wieder Luft in das Gefäss strömen und beobachte erneut.
c) Erkläre deine Beobachtungen.

3 Schallübertragung im Teilchenmodell

Luftteilchen übertragen Schall

Alle Stoffe und damit auch die Luft bestehen aus kleinsten Teilchen. Schlägst du auf ein Tamburin, wölbt sich seine Membran ein wenig und die anliegenden Luftteilchen werden verdrängt. Sie schieben sich zwischen die davor liegenden Luftteilchen, es entsteht eine **Luftverdichtung.** Danach wird die Tamburinmembran wieder gerade. An dieser Stelle sind jetzt weniger Luftteilchen, es herrscht eine **Luftverdünnung.** Da die Membran mehrfach hin und her schwingt, folgen mehrere Luftverdichtungen und Luftverdünnungen aufeinander und setzen sich im Raum fort.

Schall trifft auf Körper

Trifft eine Luftverdichtung auf einen schwingungsfähigen Körper, wie das Trommelfell im Ohr oder die Membran eines Tamburins, wölbt sich dieser leicht. Bei einer folgenden Luftverdünnung bewegt er sich wieder zurück. Eine Membran schwingt entsprechend der auftreffenden Luftverdichtungen und Luftverdünnungen hin und her.

> Was geschieht, wenn eine Luftverdichtung auf einen schwingungsfähigen Körper trifft?

Schall wird reflektiert und absorbiert

1.
Stelle einen Reisewecker in eine senkrecht gestellte Kartonrolle und halte darüber einen Spiegel. Probiere aus, wo du das Klingeln des Weckers am besten hören kannst. Verändere dabei den Winkel des Spiegels. Formuliere eine Regel für die Ablenkung des Schalls.

2.
Halte die Kartonrolle aus Versuch 1 so über eine Tischkante, dass der Wecker nicht herausfällt. Beleuchte den Wecker von unten mit einer Taschenlampe. Lass das Licht dabei über den Spiegel fallen. Welches Gesetz für die Ablenkung des Schalls erkennst du aus diesem Versuch?

Schall wird verschluckt
Weiche Körper, in denen viel Luft eingeschlossen ist, verschlucken oder dämpfen den Schall wie in einem Theater mit Samtvorhang, Teppich und Polstersitzen. Der Schall wird von solchen Stoffen aufgenommen. Er wird **absorbiert.**

Was hörst du bei Schallreflexion?

Schall wird zurückgeworfen
Trifft Schall senkrecht auf eine Wand, wird er in der gleichen Richtung zurückgeworfen. Der Schall wird **reflektiert.** Um das Wort Otto nach dem Rufen als **Echo** zu hören, musst du mindestens 170 m von einer

Wand entfernt stehen. Der Schall benötigt für den Hin- und Rückweg 1 s. Je weiter du von einer Wand entfernt bist, desto länger dauert es, bis du das Echo hörst. Auch beim Ballspiel in der Sporthalle nimmst du das Echo als lautes Hallen wahr.

Tiere und Technik nutzen das Echo

Biosonar
Fledermäuse und Delfine nutzen den Schall, um Hindernisse zu erkennen. Dieses System nennt man Biosonar: Die Tiere geben Laute von sich und erkennen die Zeitspanne, die vergeht, bis sie das Echo wahrnehmen. So können die Tiere sogar die Distanz bis zum Hindernis bestimmen.

Sicherheit durch Echolot
Auf Schiffen wird die Wassertiefe mit einem **Echolot** bestimmt. Am Schiffsrumpf wird Schall in Richtung Meeresboden ausgesendet. An einer anderen Stelle am Rumpf ist ein Empfänger eingebaut, der den reflektierten Schall registriert. Aus der Zeit, die zwischen dem Aussenden und dem Empfang vergangen ist, wird die Wassertiefe berechnet. Braucht der Schall 0,5 s, dann beträgt die Wassertiefe etwa 370 m.

PINNWAND

Hohe und tiefe Töne

1 Eine Spieluhr erzeugt Töne.

1.

Drehe an einer Spieluhr langsam die Kurbel. Beobachte und erkläre, wie die hohen und tiefen Töne entstehen.

2.

a) Zeige in einem Versuch mit einem langen Lineal, wie die hohen und tiefen Töne an der Spieluhr entstehen.
b) Wie unterscheiden sich die Schwingungen des Lineals?

3.

Wende deine Erkenntnisse an, um an einer Gitarrensaite hohe und tiefe Töne zu erzeugen. Begründe deine Vorgehensweise.

2 Hoch oder tief?

4.

Beschreibe den Zusammenhang zwischen der Tonhöhe einer Flöte und der Länge der schwingenden Luftsäule in einem Je-desto-Satz.

Hoch und tief

Klänge oder Geräusche werden umgangssprachlich fälschlicherweise oft als Töne bezeichnet. Wie hoch oder tief eine Schallart erklingt, wird allgemein durch die **Tonhöhe** angegeben. Mit einem Lineal kannst du hohe und tiefe Töne erzeugen. Je länger der schwingende Teil des Lineals ist, desto langsamer schwingt das Lineal und desto tiefer ist der erzeugte Ton. Je kürzer das Lineal ist, desto höher ist der Ton. Das Lineal schwingt dann deutlich schneller. Die schwingende Luftsäule in einer Flöte wird länger, je mehr Löcher du durch deine Finger verschliesst. Der Ton wird immer tiefer.

Die Frequenz

Die Anzahl der Schwingungen in einer Sekunde bestimmt die Höhe des Tones. Dieses Mass für die Schwingung ist die **Frequenz f.** Sie wird in **Hertz (Hz)** gemessen. Wenn ein Lineal in 1 s fünfzigmal schwingt, hat der Ton eine Frequenz von $f = 50$ Hz. Eine Schwingung in 1 s ergibt die Frequenz 1 Hz. Die Einheit Hz wurde zu Ehren des deutschen Physikers HEINRICH HERTZ (1857–1894) gewählt.

Das Stimmen von Instrumenten

Die Musiker eines Orchesters müssen vor dem Konzert die Instrumente aufeinander abstimmen. Dazu gibt die Klarinette, die Geige oder das Klavier den Kammerton a' vor. Dieser Ton hat eine Frequenz von 440 Hz. Die Luftsäule in der Klarinette, die Saite der Geige oder im Klavier schwingen in 1 s somit 440-mal hin und her. Tabelle 3 enthält die Frequenzen der Töne einer C-Dur-Tonleiter.

> Wie kann man diesen Satz zu Ende führen?
> „Je höher die Frequenz, desto ...“
> In welcher Einheit wird die Frequenz gemessen?

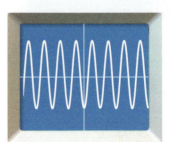

3 Ein tiefer Ton und ein hoher Ton mit gleicher Lautstärke

Laute und leise Töne

1. ≡ Ⓥ

a) Wähle an einer Gitarre eine Saite aus. Zupfe sie verschieden stark an und beobachte die Schwingung der Saite.

b) Erkläre den Zusammenhang zwischen der Stärke der Schwingung und der Lautstärke.

2. ≡ Ⓥ

Übertrage deine Beobachtungen aus Versuch 1 auf einen Versuch mit dem Plastiklineal. Beschreibe, wie du laute und leise Töne erzeugst.

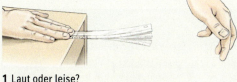

1 Laut oder leise?

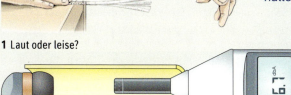

3 Lautstärkemessung am Kopfhörer

3. ≡ Ⓥ

a) Miss an verschiedenen Orten in der Schule den Schallpegel. Lies am Schallpegelmessgerät alle 10 s einen Wert ab und trage die Messwerte in eine Tabelle ein.

Ort	Schallpegel in dB nach		
	10 s	20 s	30 s
Pausenhalle			

b) Fertige eine Grafik an und gib an, wo es in eurer Schule besonders laut ist.

c) Gib Möglichkeiten an, dort den Schallpegel zu senken.

d) Stellt die Ergebnisse eurer Messungen auf einem Plakat dar und hängt es in der Pausenhalle aus.

4. ≡ Ⓥ

Stelle an deinem Kopfhörer deine Hörlautstärke ein. Miss anschliessend wie in Bild 3 den Schallpegel und vergleiche diesen mit den Messungen deiner Mitschülerinnen und Mitschüler.

2 Schallpegelmessgerät

Laut und leise

Die **Lautstärke** eines Tones hängt von der Schwingungsweite der Schallquelle ab. Wenn du die Gitarrensaite stark anzupfst, schwingt sie sehr weit hin und her. Der Ton ist lauter als der einer schwach angezupften Saite. Das Lineal schwingt stärker auf und ab und klingt lauter, wenn du es weiter nach unten drückst.

Zu laut oder nicht zu laut?

„Deine Musik ist viel zu laut!" – „Sie ist gar nicht zu laut!" Wer hat Recht?
Was laut oder leise ist, empfindet jeder Mensch anders. Für eine objektive Messung der Stärke des Schalls benötigst du ein **Schallpegelmessgerät** (Bild 2). Das Gerät enthält ein Mikrofon für den Empfang des Schalls. Eine elektronische Einrichtung verarbeitet die eingegangene Information und setzt sie in die Bewegung eines Zeigers oder in Zahlen um. Gemessen wird der **Schallpegel** in **Dezibel (dB)**.

Die Amplitude

Die Entfernung von der Ruhelage des Lineals oder der Saite bis zu ihrem weitesten Ausschlag heisst **Amplitude.** Die Amplitude bestimmt die Lautstärke. Je grösser die Amplitude einer Schwingung ist, desto lauter ist der Ton. Der Ton wird umso leiser, je kleiner die Amplitude wird.

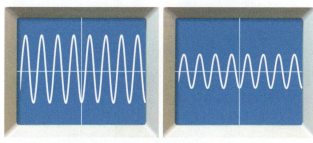

4 Zweimal der gleiche Ton – einmal laut und einmal leise

In welcher Einheit wird die Lautstärke gemessen?
Wie nennt man den Abstand zwischen der Ruhelage und dem grössten Ausschlag?

Sinne erschliessen die Welt

1. **A**

In einem Freizeitpark wirken viele Sinneseindrücke auf dich ein.

a) Nenne unterschiedliche Sinneseindrücke.

b) Ordne das jeweilige Sinnesorgan zu, das diesen Eindruck ermöglicht.

c) Beschreibe, wie versucht wird, die Besucher gezielt zu beeinflussen.

d) Nenne Gerüche und Geschmacksrichtungen, die du angenehm findest und solche, die du nicht magst.

2. **A**

a) Schliesse die Augen und stell dir vor, du wärst in einem Freizeitpark. Beschreibe, was du alles hörst.

b) Schliesse erneut für eine Minute die Augen und achte auf alle Geräusche, die du jetzt hörst. Beschreibe die Geräusche anschliessend möglichst genau.

3. **A**

Man sagt: „Das Auge isst mit."

a) Erkläre, was damit gemeint ist.

b) Ordne den unten abgebildeten Fruchtgummistangen die Schilder zu.

c) Erkläre deine Zuordnung.

4. **V**

Geräusche und Klänge beeinflussen unsere Stimmung. Das können wir ständig im Alltag beobachten.

a) Spiele deinen Mitschülern unterschiedliche Lieder vor und lass sie aufschreiben, welche Emotionen sie dabei verspüren.

b) Achte beim nächsten Einkauf auf allfällige Hintergrundmusik. Welche Musik benutzen Lebensmittelgeschäfte, welche Musik läuft in Kleiderläden?

5. **Q**

Party, Musik, Stimmengewirr. Plötzlich schnappst du trotzdem deinen Namen auf oder beginnst ein Gespräch trotz des Lärms. Wie ist das möglich? Recherchiere, wie man den Effekt bezeichnet, der diese Fähigkeit des Hörens beschreibt.

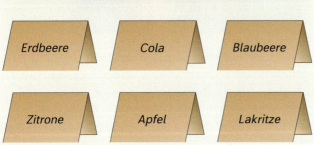

Erdbeere — Cola — Blaubeere

Zitrone — Apfel — Lakritze

Zusammenspiel der Sinne

In einem Freizeitpark hören wir gleichzeitig unterschiedliche Musik. Lautsprecher fordern uns auf, etwas zu erleben. Bunte Lichter wecken unsere Aufmerksamkeit. Vielfältige Gerüche verlocken uns zum Essen und Trinken. Auf einem Karussell werden wir ordentlich durchgeschüttelt und halten uns bei schneller Fahrt an kalten Metallgriffen fest. Ein solches Erlebnis ist nur durch das Zusammenspiel unserer Sinne möglich. Jedes Sinnesorgan nimmt bestimmte Reize auf. Die Informationen aus der Umwelt werden dabei in elektrische Impulse umgesetzt und über Nerven an das Gehirn weitergeleitet. Die dort verarbeiteten Informationen führen zu einer Wahrnehmung.

Das Auge

Mit den Augen nehmen wir Lichtreize auf. Viele Millionen Nervenzellen leiten die Informationen in Form elektrischer Impulse an das Gehirn. Hier werden sie zu Bildern verarbeitet. Dadurch erkennen wir Farben, Formen, Entfernungen und Bewegungen.

Nase und Zunge

Die Nase und die Zunge sind für die Aufnahme von Geruchs- und Geschmacksreizen zuständig. Im Gehirn werden diese Reize zu einer Geruchs- und Geschmacksempfindung verarbeitet.

Die Haut

Die Haut ist ein vielfältiges Sinnesorgan. Über sie nehmen wir Tast-, Druck-, Wärme-, Kälte- und Schmerzreize auf. Das Gehirn verarbeitet die Nervenimpulse so, dass wir sie als unterschiedliche Empfindungen wahrnehmen können.

Das Ohr

In Form von Luftschwingungen empfangen unsere Ohren Schallwellen. Diese Schwingungen reizen Sinneszellen, die dann Nervenimpulse verursachen. Diese werden zum Gehirn geleitet und dort verarbeitet.
Im Ohr befindet sich auch das Gleichgewichtsorgan, das auf die Schwerkraft reagiert. Wir brauchen dieses Organ, um uns kontrolliert im Raum bewegen zu können. Eine Karussellfahrt stellt den Gleichgewichtssinn auf eine harte Probe.

Viele Reize – gleiche Wahrnehmung?

Einen Freizeitparkbesuch erleben viele Menschen als schönes Erlebnis. Eine wilde Achterbahnfahrt empfinden manche als aufregend und toll. Anderen wird dabei übel und sie empfinden dieses Erlebnis als sehr unangenehm. Auch unsere Stimmung kann die Wahrnehmung beeinflussen. Laute Musik empfinden wir beispielsweise als störend, wenn wir uns unterhalten wollen oder Ruhe brauchen.

1 Sinnesorgane:
A Auge, B Zunge,
C Nase, D Haut,
E Ohr

Welche Reize registriert das Auge ... die Nase ... die Zunge ... die Haut ... das Ohr?

Vom Reiz zur Reaktion

1. ≡ **A**
Welches Sinnesorgan ist beim Menschen für akustische Reize zuständig?

2. ≡ **V**
Verursache im Gang deines Schulhauses akustische Reize und protokolliere, auf welche Reize die Mitschüler reagieren. Erstelle ein Versuchsprotokoll.

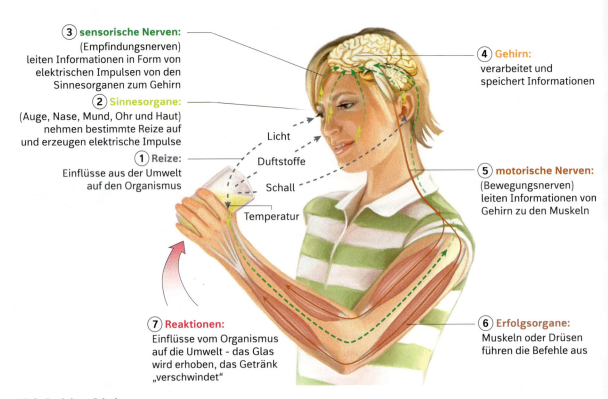

③ **sensorische Nerven:**
(Empfindungsnerven) leiten Informationen in Form von elektrischen Impulsen von den Sinnesorganen zum Gehirn

② **Sinnesorgane:**
(Auge, Nase, Mund, Ohr und Haut) nehmen bestimmte Reize auf und erzeugen elektrische Impulse

① **Reize:**
Einflüsse aus der Umwelt auf den Organismus

Licht

Duftstoffe

Schall

Temperatur

④ **Gehirn:**
verarbeitet und speichert Informationen

⑤ **motorische Nerven:**
(Bewegungsnerven) leiten Informationen von Gehirn zu den Muskeln

⑥ **Erfolgsorgane:**
Muskeln oder Drüsen führen die Befehle aus

⑦ **Reaktionen:**
Einflüsse vom Organismus auf die Umwelt - das Glas wird erhoben, das Getränk „verschwindet"

1 Reiz-Reaktions-Prinzip

Das Reiz-Reaktions-Prinzip

Maren hat Durst. Sie nimmt ein Glas eines Süssgetränks und trinkt. Bei diesem alltäglichen Vorgang arbeiten viele Organe zusammen. Maren sieht die Farbe, fühlt das glatte, kühle Glas, riecht das frische Aroma und hört die Kohlensäurebläschen platzen. Bevor Maren trinkt, überprüft sie automatisch das Getränk. Dafür nehmen ihre **Sinnesorgane** bestimmte **Reize** auf. Dies sind physikalische oder chemische Einflüsse aus unserer Umwelt wie Licht, Schallwellen, Geruchs- und Geschmacksstoffe, Temperatur und Oberflächenbeschaffenheit. Sie gehen in Marens Fall von dem Süssgetränk als **Reizquelle** aus.

Die **Sinnesorgane** wie Augen, Ohren, Nase, Zunge und Haut sind die Sensoren des Körpers. Sie wandeln die mit den Reizen eintreffenden Informationen in elektrische Nervenimpulse um. Sogenannte **sensorische Nerven** wie der Sehnerv leiten diese Impulse ins **Gehirn.** Dort werden die Informationen verarbeitet und es entsteht eine **Wahrnehmung.** In diese Wahrnehmung fliessen die aktuell gemeldeten Informationen ein, zum Beispiel, dass das Süssgetränk kalt ist. Aber auch Erinnerungen werden zu einem Gesamtbild der Situation verarbeitet. Nun gibt das Gehirn – wiederum in Form elektrischer Impulse – Befehle an **motorische Nerven** ab, die diese Informationen zu bestimmten Muskeln leiten. Sie sind **Erfolgsorgane** und bewirken eine gesteuerte **Reaktion.** Das Glas wird angehoben, gekippt und das Süssgetränk geschluckt.

Das Gehirn – die Steuerzentrale

Unser Gehirn ist ein Netzwerk aus etwa 100 Milliarden Nervenzellen. Sie kommunizieren über mehr als eine Billiarde Synapsen und arbeiten so zusammen. Das Gehirn muss immer gut durchblutet.und stets ausreichend mit Sauerstoff und Glukose versorgt werden. Nervenzellen benötigen nämlich viel Energie.

Bau und Funktion des Gehirns

Abbildung 2 zeigt die verschiedenen Bereiche des Gehirns. Sie arbeiten eng zusammen, sind aber auf verschiedene Aufgaben spezialisiert. Beim Menschen ist das **Grosshirn** besonders stark entwickelt. Die Grosshirnrinde ist gefaltet und bietet durch die **Oberflächenvergrösserung** viel Platz für die aussen liegende graue Substanz. Hier befinden sich die Zellkörper der Nervenzellen und die Verknüpfungen. Im Grosshirn erfolgen die bewussten Wahrnehmungen und Bewegungssteuerungen, aber auch Denken, Erinnern und das Sprachvermögen befinden sich hier. Das Grosshirn besteht aus zwei Hälften. Die Aufgaben sind ungleich verteilt. Die linke Hälfte verarbeitet Nachrichten aus der rechten Körperseite und steuert diese. Für die rechte Hirnhälfte gilt das Umgekehrte. Sprache und logisches Denken erfolgen überwiegend in der linken Hälfte, die rechte ist eher für räumliches Vorstellungsvermögen, Musikalität und Kreativität zuständig

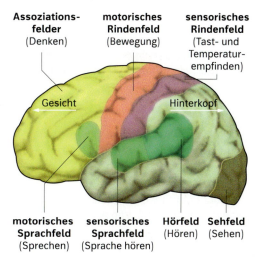

3 Rindenfelder des Grosshirns

Wichtig oder unwichtig?

Das Gehirn entscheidet auch, was wichtig ist. So blendet es Hintergrundgeräusche meist aus. Trotzdem werden sie unbewusst wahrgenommen und können durchaus stören..

> Was versteht man unter dem Reiz-Reaktions-Prinzip? Wie ist das Gehirn aufgebaut? Welche Funktionen hat das Gehirn?

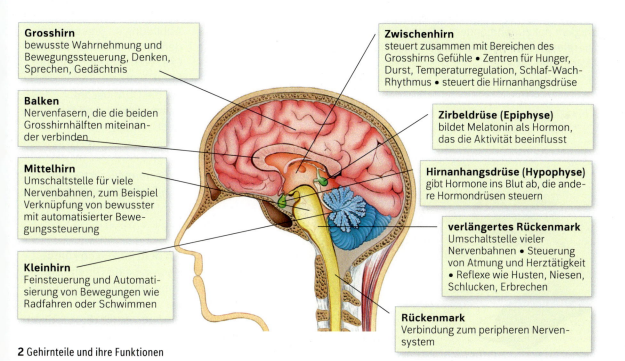

Grosshirn
bewusste Wahrnehmung und Bewegungssteuerung, Denken, Sprechen, Gedächtnis

Balken
Nervenfasern, die die beiden Grosshirnhälften miteinander verbinden

Mittelhirn
Umschaltstelle für viele Nervenbahnen, zum Beispiel Verknüpfung von bewusster mit automatisierter Bewegungssteuerung

Kleinhirn
Feinsteuerung und Automatisierung von Bewegungen wie Radfahren oder Schwimmen

Zwischenhirn
steuert zusammen mit Bereichen des Grosshirns Gefühle • Zentren für Hunger, Durst, Temperaturregulation, Schlaf-Wach-Rhythmus • steuert die Hirnanhangsdrüse

Zirbeldrüse (Epiphyse)
bildet Melatonin als Hormon, das die Aktivität beeinflusst

Hirnanhangsdrüse (Hypophyse)
gibt Hormone ins Blut ab, die andere Hormondrüsen steuern

verlängertes Rückenmark
Umschaltstelle vieler Nervenbahnen • Steuerung von Atmung und Herztätigkeit • Reflexe wie Husten, Niesen, Schlucken, Erbrechen

Rückenmark
Verbindung zum peripheren Nervensystem

2 Gehirnteile und ihre Funktionen

Das Ohr – unser Hörorgan

1. ☰ Ⓐ
Stelle in einer Tabelle die Bestandteile des Ohres und ihre jeweilige Funktion zusammen. Unterteile dabei in Aussen-, Mittel- und Innenohr.

2. ☰ Ⓐ
Beschreibe die Vorgänge im Ohr, die zur Reizung der Hörsinneszellen führen.

3. Ⓥ
Untersucht mithilfe eines Tongenerators oder einer Handy-App, wie gut Testpersonen hohe und tiefe Töne hören können.
Führt den Versuch auch mit Personen unterschiedlichen Alters durch.
a) Erhöht die Frequenz von 10 000 Hz an kontinuierlich.
b) Erniedrigt die Frequenz von 25 000 Hz an kontinuierlich.
Haltet eure Beobachtungen in einer Tabelle fest.

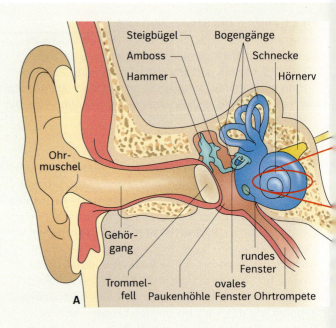

Name	ab 10 000 Hz	ab 25 000 Hz	Alter

c) Wertet eure Beobachtungen aus, indem ihr eine Regel formuliert, wie sich die Hörfähigkeit mit zunehmendem Alter verändert. Vergleicht eure Beobachtungen auch mit der folgenden Tabelle.

Alter	Hörbereich
Jugendlicher	16 Hz – 20000 Hz
Erwachsener (35 Jahre)	16 Hz – 15000 Hz
Erwachsener (70 Jahre)	16 Hz – 5000 Hz

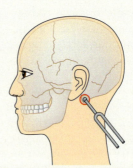

4. Ⓥ
Mit dem folgenden Test kann überprüft werden, ob eine Störung der Schallleitung vorliegt.
Schlage eine Stimmgabel an und setze sie, wie in der Abbildung angegeben, auf den Knochen hinter deinem Ohr. Wenn du nichts mehr hörst, halte die Stimmgabel vor die Ohrmuschel.
Beschreibe und erkläre deine Beobachtungen.

5. Ⓠ
Erkläre, warum sich deine Stimme für dich so anders anhört, wenn sie von einem Tonträger abgespielt wird.

6. Ⓥ
a) Plant einen Versuch, mit dem ihr zeigen könnt, dass man zum Richtungshören beide Ohren benötigt. Verwendet zur Durchführung ähnliche Gegenstände wie links in der Abbildung.
b) Führt den Versuch in Gruppen durch. Protokolliert eure Beobachtungen und vergleicht sie.

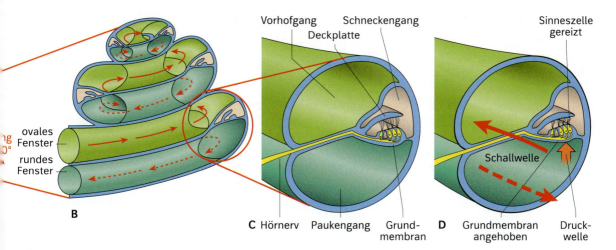

1 Das Ohr: **A** Aufbau, **B** Hörschnecke im Innenohr,
C Querschnitt durch die Schnecke – ungereizt,
D Querschnitt durch die Schnecke – gereizt

Schallleitung im Ohr

Das Ohr wird in drei Bereiche gegliedert:
Aussen-, Mittel- und Innenohr. Das **Aussen-
ohr** besteht aus der Ohrmuschel und dem
Gehörgang. Es fängt den Schall ein und leitet
ihn zum Trommelfell. Dieses dünne Häutchen
ist wie das Fell einer Trommel quer über den
Gehörgang gespannt. Auf der inneren Seite
des Trommelfells, im **Mittelohr,** liegen die
Gehörknöchelchen Hammer, Amboss und
Steigbügel. Der Hammer liegt direkt am
Trommelfell an. Wird das Trommelfell durch
Schallwellen in Schwingungen versetzt,
werden diese vom Hammer auf den Amboss
und den Steigbügel übertragen. Der Steigbügel überträgt dann die Schwingungen über
das ovale Fenster auf die im **Innenohr**
liegende Hörschnecke.

Bau und Funktion der Hörschnecke

Die Hörschnecke besteht aus drei Gängen, die
mit Flüssigkeit gefüllt sind. Drückt der Steigbügel auf das ovale Fenster, entstehen in der
Flüssigkeit Druckwellen. Sie laufen zuerst
durch den **Vorhofgang** und werden dann in
den **Paukengang** weitergeleitet. Im dritten
Gang, dem **Schneckengang,** befinden sich die

Sinneszellen mit feinen Härchen. Durchläuft die Druckwelle
den Paukengang, wird die Grundmembran, auf der sich die
Sinneszellen befinden, nach oben gedrückt. Dabei stossen
die Härchen an die Deckmembran und werden gebogen.
Die längeren Härchen empfangen die tiefen Töne und die
kürzeren Härchen die hohen Töne. Die Sinneszellen
erzeugen elektrische Impulse, die über den Hörnerv zum
Gehirn gelangen. Dort findet die Hörwahrnehmung statt.

Richtungshören

Aus welcher Richtung kommt der Schall? Beim Richtungshören vergleicht das Gehirn die leicht unterschiedlichen
Informationen, die von den beiden Ohren ins Gehirn
gemeldet werden. Die Geräusche kommen dort leicht
zeitversetzt und mit etwas unterschiedlicher Lautstärke an.

Schall kann zerstören

Menschen, die an stark befahrenen Strassen wohnen,
empfangen den Schall auch, wenn sie schlafen. Die
Schallbelastung ist umso grösser, je lauter der Schall ist
und je länger er empfangen wird. Als Folge ständiger
Schallüberlastung geben die Gehörknöchelchen den Schall
nur noch schlecht vom Trommelfell an das Innenohr weiter.
Zudem können die feinen Härchen im Innenohr ermüden
und abknicken (Bild 1B). Dieser Schaden lässt sich nicht
mehr beheben. Der Mensch wird schwerhörig.

Welche Teile des Ohrs bilden das Aussenohr?
Was ist die Aufgabe des Trommelfells?
Wie werden die Schwingungen in elektrische Impulse
umgewandelt?

Von Ultraschall bis Infraschall

1.

Schliesse einen Lautsprecher an einen Sinusgenerator an oder benutze eine Smartphone-App.
Die Frequenz wird langsam von 15 Hz auf 20 000 Hz gesteigert.
Gib an, ab wann du etwas hören und ab wann du nichts mehr hören kannst.

Hörbereich

Der Hörbereich eines jungen Menschen liegt zwischen 16 Hz und 20 000 Hz. Der Mensch kann Schall mit Frequenzen ausserhalb dieses Bereichs nicht hören, selbst wenn er laut ist. Hunde und Katzen haben einen viel grösseren Hörbereich. Fledermäuse und Delfine gehören zu den Tieren mit den grössten Hörbereichen (Bild)..

Ultraschall

Schall mit Frequenzen, die grösser als 20 000 Hz sind, wird als **Ultraschall** bezeichnet. Eine Hundepfeife kann Töne mit Frequenzen bis zu 22 000 Hz erzeugen. Sie ist ein Hilfsmittel zum Trainieren und zum Ansprechen von Hunden. Diese hohen Töne können nur vom Hund, nicht aber vom Menschen gehört werden.

Infraschall

Sind die Frequenzen des Schalls kleiner als 16 Hz, heisst er **Infraschall.** Sehr laute tief brummende Motoren können solche nicht hörbaren Töne erzeugen. Sie werden von vielen Menschen trotzdem über den ganzen Körper wahrgenommen und können Übelkeit oder Kopfschmerzen bereiten.

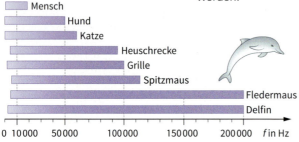

Der Hörbereich des Menschen nimmt im Alter ab. Vor allem die hohen Frequenzen können ältere Menschen nicht mehr hören. Dies nutzen zum Beispiel Handyklingeltöne, die so hoch sind, dass sie nur von Jugendlichen gehört werden.

Lebewesen wie der Delfin oder die Fledermaus, die den Schall nicht nur zur Kommunikation untereinander, sondern auch zur Orientierung mittels Echoortung nutzen, können Töne im Ultraschallbereich wahrnehmen.

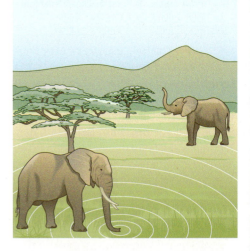

Elefanten kommunizieren vor allem im Infraschallbereich. Sie können so Geräusche über viele Kilometer hinweg senden, sodass Herden wieder zusammenfinden. Wir Menschen merken davon nichts.

Wie unterscheidet sich der Hörbereich des Menschen vom Hörbereich einer Katze?
Warum können wir Fledermäuse nicht hören, obwohl sie Laute zur Echoortung aussenden?
Mit welcher Art Schall kommunizieren Elefanten?

Hören im Tierreich

Kühlen oder wärmen

Der Wüstenfuchs hat deutlich grössere Ohren als der Polarfuchs. Daran zeigt sich, dass die Ohrmuscheln nicht nur den Schall auffangen, sondern eine zweite Aufgabe haben: Die Ohrmuscheln des Wüstenfuchses sind gut durchblutet und vergrössern so die Oberfläche, die das Tier zur Kühlung zur Verfügung hat. Beim Polarfuchs, der darauf angewiesen ist, die Wärme im Körper zu halten, sind die Ohrmuscheln kleiner.

3D-Hören

Obwohl die Eule ihre Ohren unter einer Hautfalte versteckt, entgeht ihr nichts. Während sich das Richtungshören des Menschen darauf beschränkt, die Schallquelle rechts oder links zu lokalisieren, kann die Eule auch unterscheiden, ob ein Geräusch von oben oder unten kommt, denn die Ohren bei der Eule sind nicht symmetrisch angeordnet, sondern liegen auf unterschiedlicher Höhe.

Hören wie ein Luchs

Wer „hört wie ein Luchs", hört bekanntlich sehr gut. Aber niemals wirklich so gut wie die Super-Lauscher: Luchse hören auch noch Geräusche aus einem Kilometer Entfernung. Unterstützt wird das Gehör der Raubkatze durch die Haarpinsel, die wie Antennen wirken und den Schall in die Gehörgänge lenken.

Im Stress

Kaninchen sind für ihre Ohren bekannt. Wie viele Säugetiere besitzen auch sie die Fähigkeit, ihre Ohrmuscheln nach einem Geräusch auszurichten. Diese Fähigkeit ging im Laufe der Evolution für uns Menschen verloren: Wir besitzen keine beweglichen Ohrmuscheln mehr, sondern drehen den Kopf, um in eine bestimmte Richtung besser zu hören. Bei vielen Säugetieren dienen die beweglichen Ohrmuscheln aber auch noch als Kommunikationsmittel. Legt etwa ein Kaninchen die Ohrmuscheln eng an den Kopf, verrät das Tier damit, dass es unter Stress steht.

PINNWAND

Wie viel Lärm macht krank?

1. ≡ **Q**
a) Recherchiere für verschiedene Geräusche die durchschnittlichen Schallpegel.
b) Gib an, welche Auswirkung die verschiedenen Schallpegel auf den Menschen haben können.

2. ≡ **V**
a) Protokolliere deine Hörgewohnheiten für eine Woche.

Tag	Schallart	geschätzter Schallpegel in dB	Dauer
Montag	Handballtraining		1 h
	Fernseher ist an		4 h

b) Vergleicht eure Hörgewohnheiten und diskutiert die möglichen Auswirkungen.

3. ≡ **V**
a) Führe an einigen Elektrogeräten aus dem Haushalt Schallpegelmessungen durch und übertrage die Messwerte in eine geeignete Tabelle.
b) Gib die Geräte an, deren dauerhafter Gebrauch für dein Gehör bedenklich ist.

4. ≡ **A**
Gib Möglichkeiten an, die Schallpegel der Geräte aus Versuch 3
a) am Gerät,
b) auf dem Übertragungsweg,
c) beim Empfänger zu reduzieren.

Schall-pegel in dB	mögliche Schallquelle in direkter Nähe	mögliche Auswirkung bei Dauerbelastung
160	Pistolenschuss	Schäden am Gehör bei einmaliger Einwirkung
150	Silvesterböller	
140	Düsentriebwerk	Gehörschäden bei kurzem Einwirken möglich
130	Helikopter	
120	Rockkonzert	Schmerzschwelle
110	Blasorchester	Schäden am Gehör möglich
100	Kreissäge	
90	Motorrad	Risiko für Herz- und Kreislaufprobleme steigt
80	Rasenmäher	
70	Staubsauger	Konzentration und Leistungsfähigkeit nehmen ab
60	Fernseher	
50	Umgangssprache	
40	Geschirrspüler	Ruhe, Schlaf und Erholung werden beeinträchtigt
30	Flüstern	
20	Uhrticken	
10	Mückensummen	Hörschwelle
0	Stille	

1 Schallquellen und ihre Schallpegel

Jede Schallquelle hat einen Schallpegel

Empfängt unser Ohr Schall mit Pegeln unter 30 dB, empfinden wir diesen als ruhig. Eine dauerhafte Belastung kann jedoch zu einer Beeinträchtigung von Schlaf führen. Wenn der Fernseher bei Zimmerlautstärke läuft, empfängst du einen Schallpegel von etwa 60 dB. Dauerhaft kann dies deine Konzentration und Leistungsfähigkeit einschränken. Ab einem lang anhaltenden Schallpegel von 85 dB macht Lärm krank. Kopfhörer können Schall mit Pegeln bis zu 100 dB an die Ohren abgeben. Explodiert dicht neben dir ein Silvesterknaller, kann der kurze Empfang von etwa 150 dB zu einem Hörschaden führen. Bild 2 zeigt, wie viel Schall das menschliche Gehör in einer Woche ohne bleibende Auswirkungen verträgt.

Welcher Faktor bestimmt neben dem Schallpegel, ob Lärm uns schädigt oder nicht?

Schallpegel	Zeit pro Woche
85 dB	40 h
90 dB	12 h
95 dB	3 h
100 dB	1 h
105 dB	18 min
110 dB	7 min
115 dB	2 min
120 dB	45 s

2 Wie viel Lärm ist gefahrlos?

Schutz vor Lärm

1. ≡ Ⓐ
Begründe, dass Lärmschutzwände keine glatten Oberflächen haben.

2. ≡ Ⓐ
Begründe, dass Gehörschutzstöpsel den Gehörgang nicht ganz abdichten dürfen.

3. ≡ Ⓠ
Nenne Massnahmen, durch die die verkehrsbedingte Lärmbelästigung in Wohngebieten verringert wird.

4. ≡ Ⓐ
Begründe, bei welchen Beispielen auf der Pinnwand versucht wird,
a) den Menschen vor dem entstandenen Lärm zu schützen.
b) die Lärmentstehung zu verhindern.

Lärmschutzwände
Die Anlieger an verkehrsreichen Strassen und Eisenbahnlinien werden durch Lärmschutzwände oder Lärmschutzwälle vor Verkehrslärm geschützt. Der Lärm wird an den Wänden gestreut oder reflektiert. Damit ist es hinter den Wänden oder Wällen etwas ruhiger.

Schutz vor Strassenlärm
Der meiste Verkehrslärm entsteht durch die Rollgeräusche der Fahrzeuge. Bei niedrigerer Geschwindigkeit sind diese Abrollgeräusche geringer. Deshalb werden an viel befahrenen Strassen, die an Wohngebieten vorbeiführen, **Geschwindigkeitsbegrenzungen** erlassen. Ein besonderer Strassenbelag, der „Flüsterasphalt", senkt deutlich die Abrollgeräusche.

Gehörschutzstöpsel
Gehörschutzstöpsel bestehen aus Schaumstoff. Sie werden zwischen den Fingern zusammengepresst und dann in den äusseren Gehörgang eingeführt. Dort passen sie sich von innen dem Gehörgang an und lassen so nur einen kleinen Teil des Lärms ins Innere des Ohres kommen.
Eine andere Art der Gehörschutzstöpsel besteht aus mit Wachs getränkter Watte. Auch sie werden ins Ohr gesteckt und passen sich dem Gehörgang an.

Trittschallschutz
Beim Begehen von Fussböden oder beim Rücken von Stühlen entsteht Schall, der in darunterliegende Räume übertragen werden kann. Mit einer **Trittschalldämmung** kann diese Schallübertragung möglichst gering gehalten werden. Dazu werden im Fussboden Mineralwolle, Schaumstoffe, Vliese oder verschiedene Schüttmaterialien eingesetzt. Erst darüber befindet sich der begehbare Boden aus Beton oder Holz. Teppiche und Laminatböden mit zusätzlichen Dämmplatten verringern die Schallübertragung noch weiter.

PINNWAND

Das Ohr hört nicht nur

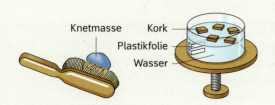

Knetmasse   Kork
Plastikfolie
Wasser

1. ☰ Ⓐ
Der Handfeger und die Schale können als Modelle für die beiden Teile des Gleichgewichtsorgans dienen.
a) Baut die beiden Modelle nach.
b) Vergleicht in einer Tabelle das jeweilige Modell mit der Wirklichkeit.

Das Gleichgewichtsorgan

Bei jedem Schritt hilft uns unser Gleichgewichtsorgan, das sich im Innenohr befindet. Es setzt sich aus dem Lagesinnesorgan und dem Drehsinnesorgan zusammen.

Das Lagesinnesorgan

Das **Lagesinnesorgan** liegt in den mit Flüssigkeit gefüllten Vorhofsäckchen neben der Schnecke. Ähnlich wie die Hörsinneszellen haben auch diese Sinneszellen kleine Härchen. Auf den Härchen liegen in einer wackelpuddingartigen Masse, der **Gallerte,** kleine Kalkkristalle, die die Sinneshärchen je nach Haltung des Kopfes nach unten biegen. Dadurch werden die Sinneszellen gereizt und erzeugen elektrische Impulse, die zum Gehirn geleitet und dort ausgewertet werden.

Das Drehsinnesorgan

In den drei Bogengängen über der Schnecke liegt das **Drehsinnesorgan.** Jeder Bogengang ist mit Flüssigkeit gefüllt und besitzt eine Erweiterung, die **Ampulle.** Dort befindet sich eine Gruppe von Sinneszellen, deren Sinneshärchen in einer Gallerte stecken. Wird nun der Bogengang bei einer Kopfbewegung gedreht, dreht sich die Flüssigkeit aufgrund ihrer Trägheit nicht sofort mit.

Dadurch werden die Sinneshärchen gebogen und die Sinneszellen gereizt. Weil die drei Bogengänge jeweils senkrecht zueinander stehen, können Drehungen in allen Richtungen des Raumes registriert werden.

Warum aber scheint sich nach einer Karussellfahrt alles um uns herum zu drehen? Haben wir uns eine Weile in die gleiche Richtung gedreht, dreht sich die Flüssigkeit in den Bogengängen mit. Halten wir dann an, dreht sich die Flüssigkeit noch etwas weiter und die Sinneshärchen werden in die andere Richtung gebogen. So wird dem Gehirn eine Drehung vorgetäuscht, was aber nicht der optischen Wahrnehmung entspricht. Aus einem solchen Widerspruch kann ein Schwindelgefühl und Übelkeit entstehen.

> Welche drei Organe befinden sich auch noch im Ohr?
> Warum wird dir nach einer Karussellfahrt schwindelig?

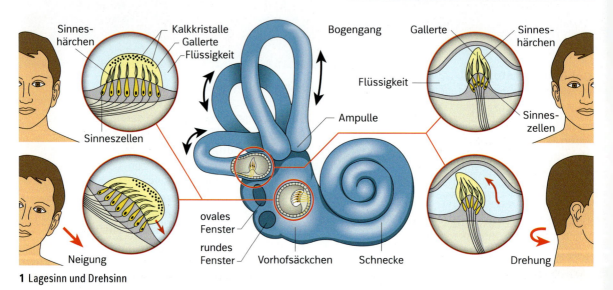

1 Lagesinn und Drehsinn

Wie sich Gehörlose unterhalten

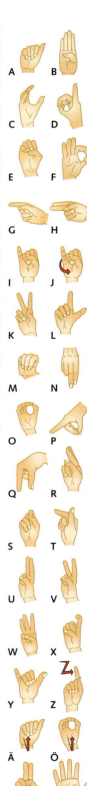

1. **A**

Finde heraus, was der gehörlose Junge sagt und fragt. Antworte ihm.

2. **A**

In dem gezeigten Beispiel wird eine Kombination aus Gebärdensprache und Fingeralphabet benutzt. Erläutere die Vor- und Nachteile der beiden Sprachmöglichkeiten.

3. ☰ **V**

Verfolge eine Fernsehsendung einmal bei abgeschaltetem Ton und ein anderes Mal, indem du nur zuhörst und dich vom Bild wegdrehst. Berichte, auf welche Weise du mehr von der Sendung mitbekommst.

Gebärdensprache und Fingeralphabet

Vielleicht hast du schon einmal gehörlose Menschen beobachtet, die sich in der Gebärdensprache unterhalten. Mit flinken Hand- und Gesichtsbewegungen verständigen sie sich mühelos. Nur für Namen oder spezielle Wörter muss das Fingeralphabet benutzt werden. Die Unterhaltung zwischen gehörlosen und hörenden Menschen ist da oft schwieriger. Die Hörenden können zumeist die Gebärdensprache nicht. Die Gehörlosen versuchen dann, die gesprochenen Wörter von den Lippen zu lesen und mit ihrer Stimme zu sprechen. Das ist nicht leicht, weil sie selbst nicht hören, was sie sprechen.

Mit Implantaten hören und sprechen lernen

Manche Menschen werden gehörlos geboren. Andere ertauben durch eine Infektionskrankheit oder einen Unfall. In vielen Fällen kann durch ein **CI-Gerät** (Cochlea Implantat) eine gewisse Hörfähigkeit wieder hergestellt werden.

Ein CI ist ein Gerät, das Geräusche in elektrische Signale umwandelt. Ein „Draht", der durch eine Operation in die Schnecke im Ohr eingesetzt wird, erregt dann den Hörnerven elektrisch. Dies führt zur Geräuschwahrnehmung im Gehirn. Durch ein spezielles Training lernt das Gehirn, das anfängliche Geräuschechaos zu sortieren, bis die Gehörlosen sogar Sprache verstehen und auch selbst leichter sprechen lernen können.

2 Ein CI-Gerät eröffnet eine neue Welt.

1 Fingeralphabet

Hören und staunen

Schallquellen
Ein **schwingender Körper** sendet Schall als **Ton, Klang, Geräusch** oder **Knall** aus.

Schallträger
Schall breitet sich durch **Schallwellen** aus und benötigt zu seiner Ausbreitung einen **Schallträger.**

Schallempfänger
werden durch den von der Schallquelle ausgesendeten Schall zum Schwingen angeregt.

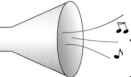

Schallgeschwindigkeit: 340 $\frac{m}{s}$ in Luft. Wasser und feste Stoffe leiten den Schall viel schneller als Luft.

Beschreibung von Schall:
Hohe Amplitude – niedrige Frequenz:
lauter, tiefer Ton

Niedrige Amplitude – niedrige Frequenz:
leiser, tiefer Ton

Hohe Amplitude – hohe Frequenz:
lauter, hoher Ton

Niedrige Amplitude – hohe Frequenz:
leiser, hoher Ton

Schall wird reflektiert
Trifft Schall auf harte, glatte Körper, so wird er umgelenkt. Er wird also **reflektiert**. So entsteht ein **Echo.**

Ultraschall und Infraschall
Ultraschall: Töne mit einer Frequenz grösser als 20 000 Hz.
Infraschall: Töne mit einer Frequenz kleiner als 16 Hz.

Schallpegel
Die Stärke des Schalls wird mit einem **Schallpegelmessgerät** gemessen. Der **Schallpegel** nimmt mit der Entfernung zur Schallquelle ab.
Lärm mit hohem Schallpegel kann **Gesundheitsschäden** verursachen. **Lärmschutz** zielt vor allem darauf ab, den Schallpegel zu reduzieren.

Einheiten in der Akustik

Grösse	Formelzeichen	Einheit	Einheitenzeichen	Umrechnung
Schallpegel/Lautstärke	Lp	Dezibel	Db	
Frequenz	f,	Frequenz	Hz	1 Hz = 1000 kHz

Bestandteile des Ohrs

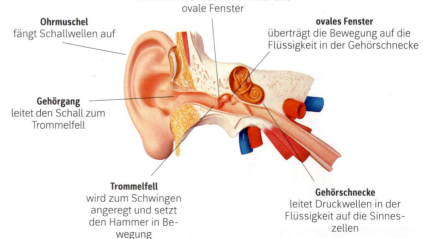

Hammer, Amboss, Steigbügel
übertragen die Schwingung des Trommelfells mechanisch auf das ovale Fenster

Ohrmuschel
fängt Schallwellen auf

ovales Fenster
überträgt die Bewegung auf die Flüssigkeit in der Gehörschnecke

Gehörgang
leitet den Schall zum Trommelfell

Trommelfell
wird zum Schwingen angeregt und setzt den Hammer in Bewegung

Gehörschnecke
leitet Druckwellen in der Flüssigkeit auf die Sinneszellen

1. ≡ Ⓐ
a) Erstelle eine Tabelle mit verschiedenen Schallquellen. Entscheide, ob die Schallquelle einen Ton, einen Knall oder ein Geräusch auslöst.

Schallquelle	Art des Schalls
Luftballon platzt	Knall

b) Ordne jedem Schwingungsbild die richtige Schallart zu:

2. ≡ Ⓐ
Erkläre die Begriffe Amplitude und Frequenz sowie ihren Zusammenhang zwischen der Tonhöhe und Lautstärke eines Tons.

3. ≡ Ⓠ
a) Gib zwei Möglichkeiten an, die Tonhöhe einer Gitarrensaite zu verändern.
b) Beschreibe, wie du die Lautstärke einer Gitarrensaite beeinflussen kannst.

4. ≡ Ⓐ
Notiere, welcher Teil der Schallquelle jeweils in Schwingung versetzt wird
a) beim Kehlkopf des Menschen,
b) bei einer Flöte.

5. ≡ Ⓐ
Notiere, welcher Teil des Schallempfängers jeweils in Schwingung versetzt wird
a) beim menschlichen Ohr,
b) bei einem Mikrofon.

6. ≡ Ⓐ
Um Synchronschwimmen zu trainieren, braucht es eine spezielle Musikanlage, die die Musik auch unter Wasser hörbar macht.
Erkläre, warum.

7. ≡ Ⓐ
Flugzeuge fliegen in einer Höhe von ca. 7000 m. Wie lange dauert es, bis der Schall der Triebwerke unten ankommt?
Notiere eine Rechnung.

8. ≡ Ⓐ
a) Welches der beiden Schwingungsbilder zeigt einen hohen, welches einen tiefen Ton?

b) Was haben beide Töne gemeinsam?

9. ≡ Ⓐ
a) Welches der beiden Schwingungsbilder zeigt einen lauten, welches einen leisen Ton?

b) Was haben beide Töne gemeinsam?

10. ≡ Ⓐ
a) Erkläre den Begriff Reflexion und nenne ein Beispiel.
b) Welche Materialien reflektieren den Schall gut?

11. ≡ Ⓐ
a) Erkläre die Aufgabe des Trommelfells.
b) Erkläre die Funktionsweise der Gehörschnecke.
c) Erkläre, wie die Informationen aus dem Innenohr zum Gehirn geleitet weden.

12. ≡ Ⓐ
Eine Mittelohrentzündung ist sehr schmerzhaft und das Hörvermögen ist vermindert. Ein weiteres Symptom ist Schwindel.
Erkläre diesen Zusammenhang.

13. ≡ Ⓐ
a) Notiere Lärmschutzmassnahmen, die direkt beim Verursacher des Lärms angewandt werden können.
b) Notiere Massnahmen, mit denen man Gebäude gegen Lärm von aussen schützen kann.
c) Notiere Massnahmen, mit denen du selber dein Gehör schützen kannst.

Optik und sehen

Sieht das Spiegelbild wirklich genauso aus wie das Original?

Wie funktioniert das Auge?

Kann man Licht leiten?

Der Weg des Lichtes

1.
a) Schalte im verdunkelten Klassenraum eine kleine Lampe in einer Fassung an. Beschreibe, in welche Richtung sich das Licht ausbreitet.
b) Decke eine mit kleinen Löchern versehene Alufolie über die Lampe, sodass mehrere Lichtbündel austreten können. Führe ein weisses Blatt Papier um die Lampe herum und beschreibe deine Beobachtungen.

2.
Stelle wie in Bild 1 mehrere Blenden vor eine Lampe. Die Blenden müssen immer schmaler werden, je weiter sie von der Lampe entfernt sind. Bewege ein Blatt Papier zwischen den Blenden. Beobachte den Lichtfleck auf dem Papier und beschreibe ihn.

3. 🅐
Zeichne in dein Heft, wie aus einem Lichtbündel durch unterschiedliche Blenden ein Lichtstrahl wird.

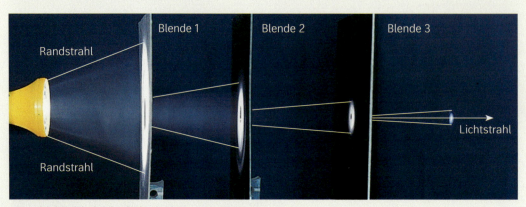

1 Das Lichtbündel wird durch Blenden immer schmaler.

Licht breitet sich aus

Eine eingeschaltete Lampe sendet Licht **in alle Richtungen** aus. Nur hinter lichtundurchlässige Gegenstände kann es nicht gelangen.

Der Lichtweg

Fällt an einem dunstigen Morgen das Sonnenlicht durch die Wolken, kannst du den Lichtweg in der Luft beobachten (Bild 2). Es nimmt einen geraden Weg. Alle Lichtbündel breiten sich von der Lichtquelle **geradlinig** aus.

Vom Lichtbündel zum Lichtstrahl

Um den Verlauf des Lichtes sehen zu können, wird der Lichtweg auf einer Unterlage sichtbar gemacht. Du erkennst eine klare Abgrenzung des Bündels durch gerade Linien (Bild 1). Für die Darstellung des Lichtbündels genügen diese Begrenzungslinien. Sie werden **Randstrahlen** genannt, die von der Lichtquelle ausgehen.

Soll nun der Lichtweg zeichnerisch dargestellt werden, wird das Lichtbündel innerhalb der Randstrahlen in Gedanken immer weiter verkleinert. Selbst die kleinste Blende erzeugt noch ein Lichtbündel. Die Mitte des kleinsten Lichtbündels wird **Lichtstrahl** genannt. Er ist ein **Modell,** also eine vereinfachte Darstellung des Lichtweges.

2 Sonnenlicht fällt durch die Wolken

Kannst du die wesentlichen Eigenschaften des Lichtes benennen sowie das Modell Lichtstrahl begründen und zeichnerisch anwenden?

Brechung des Lichtes

Licht verändert seine Richtung

Manche Indianer haben Fische mit Speeren gefangen. Dazu gehört viel Erfahrung, denn der Fisch befindet sich nicht da, wo er gesehen wird. Zeichnest du den Weg des Lichtes, stellst du fest, dass der Lichtstrahl an der Wasseroberfläche abgeknickt sein muss. Das Abknicken wird umso stärker, je flacher das Licht auftrifft. Dieser Vorgang wird **Brechung** des Lichtes genannt.

Das Gehirn lässt sich täuschen

Wenn du Gegenstände betrachtest, die sich unter Wasser befinden, erscheinen sie angehoben zu sein. Das Licht, das von den Körpern ausgeht, wird an der Wasseroberfläche gebrochen und gelangt so in dein Auge. Das Gehirn geht jedoch von einer geradlinigen Ausbreitung des Lichtes aus. Es verlegt den Ausgangspunkt des Lichtes an den Ort, wo es ohne Brechung herkommen müsste. Deshalb scheint die Münze in Bild 6 angehoben zu sein. Dieses Phänomen nennt man auch **optische Hebung**.

Zum Lot hin oder vom Lot weg

Auch bei der Brechung des Lichtes werden die Winkel zwischen Lichtstrahl und Lot gemessen (Bild 7). Der Winkel zwischen einfallendem Licht und Einfallslot heisst **Einfallswinkel α,** der zwischen Lot und gebrochenem Licht heisst **Brechungswinkel β**.

Beim Übergang des Lichtes von Luft in Wasser ist der Einfallswinkel α grösser als der Brechungswinkel β: α > β.
Denselben Zusammenhang kannst du beim Übergang des Lichtes von Luft in Glas beobachten. In beiden Fällen wird das Licht **zum Lot hin** gebrochen.

Betrachtest du den umgekehrten Lichtweg, so ist der Einfallswinkel α kleiner als der Brechungswinkel β: α < β. Das Licht wird **vom Lot weg** gebrochen.

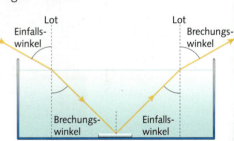

4 Darstellung des Lichtweges

Kannst du die Brechung des Lichtes beschreiben und den Strahlverlauf beim Übergang des Lichtes von Luft in Wasser oder in Glas und umgekehrt vorhersagen?

Zweifache Brechung

Legst du einen Glasquader auf eine Buchseite, so erscheint die Schrift **parallel verschoben.** Das von der Buchseite reflektierte Licht wird dabei zweimal gebrochen (Bild 8). Beim Übergang von Luft in Glas erfolgt an der Unterseite der Glasplatte eine Brechung zum Lot hin. An der Oberseite der Glasplatte erfolgt beim Übergang in die Luft eine Brechung vom Lot weg.

3 Scheinbar angehobene Münze

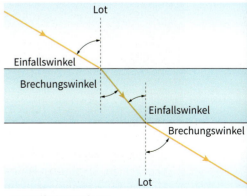

5 Zweifache Brechung

Lichtbrechung in Natur und Technik

Blausee
Da das klare Wasser des **Blausees** im Berner Oberland rotes Licht stärker absorbiert als blaues Licht, erscheint es tiefblau.

Glasfasernetz
Wir sind mit Internet und Telefon weltweit durch ein **Glasfasernetz** verbunden. Dieses leitet mithilfe von Licht Informationen weiter.

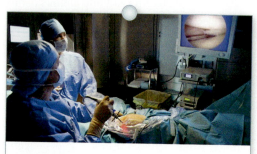

Endoskop
Untersuchungen und Operationen werden mit **Endoskopen** durchgeführt. Damit können Ärzte auch in kleinste Hohlräume wie das menschliche Kniegelenk blicken.

1. **Q**
Recherchiere zu einem der Themen nach weiteren Informationen und stelle sie deiner Klasse vor.

2. **A**
Auch Triebwerke von Flugzeugen werden endoskopisch untersucht. Beschreibe die Vorteile dieses Verfahrens.

3. **Q**
Recherchiere weitere technische Anwendungen für Endoskope.

Halo
Manchmal kannst du um die Sonne oder den Mond Lichtkreise beobachten. Sie werden **Halos** genannt. Sie entstehen durch Eiskristalle, in denen das Licht gebrochen wird.

Löcher erzeugen Bilder

1.

a) Stelle einen Karton mit einem Loch (Durchmesser 1,5 mm) als Lochblende zwischen eine Kerze und einen Schirm. Beschreibe das Bild der Flamme auf dem Schirm.
b) Puste von der Seite leicht gegen die Flamme. Beschreibe die Bewegung der Flamme im Bild.
c) Verschiebe die Lochblende in Richtung der Kerze und zurück. Beschreibe erneut das Bild.

2. ☰ Ⓐ
Zeichne Versuch 1 in dein Heft. Ergänze den vollständigen Strahlenverlauf und das Bild auf dem Schirm.

3. ☰ Ⓥ
Der Physikraum ist verdunkelt. Draussen, vor dem verdunkelten Fenster, scheint die Sonne. Im Verdunklungsrollo befindet sich ein kleines Loch.
a) Beschreibe, was du an der dem Fenster gegenüberliegenden Wand beobachten kannst.
b) Nenne Eigenschaften des beobachteten Phänomens.
c) Erläutere die Aufgabe des Loches.
d) Beschreibe, wie sich deine Beobachtungen verändern, wenn das Loch grösser wird.
e) Wähle einen passenden historischen Namen für den Physikraum bei diesem Versuch.

1 Bildentstehung an der Lochkamera

Bildentstehung in der Lochkamera

Geschlossene Kästen, die mithilfe eines Loches Bilder auf einem Schirm erzeugen, heissen **Lochkamera.** Eine Kerzenflamme sendet Licht in alle Richtungen aus. Von jeder Stelle der Flamme fällt Licht durch das Loch. Auf dem gegenüberliegenden Schirm entsteht das Bild der Kerzenflamme.

Eigenschaften der Lochkamerabilder

Vom oberen Ende der Flamme fällt Licht durch das Loch auf den unteren Teil des Schirms. Ebenso fällt das Licht vom unteren Ende der Flamme durch das Loch auf den oberen Teil des Schirmes. Das Bild der Lochkamera ist **umgekehrt** (Bild 1).
Das Licht von der rechten Seite der Kerzenflamme verläuft durch das Loch auf die linke Seite des Schirms und erzeugt dort einen Bildpunkt. Genau umgekehrt verhält es sich mit dem Licht der linken Seite. Das Bild der Lochkamera ist **seitenverkehrt.**
Auf diese Weise setzt sich aus vielen Bildpunkten das ganze Bild der Kerzenflamme zusammen. Das Bild ist **farbig,** aber sehr **lichtschwach.**

Eine dunkle Kammer

Maler und Zeichner kannten die Lochkamera schon vor vielen hundert Jahren. Um Bilder von Städten und Landschaften zu zeichnen, benutzten sie für ihre Arbeit transportable, geschlossene Kisten. Diese waren so gross, dass sie sich hineinsetzen konnten. Mithilfe des kleinen Lochs in der Kiste entstanden auf der gegenüberliegenden Seite die Bilder von Städten oder Landschaften, die sie nachzeichneten. Sie nannten die Kisten **camera obscura,** das heisst dunkle Kammer (Bild 2).
Eine tragbare camera obscura wird Lochkamera genannt. Daher kommt das Wort **Kamera** als Bezeichnung für den heutigen Fotoapparat.

> Zähle die Bestandteile und die Funktion einer Lochkamera auf und nenne die Eigenschaften ihrer Bilder.

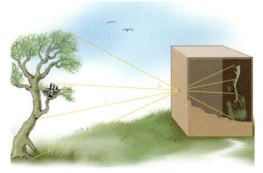

2 Eine camera obscura

Bau einer Lochkamera

Die Lochkamera

Für den Bau einer Lochkamera benötigst du drei Bauteile: ein **Gehäuse,** eine **Lochblende** und einen **Bildschirm.** Auf dem Schirm, der auch **Mattscheibe** genannt wird, entsteht das Bild. Der Schirm ist durchscheinend, sodass du es von der anderen Seite betrachten kannst. Weil dieses Bild sehr lichtschwach ist, muss darauf geachtet werden, dass möglichst wenig Licht von aussen auf den Schirm fällt.

Material

- eine runde Chipsdose
- für die Löcher: mittelgrosse Nähnadeln oder Spitze eines Zirkels (Lochdurchmesser: 1 mm, 2 mm, 3 mm)
- Schirm: transparentes Papier oder Butterbrotpapier
- zur Verlängerung: schwarzer Zeichenkarton, der etwas grösser ist, als der Mantel der Chipsdose

1 Material für die Lochkamera

1.
a) Betrachte mit der fertigen Lochkamera eine leuchtende LED-Taschenlampe.
b) Probiere bei der ausziehbaren Kamera verschiedene Auszugslängen. Wie verändert sich das Bild?

2.
Vergleiche die Veränderung der Abbildungen bei unterschiedlichen Lochdurchmessern. Formuliere Je-desto-Sätze.

3.
Schraube auf eine Digitalkamera mit abnehmbarem Objektiv einen Zwischenring für Nahaufnahmen. Befestige darauf die Lochblende. Deine Digitalkamera ist jetzt eine Lochkamera, mit der du fotografieren kannst.

Bauanleitung

❶ Zeichne mit Bleistift und Geodreieck zwei sich kreuzende Durchmesser auf den Boden der Chipsdose. Stich am Schnittpunkt ein 1 mm grosses Loch in den Boden. Das ist die Lochblende. Später kannst du das Loch vergrössern.

a) Unbeweglicher Schirm

❷ Verschliesse die gegenüberliegende Öffnung der Dose mit straff gespanntem Transparentpapier. Das ist der Schirm, auf dem das Bild entstehen soll.
❸ Forme mit dem schwarzen Zeichenkarton eine Aussenröhre, die um die Dose passt und auf ihr verschoben werden kann. Sie beschattet später das Bild.

2 Lochkamera mit unbeweglichem Schirm

b) Beweglicher Schirm

❹ Alternativ kannst du auch eine Innenröhre aus schwarzem Karton herstellen, auf deren Ende du das Transparentpapier für den Schirm straff aufklebst. So kannst du den Abstand zwischen Lochblende und Schirm verändern.

3 Lochkamera mit beweglichem Schirm

Die Lupe ist eine Sammellinse

1.
Halte eine Lupe ins Sonnenlicht und versuche damit Zeitungspapier zu entzünden. Beschreibe deine Vorgehensweise.

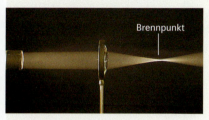

1 Paralleles Licht fällt auf eine Sammellinse.

2.
a) Lass wie in Bild 1 paralleles Licht auf eine Linse fallen. Mache den Lichtweg mit Wasserdampf sichtbar. Was passiert mit dem Licht an der Linse?
b) Begründe den Begriff Brennpunkt.
c) Beschreibe den Abstand, der die Brennweite darstellt.

3.
a) Lege einen linsenförmig gekrümmten Glaskörper auf ein weisses Blatt Papier. Lass am Papier entlang paralleles Licht auf den Glaskörper fallen. Bestimme die Brennweite.
b) Wiederhole den Versuch mit einer Linse mit anderer Krümmung.
c) Formuliere den Zusammenhang zwischen Krümmung und Brennweite mit einem Je-desto-Satz.

4.
a) Betrachte wie in Bild 2 das linke Lineal durch eine Sammellinse mit kleiner Brennweite. Halte daneben ein weiteres Lineal im Abstand von 25 cm vom Auge. Schaue mit dem linken Auge auf das linke und mit dem rechten Auge auf das rechte Lineal. Beschreibe deine Beobachtungen.
b) Bestimme, wie viele mm-Striche des rechten Lineals zwischen zwei mm-Strichen des linken Lineals liegen.
c) Berechne mit dem Ergebnis aus b) die Vergrösserung der Sammellinse.

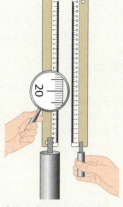

2 Vergrösserung mit einer Lupe

5.
a) Wiederhole den Versuch 4 mit Linsen unterschiedlicher Brennweiten.
b) Vergleiche Vergrösserungen und Brennweiten. Formuliere einen Je-desto-Satz.

Eine Sammellinse dient als Brennglas

Mithilfe des Sonnenlichtes kannst du Papier entzünden. Dazu benötigst du einen nach aussen gewölbten Glaskörper, der in der Mitte dicker ist als am Rand. Er sammelt das Licht der Sonne in einem kleinen Lichtfleck und heisst **Sammellinse** oder **Konvexlinse.** Das Licht verläuft hinter der Linse **konvergent.** Der grösste Teil des Lichtes wird an den Grenzflächen von Luft und Glas sowie von Glas und Luft gebrochen. Ein geringer Teil wird vom Glas absorbiert. Dabei erwärmt sich die Linse geringfügig, weil eine Wechselwirkung zwischen Licht und Glas stattfindet.

Optische Grössen einer Linse

In Bild 1 siehst du eine Sammellinse, auf die paralleles Licht fällt. Das Licht wird hinter der Linse in einem Punkt, dem **Brennpunkt F** gesammelt. Der Abstand von der Mitte der Linse bis zum Brennpunkt ist die **Brennweite f.** Sie wird in mm oder cm angegeben.

Die Lupe

Eine Sammellinse, mit der kleine Gegenstände vergrössert zu sehen sind, heisst **Lupe** (Bild 2). Zum Vergrössern musst du die Lupe in einem Abstand zum Gegenstand halten, der etwa der Brennweite der Linse entspricht. Von der Brennweite der Sammellinse hängt auch die **Vergrösserung V** ab. Bei einer Brennweite von $f = 5$ cm siehst du den Gegenstand um einiges grösser als bei einer Betrachtung aus 25 cm Entfernung. Das ist die Entfernung, bei der ein normalsichtiger Mensch die Gegenstände ohne Anstrengung sehen kann. Sie heisst **deutliche Sehweite.**

Die Vergrösserung V kannst du berechnen, indem du den Quotienten aus deutlicher Sehweite und Brennweite f der Lupe bildest.

$$V = \frac{25\,\text{cm}}{f}; f \text{ in cm}$$

Kannst du eine Sammellinse beschreiben und ihren Brennpunkt und die Brennweite experimentell bestimmen?
Kannst du die Vergrösserung einer Lupe berechnen?

Sammellinsen und ihre Bilder

1. Ⓐ
Begründe, dass die Linsen in Bild 1 Sammellinsen sind.

2. ≡ Ⓥ
Baue den Versuch aus Bild 2 auf. Verschiebe die Linse zwischen Kerze und Schirm, bis du ein scharfes Bild auf dem Schirm siehst. Beschreibe die Eigenschaften des Bildes und vergleiche mit der Kerze.

3. ≡ Ⓐ
Vergleiche die Wege besonderer Lichtstrahlen durch die Sammellinse und begründe die Umkehrbarkeit des Lichtweges.

4. ≡ Ⓐ
Betrachte in Bild 3 die Lichtbündel, die von der Spitze der Kerze ausgehen. Zeichne den Verlauf vergleichbarer Lichtbündel, die vom Fuss und von der Mitte der Kerze ausgehen.

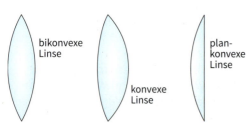

1 Verschiedene Formen von Sammellinsen

Eigenschaften der Bilder

Befindet sich ein Gegenstand ausserhalb der Brennweite f der Sammellinse sind die Bilder
- umgekehrt,
- seitenverkehrt,
- reell.

Je weiter der Gegenstand von der Linse entfernt ist, desto kleiner wird sein Bild.

Verschiedene Formen von Sammellinsen

Sammellinsen können unterschiedliche Formen haben. Die Form wird durch die Krümmung der beiden Seiten bestimmt (Bild 1). Das Linsenmaterial und die Stärke der Krümmung legen die Brennweite f einer Sammellinse fest.

Besondere Lichtstrahlen an der Sammellinse

Eine Kerze wie in Bild 2 sendet Licht auf die Sammellinse. Das Licht wird so gebrochen, dass ein Bild hinter der Linse entsteht. Zur geometrischen Konstruktion der Bilder an einer Sammellinse lassen sich die **besonderen Licht-strahlen** und die **optische Achse** nutzen, diese verläuft mittig durch die Linse (Bild 3). **Parallelstrahlen** verlaufen parallel zur optischen Achse (rot), **Mittelpunktstrahlen** durch den Mittelpunkt (grün) der Linse und **Brennpunkt-strahlen** durch den Brennpunkt (blau).

- Parallelstrahlen vor der Linse werden zu Brennpunktstrahlen hinter der Linse.
- Mittelpunktstrahlen gehen ungebrochen durch den Mittelpunkt der Linse.
- Brennpunktstrahlen vor der Linse werden zu Parallelstrahlen hinter der Linse

Die Lichtstrahlen in Bild 3 treffen sich hinter der Linse im Bildpunkt der Flammenspitze. Mithilfe der besonderen Lichtstrahlen kannst du von jedem beliebigen Punkt der Kerze einen Bildpunkt bestimmen.

2 Eine Sammellinse erzeugt Bilder.

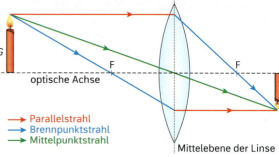

→ Parallelstrahl
→ Brennpunktstrahl
→ Mittelpunktstrahl

3 Bildkonstruktion an der Sammellinse

Kannst du die Bildentstehung an einer Sammellinse beschreiben und ihre Bilder mithilfe der besonderen Lichtstrahlen konstruieren?

Zerstreuungslinsen und ihre Bilder

1.

a) Lass wie in Bild 2 achsenparalleles Licht auf eine Zerstreuungslinse fallen. Beschreibe den Verlauf des Lichtes hinter der Linse.
b) Lass das Licht über ein Blatt Papier verlaufen und verlängere die gebrochenen Strahlen so, dass sie sich schneiden. Beschreibe die Lage des Schnittpunktes.
c) Erläutere, mit welchem Punkt an der Sammellinse er vergleichbar ist.

2.

Lass das Licht einer Experimentierleuchte mit F-Blende durch eine Zerstreuungslinse auf einen Schirm fallen. Beschreibe, was du feststellst.

3.

Ein Gegenstand ist 2 cm gross. Er steht 6 cm vor der Mittelebene einer Zerstreuungslinse mit $f = -3$ cm auf der optischen Achse. Konstruiere sein Bild mithilfe der besonderen Strahlen.

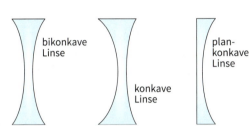

1 Verschiedene Formen von Zerstreuungslinsen

Verschiedene Formen von Zerstreuungslinsen

Linsen, die am Rand dicker sind als in der Mitte, heissen **Zerstreuungslinsen** oder **Konkavlinsen.** Die Form wird durch die Krümmung der beiden Seiten bestimmt (Bild 1). Das Linsenmaterial und die Stärke der Krümmung legen die optischen Grössen einer Zerstreuungslinse fest.

Scheinbarer Brennpunkt und Brennweite

Fällt paralleles Licht auf eine Zerstreuungslinse, wird das Licht so gebrochen, dass es hinter der Linse auseinanderläuft (Bild 3), es verläuft **divergent.** Verlängerst du die gebrochenen Lichtstrahlen so, dass sie sich vor der Linse schneiden, erhältst du einen gemeinsamen Schnittpunkt, den **scheinbaren Brennpunkt F´.** Sein Abstand zur Mittelebene der Linse ist die Brennweite f. Weil sich der Brennpunkt vor der Linse befindet, wird die Brennweite mit einem negativen Wert angegeben, zum Beispiel $f = -10$ cm.

Besondere Lichtstrahlen an der Zerstreuungslinse

Die Konstruktion der Bilder an Zerstreuungslinsen lässt sich mithilfe der besonderen Strahlen durchführen.

- Parallelstrahlen (rot) werden so gebrochen, dass ihre Verlängerung durch den scheinbaren Brennpunkt F´ vor der Linse verläuft.
- Mittelpunktstrahlen (grün) gehen ungebrochen durch den Mittelpunkt der Zerstreuungslinse.
- Brennpunktstrahlen (blau) werden so gebrochen, dass sie parallel zur optischen Achse verlaufen.

Eigenschaften der Bilder

An der Konstruktion in Bild 3 siehst du, dass es bei der Zerstreuungslinse kein reelles Bild geben kann. Das virtuelle Bild kannst du konstruieren, indem du die gebrochenen Strahlen rückwärts verlängerst. Die Bilder einer Zerstreuungslinse sind:
- virtuell,
- aufrecht,
- verkleinert.

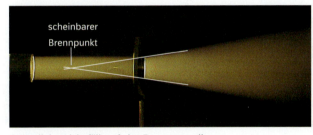

2 Paralleles Licht fällt auf eine Zerstreuungslinse.

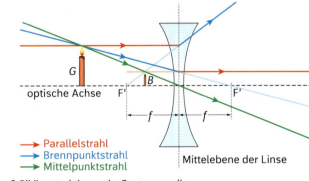

→ Parallelstrahl
→ Brennpunktstrahl
→ Mittelpunktstrahl

3 Bildkonstruktion an der Zerstreuungslinse

Kannst du die Bildentstehung an einer Zerstreuungslinse beschreiben und ihre Bilder mithilfe der besonderen Strahlen konstruieren?

Sammellinsenbilder und ihre Eigenschaften

Die Eigenschaften der Bilder einer Sammellinse

Die Bildentstehung an einer Sammellinse lässt sich mit dem nebenstehenden Versuchsaufbau nachweisen. Dazu ist es wichtig, die Brennweite der Linse zu kennen. Als leuchtender Gegenstand, von dem ein Bild erzeugt werden soll, dient eine Blende mit einem durchscheinenden „L".

1 Aufbau des Versuchs zur Bildentstehung an der Sammellinse

Alle Längen haben Namen

Die **Brennweite** der Linse heisst **f** und ist der Abstand des Brennpunktes von der Linsenmitte.
Die **Gegenstandsweite** heisst **g** und ist der Abstand des Gegenstandes von der Linsenmitte.
Die **Bildweite** heisst **b** und ist der Abstand des Bildes von der Linsenmitte.
Die **Grösse des Gegenstandes** heisst **G.**
Die **Grösse des Bildes** heisst **B.**

Konstruktion

Um die Bilder an der Sammellinse zu konstruieren, kannst du die **besonderen Strahlen** verwenden.

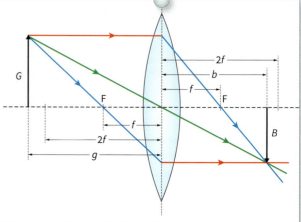

2 Optische Grössen an der Sammellinse

Bildkonstruktionen

1. Fall

Der Gegenstand befindet sich ausserhalb der doppelten Brennweite.

$g > 2f$
$f < b < 2f$
$B < G$

Bild
- verkleinert
- reell
- umgekehrt

2. Fall

Der Gegenstand befindet sich in der doppelten Brennweite.

$g = 2f$
$b = 2f$
$B = G$

Bild
- gleich gross
- reell
- umgekehrt

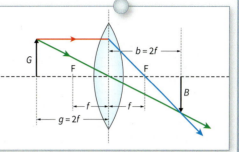

3. Fall

Der Gegenstand befindet sich zwischen einfacher und doppelter Brennweite.

$f < g < 2f$
$b > 2f$
$B > G$

Bild
- vergrössert
- reell
- umgekehrt

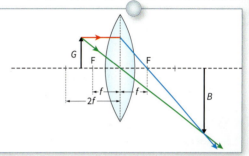

4. Fall

Der Gegenstand befindet sich im Brennpunkt F.

$g = f$

Kein Bild
Die gebrochenen Strahlen verlaufen parallel zueinander. Es entsteht kein Schnittpunkt.

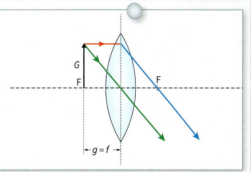

5. Fall

Der Gegenstand befindet sich innerhalb der einfachen Brennweite.

$g < f$
$B > G$

Bild
- stark vergrössert
- virtuell
- aufrecht
Die gebrochenen Strahlen laufen auseinander.

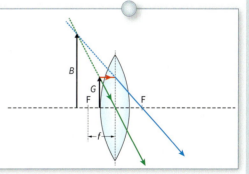

1. ≡ Ⓥ
Überprüfe alle hier gezeichneten Konstruktionen in Versuchen.

2. ≡ Ⓐ
Konstruiere das Bild eines Gegenstandes an einer Sammellinse mit $f = 2$ cm, wenn die Gegenstandsweite g das Fünffache der Brennweite beträgt $(g = 5f)$.

Reelles Bild: wirkliches Bild, das auf einem Schirm aufgefangen werden kann.

Virtuelles Bild: scheinbares Bild, das nicht auf einem Schirm aufgefangen werden kann.

Wie wir sehen

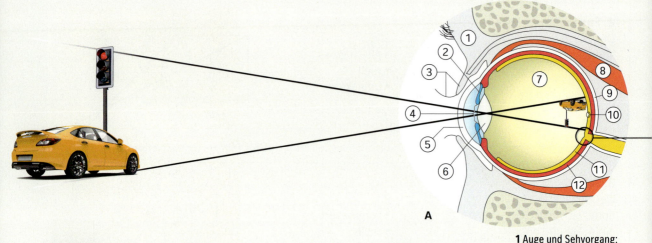

1 Auge und Sehvorgang:
A Bau des Auges,
B Ausschnitt aus der Netzhaut

1. ≣ Ⓐ
Nenne die Schutzeinrichtungen des Auges.

2. ≣ Ⓐ
a) Stelle in einer Tabelle die Bestandteile des Auges und ihre jeweilige Funktion gegenüber.
b) Nenne die Teile des Auges, die das Licht bis zum Auftreffen auf die Netzhaut durchläuft, in der richtigen Reihenfolge.

3. Ⓥ
Halte das Buch auf Armlänge vor deine Augen. Schliesse das linke Auge. Schaue mit dem rechten die Katze genau an. Bewege das Buch nun langsam an dich heran. Beschreibe, was mit der Maus passiert.

Schutz des Auges

Das Auge ist ein wichtiges, aber auch ein sehr empfindliches Sinnesorgan. Verschiedene Schutzeinrichtungen sorgen deshalb dafür, dass es leistungsfähig bleibt.
Die mit Fett ausgepolsterte knöcherne **Augenhöhle** schützt das Auge vor Stössen und Schlägen. Nähert sich z. B. eine Fliege dem Auge, schliessen sich blitzschnell die **Augenlider.** Durch Zusammenkneifen der Lider verhindern wir, dass das Auge geblendet wird. Die **Augenbrauen** leiten Regen- und Schweisstropfen zu den Seiten ab. Die **Wimpern** schützen vor Staub.
Durch **Tränenflüssigkeit** wird die empfindliche **Hornhaut** ständig befeuchtet. Nur dadurch bleibt sie klar. Ausserdem spült die Tränenflüssigkeit Schmutz und Krankheitserreger aus dem Auge.

Aufbau und Funktion des Auges

Wenn du jemandem in die Augen schaust, siehst du die schwarze Pupille. Durch diese lichtdurchlässige Öffnung fällt Licht ins Auge. Um die Pupille siehst du die farbige Iris oder Regenbogenhaut. Sie kann sich zusammenziehen und entspannen und regelt so die Lichtmenge, die ins Auge fällt. Dies wird **Hell-Dunkel-Anpassung** (**Adaptation**) genannt.
Ausserdem siehst du eine weisse Haut. Sie heisst **Lederhaut,** weil sie sehr fest ist und den ganzen Augapfel als schützende Hülle umgibt. lm vorderen Bereich ist die Lederhaut durchsichtig und bildet die **Hornhaut.** Unter der Lederhaut liegt die gut durchblutete **Aderhaut.** Sie versorgt das Auge mit Sauerstoff und Nährstoffen.
Die Augenlinse wirkt wie eine **Sammellinse** und bricht das einfallende Licht. So entsteht im Augenhintergrund auf der **Netzhaut** ein scharfes, umgekehrtes Bild der Umgebung. Das Innere des Augapfels ist mit einer gallertartigen, glasklaren Substanz, dem **Glaskörper,** gefüllt.

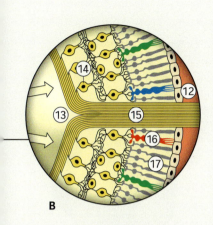

B

① Augenbraue
② Iris
③ Augenlid mit Wimpern
④ Pupille
⑤ Hornhaut
⑥ Linse
⑦ Glaskörper
⑧ Augenmuskel
⑨ Lederhaut
⑩ gelber Fleck
⑪ Netzhaut
⑫ Aderhaut
⑬ blinder Fleck
⑭ Nervenzelle
⑮ Sehnerv
⑯ Zapfen
⑰ Stäbchen

4. ≣ Ⓐ
Erkläre Versuch 3. Nutze dazu die Abbildung 1.

5. ≣ Ⓐ
Beschreibe die Vorgänge bei der Adaptation.

6. ≣ Ⓐ
Nenne die verschiedenen Lichtsinneszellen und beschreibe ihre Funktion.

7. ≣ Ⓐ
Erkläre, warum wir auch bei wenig Licht noch etwas sehen können.

8. ≣ Ⓐ
„Nachts sind alle Katzen grau." Erkläre dieses Sprichwort mit der Funktionsweise der Lichtsinneszellen.

2 Adaptation: **A** Hellreaktion, **B** Dunkelreaktion

Lichtsinneszellen

In der Netzhaut liegen verschiedene Typen von **Lichtsinneszellen.** Die etwa 125 Millionen länglichen und schmalen **Stäbchen** befinden sich überwiegend im Randbereich der Netzhaut. Sie sind auf das **Hell-Dunkel-Sehen** spezialisiert und sehr lichtempfindlich. Deshalb können wir mit ihnen auch in der **Dämmerung** noch sehen.

Das **Farbensehen** wird durch etwa fünf Millionen **Zapfen** ermöglicht. Diese etwas dickeren Lichtsinneszellen liegen im Zentrum der Netzhaut, besonders dicht im **gelben Fleck,** dem Bereich des schärfsten Sehens. Es gibt drei Typen von Zapfen, die für blaues, grünes beziehungsweise rotes Licht besonders empfindlich sind. Bei unterschiedlich starker Reizung kann man damit auch alle Mischfarben sehen. Bei **Reizung** durch ausreichend Licht erzeugen die Lichtsinneszellen elektrische Signale. Diese werden an Nervenzellen weitergeleitet, die ebenfalls in der Netzhaut liegen. Der Sehnerv leitet die Nervenimpulse dann ins Gehirn. Dort wo der **Sehnerv** aus der Netzhaut austritt, befinden sich keine Lichtsinneszellen. Hier ist der **blinde Fleck.**

Vom Auge ins Gehirn

Die Informationen über das Bild werden als Nervenimpulse durch den Sehnerv ins Sehzentrum des Gehirns geleitet und dort verarbeitet. Farben und Formen werden erkannt. Das Gehirn hat gelernt, das Bild „umzudrehen". Weitere Erinnerungen werden im Grosshirn dazu geschaltet. Eine Wahrnehmung findet also erst mithilfe des Gehirns statt.

Kannst du die Schutzeinrichtungen des Auges benennen? Benenne die Bestandteile des Auges und erläutere ihre Funktionen. Kannst du die verschiedenen Lichtsinneszellen unterscheiden und den Sehvorgang beschreiben?

Das Gehirn sieht mit

1. ≡ **V**

a) Zeichne auf die Vorderseite einer Karton-scheibe einen Vogel, auf die Rückseite einen Käfig. Befestige zwei Schnüre, verdrille sie und ziehe sie anschliessend auseinander. Beschreibe deine Beobachtung.

b) Wiederhole den Versuch mit unterschied-lichen Drehgeschwindigkeiten. Erkläre deine Beobachtungen. Vergleiche mit der Film-technik.

2. V

a) Halte dein Buch in etwa 40 cm Entfer-nung vor die Augen. Betrachte es zu-nächst mit dem rechten, dann mit dem linken Auge. Was stellst du fest?

b) Erkläre deine Beobachtung.

Aufrechte Bilder

Obwohl das Bild auf der Netzhaut auf dem Kopf steht, sehen wir alle Gegenstände in ihrer richtigen Lage. Das Gehirn „dreht" das Bild um. Dies macht deutlich: Das Gehirn ist am Sehen beteiligt.

Bewegte Bilder

Bei jedem einzelnen Bild werden die Sinneszellen der Netzhaut erregt. Diese Erregung klingt aber erst nach einer 18tel Sekunde wieder ab. Die Sinneszellen sind also ein bisschen „träge". Folgt das nächste Bild schnell genug, also bereits während der noch abklingenden Erregung, entsteht der Eindruck einer kontinuierli-chen **Bewegung.** In Film und Fernsehen wird die Trägheit der Sinneszellen ausgenutzt: Hier werden sogar 30 Bilder und mehr pro Sekunde gezeigt.

1 Bildfolge

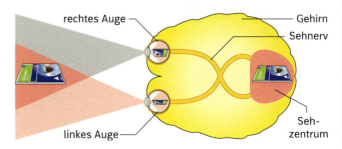

2 Räumliches Sehen

Räumliches Sehen

Da unsere Augen etwa 6 cm bis 8 cm auseinanderliegen, liefern sie leicht unterschiedliche Bilder. Wir sehen aber nicht zwei getrennte Bilder, sondern ein einziges, räumli-ches Bild. Dies leistet das Gehirn in einem kleinen Bereich am Hinterkopf, in der **Sehrinde.** Das **räumliche Sehen** ermöglicht auch abzuschätzen, wie weit ein Gegenstand entfernt ist.

Optische Täuschungen

Das Gehirn speichert Seheindrücke als Muster. Personen und Gegenstände werden erkannt, indem das Gehirn das aktuelle Bild mit den gespeicherten Mustern vergleicht. Widersprechen die neuen Bilder den bisherigen Erfahrun-gen, kommt es zu **optischen Täuschungen.**

Kannst die Bedeutung des Gehirns beim Sehvorgang beschrei-ben?

Linsen beheben Augenfehler

1. ≡ **V**
a) Überprüfe deine Sehleistung mit dem Sehtest in Bild 6. Gib dazu aus 35 cm Entfernung an, wo sich die Öffnung des Kreises befindet.
b) Begründe, warum du dich einem Sehtest unterziehen musst, wenn du einen Führerschein erwerben willst.

2. ≡ **A**
Übertrage die Tabelle in dein Heft und fülle sie aus.

	Kurzsichtigkeit	Weitsichtigkeit
Sehproblem		
Ursache		
Korrekturmöglichkeit		

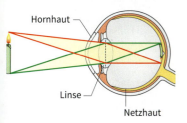

1 Bildentstehung im Auge

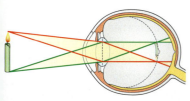

2 Kurzsichtigkeit

Bildentstehung im Auge

Das menschliche Auge ist ein optisches Gerät, das mit einem Linsensystem ausgestattet ist (Bild 1). Das Licht eines Gegenstandes fällt durch die durchsichtige Hornhaut, wird durch die Sammellinse gebrochen und passiert den Glaskörper. Auf der Netzhaut entsteht ein reelles, verkleinertes, umgekehrtes und scharfes Bild. Mithilfe eines Sehtests wie in Bild 6 kannst du feststellen, ob du normalsichtig bist.

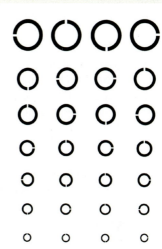

6 Sehtest

Zerstreuungslinsen bei Kurzsichtigkeit

Bei **Kurzsichtigkeit** werden nur nahe Gegenstände auf der Netzhaut abgebildet. Da der Augapfel zu lang ist (Bild 2), liegen die Bildpunkte vor der Netzhaut. Dadurch entsteht das Bild weiter entfernter Gegenstände vor der Netzhaut. Eine Zerstreuungslinse führt dazu, dass das Bild nach hinten auf die Netzhaut verschoben wird (Bild 3). Kurzsichtige Menschen benötigen eine Brille mit konkaven Gläsern.

Sammellinsen bei Weitsichtigkeit

Ein Mensch, der nur weit entfernte Gegenstände scharf sehen kann, ist **weitsichtig.** Da sein Augapfel zu kurz ist, liegen die Bildpunkte hinter der Netzhaut. Dadurch entsteht das Bild von nahen Gegenständen hinter der Netzhaut (Bild 4). Zur Korrektur wird eine Brille mit Sammellinsen benutzt (Bild 5), die das scharfe Bild auf der Netzhaut abbildet. Weitsichtige Menschen benötigen eine Brille mit konvexen Gläsern.

Kontaktlinsen ersetzen Brillen

Statt einer Brille können auch Kontaktlinsen verwendet werden. Es gibt sie in harter oder weicher Ausführung. Sie werden direkt auf die Augen gesetzt und haben dieselbe Wirkung wie eine Brille.

> Kannst du die Ursachen für Fehlsichtigkeit benennen und für ihre Behebung die passenden Brillengläser zuordnen?

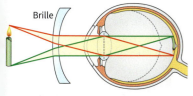

3 Kurzsichtigkeit: Zerstreuungslinsen

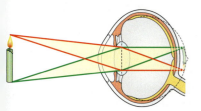

4 Weitsichtigkeit

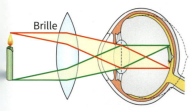

5 Weitsichtigkeit: Sammellinsen

Wahrnehmung ist subjektiv

1. Ⓥ
Schneide in einen Karton auf der Oberseite eine Luke. Hänge die offene Vorderseite mit einem dunklen Tuch zu. Im Karton hängen verschiedene farbige Abbildungen aus Zeitschriften oder Fotos.

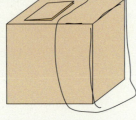

a) Stecke den Kopf unter das Tuch und beschreibe deine Beobachtung.
b) Während du in den Karton blickst, öffnet dein Versuchspartner bzw. deine Partnerin langsam die Luke. Beschreibe, wie sich die Wahrnehmung ändert.

2. Ⓥ
• Tauche für eine Minute die linke Hand in kaltes und die rechte Hand in warmes Wasser.
• Nimm beide Hände gleichzeitig heraus und tauche sie in lauwarmes Wasser.
• Beschreibe deine Empfindungen. Welche Schlussfolgerungen ziehst du daraus?

Farbe entsteht im Gehirn

Im Dunkeln sehen wir in Schwarz-Weiss, während wir bei Licht viele verschiedene Farben wahrnehmen. Dafür sind Lichtsinneszellen verantwortlich, die **Zapfen** und die **Stäbchen** (Bild 1). Unsere Netzhaut besitzt etwa 6 Millionen Zapfen und 125 Millionen Stäbchen. Die Stäbchen sind sehr lichtempfindlich und reagieren dank des Sehpigments *Rhodopsin* schon auf wenig Licht. Dadurch können wir in der Dämmerung und sogar nachts sehen. Allerdings können mit den Stäbchen keine Farben unterschieden werden. Die Zapfen werden erst bei relativ hellem Licht aktiv. Sie ermöglichen das Farbensehen, denn es gibt drei verschiedene Zapfentypen, die auf unterschiedliche Lichtfarben ansprechen. Damit wir eine Farbe erkennen, werden die Signale aller drei Zapfentypen kombiniert. Je nachdem, wie stark welche Zapfentypen angeregt werden, entsteht im Gehirn ein anderer Farbeindruck.

Zahl und Empfindlichkeit der Zapfen können von Person zu Person durchaus abweichen. Das Signal, das nach der Verrechnung der Zapfensignale an das Gehirn weitergeleitet wird, unterscheidet sich jedoch nicht mehr stark. Deswegen nehmen wir Farben sehr ähnlich wahr. Eine Ausnahme bilden Personen mit Farbfehlsichtigkeiten wie einer **Rotgrünschwäche**. Betroffene haben entweder weniger als drei Zapfenarten oder ihre Zapfen reagieren auf andere Wellenlängen. Farbsehschwächen sind oft genetisch verursacht, können aber auch im Lauf des Lebens entstehen.

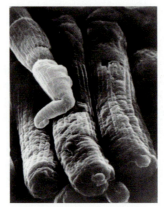

1 Stäbchen und Zapfen unter dem Elektronenmikroskop

Auch Wärme ist relativ

Die Farbwahrnehmung ist also nichts Absolutes, sondern kann sich von Lebewesen zu Lebewesen unterscheiden.

Auch die Empfindung von Temperaturen ist **subjektiv**. Denn das Gefühl für kalt, heiss oder lauwarm kann täuschen, wie du sicher schon selbst beobachtet hast. Trittst du z. B. im Winter vom warmen Klassenraum in den Gang, so empfindest du ihn als kühl. Kehrst du aber vom kalten Pausenhof in den Flur zurück, so erscheint dir dieser warm.

Versuch 2 zeigt, wie der Temperatursinn der eigenen Hände widersprüchliche Aussagen liefern kann. Das Wasser im mittleren Gefäss fühlt sich mit deiner rechten Hand (die vorher im kalten Wasser war) viel wärmer an als mit der linken Hand.

Kannst du Beispiele für subjektive Wahrnehmung nennen?

Optische Täuschungen

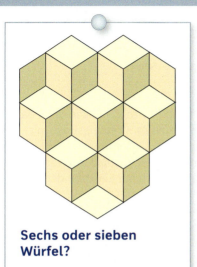

Sechs oder sieben Würfel?

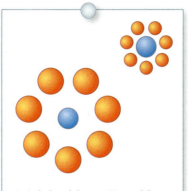

Welche blaue Kugel ist grösser?

Quadrat oder nicht?

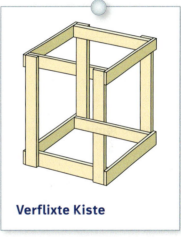

Verflixte Kiste

PINNWAND

Wie optische Täuschungen entstehen

Umspringbild: Zwei sich widersprechende Bilder können nicht gleichzeitig gesehen werden. Das Gehirn muss sich für das eine oder das andere „entscheiden".

Täuschung durch Perspektive: Im Hintergrund zusammenlaufende Linien deutet das Gehirn als zunehmende Entfernung.

„Unmögliches" Bild: Das Gehirn versucht etwas räumlich Sinnvolles zu erkennen, was es so in der Wirklichkeit gar nicht gibt.

Täuschung durch Grössenvergleich: Gleich grosse Figuren wirken unterschiedlich gross, je nachdem, ob direkt benachbarte Figuren grösser oder kleiner sind.

Täuschung durch die Umgebung: Kreuzen sich gerade und gewölbte Linien, so erscheinen Geraden krumm.

1. **A**
Betrachte die Abbildungen aufmerksam. Beschreibe deine Wahrnehmungen.

2. **A**
Erkläre die gezeigten optischen Täuschungen mithilfe des Zettels in der Mitte.

3. **Q**
Sucht weitere Beispiele für optische Täuschungen und stellt sie vor.

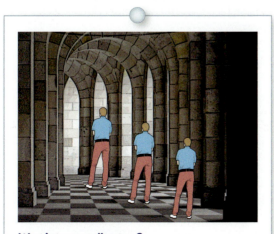

Wer ist am grössten?

Fernrohre

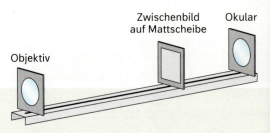

1.

a) Baue ein Fernrohr wie in Bild 1 auf. Benutze als vordere Linse eine Sammellinse mit $f = 40$ cm. Bilde einen weit entfernten Gegenstand auf der Mattscheibe ab. Betrachte dieses Zwischenbild mit einer Sammellinse mit $f = 10$ cm oder $f = 5$ cm. Bringe sie im Abstand der Brennweite vor die Mattscheibe.

b) Entferne die Mattscheibe, nachdem du das Zwischenbild scharf gestellt hast, und vergleiche das Bild mit dem Zwischenbild aus Versuch a).

1 Ein selbst gebautes Fernrohr

2.

a) Ersetze beim Fernrohr aus Versuch 1 das Okular durch eine Zerstreuungslinse mit $f = -20$ cm oder $f = -10$ cm.

b) Betrachte den Gegenstand aus Versuch 1 erneut. Was hat sich am Bild geändert?

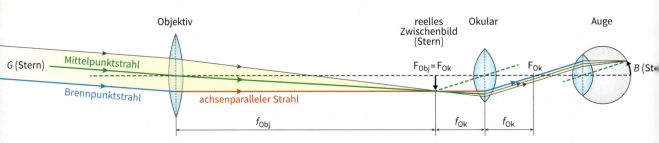

2 Astronomisches Fernrohr

Das astronomische Fernrohr

Um Gegenstände, die weit von dir entfernt sind, besser erkennen zu können, benutzt du ein Fernrohr. Du möchtest die Gegenstände vergrössert sehen. Bild 2 zeigt den Aufbau eines **astronomischen Fernrohres.**

Das Objektiv, eine Sammellinse mit grosser Brennweite, erzeugt ein verkleinertes Zwischenbild des Gegenstandes. Um ein grosses Zwischenbild zu erzielen, wird ein Objektiv mit sehr grosser Brennweite gewählt, das Fernrohr wird dadurch entsprechend lang. Mit dem Okular, einer Lupe, siehst du dieses Bild stark vergrössert. Allerdings hat das Objektiv rechts und links, oben und unten vertauscht. Das Bild steht auf dem Kopf. Astronomische Fernrohre sind für Beobachtungen auf der Erde ungeeignet. Für die Vergrösserung V des astronomischen Fernrohres gilt:

$$V_{ges} = f_{Objektiv} : f_{Okular}$$

Das galileische Fernrohr

Zur Beobachtung eines entfernten Gegenstandes auf der Erde eignet sich ein Fernrohr, bei dem du als Okular eine Zerstreuungslinse benutzt (Bild 3).

Die Zerstreuungslinse hebt die Wirkung der Augenlinse auf. Das vom Objektiv erzeugte Bild entsteht also gleich auf der Netzhaut. Es ist grösser, als wenn du den Gegenstand mit blossem Auge betrachten würdest. Ein solches Fernrohr heisst **galileisches Fernrohr,** benannt nach dem italienischen Astronomen GALILEO GALILEI (1564–1642).

> Kannst du den Aufbau von zwei unterschiedlichen Fernrohren beschreiben und deren Wirkungsweise erklären?

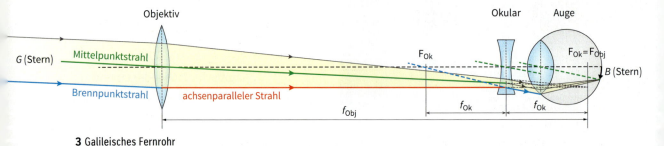

3 Galileisches Fernrohr

Die Fotokamera

Aufbau des Fotoapparates

Ein Fotoapparat (Bild 1) hat zwar äusserlich nur wenig Ähnlichkeit mit einem Auge, doch findest du leicht die Teile, die denen beim Auge entsprechen.

Das Objektiv, das die Gegenstände auf die Kamerarückwand abbildet, entspricht der Hornhaut mit der Augenlinse. Die verstellbare Blende im Kameraobjektiv, die die Lichtmenge regelt, entspricht der Iris.

Der Bildsensor in einer Digitalkamera entspricht der Netzhaut.

Vergleich Auge – Fotoapparat

Ein wesentlicher Unterschied zwischen Auge und Kamera ist die Scharfeinstellung. Bei der Kamera wird das Objektiv verschoben, beim Auge wird dazu die Augenlinse verändert. In der **Naheinstellung**, zum Beispiel beim Lesen oder Schreiben, wird die Linse durch den Ringmuskel stark gekrümmt (Bild 2A). In der Ferneinstellung werden die Linsenbänder gespannt und die Linse wird flach gezogen (Bild 2B). Diese Anpassungsleistung des Auges wird **Akkomodation** genannt.

Die Fähigkeit zur Nahakkommodation geht mit zunehmendem Lebensalter allmählich verloren – es kommt zur **Alterssichtigkeit** (**Presbyopie**). Sie ist aber keine Krankheit, sondern ein natürlicher Funktionsverlust, den man mit einer Brille ausgleichen kann.

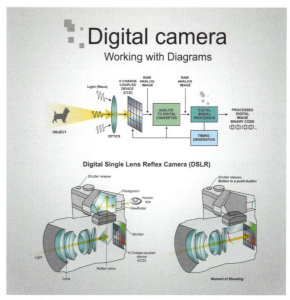

1 Aufbau einer Fotokamera

Der Bildsensor

Das Objektiv wirft das Bild auf den Bildsensor. Jeder Bildpunkt ist ein lichtempfindlicher **Pixel**. Über jedem Pixel befindet sich ein Farbfilter in Rot, Grün oder Blau, wobei doppelt so viel grüne wie rote oder blaue Pixel vorkommen. Moderne Smartphonekameras haben mindestens eine Auflösung von 8 Megapixel, also ca. 8 Mio. Bildpunkten.

Das Licht des Bilds ändert die elektrische Ladung eines Pixels. Nach der Belichtung wird die Ladung jedes Pixels ausgelesen und als Zahl gespeichert, die besagt, wie hell der Bildpunkt ist.

Bei den Sensoren unterscheidet man zwei Bauarten. Bei **CCD-Sensoren** werden die Ladungen der Pixel vor dem Auslesen zu einem Verstärker verschoben, während sie beim **CMOS-Sensor** direkt an jedem Pixel ausgelesen werden, was schneller geht. Heute verwenden Handykameras überwiegend CMOS-Sensoren, weil sie kleiner gebaut werden können, weniger Strom verbrauchen und in der Herstellung billiger als CCD-Chips sind.

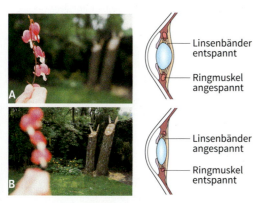

2 Augenlinse: **A** Naheinstellung, **B** Ferneinstellung

3 A Prinzip eines Bildsensors, **B** CMOS-Chip einer Kamera

STREIFZUG

Optik und sehen

Ausbreitung des Lichtes

Lichtquelle   Blende   Lichtbündel mit $c \approx 300\,000\,\frac{km}{s}$ **Absorption**   **Reflexion**

Schwarzer Körper wird warm.

Spiegel

Lot

Reflexionsgesetz:

$\sphericalangle\,\alpha = \sphericalangle\,\beta$. Einfallendes und reflektiertes Lichtbündel sowie das Einfallslot liegen in einer Ebene.

ebener Spiegel

- Vorderseite und Rückseite sind im Bild vertauscht
- virtuelles, aufrechtes Bild
- $g = b;\ G = B$

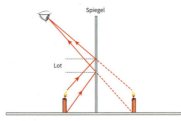

Spiegel

Lot

Optische Dichte

Der Stoff, der den grösseren Brechungswinkel verursacht, ist ein **optisch dünnes Medium.** Das Medium, in dem der kleinere Winkel entsteht, ist **optisch dichter.**

Brechungsgesetz

Beim Übergang des Lichtes von Luft in Wasser oder von Luft in Glas wird das Licht **zum Lot hin** gebrochen. Beim umgekehrten Übergang erfolgt die Brechung **vom Lot weg.**

Totalreflexion

Wenn Licht von Wasser oder Glas in Luft übergeht, kann **Totalreflexion** auftreten. Dazu muss der Einfallswinkel grösser als der Grenzwinkel sein. → **Glasfasertechnik**

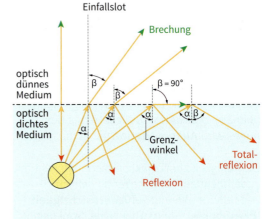

Einfallslot

Brechung

optisch dünnes Medium

optisch dichtes Medium

β

β

$\beta = 90°$

α

α

α

$\alpha\,\beta$

Grenz-winkel

Reflexion

Total-reflexion

Sammellinse

- ist in der Mitte dicker als am Rand
- $g > f \rightarrow$ reelles, umgekehrtes Bild; B abhängig von g
- $g = f \rightarrow$ kein Bild
- $g < f \rightarrow$ virtuelles, aufrechtes Bild; $G < B \rightarrow$ **Lupe**
- **Brillengläser** zur Korrektur von **Weitsichtigkeit**

Zerstreuungslinse

- ist in der Mitte dünner als am Rand
- virtuelles, aufrechtes Bild
- $G > B$
- **Brillengläser** zur Korrektur von **Kurzsichtigkeit**

Sehen

Lichtreize nehmen wir mit den **Augen** auf. Das **Gehirn** verarbeitet die Nervenimpulse und erzeugt unsere **Wahrnehmung**.

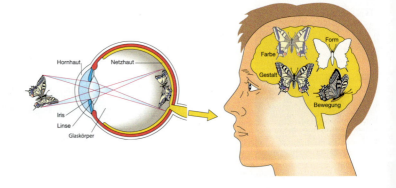

Hornhaut   Netzhaut

Iris

Linse

Glaskörper

Form

Farbe

Gestalt

Bewegung

1. ☰ Ⓐ
Erkläre am Beispiel des Lichtstrahls den Begriff Modell.

2. ☰ Ⓐ
Beschreibe den Unterschied zwischen Streuung und Reflexion.

3. ☰ Ⓐ
a) Nenne das Reflexionsgesetz.
b) Begründe, dass das Reflexionsgesetz auch für raue Oberflächen gilt.

4. ☰ Ⓐ
a) Ein Lichtstrahl fällt mit einem Einfallswinkel $\alpha = 34°$ auf einen Spiegel. Wie gross ist β?
b) Ein reflektierter Strahl verlässt einen ebenen Spiegel in einem Winkel von 17°. Wie gross war α?

5. ☰ Ⓐ
Zwei aufrecht stehende ebene Spiegel bilden miteinander einen Winkel von 90°. Auf den ersten Spiegel fällt ein Lichtstrahl mit $\alpha = 45°$. Fertige eine Zeichnung an. Was kannst du über den letzten reflektierten Strahl sagen?

6. ☰ Ⓐ
Zeichne einen 2 cm grossen Pfeil, der aufrecht vor einem ebenen, senkrecht stehenden Spiegel steht. Konstruiere das Spiegelbild, wenn der Pfeil 5 cm vor dem Spiegel steht.

7. ☰ Ⓐ
Ergänze die Sätze:
a) Beim Übergang des Lichtes von Luft in Glas,...
b) Beim Übergang des Lichtes von Glas in Luft,...

8. ☰ Ⓐ
Beschreibe die zweifache Brechung an einer Glasplatte mithilfe der Wechselwirkung des Lichtes mit Glas und mit Luft.

9. ☰ Ⓐ
a) Ein Lichtstrahl fällt mit einem Einfallswinkel von $\alpha = 34°$ auf einen Spiegel. Bestimme α'.
b) Ein refektierter Strahl verlässt einen ebenen Spiegel unter einem Winkel von 17°. Gib α an.

10. ☰ Ⓐ
a) Erkläre mit einer Zeichnung, wie bei einer Lochkamera das Bild einer Kerze entsteht.
b) Begründe, weshalb das Bild bei einer Lochkamera entweder lichtschwach oder unscharf ist.

11. ☰ Ⓐ
Beschreibe mithilfe der Brechung des Lichtes, was auf dem rechten Bild abgebildet ist.

12. ☰ Ⓐ
a) Licht fällt auf eine Sammellinse. Beschreibe, wie die ausgezeichneten Lichtstrahlen vor und hinter der Linse verlaufen.
b) Zeichne die ausgezeichneten Lichtstrahlen aus Aufgabe a).

13. ☰ Ⓐ
Berechne jeweils die Vergrösserung einer Lupe mit der Brennweite
a) $f = 2,5$ cm,   b) $f = 4$ cm,
c) $f = 50$ cm.

14. ☰ Ⓐ
Brillen gleichen Augenfehler aus. Beschreibe, wie sich die Brennweite einer geeigneten Brille auf die Bildentstehung im Auge bei Kurzsichtigkeit auswirkt.

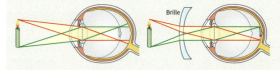

15. ☰ Ⓐ
Konstruiere das Bild eines Gegenstandes, der 3 cm gross ist, auf der optischen Achse steht und 4 cm von einer Sammellinse mit $f = 2$ cm entfernt ist.

Krankheiten und Immunsystem

Welche Krankheiten
sind ansteckend –
und warum?

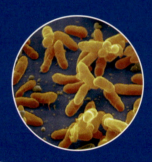

Warum ist es
wichtig, sich impfen
zu lassen?

Wie schützt man sich
vor übertragbaren
Krankheiten?

Gesund oder krank?

1. ≡ Ⓐ
a) Beschreibt Situationen, in denen ihr euch richtig wohl fühlt.
b) Führt zu diesem Thema eine Umfrage durch. Notiert die Antworten und ordnet sie thematisch.
c) Formuliert auf der Grundlage der Umfrageergebnisse eine allgemein gültige Aussage, wann sich Menschen wohlfühlen.

3. ≡ Ⓐ
Edith Wolf-Hunkeler (links im Bild oben) ist die erfolgreichste und bekannteste Schweizer Rollstuhlsportlerin der letzten Jahre. Diskutiert in der Klasse über die Situation der Sportlerin und stellt einen Bezug zur WHO-Definition von Gesundheit her.

2. ≡ Ⓐ
a) Formuliere mit eigenen Worten, wie die WHO Gesundheit definiert.
b) Ist Liebeskummer eine Krankheit? Formuliere Argumente für deinen Standpunkt.

> **Erfahrungsbericht einer Krebspatientin am Ende der Chemotherapie**
>
> „Meine Chemotherapie habe ich nun fast geschafft und während dieser Zeit sogar einen Umzug hinter mich gebracht. Natürlich nicht ohne ganz viel Hilfe, aber auch ich habe meinen Teil dazu beigetragen. Ich geniesse immer die Tage ohne Beschwerden und kann mich nun auch auf meiner neuen Terrasse und in meinem neuen Garten richtig schön entspannen. Ohne Haare durch die Welt zu laufen, kostet anfangs Überwindung, doch mein Selbstbewusstsein ist dadurch nur noch stärker geworden."

> **Definition von Gesundheit durch die Weltgesundheitsorganistation WHO (World Health Organization)**
>
> „Gesundheit ist ein Zustand vollkommenen körperlichen, geistigen und sozialen Wohlbefindens und nicht allein das Fehlen von Krankheit und Gebrechen."
> („Health is a state of complete physical, mental and social wellbeing and not merely the absence of disease or infirmity.")

4. ≡ Ⓐ
Beschreibe die Stimmungslage der Krebspatientin. Wie würde sie ihren Zustand wohl einschätzen – gesund oder krank? Begründe deine Einschätzung.

5. ≡ Ⓐ
a) Erläutere an Beispielen, wie sich die in Bild 1 dargestellten Faktoren positiv oder negativ auf die Gesundheit des Menschen auswirken können.
b) Welche Bedeutung haben diese Faktoren für dich und dein eigenes Wohlbefinden?

Gehandicapt

Die abgebildete Sportlerin Edith Wolf-Hunkeler ist seit einem Autounfall querschnittsgelähmt und an den Rollstuhl gebunden. Mit diesem Handicap betreibt sie Leistungssport und holte in mehreren Disziplinen zahlreiche Titel. 2012 gewann sie bei den Paralympics in London einmal Gold, zweimal Silber und einmal Bronze.
Ist sie gesund oder krank?

Eine schwierige Grenzziehung

„Bin ich gesund? Ist das normal, wie ich mich fühle? Bin ich krank?" Diese Fragen können in vielen Fällen klar beantwortet werden – immer dann, wenn eine ärztliche Untersuchung einen objektiven Befund ermittelt, zum Beispiel einen Knochenbruch oder eine Infektion.
Sehr viel öfter jedoch ist die Trennlinie zwischen gesund und krank nicht eindeutig. Gehören Liebeskummer oder Alterserscheinungen zu den Krankheiten?

Welches Verhalten gilt als gesund, welches als krank? Ab wann gelten Messwerte, zum Beispiel vom Blutbild, als gesundheitlich bedenklich? Die Frage, ob sich jemand gesund oder krank fühlt, kann letztlich nur der betroffene Mensch selbst beurteilen.

Gesundheit umfasst den ganzen Menschen

Gesundheit ist mehr als nur die Abwesenheit von Krankheit. Sie umfasst das körperliche, seelische und soziale Wohlbefinden. Gesund ist ein Mensch, wenn er sich sowohl mit seinem Körper als auch seiner Seele, seinen Mitmenschen und seiner Umwelt im Einklang fühlt.

Verantwortung für die eigene Gesundheit

Die meisten Gesundheitsrisiken verursacht jeder Mensch selbst, etwa durch seine Verhaltensweisen oder Essgewohnheiten. Aber auch die Umwelt oder unsere Beziehungen zu anderen Menschen beeinflussen unser Wohlbefinden. Für die eigene Gesundheit trägt jeder Mensch also eine besondere persönliche Verantwortung. Dabei spielt die Gesundheitsvorsorge eine besondere Rolle.

Familie · Umwelt · Drogen/Medikamente · Wohnung · Bewegung · Beziehungen · Krankheitserreger · Arbeitsplatz · Nahrung

1 Zahlreiche Faktoren wirken sich auf die Gesundheit des Menschen aus.

Kannst du erläutern, was man unter Gesundheit versteht, und welche Faktoren sich auf die Gesundheit auswirken?

Infektionskrankheiten

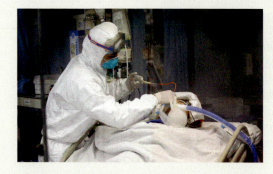

1. ☰ Ⓐ

In Spitälern müssen auch Besucher manchmal Schutzkleidung anlegen.
Begründe.

2. ☰ Ⓐ

Beschreibe den typischen Verlauf einer Infektionskrankheit. Teile den Verlauf dabei in mehrere Phasen ein.

3. ☰ Ⓐ

Welche Gruppen von Krankheitserregern unterscheidet man? Erstelle eine Liste und ordne jedem Erregertyp eine von ihm ausgelöste Infektionskrankheit zu. Die folgenden Seiten helfen dir dabei.

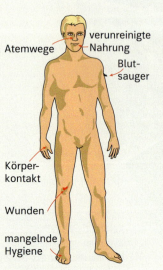

- Atemwege
- verunreinigte Nahrung
- Blutsauger
- Körperkontakt
- Wunden
- mangelnde Hygiene

4. ☰ Ⓐ

a) Beschreibe mithilfe der Abbildung, wie Krankheitserreger in den Körper eindringen können.
b) Mache zu jedem Beispiel Vorschläge, wie man sich vor einer entsprechenden Infektion schützen kann.

5. ☰ Ⓐ

a) Vergleiche die Todesursachen in Ländern mit niedrigem und mit hohem Pro-Kopf-Einkommen. Beschreibe auffällige Unterschiede.
b) Erläutere die Ursachen für diese Unterschiede.

Todesursachen weltweit

Todesursachen in ...

... Ländern mit niedrigem Pro-Kopf-Einkommen (<1005 US-Dollar): Todesfälle pro 100 000 der Bevölkerung*

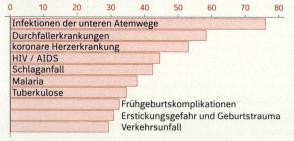

- Infektionen der unteren Atemwege
- Durchfallerkrankungen
- koronare Herzerkrankung
- HIV / AIDS
- Schlaganfall
- Malaria
- Tuberkulose
- Frühgeburtskomplikationen
- Erstickungsgefahr und Geburtstrauma
- Verkehrsunfall

... Ländern mit hohem Pro-Kopf-Einkommen (>12 235 US-Dollar): Todesfälle pro 100 000 der Bevölkerung*

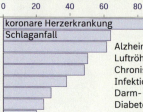

- koronare Herzerkrankung
- Schlaganfall
- Alzheimer und andere Demenzerkrankungen
- Luftröhre, Bronchien, Lungenkrebs
- Chronisch obstruktive Lungenerkrankung
- Infektionen der unteren Atemwege
- Darm- und Rektumkrebs
- Diabetes Mellitus
- Nierenerkrankungen
- Brustkrebs

*geschätzt für 2016

6. ☰ Ⓠ

a) Im Kampf gegen Infektionskrankheiten haben sich in der Vergangenheit zahlreiche Ärzte und Forscher hervorgetan. Drei von ihnen sind LOUIS PASTEUR, ROBERT KOCH (Bild) und EMIL VON BEHRING. Recherchiere, durch welche Entdeckungen sie bekannt geworden sind. Erstelle von einem dieser Forscher eine Kurzbiografie.
b) Aktuelle Nobelpreisträger auf diesem Gebiet sind FRANÇOISE BARRÊ-SINOUSSI und HARALD ZUR HAUSEN. Stelle die Schwerpunkte ihrer Forschung vor.

  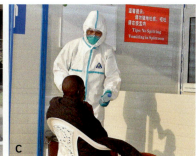

1 Kampf gegen Infektionen: **A** Grippe, **B** Desinfektion zur Verhinderung einer Viehseuche, **C** Ebola-Patient

Krankheitserreger und Infektionswege

Unsere Umwelt ist voller mikroskopisch kleiner Organismen, die mit dem blossen Auge nicht zu erkennen sind. Die meisten sind für den Menschen ungefährlich. Einige wenige jedoch sind Verursacher von Krankheiten. Bei diesen **Krankheitserregern** handelt es sich überwiegend um **Bakterien** und **Viren.** Aber auch **Hautpilze** und **tierische Parasiten** wie Bandwürmer können Krankheiten auslösen.

Die Krankheitserreger gelangen auf unterschiedlichen Wegen in den Körper. Sie werden mit der Nahrung aufgenommen oder dringen über die Atemwege (Tröpfcheninfektion), über Wunden oder durch Körperkontakte in den Körper ein. Auch können Tiere, zum Beispiel Zecken, die Erreger auf den Menschen übertragen.

Am Anfang steht die Infektion

Wenn Krankheitserreger in den Körper eingedrungen sind, hat sich dieser Mensch „infiziert". Die **Infektion** ist somit die erste Phase aller Infektionskrankheiten. Da viele dieser Krankheiten von Mensch zu Mensch übertragbar sind, spricht man auch von ansteckenden oder übertragbaren Krankheiten.

Die Erkrankung nimmt ihren Lauf

Oft merkt ein Betroffener gar nicht, dass er sich infiziert hat, da die natürlichen Schutzeinrichtungen des Körpers die Eindringlinge sofort vernichten. Gelingt dies nicht, beginnen die Krankheitserreger sich im Körper zu vermehren. Es vergeht dann noch eine gewisse Zeit, bis die Krankheit ausbricht. Diesen Zeitraum nennt man **Inkubationszeit.** Sie kann Stunden, Tage oder sogar Jahre dauern.

Mit dem **Ausbruch der Krankheit** treten typische **Symptome** auf, beispielsweise Fieber, Appetitlosigkeit, Kopf- und Gliederschmerzen und allgemeine Schwäche. Meist schafft es das nun aktivierte **Immunsystem,** die Erreger nach wenigen Tagen unschädlich zu machen.

In einigen Fällen bleibt der Mensch jedoch dauerhaft krank. Im schlimmsten Fall kann eine Infektion tödlich enden.

Die Genesung unterstützen

Bei einer schweren Infektionserkrankung wie der Grippe sollte man unbedingt einen Arzt zu Rate ziehen. Er entscheidet, ob Medikamente zum Einsatz kommen, oder ob das Immunsystem des Körpers mit der Infektion allein fertig wird.

Einfache Verhaltensregeln können die **Genesung** unterstützen: Bettruhe und Schonung entlasten den Organismus. Frische Luft im Krankenzimmer und reichlich Trinken unterstützen das Abwehrsystem.

Epidemien

Wenn grosse Teile der Bevölkerung von einer Infektion betroffen sind, spricht man von einer Seuche oder **Epidemie.** Pest- und Pockenepidemien sind bekannte Beispiele aus früheren Jahrhunderten. Ihnen fielen Millionen von Menschen zum Opfer. Dank der modernen Medizin sind diese Krankheiten heute weitgehend unter Kontrolle. Dennoch treten in einigen Entwicklungsländern Krankheiten wie Typhus und Cholera heute noch als Seuchen auf – häufig bedingt durch mangelnde Hygiene oder fehlende ärztliche Versorgung. Weltweit gehören die Infektionskrankheiten deshalb immer noch zu den häufigsten Todesursachen.

Kannst du die Erreger von Infektionskrankheiten benennen? Kannst du Infektionswege und den typischen Verlauf von Infektionserkrankungen beschreiben?

Viren – Winzlinge, die krank machen können

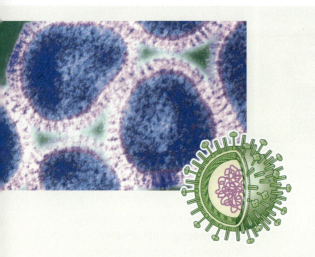

1. ≡ Ⓐ

Vergleiche das elektronenmikroskopische Bild von Grippeviren mit der Schemazeichnung. Benenne die Strukturen, die auf dem Foto erkennbar sind. Was sieht man hier nicht? Welche Funktion haben die stachelförmigen Fortsätze?

2. ≡ Ⓐ

Erläutere mithilfe der unten stehenden Abbildung, wie sich Viren im Körper massenhaft vermehren.

3. ≡ Ⓐ

Beschreibe mithilfe der Abbildung 1B und des Informationstextes den Verlauf einer Masernerkrankung.

4. ≡ Ⓐ

Werte die Abbildung 2 auf der gegenüberliegenden Seite aus und vergleiche die Grösse von Viren, Bakterien und Körperzellen.

5. ≡ Ⓐ

Sind Viren Lebewesen? Sammelt Argumente und diskutiert darüber.

6. ≡ Ⓠ

a) Listet Infektionskrankheiten auf, die durch Viren hervorgerufen werden.
b) Sucht euch aus dieser Liste ein Beispiel aus und erstellt einen Vortrag dazu. Stellt es der Klasse vor.

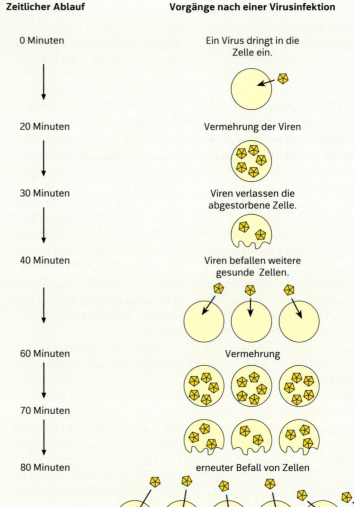

Zeitlicher Ablauf	Vorgänge nach einer Virusinfektion
0 Minuten	Ein Virus dringt in die Zelle ein.
20 Minuten	Vermehrung der Viren
30 Minuten	Viren verlassen die abgestorbene Zelle.
40 Minuten	Viren befallen weitere gesunde Zellen.
60 Minuten	Vermehrung
70 Minuten	
80 Minuten	erneuter Befall von Zellen

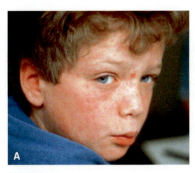

1 Masern:
A Hautauschlag, **B** Verlauf,
C mögliche Folgen

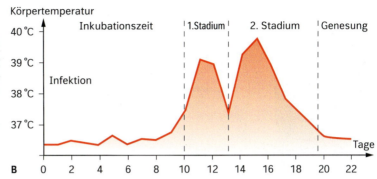

Körpertemperatur

B

C   Mittelohrentzündung – Lungenentzündung –Gehirnhautentzündung – Tod

Masern – eine harmlose Kinderkrankheit?

Masern werden häufig als harmlose Kinderkrankheit betrachtet. Damit unterschätzt man ihre möglichen lebensgefährlichen Folgen. Der Erreger ist ein Virus, das durch Tröpfcheninfektion weitergegeben wird. Nach etwa zehn Tagen Inkubationszeit zeigen sich erste harmlose Symptome wie Schnupfen und Husten. Weissliche Flecken auf der Wangenschleimhaut und Fieber sind typische Anzeichen des Krankheitsausbruches. Nach drei bis fünf Tagen geht die Krankheit in das zweite Stadium über. Die Viren haben sich inzwischen stark vermehrt. Das Fieber steigt oft bis 40 °C. Die Erkrankten fühlen sich elend und entwickeln einen roten Hautausschlag. Ist das Immunsystem in der Lage, die Viren zu bekämpfen, verschwinden alle Symptome ein bis zwei Wochen nach Ausbruch der Krankheit.

Bei geschwächten Kindern kann es jedoch zu Folgeerkrankungen wie Mittelohr- und Lungenentzündung oder einer lebensgefährlichen Hirnhautentzündung kommen. Dieses Risiko lässt sich nur durch eine rechtzeitige Impfung vermindern.

Viruserkrankungen

Viren verursachen viele weitere Infektionskrankheiten, beispielsweise Kinderlähmung , Grippe, Herpes, Windpocken, Röteln, Hepatitis, Mumps, Tollwut, AIDS und Ebola.

Bau eines Virus

Viren sind wesentlich kleiner als Bakterien und erreichen kaum 1/10000 mm. Im Elektronenmikroskop kann ihr Aufbau sichtbar gemacht werden. Er ist bei allen Viren trotz unterschiedlicher äusserer Gestalt im Wesentlichen gleich:
Eine Eiweisshülle schützt das Erbmaterial im Inneren. Die Hülle besitzt Fortsätze, mit denen sich die Viren an Wirtszellen anheften können. Viren besitzen weder einen eigenen Stoffwechsel, noch können sie sich selbst vermehren.

Vermehrung von Viren

Zur Vermehrung sind Viren auf Wirtszellen wie Bakterien oder Zellen von Menschen, Tieren und Pflanzen angewiesen. Das Virus dringt in die Wirtszelle ein und verändert den Stoffwechsel so, dass diese Zelle in kürzester Zeit viele neue Viren produziert. Schliesslich platzt die Wirtszelle. Die neuen Viren werden freigesetzt und können weitere Wirtszellen befallen.
Es gibt derzeit noch keine Medikamente gegen Viren. Mit Viren hemmenden Mitteln kann man jedoch die Dauer der Erkrankung verkürzen. Einen sicheren Schutz stellen nur Impfungen dar.

> Kannst du Bau und Vermehrung von Viren beschreiben und Viruserkrankungen aufzählen?

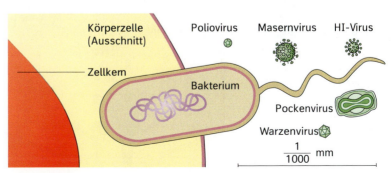

2 Grössenvergleich: Viren – Bakterium – Körperzelle

Bakterien – auch Krankheitserreger

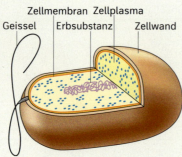

Geissel | Zellmembran Zellplasma | Zellwand
Erbsubstanz

2. ☰ Ⓐ
a) Die obere Abbildung zeigt eine elektronenmikroskopische Aufnahme von Salmonellen und das Schema einer Bakterienzelle. Beschreibe, was auf dem Mikroskopbild vom Aufbau eines Bakteriums zu erkennen ist und was nicht.
b) Erstelle eine Tabelle, in der du den einzelnen Bauteilen eines Bakteriums ihre Funktion zuordnest.

3. ☰ Ⓐ
Die Salmonellose gehört zu den gefährlichen Infektionskrankheiten.
a) Beschreibe mithilfe der Abbildung 1 mögliche Infektionsquellen und entsprechende Vorbeugemassnahmen.
b) Welche typischen Verlaufsphasen einer Infektionskrankheit weist die Salmonellose auf? Erstelle dazu ein Fliessdiagramm.

1. ☰ Ⓥ
In Joghurt und anderen Sauermilchprodukten sind Milchsäurebakterien (Lactobazillen und Streptokokken) enthalten.
a) Gib einen Tropfen des wässrigen Überstandes von stichfestem Joghurt auf einen Objektträger. Lege ein Deckgläschen auf. Betrachte das Präparat unter dem Mikroskop (mindestens 400fache Vergrösserung).
b) Welche Bakterienformen erkennst du? Lactobazillen sind stäbchenförmig, Streptokokken sind rund und hängen meist kettenartig zusammen. Fertige eine Zeichnung an.

4. ☰ Ⓐ
Stelle in einer Liste stichwortartig zusammen, welche lebensfördernden Funktionen Bakterien übernehmen.

5. Ⓠ
a) Listet Infektionskrankheiten auf, die durch Bakterien hervorgerufen werden.
b) Sucht euch aus dieser Liste ein Beispiele aus und erstellt einen Steckbrief.

Salmonellen vergiften Lebensmittel

Jährlich erkranken besonders in den heissen Sommermonaten zahlreiche Menschen an einer **Lebensmittelvergiftung.** Meist wird eine solche Erkrankung von Bakterien hervorgerufen, den **Salmonellen.** Nach dem Verzehr von befallenen Lebensmitteln dauert die **Inkubationszeit** wenige Stunden. Als erste **Symptome** treten Übelkeit, Erbrechen, Durchfall und Kopfschmerzen auf. Gewöhnlich lassen die Beschwerden nach wenigen Tagen nach. Bei einem geschwächten Organismus kann eine solche Infektion aber auch zum Tode führen.

Vielfältige Infektionsquellen

Die Übertragung von Salmonellen erfolgt häufig durch wasser- und eiweissreiche Lebensmittel tierischer Herkunft. Dazu gehören nicht ausreichend erhitzte Eier- und Milchspeisen, Fleisch- und Wurstwaren. Nach dem Verzehr setzen die Bakterien in Magen und Darm Giftstoffe frei, die die Schleimhäute dieser Organe angreifen und die genannten Symptome hervorrufen. Salmonellen vermehren sich vor allem bei sommerlichen Temperaturen sehr rasch. Sie überleben auch in tiefgefrorenen Lebensmitteln. Sie lassen sich aber durch Abkochen und Durchgaren abtöten.

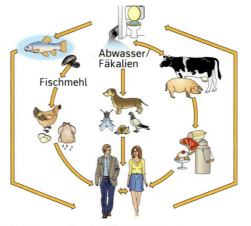

Abwasser/Fäkalien

Fischmehl

1 Infektionsquellen der Salmonellenbakterien

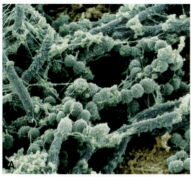
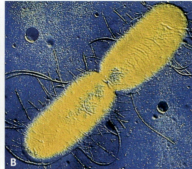
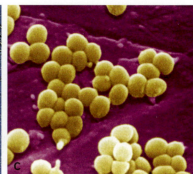

2 Bakterien: **A** Bakterien im Zahnbelag, **B** Darmbakterien bei der Teilung, **C** Eiter erregende Streptokokken, **D** verschiedene Bakterienformen

Bakterien sind überall

Nahezu überall auf der Erde findet man Bakterien: in der Luft, im Boden, im Wasser. Mit jedem Gegenstand, den wir anfassen, mit allem, was wir verzehren, mit jedem Atemzug kommen wir mit Bakterien in Berührung.

Lebensfeindlich – lebensfördernd

Bakterien verursachen bei Mensch und Tier zahlreiche Krankheiten. Neben der Salmonellose zählen dazu Scharlach, Tuberkulose, Keuchhusten, Lungenentzündung, Pest und Karies.

Die meisten Bakterien jedoch sind für Menschen, Tiere und Pflanzen harmlos. Im Naturhaushalt erfüllen sie eine wichtige Rolle. So zersetzen Bakterien beispielsweise organisches Material wie abgestorbene Pflanzenteile. In den Wurzeln von Schmetterlingsblütengewächsen wie Lupinen leben Bakterien, die den Stickstoff der Luft im Boden für die Ernährung der Pflanzen nutzbar machen. Milchsäurebakterien erzeugen Joghurt, Quark und Sauerkraut. Essigbakterien wandeln Wein in Essig um. Beim Menschen siedeln zahlreiche Bakterien auf der Haut und in den Schleimhäuten. Dort schützen sie vor Krankheitserregern. Auch im Darm leben Bakterien, die man unter dem Begriff „Darmflora" zusammenfasst. Sie unterstützen die Verdauung.

D

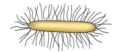

begeisseltes Stäbchenbakterium

begeisseltes Schraubenbakterium

Kugelbakterien

Kommabakterium

Der Bau der Bakterienzelle

Alle Bakterien zeigen einen gemeinsamen Bauplan. Sie bestehen aus einer einzigen Zelle, die von einer festen Zellwand begrenzt wird. Diese ist bei manchen Arten von einer Schleimschicht oder Kapsel umgeben. Nach innen folgt auf die Zellwand eine Zellmembran. Die Erbsubstanz liegt frei im Zellplasma. Sie steuert die Vorgänge in der Zelle. Viele Bakterien besitzen fadenförmige Fortsätze, Geisseln, mit denen sie sich bewegen können. Bakterien werden etwa 1/1000 mm gross und sind sehr unterschiedlich geformt. Es gibt Stäbchen-, Kugel-, Komma- oder Schraubenformen.

Rasante Vermehrung

Bakterien vermehren sich durch Zellteilung. Unter optimalen Bedingungen verdoppelt sich ihre Anzahl alle 20 bis 30 Minuten. Zu Untersuchungszwecken werden Bakterien in Laboren auf Nährböden gezüchtet.

3 Bakterienkolonie auf einem Nährboden

Kannst du den Bau von Bakterien beschreiben und unterschiedliche Bedeutungen von Bakterien erläutern?

Antibiotika

1. ≡ Ⓐ
Beschreibe die unterschiedlichen Wirkungsweisen, mit denen Antibiotika Bakterien unschädlich machen können.

2. ≡ Ⓐ
Begründe, warum Antibiotika nicht bei Masern angewendet werden.

3. Ⓠ
Recherchiere die Bedeutung der Antibiotika in der Massentierhaltung. Stelle deine Ergebnisse der Klasse vor.

4. ≡ Ⓐ
Erläutere, warum man bei der Einnahme von Antibiotika besonders verantwortungsbewusst vorgehen muss.

5. ≡ Ⓐ
a) Erläutere den Begriff „Resistenz" im Zusammenhang mit Bakterien und Antibiotika.
b) Beschreibe, welche Gefahren von der zunehmenden Resistenz vieler Bakterienstämme gegenüber Antibiotika ausgehen. Halte einen kurzen Vortrag.

Ein unentbehrliches Medikament

Im Jahre 1941 konnte mit **Penicillin** als erstem Antibiotikum ein infizierter Mensch geheilt werden. Heute versteht man unter **Antibiotika** eine Vielzahl solcher Stoffe. Sie schädigen nur Bakterienzellen. Auf Viren und auf menschliche und tierische Zellen haben sie meist keine oder nur geringe Auswirkungen. Antibiotika zählen heute zu den weltweit am häufigsten verwendeten Medikamenten. Sie haben dafür gesorgt, dass zahlreiche bakterielle Infektionen wie Tuberkulose, Diphtherie oder Wundstarrkrampf heilbar sind.

Resistente Bakterien

In jüngerer Zeit verstärkt sich ein Problem, das die „Wunderwaffe Antibiotika" stumpf zu machen droht. Immer häufiger treten Bakterienstämme auf, die aufgrund einer Veränderung ihrer Erbinformation und damit ihrer Struktur durch Antibiotika nicht mehr angegriffen werden können – sie sind **resistent.**
Diese Resistenz wird an die nächsten Bakteriengenerationen weitergegeben, sodass eine Behandlung mit demselben Antibiotikum ohne Erfolg bleibt. Die zunehmende Resistenz zwingt die Forschung dazu, immer neue Antibiotika zu entwickeln.

Wirkungsweise

Antibiotika wirken verschieden auf Bakterien. Einige von ihnen hemmen den Aufbau der Bakterienzellwand oder schädigen die Zellmembran. Andere Antibiotika blockieren die Stoffwechselvorgänge der Bakterien. Alle diese Wirkungsweisen sorgen dafür, dass die Bakterien abgetötet oder in ihrer Vermehrung gehemmt werden. Der unterschiedliche Aufbau von menschlichen und bakteriellen Zellen ist der Grund dafür, dass Antibiotika nur Bakterien schädigen.

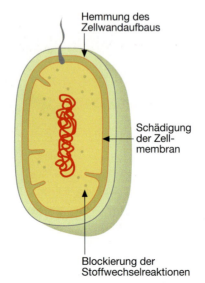

Hemmung des Zellwandaufbaus

Schädigung der Zellmembran

Blockierung der Stoffwechselreaktionen

1 Wirkungsweise von Antibiotika

Verantwortungsbewusste Einnahme

Antibiotika dürfen nur nach ärztlicher Verschreibung und unter gewissenhafter Beachtung der Einnahmevorschriften eingenommen werden. Einerseits kann eine unkontrollierte Verwendung von Antibiotika zu einer verstärkten Resistenz der krankmachenden Bakterien führen. Andererseits schädigen die Antibiotika auch die nützlichen Bakterien, zum Beispiel im Dickdarm, sodass es zu schwerwiegenden Nebenwirkungen kommen kann.

Die Verwendung von Antibiotika in der Kritik

Einige Anwendungsbereiche von Antibiotika stehen in der Kritik. So findet man den Einsatz von Antibiotika häufig in der Masttierhaltung. Inzwischen sind EU-weit Antibiotika als genereller Futterzusatz verboten. Häufig werden sie jedoch als Medikament für alle auf engem Raum lebenden Tiere eingesetzt, um Infektionen vorzubeugen und Leistung und Wachstum zu steigern. Hier besteht die Sorge, resistente Bakterien könnten über den Verzehr tierischer Nahrungsmittel den Menschen erreichen.

2 Haltung von Mastschweinen

Vergleichbare Bedenken gibt es auch im Bereich des Pflanzenschutzes, wo mit Antibiotika bakterielle Erkrankungen der Pflanzen (zum Beispiel Feuerbrand) bekämpft werden.

Ebenso umstritten ist der Einsatz von Antibiotika in der Gentechnik. Mit ihrer Hilfe überprüft man, ob eine Genübertragung in Pflanzenzellen erfolgreich war.
Hier besteht die Sorge, dass es zur unkontrollierten Ausbreitung von solchen Genen kommt, die eine Resistenz von Bakterien gegenüber Antibiotika hervorrufen.

> Kannst du die Wirkungsweise von Antibiotika beschreiben und das Risiko durch die zunehmende Resistenz von Bakterien erläutern?

Die Entdeckung des Penicillins

Der Zufall hilft

Grosse Entdeckungen werden oft durch Zufall gemacht. So war es auch im Jahre 1928, als der schottische Bakterienforscher ALEXANDER FLEMING (1881 bis 1955) sein Labor aufräumte. Dabei fiel ihm ein Glasschälchen in die Hand, in dem er vor einiger Zeit Bakterien auf einem speziellen Nährboden gezüchtet hatte.

2 Der Entdecker FLEMING

Er wollte die Kulturschale wegwerfen, weil sie verschimmelt war, da bemerkte er etwas Sonderbares: In der Nähe der Schimmelpilze wuchsen keine Bakterien! Für FLEMING stellte sich die Frage: Gibt der Schimmelpilz einen Stoff ab, der das Wachstum der Bakterien hemmt oder sie sogar abtötet?

Der Wirkstoff Penicillin

Bei dem Schimmelpilz in der Kulturschale handelte es sich um einen Pinselschimmel mit einem verzweigten Fadengeflecht und langen Reihen aus blaugrünen Sporen an den Enden.
Diesen Schimmelpilz züchtete FLEMING in einer speziellen Nährlösung für Bakterien und Pilze. Wenn Bakterien mit dieser Lösung in Kontakt gebracht wurden, hörten sie auf zu wachsen. Damit war nachgewiesen, dass der Schimmelpilz einen Stoff erzeugt, der die Vermehrung von Bakterien hemmt. Diesen Stoff nannte FLEMING **Penicillin** nach dem wissenschaftlichen Namen für den Schimmelpilz, *Penicillium chrysogenum.*
Für seine Entdeckung erhielt FLEMING 1945 den Nobelpreis für Medizin.

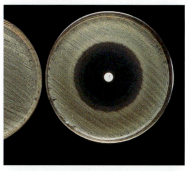

1 Kulturschale mit Schimmelpilz und Bakterien

STREIFZUG

Infektionskrankheiten durch Viren und Bakterien

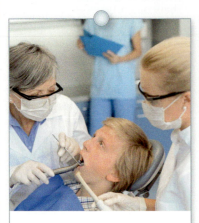

Karies

Erreger: Bakterien (Streptokokken)

Infektionsweg: Bakterien leben im Mund und Rachenraum · Kohlenhydrate sind ein guter Nährboden für ihre Ernährung und Vermehrung. Bei diesen Vorgängen entwickelt sich eine Säure.

Symptome: Säure greift die Zähne an, bei Nichtbehandlung entstehen Löcher in den Zähnen.

Vorbeugung/Behandlung: regelmässiges Zähneputzen; regelmässiger Zahnarztbesuch; weniger Süssigkeiten essen

Röteln

Erreger: Rötelnvirus

Infektionsweg: Tröpfcheninfektion

Symptome: rote Flecken, zunächst im Gesicht · Fieber · später rote Flecken am ganzen Körper · lebenslange Immunität nach einer Infektion

Vorbeugung/Behandlung: vorbeugende Impfung · fiebersenkende Mittel

Komplikationen: bei Rötelninfektionen während einer Schwangerschaft Gefahr von schweren Fehlbildungen des Kindes und Fehlgeburten

Mittelohrentzündung

Erreger: Viren und Bakterien

Infektionsweg: Viren gelangen mit dem Blut ins Ohr · Einwanderung der Bakterien aus dem Mundraum durch die Ohrtrompete ins Mittelohr · möglicherweise auch beim Schwimmen oder Baden durch das Trommelfell

Symptome/Krankheitsverlauf:

Ohrenschmerzen · Fieber Druckgefühl · Rauschen im Ohr

Vorbeugung/Therapie: Ohren vor Kälte und Zugluft schützen · Bakterien mit Antibiotika bekämpfen

Komplikationen: bei nicht auskurierter Mittelohrentzündung Vernarbung des Trommelfelles · Mittelohrentzündung · Schwerhörigkeit · Hirnhautentzündung

---

1. Ⓐ

a) Erkläre, warum eine Rötelnimpfung wichtig ist.
b) Begründe, warum auch Jungen gegen Röteln geimpft werden sollten.

2. Ⓠ
Recherchiert zu weiteren Infektionskrankheiten und erstellt Steckbriefe nach obigem Muster. Tipps: Mumps, Kinderlähmung, Keuchhusten, Mittelohrentzündung, Windpocken, Scharlach, Ebola

Kinderlähmung (Polio)

Erreger: Poliovirus

Infektionsweg: Schmierinfektion (Urin oder Stuhl), Tröpfcheninfektion

Symptome: Schädigung der Zellen des Zentralnervensystems · Lähmungen der Muskulatur · Wachstumsstörungen, Gelenkprobleme als Spätfolge

Vorbeugung/Behandlung: Seit 1960er Jahren wirksamer Impfstoff · Physiotherapie und schmerzlindernde Massnahmen

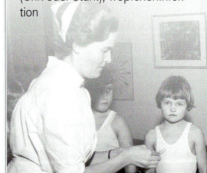

Eine gesunde Lebensweise unterstützt die Abwehr

Bewegung
Sportliche Aktivitäten und Bewegung in frischer Luft fördern die Durchblutung und tragen so wesentlich zur Gesunderhaltung des Körpers bei.

Abwechslungsreiche Ernährung
Neben der Bewegung sorgt eine gesunde, abwechslungsreiche Ernährung für die Stärkung der Abwehrkräfte. Wichtig ist vor allem das regelmässige Essen von Obst und Gemüse, da darin lebenswichtige Vitamine, Mineralstoffe und Spurenelemente enthalten sind. Ebenso wichtig ist eine ausreichende Flüssigkeitsversorgung des Körpers, am besten mit Mineralwasser oder ungesüsstem Tee.

1. ☰ ⓠ
Liste Sport- und Freizeitangebote auf, die in deiner Umgebung angeboten werden. Denke dabei auch an Entspannungstechniken.

2. ☰ ⓐ
Erläutere, wie die dargestellten Verhaltensweisen die Arbeit des Immunsystems unterstützen.

3. ☰ ⓠ
Sammelt Informationen zu verschiedenen Entspannungstechniken und führt einfache Übungen mit eurer Klasse durch.

Schlaf
Regelmässige Schlaf- und Wachrhythmen sind das beste Heilmittel gegen Müdigkeit und Abgespanntheit. Schlaf stärkt das Immunsystem. Denn auch im Schlaf arbeitet der Körper: Schädliche Stoffe werden abgebaut, Zellen erneuert und Energiespeicher aufgefüllt. Dauernder Schlafmangel kann psychisch und körperlich krank machen.

Entspannung
Stress, Hektik und psychische Belastungen können zu ernsthaften seelischen und körperlichen Erkrankungen führen. Stresshormone werden ausgeschüttet und behindern die Arbeit des Immunsystems. Entspannungstechniken wie autogenes Training, progressive Muskelentspannung oder Yoga können helfen, wieder zu Ausgeglichenheit und körperlicher Belastbarkeit zu finden.

PINNWAND

Infektionen mit Pilzen und Parasiten

1. Ⓐ
Notiere Gründe, warum das Risiko, sich mit Fusspilz zu infizieren, in Hallenbädern besonders hoch ist.

2. Ⓐ
Sicher hast du auch schon eine Schale Erdbeeren erwischt, in der sich eine schimmlige Frucht befindet,

und dir überlegt, ob man nun die übrigen Erdbeeren noch bedenkenlos essen kann. Erläutere den Grund deiner Überlegung.

3. Ⓐ
Im Wald gepflückte Beeren sollte man vor dem Verzehr immer zuerst waschen. Benenne den Grund dafür.

4. Ⓐ
Im Zusammenhang mit Pilzerkrankungen spricht man auch von einer „Erkrankung der Erkrankten": Sie treffen häufig ältere Menschen oder Menschen, die bereits an anderen Krankheiten wie AIDS oder Krebs leiden. Erläutere, warum das so ist.

Pilze verursachen Krankheiten

Pilze verursachen häufig oberflächliche Infektionen wie Fusspilz, Nagelpilz oder Hautpilz. Diese entstehen, indem Pilzsporen auf die Haut oder den Nagel gelangen und dort wachsen. Der Pilz schädigt durch sein Wachstum das Gewebe – es kommt zu einer Entzündung und den typischen Symptomen wie Rötungen und Juckreiz.

Vor allem bei Menschen mit einem geschwächten Immunsystem kommt es gelegentlich auch zu invasiven („innerlichen") Infektionen mit Pilzen, insbesondere **Schimmelpilzen**. Die Sporen gelangen durch die Atemluft (beispielsweise wegen verschimmelter Klimaanlagen) oder befallene Lebensmittel in den Körper. Das Wachstum der Pilze schädigt dann die befallenen Organe. Zudem produzieren die Pilze bei ihrem Stoffwechsel giftige Stoffe (Toxine), die starke allergische Reaktionen verursachen können.

Wie man Pilze los wird

Medikamente zur Behandlung von Pilzinfektionen gibt es rezeptfrei in der Apotheke. Konnte ein Arzt den Erreger jedoch genau bestimmen, verschreibt er ein Medikament, das gezielt gegen diesen Pilz wirkt. Zudem sollten Patienten mit einer Pilzinfektion Kleider, die mit dem Pilz in Berührung gekommen sind, bei mindestens 60° waschen, um die Sporen abzutöten.

Parasiten verursachen Krankheiten

Auch tierische Lebewesen können Infektionskrankheiten auslösen. Man spricht in diesem Fall von einem Parasitenbefall. Viele Parasiten sind nicht selbst der Auslöser für die Infektionskrankheit, sondern übertragen als sogenannte **Vektoren** Bakterien oder Viren. Dazu zählen beispielsweise Flöhe und Läuse.

Auch Zecken sind Vektoren. Bandwürmer hingegen richten selbst grossen Schaden im Körper an. In Europa ist der Fuchsbandwurm am weitesten verbreitet.

1 Feuchtigkeit ist der Hauptgrund für Schimmel in Wohnungen.

> Nenne zwei Symptome einer oberflächlichen Pilzinfektion. Was ist bei einer Behandlung von Pilzinfektionen zu beachten?

Tierische Krankheitsüberträger und -erreger

PINNWAND

LEXIKON

Parasiten leben im oder am Körper von Menschen, Tieren oder Pflanzen.
Wirt nennt man das Lebewesen, in oder an dessen Körper ein Parasit lebt.

Zecken

Überträger/Erreger: der Holzbock gehört zur Familie der Zecken · 2 bis 5 mm gross · lebt bodennah im Gras, Gebüsch oder Unterholz · kann beim Blutsaugen sowohl Bakterien als auch Viren übertragen

Krankheitsbild: Viren verursachen die gefährliche Hirnhautentzündung FSME (Frühsommer-Meningo-Enzephalitis) · Bakterien rufen Borreliose hervor · zunächst Rötung der Einstichstelle · später Entzündungen und vielfältige Komplikationen wie Gelenkserkrankungen oder Nervenlähmungen

Vorbeugung/Behandlung: bei Befall umgehende Entfernung der Zecke · Impfung gegen FSME · keine Vorsorgemöglichkeit gegen Borreliose · Antibiotikabehandlung notwendig

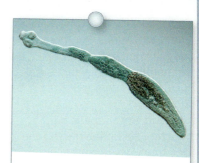

Fuchsbandwurm

Erreger: lebt im Darm von Füchsen, Katzen und Hunden (Endwirte) · 1 – 5 mm gross · Eier gelangen im Kot nach aussen · kommen über Waldbeeren und Pilze in den Darm von Mäusen, aber auch Menschen

Krankheitsbild: geschlüpfte Larven setzen sich in Leber, Lunge und Gehirn fest · bilden dort eine Vielzahl von Bläschen (Finnen) · Zerstörung des umgebenden Gewebes

Vorbeugung/Behandlung: Pilze, bodennahe Beeren und Früchte nur gekocht verzehren · Hygiene beim Umgang mit Hunden und Katzen · Wurmkuren für diese Haustiere

Kopflaus

Überträger/Erreger: lebt als Parasit im Bereich des Kopfes · klammert sich an den Haaren fest und saugt Blut · Übertragung durch direkten Kontakt oder über Textilien (z.B. Jacken, Mützen, Kopfkissen) · Weibchen „kitten" 50 – 80 Eier (Nissen) an die Haare · Nachwuchs schlüpft nach etwa 18 Tagen

Krankheitsbild: heftiger Juckreiz · Entzündung der Kopfhaut durch Kratzen · in den Tropen Übertragung von Fleckfieber möglich

Vorbeugung/Behandlung: Behandlung der befallenen Haare mit einem Mittel, das Läuse und Nissen abtötet · Auskämmen mit feinem Läusekamm

1. Formuliere Ratschläge, wie man sich vor einem Befall von Zecken schützen kann. Denke dabei an ihren Lebensraum.

2. Beschreibe, welche Krankheiten die dargestellten Krankheitserreger hervorrufen.

3. Zu welcher Tiergruppe zählen die Läuse und zu welcher die Zecken? Achte bei der Zuordnung auf die Anzahl der Beine.

Stark in der Abwehr – das Immunsystem

1. ≡ Ⓐ
Nutze Abbildung 1 und beschreibe jeden Schritt der Immunabwehr in einem Satz.

2. ≡ Ⓐ
Stelle in einer Tabelle dar, welche Funktionen die Organe des Immunsystems bei dessen Arbeit übernehmen.

3. ≡ Ⓐ
Erkläre die Verklumpung von Krankheitserregern mithilfe des Schlüssel-Schloss-Prinzips.

4. ≡ Ⓐ
Erkläre unter Verwendung der Abbildung 4 das Geschehen der Immunisierung.

5. Ⓠ
Stellt die erworbene Immunreaktion in einem Rollenspiel nach. Verteilt in der Klasse die Rollen der verschiedenen Immunzellen. Stattet die „Zellen" mit Erkennungsmolekülen aus Karton aus. Jede Zelle erkennt nur einen Typ von Antigenen. Von draussen kommt dann ein Erreger mit einem unbekannten Antigen aus Karton herein ...

Krankheitserreger überall

Im Alltag sind die Menschen überall Krankheitserregern ausgesetzt. Wenn zum Beispiel in unserer Nähe jemand hustet oder niest, wenn wir eine Türklinke anfassen oder ungewaschene Früchte essen, nehmen wir Bakterien, Viren oder andere Krankheitserreger auf. Unser Körper würde solche Angriffe nur kurze Zeit überleben, gäbe es nicht eine leistungsfähige Abwehr.

Die erste Abwehrkette – angeborene Immunabwehr

Die gesunde Haut gehört zu den ersten **Barrieren,** die den Menschen vor Infektionen schützen. Ihre Hornschicht und der Säureschutzmantel, der sich aus den Ausscheidungen der Schweiss- und Talgdrüsen bildet, wehren Krankheiterreger ab. Die gleiche Funktion erfüllen die Schleimhäute, der Speichel, die Tränenflüssigkeit, die Salzsäure im Magen und die Bakterien im gesunden Darm. Gelangen dennoch schädliche Bakterien, Viren und Pilze in den Körper, werden sie von **Fresszellen** beseitigt. In der **Milz** befinden sich immer Fresszellen in Reserve und können sich bei Bedarf vermehren. Dennoch gelingt es manchen Eindringlingen, diese **angeborene Immunabwehr** zu überwinden.

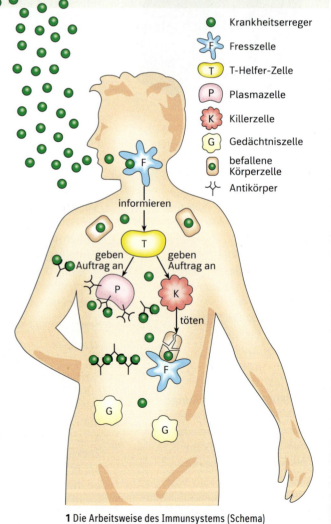

●	Krankheitserreger
F	Fresszelle
T	T-Helfer-Zelle
P	Plasmazelle
K	Killerzelle
G	Gedächtniszelle
	befallene Körperzelle
⊥	Antikörper

informieren

geben Auftrag an — geben Auftrag an

töten

1 Die Arbeitsweise des Immunsystems (Schema)

Das Immunsystem greift ein – erworbene Immunabwehr

Dort, wo Erreger in den Körper eingedrungen sind und sich vermehren, beginnt das Immunsystem der erworbenen Immunabwehr mit seiner Arbeit. Es sind im Wesentlichen die **weissen Blutkörperchen,** die diese Aufgabe als Abwehrzellen übernehmen. Sie entstehen laufend neu im **Knochenmark** der Röhrenknochen und gelangen mit dem Blut und der Lymphe an alle Stellen des Körpers. In den **Lymphknoten,** zum Beispiel in den Mandeln oder unter den Achseln, befinden sich besonders viele dieser Abwehrzellen. Man unterscheidet dabei mehrere Arten: Fresszellen, Killerzellen, Plasmazellen, T-Helferzellen und Gedächtniszellen.

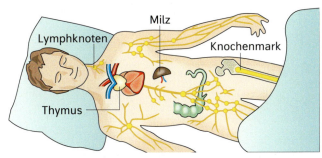

2 Organe des Immunsystems

Die Funktion der unterschiedlichen Zellen

Fresszellen können überall im Körper eingedrungene Krankheitserreger aufnehmen und verdauen. Sie erkennen die Erreger an körperfremden Molekülen, den **Antigenen,** die sich an der Aussenseite der Bakterien oder Viren befinden. Passen die Antigene wie ein Schlüssel zum Schloss auf Rezeptormoleküle der Fresszellen, werden diese aktiv. Dann informieren die Fresszellen mithilfe von Antigen-Bruchstücken der verdauten Erreger nach dem **Schlüssel-Schloss-Prinzip** andere Abwehrzellen im Blut,

3 Fresszellen vernichten Bakterien

die **T-Helferzellen.** Diese Zellen lernen im **Thymus,** einem kleinen Organ unter dem Brustbein, körperfremde Zellen und infizierte Körperzellen zu bekämpfen. Dazu informieren die T-Helferzellen die Plasmazellen und die Killerzellen.

Plasmazellen bilden **Antikörper.** Das sind speziell geformte Eiweisse. Sie passen nach dem Schlüssel-Schloss-Prinzip zu den Antigenen der jeweiligen Erreger. So werden die Erreger über die Antikörper miteinander verbunden und verklumpen. Die verklumpten Eindringlinge werden schliesslich von Fresszellen beseitigt.

Ausserdem alarmieren die T-Helferzellen die **Killerzellen.** Diese suchen nach Körperzellen, die bereits von Erregern befallen sind. Sie erkennen solche Zellen wiederum an Antigen-Bruchstücken auf der Zelloberfläche. Killerzellen töten befallene Körperzellen ab. Fresszellen vernichten auch diese Reste.

Immunisierung

Während das Abwehrsystem arbeitet, bilden sich die **Gedächtniszellen.** Das sind Zellen, die sich nach dem Kontakt mit einem bestimmten Antigen zu langlebigen Zellen entwickeln. Sie können noch Jahre später bei einem erneuten Kontakt mit demselben Erregertyp sofort aktiv werden und in grossen Mengen Antikörper produzieren. Auf diese Weise wird der Mensch im Laufe seines Lebens gegen verschiedene Erreger **immun.**

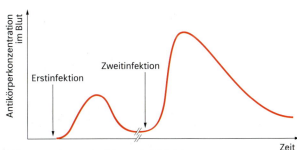

4 Konzentration von Antikörpern bei Infektionen

Kannst du Beispiele für die angeborene Immunabwehr beschreiben? Erläutere die Funktion des erworbenen Immunsystems und beschreibe die Immunisierung des Menschen.

Impfen kann Leben retten

1. ☰ Ⓐ
Beschreibe, wie man bei einer Schutzimpfung vorgeht und was dabei im Körper passiert.

2. Ⓠ
Siehe in deinem Impfpass nach, welche Impfungen durchgeführt wurden. Vergleiche die Eintragungen in deinem Impfpass mit den Angaben des Impfplans.
Nenne Konsequenzen, die sich für dich ergeben können.

Alter	DTP	Polio	Hib	HBV	Pneumo-kokken	MMR	HPV	VZV	Influ.
Geburt									
2 Monate	DTP$_a$	IPV	Hib	HBV	PCV13				
4 Monate	DTP$_a$	IPV	Hib 4)	HBV	PCV13				
9 Monate						ROR			
12 Monate	DTP$_a$	IPV	Hib	HBV	PCV13	ROR			
24 Monate									
4–7 Jahre	DTP$_a$/dTp$_a$	IPV							
11-14/15 Jahre	dTp$_a$			HBV			HPV (Mädchen)	VZV	
25 Jahre	dTp$_a$								
45 Jahre	dT								
≥ 65 Jahre	dT								Influenza

Empfohlen sind (Details s. Impfempfehlungen der Eidgenössischen Kommission für Impffragen (EKIF)):
Diphterie (D), Tetanus (T), Pertussis (P), Polio, H. Influenzae (Hib), Pneumokokken (ab 2 Mt)
Masern (M), Mumps (M), Röteln (R) (ab 9 Mt)
Varizellen (VZV) & Humane Papillomaviren (HPV) (ab 11 Jahren)
DTP$_a$/dTp$_a$/dT, ROR: Kombinationsimpfstoffe

3. ☰ Ⓐ
Vergleiche die Schutzimpfung mit der Immunisierung durch eine Erstinfektion.

4. Ⓠ
a) Formuliere die Kernaussage des unten stehenden Zeitungsartikels in eigenen Worten.
b) Stelle die Argumente von Impfbefürwortern und Impfgegnern gegenüber und bewerte sie.

Masernausbruch
GESUNDHEIT. In den Kantonen St. Gallen und Zürich wurden Anfang 2019 sechs Fälle von Masern gemeldet. Eine Person hatte sich auf den Philippinen infiziert und auf dem Heimflug in die Schweiz zwei weitere Passagiere angesteckt. Zurück in der Schweiz infizierte sie den Bruder und eine Gesundheitsfachperson. Der Bruder übertrug das Virus dann auf eine weitere medizinische Fachperson. Von den sechs angesteckten Personen waren nur zwei vollständig geimpft. Für eine vollständige Ausrottung der Masern müssten laut WHO 95 % der Weltbevölkerung geimpft sein. In der Schweiz lag die Quote im Jahr 2015 bei 87 %.

5. ☰ Ⓐ
Vergleiche die aktive und passive Immunisierung. Stelle die Gemeinsamkeiten und die Unterschiede in einer Tabelle gegenüber.

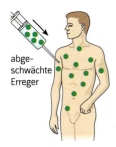

abge-
schwächte
Erreger

Schutzimpfung

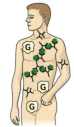

Bildung von Antikörpern
und Gedächtniszellen

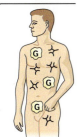

Immunität

Infektion

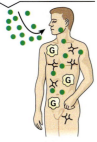

Infektion

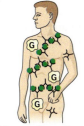

Antikörper stehen sofort
zur Verfügung

1 Schutzimpfung
(aktive Immunisierung)

Impfungen unterstützen die Körperabwehr

Viele Infektionskrankheiten, die früher oft tödlich verliefen, haben ihren Schrecken heute fast verloren. Diese Entwicklung ist vor allem auf den Einsatz von Impfungen zurückzuführen. Deren Wirkungsweise ist mit dem Immunsystem verbunden. Zahlreiche Infektionskrankheiten kann man für einen langen Zeitraum kein zweites Mal bekommen, weil das Immunsystem im Verlaufe der Erstinfektion spezifische Antikörper und Gedächtniszellen gebildet hat. Diese können bei einer erneuten Infektion mit den gleichen Erregern sofort mit der Abwehr beginnen. Bei Impfungen greift man auf diese Fähigkeit des Körpers zurück.

Aktive Immunisierung

Eine Reihe von Impfungen sollte bereits im Säuglingsalter erfolgen, zum Beispiel die Impfung gegen Wundstarrkrampf (Tetanus). Dabei nimmt das Kind Tetanus-Erreger auf, die vorher abgeschwächt wurden. Durch die Antigene auf den Erregern wird das Abwehrsystem angeregt, Antikörper und Gedächtniszellen zu bilden. So hat der Körper einen Langzeitschutz gegen die Krankheit, er ist immun. Diese Impfung nennt man **Schutzimpfung** oder **aktive Immunisierung.** Um die Immunität aufrecht zu erhalten, muss in regelmässigen Abständen eine Auffrischungsimpfung erfolgen.

Impfen – Verantwortung für alle

Nach einer Impfung kann es zu Fieber oder leichten Gewebeschwellungen kommen, in sehr seltenen Fällen auch zu ernsteren Nebenwirkungen. Für manche Impfgegner ist das ein Grund, Impfungen abzulehnen. Dieser Einstellung muss man entgegenhalten, dass eine Impfung wesentlich weniger Risiko birgt als die Folgen der Krankheiten, die bei Nichtimpfung möglicherweise auftreten und weiter übertragen werden. Somit kommt einer konsequenten Impfpraxis eine hohe soziale Verantwortung zu.

Passive Immunisierung

Ist ein Mensch an einer Infektion erkrankt und das Immunsystem wird mit den Erregern nicht fertig, hilft möglicherweise eine andere Form der Impfung. Dabei müssen gleich die passenden Antikörper gespritzt werden, um das Immunsystem kurzfristig zu unterstützen. Früher gewann man diese Antikörper, indem man Haustiere mit abgeschwächten Erregern der betreffenden Infektionskrankheit infizierte, ihnen nach einiger Zeit Blut entnahm und die vorhandenen Antikörper herausfilterte und dem Patienten verabreichte. Heute verwendet man meist menschliche Antikörper aus Zellkulturen. Eine solche Impfung nennt man **Heilimpfung** oder **passive Immunisierung.** Sie wirkt nur drei bis vier Wochen, kann aber im Notfall Leben retten.

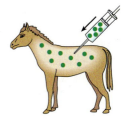

Infizieren mit abge-
schwächten Erregern

Bildung von Anti-
körpern im Pferd

Entnahme von Anti-
körpern aus Pferdeblut

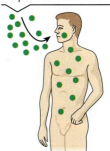

Infektion

Impfung mit Antikörpern

2 Heilimpfung
(passive Immunisierung)

Kannst du die Bedeutung von Impfungen und das Prinzip einer Schutzimpfung erklären?

AIDS – eine tödliche Infektionskrankheit mitten unter uns

1. **A**
Beschreibe, wie sich der HI-Virus im menschlichen Körper vermehrt und welche Auswirkungen dies hat.

2. ≡ **A**
Erläutere, wie man sich vor einer HIV-Infektion schützen kann.

3. **Q**
Recherchiere, wie das Symbol der AIDS-Schleife entstanden ist und erkläre seine Bedeutung.

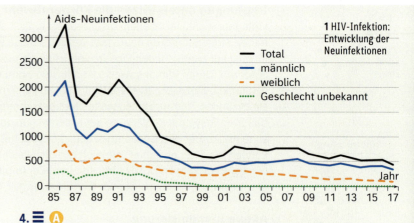

1 HIV-Infektion: Entwicklung der Neuinfektionen

4. ≡ **A**
a) Erläutere anhand der Abbildung 1, wie sich die Zahl der HIV-Infektionen in der Schweiz in den letzten Jahren entwickelt hat.
b) Nenne mögliche Gründe für diese Entwicklung.

AIDS und der Krankheitserreger HIV

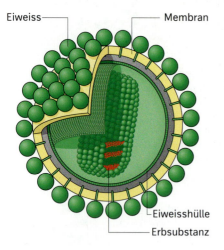

2 HI-Virus

AIDS ist eine tödliche Infektionskrankheit. Die Abkürzung steht für **A**cquired **I**mmuno**d**eficiency **S**yndrome. Dahinter verbirgt sich eine erworbene Immunschwäche des Menschen, die durch **HI-Viren (H**umane **I**mmunodeficiency **V**irus) hervorgerufen wird. Das geschwächte Immunsystem kann sich nicht mehr gegen Krankheitserreger zur Wehr setzen. Daher setzt sich das Krankheitsbild von AIDS aus Symptomen verschiedener Krankheiten zusammen. Infizierte sind häufig abgemagert, geschwächt und leiden unter Lungenentzündung. Die Krankheit kommt inzwischen überall auf der Welt vor.

HIV-Infektion

Die Übertragung des HI-Virus erfolgt hauptsächlich durch ungeschützten Geschlechtsverkehr oder Blutkontakt, bei dem ein Partner bereits durch das Virus infiziert ist. Zunächst gelangt das Virus über Körperflüssigkeiten eines Infizierten wie Blut, Spermien- oder Scheidenflüssigkeit in den Körper eines Nichtinfizierten. Dort befällt es die

T-Helferzellen, die bei der Immunabwehr eine wichtige Funktion erfüllen.
Das Virus schleust sein Erbgut in die T-Helferzellen ein. Diese beginnen daraufhin mit der Produktion neuer Viren, anstatt diese erfolgreich zu bekämpfen. Die Zahl der T-Helferzellen nimmt dabei immer mehr ab, wodurch das Immunsystem sehr stark geschwächt wird.

HIV-Test

Eine Infektion mit HI-Viren verursacht zunächst keine erkennbaren Symptome. Daher kann sie eine zeitlang unerkannt bleiben. Im Laufe von zwei bis vier Monaten nach der Infektion bildet das Immunsystem zwar Antikörper, diese schaffen es jedoch nicht, die HI-Viren unschädlich zu machen. Allerdings lassen sich die Antikörper über einen HIV-Test im Blut nachweisen. Sind Antikörper im Blut vorhanden, ist das Ergebnis „HIV-positiv". Die Gewissheit, infiziert zu sein, ist mit vielen Ängsten verbunden. Daher treten häufig Probleme im Umgang mit anderen Menschen auf, wenn bekannt wird, dass jemand HIV-infiziert ist.

Stadien der Krankheit AIDS

Wenn sich die Viren im Körper so stark vermehren, dass die Krankheit ausbricht, treten zunächst Fieber, Durchfall, Gewichtsverlust und Lymphknotenschwellungen auf. Man spricht auch vom Vorstadium der Krankheit.

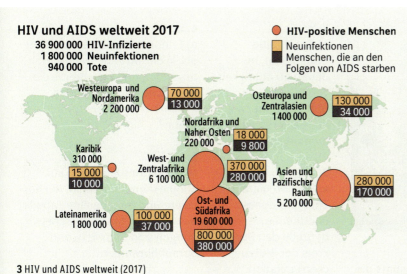

HIV und AIDS weltweit 2017

36 900 000 HIV-Infizierte
1 800 000 Neuinfektionen
940 000 Tote

- 🔴 HIV-positive Menschen
- 🟧 Neuinfektionen
- ⬛ Menschen, die an den Folgen von AIDS starben

Westeuropa und Nordamerika 2 200 000 — 70 000 / 13 000

Osteuropa und Zentralasien 1 400 000 — 130 000 / 34 000

Nordafrika und Naher Osten 220 000 — 18 000 / 9 800

Karibik 310 000 — 15 000 / 10 000

West- und Zentralafrika 6 100 000 — 370 000 / 280 000

Asien und Pazifischer Raum 5 200 000 — 280 000 / 170 000

Lateinamerika 1 800 000 — 100 000 / 37 000

Ost- und Südafrika 19 600 000 — 800 000 / 380 000

3 HIV und AIDS weltweit (2017)

5. ☰ Ⓐ
a) Beschreibe die unterschiedliche Verbreitung von HIV-Infektionen weltweit.
b) Nenne Gründe für die unterschiedliche Verbreitung von AIDS. Beachtet dabei sowohl die Rolle von Mann und Frau als auch gesellschaftspolitische und religiöse Hintergründe.
c) Vergleiche die Anzahl der Todesfälle in verschiedenen Regionen und versuche, diese zu erklären.

Im Laufe der Zeit vermehren sich die Viren immer mehr, bis das Immunsystem zusammenbricht. Der Körper kann dann sonst harmlose Erreger nicht mehr abwehren. Viele Betroffene leiden unter Lungenentzündung, Pilzbefall der Organe, verschiedenen Krebserkrankungen und Erkrankungen des Gehirns. Dieses Stadium wird als Vollbild der Krankheit AIDS bezeichnet.

Medikamente

Die Diagnose "HIV-positiv" bedeutete vor wenigen Jahren noch den baldigen Tod. Auch heute ist AIDS noch nicht heilbar, aber es gibt inzwischen wirksame Medikamente, die die Vermehrung der HI-Viren hemmen. Durch die geringere Virenmenge funktioniert das Immunsystem besser. Die AIDS-Symptome werden gelindert oder entstehen bei frühzeitiger Therapie gar nicht erst. Eine vollständige Heilung bleibt jedoch aus. So müssen die Patienten ihr Leben lang eine Kombination aus mehreren Medikamenten mit strenger Regelmässigkeit einnehmen. Ausserdem haben die Medikamente starke Nebenwirkungen. Leider entwickeln die HI-Viren auch Unempfindlichkeiten (Resistenzen) gegen die Medikamente. Zudem sind die Medikamente sehr teuer und stehen nicht allen Betroffenen zur Verfügung.

Schutz vor Ansteckung

Da es gegenwärtig weder eine Heilung noch einen Impfstoff gegen die Immunschwächekrankheit gibt, bleibt die Vermeidung einer Ansteckung die wichtigste Vorbeugung. Vor der Übertragung beim Geschlechtsverkehr schützen Kondome. Dies ist besonders bei wechselnden Partnern wichtig.

4 Ist AIDS ein Thema?

Im Rahmen von Erste-Hilfe-Massnahmen müssen bei der Behandlung von blutenden Verletzungen immer Einweghandschuhe getragen werden.

Auch der verantwortungsbewusste Umgang mit der Krankheit und eine ausführliche Aufklärung können bewirken, dass die Zahl der Neuinfektionen weltweit in den nächsten Jahren zurückgeht.

> Kannst du erklären, was die Begriffe HIV und AIDS bedeuten? Kannst du die HIV-Infektion, den Krankheitsverlauf sowie Therapie- und Schutzmöglichkeiten erläutern?

Signale des Stoffwechsels

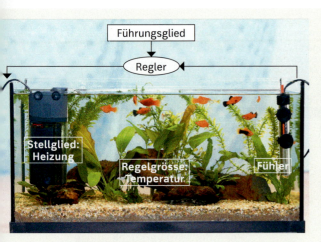

2. ☰ Ⓐ
a) Beschreibe Situationen, in denen du Müdigkeit verspürst.
b) Beschreibe, wie du reagierst, wenn du müde bist.

3. ☰ Ⓐ
a) Recherchiere zum Thema Diabetes und Insulin.
b) Stelle den Regelkreis der Blutzuckerregulation grafisch dar.

4. ☰ Ⓐ
a) Erinnere dich an eine Situation, in der du sehr stark frieren musstest, und beschreibe sie.
b) Welche Veränderungen geschehen im Körper, wenn du frierst?

5. ☰ Ⓠ
Muskelkrämpfe weisen auf Magnesiummangel hin. Recherchiere und erstelle eine Tabelle mit weiteren Mangelerscheinungen und Signalen, die darauf hinweisen.

1. ☰ Ⓐ
Erläutere am Beispiel eines Aquariums die allgemeinen Funktionsprinzipien eines Regelkreises.

Körpersignale richtig deuten

Unser Körper reguliert seinen Stoffwechsel, ohne dass wir darüber nachdenken müssen. Wichtige Stoffwechselvorgänge werden im Körper als **Regelkreise** durch Hormone gesteuert.

Es kann aber vorkommen, dass der Stoffwechsel aus dem Gleichgewicht gerät.
Dies können wir an gewissen Signalen unsers Körpers erkennen. Deshalb ist es wichtig, auf diese Signale zu achten.

Müdigkeit und Unruhe

Das **vegetative Nervensystem** regelt unser Empfinden von Müdigkeit und Erregung. Ist der **Sympatikus** aktiv, fühlen wir uns wach. Müdigkeit stellt sich ein, wenn der **Parasympatikus** aktiv ist, z. B. wenn wir abends entspannen. Warum fühlen wir uns aber auch nach dem Mittagessen manchmal unangenehm müde (**„Vedauungskoma"**)? Das liegt daran, dass der Parasympatikus nicht nur für Entspannung sorgt, sondern auch die Verdauung anregt. Diese Art von Müdigjkeit ist also ganz normal. Müdigkeit kann aber auch problematische Ursachen haben, etwa Eisenmangel – Eisen wird im Blut für den Sauerstofftransport benötigt. Auf der anderen Seite liegt Unruhe, die uns nicht einschlafen lässt, oft daran, dass die Aktivität des Sympaticus nicht nachlässt, weil wir gestresst sind.

Auf Müdigkeit reagieren wir meist intuitiv richtig – wir legen uns schlafen. Verschwindet die Müdigkeit aber nicht, obwohl wir genug schlafen, ist es ratsam, der Ursache nachzugehen. Auf Unruhe reagieren wir hingegen oft falsch und tendieren dazu, Stress zu vermeiden, was unsere Aktivität noch steigert. Wichtig bei Unruhe wäre jedoch gezielte **Entspannung**.

1 Sympathikus und Parasympathikus regeln u. a. Entspannung, Magenaktivität und Herzaktivität.

Hunger oder Appetitlosigkeit

Meist können wir uns in Sachen Appetit auf die Rückmeldungen unseres Körpers verlassen. Spezielle Zellen messen den Blutzuckerspiegel; dieser Wert an den Hypothalamus im Zwischenhirn gemeldet, in dem sich ein Hungerzentrum und ein Sättigungszentrum befinden. Dort wird das Gefühl „Hunger" ausgelöst. Auch die Füllmenge des Magens wird registriert. Deuten diese Informationen darauf hin, dass der Körper ausreichend mit Energie versorgt ist, sinkt das Hungergefühl, umgekehrt verspüren wir Appetit.

Verschwindet das Hungergefühl nicht, obwohl man genug gegessen hat, kann das daran liegen, dass der gestiegene Blutzuckerspiegel nicht ans Gehirn gemeldet wird (z. B. durch fehlendes Insulin bei Diabetes. Ist ständig der Sympathikus aktiv, verspüren wir weniger Hunger. Appetitlosigkeit kann also auch auf Stress zurückzuführen sein.

Muskelkrämpfe

Bei Krämpfen können sich Muskelfasern nicht mehr entspannen. Gründe dafür sind Erschöpfung sowie einseitige und übermässige Belastungen des Muskels beim Sport.

Ist der Krampf durch einseitige Belastung entstanden und somit ein sinnvoller Schutzreflex des Körpers, reichen Dehnübungen und eine Pause. Auch eine ausreichende Flüssigkeitszufuhr kann nicht schaden.

3 Bei Muskelkrämpfen helfen Dehnübungen.

Frieren oder Schwitzen

Durch Frieren und Schwitzen reguliert der Körper seine Temperatur. Die von den **Schweissdrüsen** abgesonderte Flüssigkeit befeuchtet unsere Körperoberfläche, und wenn die Flüssigkeit verdunstet, entzieht dies dem Körper Energie. Das verhindert den Anstieg der Körpertemperatur, wenn wir körperlich aktiv sind. Auch der Konsum von stark gewürzten Speisen oder Alkohol regt den Stoffwechsel so an, dass die Körpertemperatur ohne Schwitzen steigen würde. Auch bei Fieber oder Stress reagiert der Körper mit Schwitzen.

Das **Frieren** hingegen verhindert das Absinken der Körpertemperatur: Die Blutzirkulation wird so reduziert, dass in den Extremitäten weniger Blut fliesst, wodurch weniger Wärme verloren geht. Zudem verstärkt sich durch das „Schlottern" die Aktivität der Muskulatur, sodass Wärme produziert wird.

Verfärbung des Urins

Mit dem Urin werden Giftstoffe aus dem Körper ausgeschieden, die von der Niere aus dem Blut gefiltert und in die Harnblase geleitet wurden. Die Zellen der Niere brauchen genügend Wasser zum Lösen der Giftstoffe; Urin sollte deshalb zu 95 Prozent aus Wasser bestehen. Seine Farbe ist normalerweise leicht gelblich. Ist im Körper zu wenig Wasser vorhanden, verfärbt sich der Urin dunkelgelb, da die Giftstoffe nicht mehr ausreichend verdünnt werden. Es kann aber auch sein, dass die Farbe durch verzehrte Lebensmittel wie Rhabarber beeinflusst wird. Ein rötlich gefärbter Urin kann auch durch Blut verursacht werden, das im Normalfall nicht im Urin vorkommen sollte. Ist der Urin also stark gelb gefärbt, sollte man dringend mehr trinken. Ausreichend Flüssigkeit ist nicht nur für die Nieren, sondern für alle Körperfunktionen wichtig.

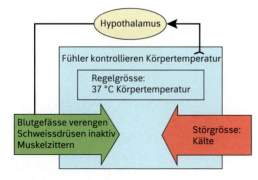

2 Regelung der Körpertemperatur (vereinfacht)

Medikamente wirken

1. Q
Sammle Packungs-
beilagen von
Medikamenten.
a) Notiere die
Indikation (wann
das Medikament
verwendet wird) und
den Namen des
Wirkstoffs.
b) Liste die Neben-
wirkungen auf.

2. A
Von einer seltenen Krankheit spricht man,
wenn weniger als 5 von 10 000 Personen
davon betroffen sind. Ein Beispiel ist die
„Schmetterlingskrankheit" – die Haut der
Betroffenen ist extrem empfindlich. Für
viele dieser Krankheiten gibt es keine
Medikamente. Überlege, woran das liegen
könnte.

3. Q
Notiere Argumente für und gegen Tierversuche und diskutiere sie mit deinen Mitschülern.

Medikamente wirken gewünscht und unerwünscht

Medikamente können helfen, Krankheiten zu heilen und
Schmerzen zu lindern. Sie können aber auch unangeneh-
me und manchmal gefährliche **Nebenwirkungen** haben.
Oft lassen sich diese Nebenwirkungen nicht vermeiden
und werden in Kauf genommen. Ärzte und Patienten haben
deshalb immer die Aufgabe, zwischen Nutzen und Risiken
abzuwägen und sich im konkreten Fall für oder gegen ein
Medikament zu entscheiden.

Der lange Weg zum Medikament

Bis ein neues Medikament auf den Markt kommt, hat es
einen langen Weg hinter sich. Die Erforschung eines
Medikamentes kann mit 10 000 Substanzen beginnen, von
denen schliesslich eine einzige als zugelassener **Wirkstoff**
übrigbleibt. Es gibt viele Substanzen, deren Wirkung
zufällig entdeckt wurde und die dann als Medikament auf
den Markt kamen. Pharmafirmen und Universitäten suchen
aber auch ganz gezielt nach Wirkstoffen, um bestimmte
Krankheiten zu heilen. Sie beginnen mit Grundlagenfor-
schung zur Krankheit und finden heraus, welche Abläufe
im Körper gestört sind. Sie fragen sich, ob dem Körper
möglicherweise gewisse Stoffe fehlen oder Stoffe vorhanden sind, die ihm schaden. Anschliessend suchen die
Forscher nach Substanzen, welche die fehlenden Stoffe
ersetzen oder die schädlichen Stoffe blockieren.

Testen, testen, testen

Die Substanzen, die in Frage kommen, werden ausführlich
getestet – zuerst an Zellen im Reagenzglas, dann an
Lebewesen. Um das Risiko klinischer Studien für Menschen klein zu halten, werden zuvor Tierversuche durchgeführt. Die Tiere und später auch die menschlichen Testper-

sonen werden während einer Studie genauestens
beobachtet und untersucht. Bei diesen Tests will
man herauszufinden, wie ein Medikament
dosiert werden muss und welche Nebenwirkungen auftreten. Es muss geklärt werden, ob das
Medikament überhaupt eine Wirkung hat oder
lediglich der **Placebo-Effekt** eine Rolle spielt.
Damit ist gemeint, dass wir eine Wirkung eher
wahrnehmen, wenn wir sie erwarten. So kann es
vorkommen, dass Menschen eine Linderung der
Symptome wahrnehmen, obwohl sie gar nicht mit
dem Medikament, sondern mit einer wirkungslo-
sen Substanz (Placebo) behandelt wurden.
In einer Medikamentenstudie werden deshalb
zwei Gruppen von Patienten gebildet. Die eine
Gruppe wird mit dem Wirkstoff, die andere (ohne
ihr Wissen) mit dem Placebo behandelt. Nur
wenn die Wirkung bei den Testpersonen, die mit
dem Wirkstoff behandelt wurden, besser ist und
schneller eintritt (Bild 1), ist das Medikament
wirksam und wird vor der Markteinführung an
einer grösseren Patientengruppe getestet.

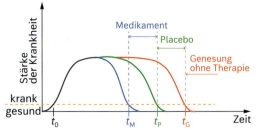

1 Die Wirksamkeit eines Medikaments ist u.a. dadurch
belegt, dass die Genesung früher einsetzt ($t_M < t_P$).

Nebenwirkung Sucht

In der Schweiz nehmen mehr als 400 000 Erwachsene täglich Medikamente ein. Manche Menschen nehmen sie nicht nur gegen akute Schmerzen oder zur Unterstützung der Heilung, sondern entwickeln ein starkes Verlangen nach Medikamenten, die bis zu einer **Abhängigkeit** führen kann.

Gemäss Schätzungen sind in der Schweiz ungefähr 60 000 Personen **medikamentenabhängig**. Insbesondere **Benzodiazepine** haben ein hohes Suchtpotenzial. Sie werden u. a. als Schlaf- und Beruhigungsmittel eingesetzt und auch als Tranquilizer bezeichnet. Sie sollten nur kurze Zeit verabreicht werden. Bei einer längeren Einnahme können Benzodiazepine genau die Symptome verursachen, für deren Behandlung sie eingesetzt werden. Dies kann zu einer Erhöhung der Dosis führen, ohne dabei die Symptome zu beseitigen, und eine Abhängigkeitsentwicklung begünstigen.

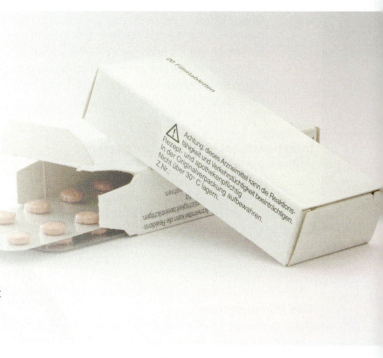

Medikamente: Erfolge und Misserfolge

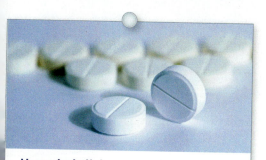

Unentbehrlich

Paracetamol wirkt fiebersenkend und entzündungshemmend und ist in vielen rezeptfrei erhältlichen Grippe- und Schmerzmittel enthalten. Bereits 1955 wurde das Mittel als Medikament für Kinder auf den Markt gebracht, obwohl die Langzeitwirkung von Paracetamol noch unbekannt war. Die Einführung ging jedoch gut, seit 1977 steht Paracetamol auf der Liste der unentbehrlichen Medikamente der WHO.

„Nicht toxisch"

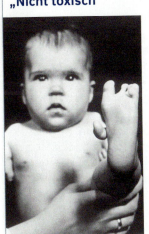

Angang der 1950er-Jahre kam **Contergan** als Mittel gegen Schlafprobleme und Unruhe von Schwangeren auf den Markt. Sein Wirkstoff Thalidiomid war in Tierversuchen als „nicht toxisch" eingestuft worden. Das Gegenteil stellte sich heraus: Tausende Kinder von Müttern, die während der Schwangerschaft Contergan eingenommen hatten, kamen mit fehlenden Gliedmassen zur Welt.

PINNWAND

Krankheiten und Immunsystem

Gesundheit

Gesund ist ein Mensch, wenn er sich sowohl mit seinem Körper als auch seiner Seele, seinen Mitmenschen und seiner Umwelt im Einklang fühlt. Durch eine verantwortliche Lebensführung kann jeder zu seiner Gesundheit beitragen.

Medikamente

Medikamente wirken, haben aber immer auch Nebenwirkungen. Medikamentenmissbrauch kann in die Abhängigkeit führen.

Infektionskrankheiten und ihre Erreger

Infektionskrankheiten werden von Bakterien, Viren, Pilzen oder Parasiten ausgelöst und übertragen. Nach einer Infektion dauert es eine bestimmte Zeit – die Inkubationszeit – bis die Krankheit ausbricht.

AUF EINEN BLICK

Das Immunsystem

Die angeborene Immunabwehr schützt über Barrieren wie die Haut vor Krankheitserregern. Dringen Erreger dennoch in den Körper ein, werden sie von der erworbenen Abwehr, dem Immunsystem, bekämpft. Mithilfe verschiedener Abwehrzellen und der Antikörper werden eingedrungene Krankheitserreger unschädlich gemacht. Die Erkennung verläuft dabei immer über das Schlüssel-Schloss-Prinzip zusammenpassender Moleküle. Gedächtniszellen sorgen dafür, dass bei einer wiederholten Infektion mit den gleichen Erregern diese sofort bekämpft werden können. Diesen Zustand nennt man Immunität.

Erreger · Ansteckung · Inkubationszeit · Immunsystem · Ausbruch der Krankheit · Medikamente, Heilimpfung · Therapie · Folgeerkrankungen · Genesung · Vorbeugung · Schutzimpfung

Schutz gegen Infektionskrankheiten

Wird das Immunsystem selbst nicht mit den eingedrungenen Krankheitserregern fertig, braucht der Körper zusätzliche Hilfe. Dies können Antibiotika sein, die bakterielle Infektionskrankheiten verkürzen.
Gegen zahlreiche Infektionskrankheiten gibt es eine vorbeugende Schutzimpfung (aktive Immunisierung). Sie regt den Körper an, eine lang anhaltende Immunität zu entwickeln. Eine Heilimpfung (passive Immunisierung) erfolgt zur Unterstützung des Immunsystems, wenn man bereits erkrankt ist.

AIDS

AIDS ist eine Infektionskrankheit, die von HI-Viren hervorgerufen wird. Diese befallen Abwehrzellen und schwächen dadurch das Immunsystem. Dadurch können normalerweise harmlose Krankheiten zum Tode führen. Zurzeit gibt es kein Medikament, das auf Dauer die HI-Viren beseitigt. Allerdings gibt es inzwischen virenhemmende Medikamente, die die AIDS-Symptome lindern oder unterdrücken. Dennoch ist der Schutz vor einer Infektion weiterhin die beste Vorbeugung gegen AIDS.

1. ≡ Ⓐ
Beschreibe den Bau von Bakterien und Viren. Benenne dazu die Ziffern mit den passenden Begriffen.

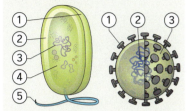

2. ≡ Ⓐ
Sortiere diese Krankheiten nach ihren Erregern: Röteln, Karies, Mumps, AIDS, Herpes, Salmonellose, Grippe.

3. ≡ Ⓠ
Recherchiere zu Wundstarrkrampf (Tetanus) den Erreger, die Infektionswege, den Krankheitsverlauf und Vorbeugemöglichkeiten.

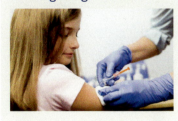

4. ≡ Ⓐ
a) Infektionskrankheiten zeigen einen typischen Verlauf.
Ordne dazu die folgenden Begriffe in der richtigen Reihenfolge:
• Inkubationszeit
• Genesung
• Symptome
• Infektion
• Ausbruch der Krankheit
b) Erkläre die Begriffe jeweils mit einem kurzen Satz.

5. ≡ Ⓐ
Beschreibe zu den Bildern mögliche Infektionswege.

6. ≡ Ⓐ
Lass die Zellen des Immunsystems in Ich-Form sprechen. Wie würden sie ihre Funktion beschreiben? Notiere.

7. Ⓠ
Zeichnet einen Comic, der den Abwehrkampf der Immunzellen und der Antikörper gegen eingedrungene Krankheitserreger oder von Viren befallene Körperzellen darstellt.

8. ≡ Ⓐ
Formuliere mit eigenen Worten, was man mit Impfungen individuell und gesellschaftlich erreichen möchte.

9. ≡ Ⓐ
Begründe, warum man die Schutzimpfung aktive und die Heilimpfung passive Immunisierung nennt.

10. ≡ Ⓐ
Informiere dich im Impfkalender über das empfohlene Impfalter und die Häufigkeit der Impfungen gegen Masern, Röteln und Papillomaviren. Notiere.

11. ≡ Ⓐ
Nimm Stellung zu folgendem Argument von Impfgegnern: „Es gibt sehr viele nicht geimpfte Kinder, die nicht erkranken."

12. ≡ Ⓐ
Begründe, wann der Einsatz von Antibiotika sinnvoll ist und warum Antibiotika genau nach ärztlicher Vorschrift eingenommen werden müssen.

13. ≡ Ⓐ
Begründe, warum Antibiotika nicht gegen Herpes helfen.

14. ≡ Ⓐ
Das Foto zeigt einen Hähnchenmastbetrieb. Erläutere die Ziele und Risiken des Einsatzes von Antibiotika in solchen Betrieben.

15. ≡ Ⓐ
Beschreibe die Symptome der Krankheit AIDS und deren Ursachen.

16. ≡ Ⓐ
Beurteile das Ansteckungsrisiko mit dem HI-Virus in folgenden Situationen:
• Körperkontakte
• gemeinsames Benutzen von Geschirr
• ungeschützter Geschlechtsverkehr
• Schwimmbäder

Gene und Vererbung

Was wird vererbt und was nicht?

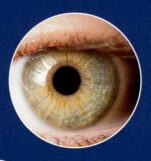

Wie ist eigentlich unsere Erbsubstanz aufgebaut?

„Ohne Gentechnik"
Was bedeutet das eigentlich?
Warum achten manche Menschen beim Einkaufen auf diesen Hinweis?

Ganz der Vater – ganz die Mutter?

Kinder

Paar A

Paar B

1. Ⓐ
a) Die Fotos oben zeigen zwei Elternpaare (A und B), die jeweils zwei Kinder haben. Ordne die vier Kinder ihren Eltern zu.
b) Begründe, warum die Eltern ihren Kindern ähneln.
c) Erkläre, weshalb sich Geschwister äusserlich durchaus unterscheiden können, obwohl sie die gleichen Eltern haben.

2. Ⓐ
Erläutere die Aussage der Karikatur unten.

3. Ⓐ
a) Erkläre, was man unter einem Karyogramm versteht.
b) Gib die Chromosomenzahl sowohl von menschlichen Keimzellen als auch von Körperzellen an und vergleiche.
c) Erkläre, warum jede Körperzelle des Menschen einen doppelten oder diploiden Chromosomensatz hat.

4. Ⓐ
Die Tabelle zeigt die Chromosomenzahl verschiedener Lebewesen. Vergleiche diese Zahlen und erläutere, was dir auffällt.

Art	Anzahl der Chromosomen
Mensch	46
Schimpanse	48
Goldhamster	44
Goldfisch	94
Stechmücke	6
Champignon	8
Wurmfarn	164

Beim Blick in ein Familienalbum fallen häufig bemerkenswerte Übereinstimmungen auf. So ähneln Kinder oft in Gesichtsausdruck oder Statur den Eltern und Grosseltern. Diese Ähnlichkeiten beschränken sich nicht nur auf äusserlich sichtbare Merkmale. Auch bei Verhaltensweisen, Charaktereigenschaften oder ausgeprägten Fähigkeiten liegen häufig Übereinstimmungen vor. Wie kommt es zu dieser Familienähnlichkeit?

Unsere Erbanlagen

Voraussetzung für die Entstehung eines Kindes ist die Befruchtung, bei der Ei- und Spermienzelle verschmelzen. Diese Zellen enthalten mütterliche beziehungsweise väterliche **Erbanlagen,** die **Gene.** Bei der Befruchtung kommen also Gene zusammen, die Informationen von Mutter und Vater enthalten und schliesslich für die Ausbildung bestimmter Merkmale verantwortlich sind.

Die Gene befinden sich auf **Chromosomen.** Jedes Lebewesen besitzt in seinen Körperzellen eine typische Anzahl von Chromosomen, beim Menschen sind es 46.

Diese Chromosomen sind phasenweise gut sichtbar und lassen sich in einem **Karyogramm,** wie es unten zu sehen ist, geordnet darstellen. Dabei fällt auf, dass es immer zwei Chromosomen gibt, die sich in ihrer äusseren Gestalt wie beispielsweise der Grösse, stark ähneln.

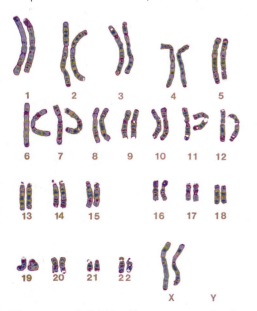

1 Karyogramm mit diploidem Chromosomensatz einer Frau

Homologe Chromosomen

Diese Chromosomen mit vergleichbarer Gestalt werden **homologe Chromosomen** genannt. Die Gene auf dem einen der homologen Chromosomen stammen dabei von der Mutter, die Gene auf dem anderen vom Vater.

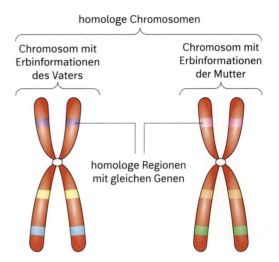

Alle Körperzellen besitzen 46 Chromosomen, von denen je zwei homolog sind. Die Körperzellen haben einen doppelten oder **diploiden Chromosomensatz.**
Mikroskopische Untersuchungen zeigen, dass Ei- und Spermienzellen beim Menschen jeweils nur 23 Chromosomen enthalten. Von jedem homologen Chromosomenpaar gibt es in diesen Zellen nur ein Chromosom. Sie haben einen einfachen oder **haploiden Chromosomensatz.**
Bei der geschlechtlichen Fortpflanzung verschmelzen zwei Keimzellen mit je 23 Chromosomen. Die befruchtete Eizelle und der daraus entstehende Mensch haben demzufolge wieder einen diploiden Chromosomensatz mit 46 Chromosomen.
Zusammen mit den Chromosomen werden die Gene für bestimmte Merkmale von Mutter und Vater an die Kinder weitergegeben. Diese Weitergabe der Gene ist der Grund für die beobachtete Familienähnlichkeit.

Kannst du Familienähnlichkeiten erklären, indem du die Weitergabe der Gene bei der geschlechtlichen Fortpflanzung an die Nachkommen erläutern kannst?

Von der Zelle zum Organismus

A

B

C

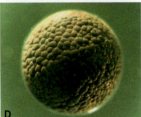

D

E

F

1 Entwicklung eines Grasfrosches: **A** befruchtete Eizelle, **B – D** Zellteilungen, **E** Embryo, **F** Kaulquappe

1. ≡ Ⓐ
Beschreibe die in Abbildung 1 dargestellte Entwicklung von der befruchteten Eizelle eines Grasfrosches bis zur Kaulquappe. Beachte dabei die Zahl und Grösse der Zellen und die Bildung von Körperteilen.

2. Ⓠ
Berichte über Tiere, die Körperteile nach Verletzungen ersetzen können. **Tipp:** Als Suchworte für eine Internetrecherche eignen sich Begriffe wie „Regeneration" und „nachwachsende Organe".

Ein neues Leben entwickelt sich

Die Entwicklung eines Lebewesens, zum Beispiel eines Frosches, beginnt mit der **Befruchtung** einer Eizelle durch ein Spermium. Nach der Befruchtung beginnt sich diese zu teilen. Vor jeder **Zellteilung** wird der Zellkern verdoppelt. Dadurch erhalten die beiden neuen Zellen je einen Zellkern mit der vollständigen Erbinformation als Steuerzentrale. Die Zellen teilen sich immer wieder, bis eine Kugel aus mehreren Tausend Zellen entstanden ist. Je nach Lage im Körper entwickeln die Zellen einen etwas unterschiedlichen Aufbau. Sie **spezialisieren** sich auf bestimmte Funktionen. So entwickelt sich nach und nach ein Embryo mit Kopf, Schwanz, Rumpf und inneren Organen.

Wenn die Larve aus der Eihülle schlüpft, ist sie immer noch so schwer wie das Ei am Anfang war. Nach dem Schlüpfen frisst das Tier und kann jetzt wachsen. Vor jeder Teilung wachsen die Tochterzellen nun wieder zur ursprünglichen Grösse heran.

Auch im erwachsenen Frosch teilen sich noch Zellen, beispielsweise um abgestorbene Zellen zu ersetzen oder Wunden zu heilen.

So wächst eine Pflanze

Bei Pflanzen vermehren sich die Zellen vor allem an den Wurzelspitzen und den Triebspitzen durch Zellteilung. Nach jeder Teilung wachsen die Tochterzellen wieder auf Normalgrösse heran. Das Grössenwachstum geschieht aber hauptsächlich auf eine andere Weise. Der Stängel einer Pflanze verlängert sich durch Zellstreckung. Beispielsweise können die anfangs etwa 0,02 mm langen Zellen in einem Maisstängel auf mehrere Zentimeter Länge heranwachsen.

Kannst du die Entwicklung eines Tieres und das Wachstum bei Pflanzen jeweils an einem Beispiel beschreiben?

A   **B**

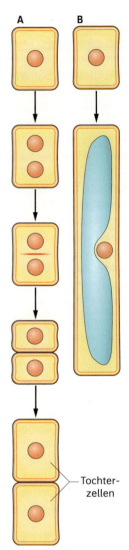

Tochter-
zellen

2 Wachstum von Wurzelzellen: **A** Zellteilung, **B** Zellstreckung

3 Maiskeimling

Zellteilung

1. 📖 Ⓐ
Benenne die mit A und B beschrifteten Teile eines Chromosoms.

2. 📖 Ⓐ
Lies dir die Seiten 76 und 77 im Schülerband 1 aufmerksam durch. Wiederhole die Phasen der Mitose. Ordne sie in Abbildung 1 zu.

Die Chromosomen werden geteilt

Bei jeder Zellteilung findet auch eine **Kernteilung,** die **Mitose,** statt. Mehrere Phasen lassen sich dabei unterscheiden (vgl. S. 76/77 in Band 1).

Prophase: Die Chromosomen beginnen sich aufzuspiralisieren. Die Kernmembran löst sich auf. Ausserdem bildet sich der **Spindelapparat,** der die Chromosomen bewegt.

Metaphase: Jedes Chromosom besteht aus zwei **Chromatiden,** die genetisch identische Erbinformationen enthalten. Diese hängen nur noch an einer leicht eingeschnürten Stelle, dem Centromer. Der Spindelapparat verbindet sich mit den Centromeren, wodurch die Chromosomen in der Mitte der Zelle angeordnet werden.

Anaphase: Die Chromosomen werden in ihre Chromatiden getrennt, die zu den beiden Polen der Zelle gezogen werden. Dabei gelangt von jedem Chromosom ein Chromatid in jeweils eine Zellhälfte. Jede neue Zelle erhält also einen kompletten Satz Chromosomen, die jeweils aus einem Chromatid bestehen.

Telophase: Die Chromosomen entspiralisieren sich wieder. Es bilden sich Kernmembranen und die beiden neuen Zellen werden voneinander getrennt, indem sich Zellmembranen und Zellwände neu bilden.

Die Erbinformationen werden verteilt

Durch eine Zellteilung entstehen aus einer Zelle also zwei neue, wobei jede Tochterzelle alle Erbinformationen erhält, um überleben zu können.

Am Ende der Mitose hat jedes Chromosom wieder zwei Chromatiden. Jetzt können sich die Zellen erneut teilen.

> Wie heissen die einzelnen Phasen der Mitose? Kannst du die Verteilung der Erbinformationen bei der Zellteilung beschreiben?

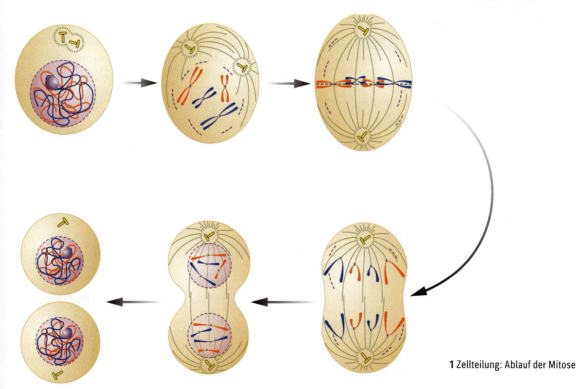

1 Zellteilung: Ablauf der Mitose

Die Erbinformationen liegen im Zellkern

1. ☰ Ⓐ
a) Werte die Abbildung rechts aus. Beschreibe schrittweise, wie im abgebildeten Versuch vorgegangen wurde und welche entscheidende Beobachtung gemacht wurde.
b) Ziehe aus dieser Beobachtung Rückschlüsse auf die Rolle des Zellkerns.

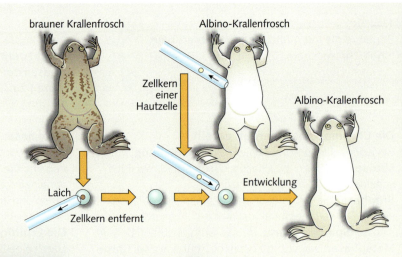

brauner Krallenfrosch   Albino-Krallenfrosch

Zellkern einer Hautzelle

Albino-Krallenfrosch

Laich   Entwicklung

Zellkern entfernt

> **HINWEIS**
> Spiritus ist leicht entzündlich und ätzend. Schutzbrille tragen!

> **HINWEIS**
> Ihr braucht: Mörser und Pistill, 2 Reagenzgläser, Erlenmeyerkolben, Reagenzglasständer, Messer, Trichter, Kaffeefilter (kein Laborfilter), Spiritus, Kochsalz

2. ☰ Ⓥ ⚠ ⚠ 👓
a) Führt einen Versuch zur Gewinnung von DNA aus Peperoni durch:
• Stellt zunächst etwas Spiritus in den Kühlschrank oder auf Eis. Bereitet dann 20 ml Lösung vor, indem ihr 2 ml Spülmittel und 18 ml Wasser zusammengebt, danach etwa 0,5 g Kochsalz hinzufügt und umrührt.
• Schneidet etwa 1/8 Peperoni in kleine Würfel. Gebt sie in den Mörser zusammen mit etwa 10 ml der hergestellten Lösung. Zerreibt nun die Peperonistücke etwa 10 min lang gründlich. Durch das Reiben brechen die Zellen mechanisch auf und das Spülmittel löst die fetthaltigen Zell- und Kernmembranen auf.
• Schneidet aus Kaffeefiltern einen passenden Rundfilter und faltet ihn zum Filtrieren. Filtriert das Material aus dem Mörser in ein Reagenzglas.
• Füllt in ein zweites Reagenzglas etwa 2 cm hoch eiskalten Spiritus. Lasst nun langsam 1 ml bis 2 ml des Filtrats in den Spiritus laufen. Versucht DNA-Fäden mit dem Holzstab hochzuziehen.
b) Beschreibt eure Beobachtungen und erklärt sie im Zusammenhang mit dem Bau der DNA.

3. Ⓥ
Baut Modelle der DNA-Doppelhelix. Präsentiert und erklärt diese anschliessend. Geht dabei auf folgende Fragen ein:
a) Wie sind die Zucker-Phosphat-Ketten der Einzelstränge dargestellt? Wie sind die vier Basen im Modell dargestellt?
b) Wie wird die Paarung der zusammenpassenden Basen gezeigt?
c) Lässt sich die Doppelhelixstruktur erkennen?

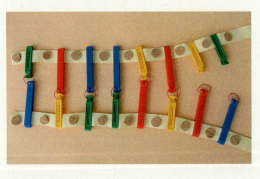

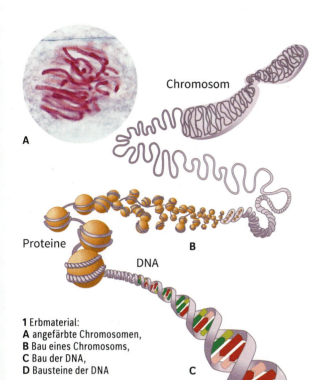

Chromosom

A

Proteine

B

DNA

1 Erbmaterial:
A angefärbte Chromosomen,
B Bau eines Chromosoms,
C Bau der DNA,
D Bausteine der DNA

C

DNA-
Doppelhelix

Die DNA – ein sehr grosses Molekül

Zu den Bestandteilen der DNA gehören ein **Zucker,** die Desoxyribose, und **Phosphorsäure.** Auch dazu gehören die vier **Basen** Adenin (A), Guanin (G), Cytosin (C) und Thymin (T). Jeweils ein Zucker- und ein Phosphorsäurebaustein sowie eine der Basen bilden zusammen ein sogenanntes **Nukleotid.** Nukleotide sind die Grundbausteine der DNA. Mehrere Millionen Nukleotide sind zu einem mehrere Zentimeter langen, dünnen Molekül verbunden. Wie das aussieht und wie damit Erbinformationen gespeichert werden können, erklärt das **Doppelhelix-Modell** der DNA.

Die DNA bildet einen wendeltreppenartig gewundenen Doppelstrang. Die beiden Stränge werden jeweils aus abwechselnd aneinandergehängten Zucker- und Phosphorsäurebausteinen gebildet. An den Zuckerbausteinen hängt zusätzlich noch jeweils eine der vier Basen. Immer zwei gegenüberliegende Basen bilden eine „Treppenstufe". Dabei liegen sich immer Adenin und Thymin oder Guanin und Cytosin gegenüber. Es gibt also eine feste **Basenpaarung.**

Im Zellkern

Zellen, deren Zellkern entfernt oder zerstört wurde, gehen meist bald zugrunde. Auch Versuche mit ausgetauschten Zellkernen zeigen, dass die Informationen, die das Zellgeschehen steuern, im Zellkern liegen.

Kannst du den Bau der Chromosomen und der DNA beschreiben?

Chromosomen

Werden Zellkerne im Lichtmikroskop mikroskopiert, so findet man dort Material, das sich mithilfe bestimmter Farbstoffe anfärben lässt. Während dieses Material meist locker verteilt im Zellkern liegt, bildet es bei einer Zellteilung dichtere, aufspiralisierte Packungen. In diesem Zustand sind die **Chromosomen** gut sichtbar.

Vor Zellteilungen verdoppelt sich das Chromosomenmaterial. Bei der Zellteilung selbst werden die Chromosomen in zwei Hälften gespalten, die dann auf beide Tochterzellen verteilt werden.
Chromosomen bestehen chemisch aus **Proteinen** (ugs. Eiweissstoffen) und aus **DNA.**

D

G
A
C
T
G
A
T
G
C
G
G
C
T
C
A

○ Phosphorsäure

⬠ Zucker

G = Guanin
A = Adenin
C = Cytosin
T = Thymin

Die genetische Information der DNA

die Schwungscheibe an den Drehmomentwandler inklusive Kupplungsglocke anflanschen, dann...

Bauanleitung in Fachsprache

passende Bauteile

Fachmann: versteht Information und setzt sie um

funktionierendes Getriebe

1 Informationen umsetzen: Von der Bauanleitung zum funktionierenden Getriebe

1. ≡ Ⓐ
Vergleiche die Abbildungen 1 und 2 in Bezug auf:
• Art der Informations- speicherung
• Lesevorgang
• Bauteile
• Produkt

Die DNA als Informations- träger

Die DNA lässt sich als Bau- und Betriebsanleitung für die Zelle und letztlich für den Körper auffassen. Die Anleitung ist als stabile DNA-Doppelhelix im Zellkern gespeichert.

Bevor sich Zellen teilen, wird durch eine identische DNA-Ver- dopplung die Anleitung kopiert und die Information an die Tochterzellen weitergegeben. Nützlich wird die Anleitung aber erst, wenn sie gelesen und umgesetzt wird. Ähnlich wie ein Text mit 26 Buchstaben in einer Fachsprache geschrieben und vom Fachmann gelesen und umgesetzt werden kann, ist die Information auf der DNA in der **Reihenfolge** der vier **Basen** verschlüsselt.
In den Zellen sorgt nun ein chemi- scher Lese- und Übersetzungs- mechanismus dafür, dass anhand der Reihenfolge der Basen die entsprechenden **Proteine** gebildet werden. Dies bezeichnet man als **Proteinbiosynthese.**

Vom Gen zum Merkmal

Einen Abschnitt auf der DNA, der die Information zum Aufbau eines bestimmten Proteins enthält, nennt man **Gen.**

Manche Proteine dienen direkt zum Aufbau des Körpers, andere wirken als Enzyme. Enzyme ermöglichen chemische Reaktio- nen, die beispielsweise für die Struktur des Kopfhaares verant- wortlich sind. Letztlich werden alle Merkmale eines Organismus auf der Grundlage der Gene ausgebildet. Diese Ausbildung wird aber durch Umwelteinflüsse mitgesteuert.

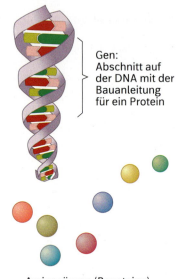

Gen: Abschnitt auf der DNA mit der Bauanleitung für ein Protein

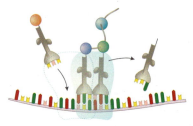

Aminosäuren (Bausteine)

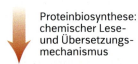

Proteinbiosynthese: chemischer Lese- und Übersetzungs- mechanismus

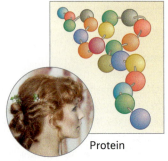

Protein

2 Informationen umsetzen: Vom Gen zum Merkmal (lockiges Haar)

Erkläre, wie Informationen in der DNA gespeichert sind und wie diese in Merkmale umgesetzt werden.

Die Entschlüsselung der DNA – eine Erfolgsgeschichte

Die DNA-Doppelhelix – ein tragfähiges Modell

1951 machten sich FRANCIS CRICK und der junge JAMES WATSON daran, die DNA-Struktur zu entschlüsseln. Die chemischen Bestandteile der DNA waren bereits bekannt. Man konnte sich aber nicht vorstellen, wie das Molekül genau aussieht, das Informationen zum Aufbau eines ganzen Organismus enthält.

Um sich genauere Vorstellungen von der möglichen Molekülstruktur machen zu können, bauten WATSON und CRICK Modelle der DNA-Bausteine und probierten verschiedenste Zusammensetzungen aus.
Dabei nutzten sie die Erkenntnisse von ROSALIND FRANKLIN. Die Forscherin hatte Röntgenstrahlen durch Kristalle isolierter DNA geschickt und aus den Röntgenmustern geschlossen, dass das DNA-Molekül kreis- oder schraubenförmige Strukturen aufweisen muss. Auch Ergebnisse von ERWIN CHARGAFF flossen in die Arbeiten ein: Er hatte festgestellt, dass Adenin immer in der gleichen Menge wie Thymin in der DNA vorkommt und dass dasselbe auch für Guanin und Cytosin gilt. Dies brachte WATSON und CRICK auf die Idee der Basenpaarung.

1953 war es dann so weit: WATSON und CRICK präsentierten ihr Modell der DNA-Doppelhelix. Es erklärt alle bekannten Eigenschaften der DNA und ist bis heute gültig. 1962 erhielten die Forscher den Nobelpreis für ihre Entdeckung.

2 JAMES WATSON und FRANCIS CRICK an ihrem Modell der DNA

Das Human-Genom-Projekt

Forschergruppen aus zahlreichen Ländern schlossen sich 1990 – anfangs unter der Leitung von JAMES WATSON – zum Human-Genom-Projekt zusammen. Ziel war es, innerhalb von etwa zwanzig Jahren die Reihenfolge der Basen in der menschlichen DNA zu entschlüsseln. Es kam anders. Rasante Fortschritte in der biochemischen Technik ermöglichten eine ungeahnte Automatisierung der DNA-Analyse. So konnte bereits 2001 die Abfolge der drei Milliarden Basenpaare des Menschen vorgestellt werden.

Nun kennt man zwar die Buchstabenfolge des Lebens und kann auf etwa 25000 menschliche Gene schliessen, aber in weiten Bereichen der DNA ist der Sinn der dort gespeicherten Information noch unbekannt. Um sie zu entschlüsseln, arbeiten mehr als 1000 Forschergruppen in der Human-Genom-Organisation (HUGO) heute weltweit zusammen. Die Erkenntnisse über die Funktion von Genen und über ihr Zusammenspiel sind von grosser Bedeutung, weil sie auch für die Entwicklung neuer Behandlungsmethoden gegen Krankheiten genutzt werden.

1. ≡ Ⓐ
Erläutere, wie die Vorarbeiten anderer Forscher in die Entwicklung des DNA-Modells von WATSON und CRICK einflossen.

2. ≡ Ⓐ
Begründe mithilfe eines geeigneten Vergleichs, warum die Kenntnis der Basenfolge der DNA noch nicht die dort niedergelegte Information liefert.

1 Automatisierte DNA-Analyse und Ausgabe der Basenabfolge am Computer

STREIFZUG

Ein Mönch entdeckt die Gesetzmässigkeiten der Vererbung

1 JOHANN GREGOR MENDEL

kannte, lag an seiner Vorgehensweise: MENDEL plante seine Versuche sorgfältig, führte sie exakt durch und deutete die Beobachtungen auf geniale Weise.

Versuchsobjekt Erbse
Die Gartenerbse ist für Kreuzungsversuche besonders geeignet: Sie lässt sich gut anbauen und erzeugt schnell viele Samen als Nachkommen. Sie hat erbliche Merkmale, die stets in zwei klar zu unterscheidenden Merkmalsformen vorkommen. So tritt das Merkmal Blütenfarbe nur als weisse oder purpurfarbene Blüte auf. Es treten keine Mischformen wie rosa Blüten auf. Alle Erbsenblüten enthalten männliche und weibliche Geschlechtsorgane. Gelangt Pollen von Staubblättern auf den Fruchtknoten derselben Blüte, findet Selbstbestäubung statt.

MENDEL experimentierte
In der Mitte des 19. Jahrhunderts führte der Augustinermönch JOHANN GREGOR MENDEL in seinem Klostergarten Kreuzungsexperimente mit der Gartenerbse durch. Er entdeckte dabei die grundlegenden Prinzipien der Vererbung und stellte allgemein gültige Vererbungsregeln auf, die auch heute noch die Grundlagen der Genetik bilden. Dass MENDEL seine Entdeckungen machen konnte, bevor man die Meiose

Reinerbige Elterngeneration
MENDEL wählte wiederholt Erbsenpflanzen mit einer bestimmten Merkmalsform aus. Er sorgte dafür, dass diese sich selbst bestäubten. Pflanzen mit

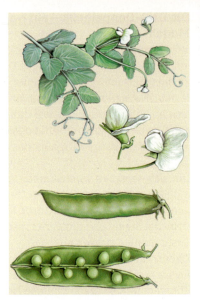

3 Blüte und Früchte mit Samen

anderen Merkmalsformen sortierte er aus. Über viele Generationen durfte nur eine einzige Form auftreten. So erhielt MENDEL Pflanzen, die für diese Merkmalsform reinerbig waren. Für ihn war eine Pflanze reinerbig, wenn ihre Vorfahren seit vielen Generationen nur weisse Blüten hatten. MENDEL fand heraus, dass dann auch ihre Nachkommen nur weisse Blüten hatten.

Blütenfarbe	Blütenstellung	Samenfarbe	Samenform	Hülsenform	Hülsenfarbe	Stiellänge
purpurfarben	achsenständig	gelb	rund	einfach gewölbt	grün	langstielig
weiss	endständig	grün	runzelig	eingeschnürt	gelb	kurzstielig

2 Merkmale und Merkmalsformen, die von MENDEL untersucht wurden.

Kreuzungsexperimente

Mit solchen reinerbigen Pflanzen führte MENDEL dann Kreuzungsexperimente durch. So kreuzte er eine Pflanze mit purpurfarbenen Blüten mit einer, die weisse Blüten besass. Erst entfernte er die Staubgefässe der purpurfarbenen Blüte, um eine Selbstbestäubung zu verhindern. Dann übertrug er mit einem Pinsel Pollen der weissen Blüte auf die Narbe der purpurfarbenen Blüte. Im Fruchtknoten entwickelten sich nach dieser **Fremdbestäubung** dann die Samen, aus denen sich nach dem Aussäen Erbsenpflanzen mit neuen Merkmalsformen bildeten.

Die Samen und die entstehenden neuen Pflanzen sind **mischerbige** Individuen oder **Hybriden.** Sie bildeten die erste Tochtergeneration, die man erste Filialgeneration (F_1-**Generation**) nennt.

Die Pflanzen, die den Pollen lieferten und empfingen, waren die Eltern- oder Parentalgeneration (**P-Generation**). In weiteren Experimenten liess MENDEL die F_1-Generation sich selbst bestäuben und erhielt so die zweite Tochtergeneration (**F_2-Generation**).

MENDELS Ergebnisse

MENDEL wiederholte seine Versuche viele Male und notierte exakt, welche Merkmalsform wie häufig in jeder Generation auftrat. Über einen Zeitraum von sieben Jahren kultivierte er etwa 28000 Erbsenpflanzen. Aus 355 Fremdbestäubungen mit unterschiedlichen Merkmalen zog er 12980 Pflanzenhybriden. Auf diese Weise erhielt er umfangreiches und gesichertes Zahlenmaterial. Zufällige Ergebnisse einzelner Kreuzungen, etwa infolge einer gestörten Fruchtbarkeit einzelner Pflanzen, konnten so das Gesamtergebnis nicht nachhaltig beeinflussen. Seine Experimente protokollierte er sorgfältig, sodass andere Forscher die Versuche wiederholen und überprüfen konnten.

1865 veröffentlichte MENDEL sein Werk: „Versuche über Pflanzenhybriden", in dem er seine Beobachtungen und Deutungen beschrieb. Bei der mathematischen Auswertung seiner Experimente waren ihm bestimmte Gesetzmässigkeiten aufgefallen, die später als **MENDELsche Erbregeln** bezeichnet wurden.

MENDELS Werk wurde zunächst nicht beachtet und geriet in Vergessenheit. Erst um 1900 gelangten verschiedene Forscher unabhängig voneinander zu den gleichen Beobachtungen und Folgerungen. Auch heute noch bilden die MENDELschen Regeln die Grundlagen der Genetik.

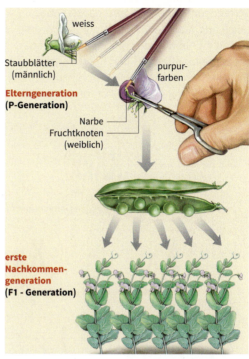

4 Fremdbestäubung bei der Erbse und anschliessende Aussaat der Samen

5 MENDELS Wirkungsstätte, das Kloster Brünn

1. ☰ Ⓐ
Erkläre den Unterschied zwischen einem Merkmal und einer Merkmalsform.

2. ☰ Ⓐ
Erläutere, warum Erbsenpflanzen für Kreuzungsexperimente gut geeignet sind.

3. ☰ Ⓐ
Erkläre, warum MENDEL so viel Mühe auf die Züchtung reinerbiger Elterngenerationen verwandte.

STREIFZUG

Keimzelle und Befruchtung

Jede Körperzelle eines Menschen hat 46 Chromosomen. Jeweils zwei davon sehen gleich aus. Man nennt sie homologe Chromosomen. Es handelt sich um Chromosomenpaare. **Keimzellen** (Ei- und Spermienzellen) enthalten nur halb so viele Chromosomen, nämlich 23. Hier liegt jedes Chromosom nur einmal vor.

Wenn bei der Befruchtung zwei Keimzellen mit je 23 Chromosomen verschmelzen, entsteht ein doppelter Chromosomensatz. Jede Körperzelle des neuen Lebewesens hat wieder 46 Chromosomen.
Die Abbildung zeigt die Bildung der Keimzellen, die **Meiose.** Bei der Meiose wird sichergestellt, dass sich der Chromosomensatz nicht von Generation zu Generation verdoppelt.

Keimzellbildung

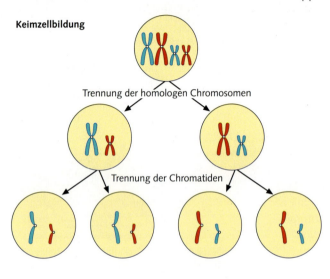

Trennung der homologen Chromosomen

Trennung der Chromatiden

Zelle mit doppeltem Chromosomensatz (hier Zelle mit zwei Chromosomenpaaren)

zwei Tochterzellen mit einfachem Chromosomensatz

Keimzellen mit einfachem Chromosomensatz, Chromosomen bestehend aus je einem Chromatid

Befruchtung

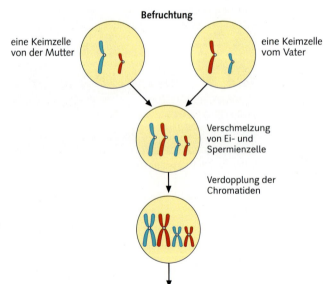

eine Keimzelle von der Mutter

eine Keimzelle vom Vater

Verschmelzung von Ei- und Spermienzelle

Verdopplung der Chromatiden

Entwicklung zum Embryo

befruchtete Eizelle mit doppeltem Chromosomensatz

Körperzellen mit doppeltem Chromosomensatz

1 Keimzellbildung und Befruchtung

1. ☰ Ⓐ
a) Erkläre, warum sich bei der Bildung von Ei- und Spermienzellen die Chromosomenzahl halbieren muss.
b) Wie viele Keimzellen entstehen aus einer Zelle mit doppeltem Chromosomensatz?

Die 1. und 2. MENDELsche Erbregel

Grundlagen der Vererbung

GREGOR MENDEL entdeckte durch Kreuzungsversuche an Erbsenpflanzen die Grundlagen der Vererbung. Er fand heraus, dass jedem Merkmal zwei Erbanlagen zugrunde liegen. Pflanzen, bei denen diese Erbanlagen für ein Merkmal verschieden sind, nennt man mischerbig. Sind beide Anlagen gleich: reinerbig.

MENDEL verwendete reinerbige Pflanzen für seine Versuche. Er kreuzte sie und untersuchte dann zum Beispiel, wie die Samenfarbe an die Nachkommen weitergegeben wird. Die Samen einer Erbsenpflanze können entweder grün oder gelb sein. Auch die Erbanlagen einer Erbsenpflanze können entweder die Erbinformation "grün" oder "gelb" enthalten. MENDEL kürzte dies ab, indem er zwei Buchstaben aufschrieb: "g" für grün und "G" für gelb.

Kreuzung der Elterngeneration

Reinerbige Elternpflanzen haben entweder die Anlagen gg oder GG für die Samenfarbe. Eine Keimzelle erhält aber nur eine dieser Anlagen, also G oder g. Bei der Befruchtung verschmelzen zwei Keimzellen. Dabei entstehen nur mischerbige Pflanzen, die die Anlagen Gg enthalten. Das Kreuzungsschema in der Abbildung zeigt dies. Die Nachkommen dieser Kreuzung nennt man 1. Tochtergeneration. Wie MENDEL beobachtete, sind deren Samen alle gelb. Er folgerte, dass die Anlage gelb (G) die Anlage grün (g) überdeckt. Er sagte: „Die Anlage für gelbe Samen ist dominant und die für grüne Samen rezessiv."
MENDEL stellte eine erste Regel auf.

1. MENDELsche Erbregel (Uniformitätsregel)

Kreuzt man zwei reinerbige Individuen, die sich in einem Merkmal unterscheiden, so sind die Nachkommen untereinander gleich (uniform).

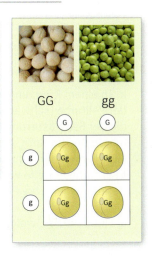

Kreuzung der 1. Tochtergeneration

Jede Pflanze der 1. Tochtergeneration bildet Keimzellen, die entweder die Anlage G oder g enthalten. Die Pflanzen der 2. Tochtergeneration besitzen daher entweder die Anlagen GG, Gg oder gg, wie das Kreuzungsschema zeigt. Es gibt aber nur zwei verschiedene Samenfarben. Da die gelbe Samenfarbe dominant ist, entstehen grüne Samen nur dann, wenn zwei rezessive Anlagen zusammenkommen, also gg. Daher ist das Verhältnis der gelben und grünen Erbsen 3:1.
Aus diesen Überlegungen leitete MENDEL eine zweite Regel ab.

2. MENDELsche Erbregel (Spaltungsregel)

Kreuzt man die Individuen der 1. Tochtergeneration untereinander, so treten in der nächsten Generation beide Merkmalsformen in einem bestimmten Zahlenverhältnis auf.
Bei einem dominant-rezessiven Erbgang ist dieses Zahlenverhältnis 3:1.

Kreuzung der Individuen der F_1-Generation

Keimzellen:

---

1. ≡ Ⓐ
Erkläre, was die Uniformitätsregel aussagt.

2. ≡ Ⓐ
Erkläre, warum Pflanzen mit gelben Erbsen auch Nachkommen mit grünen Erbsen haben können.

Kannst du die Uniformitäts- und die Spaltungsregel, also die 1. und 2. MENDELsche Erbregel, erläutern?

Erbanlagen können neu kombiniert werden

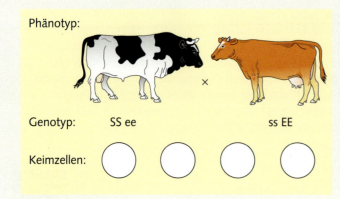

Phänotyp:

×

Genotyp: SS ee ss EE

Keimzellen:

1. ≡ Ⓐ

a) In einem Kreuzungsexperiment wurde die Vererbung der Fellfarbe (schwarz/rotbraun, Symbole S bzw. s) und die der Fellmusterung (einfarbig/gescheckt, Symbole E bzw. e) bei Rindern untersucht. Erläutere, welches Allel jeweils dominant und welches rezessiv vererbt wird.
b) Ermittle mithilfe von Kombinationsquadraten die Genotypen und die Phänotypen der F_1- und der F_2-Generation.
c) Finde heraus, welche neuen Phänotypen entstehen.

2. ≡ Ⓥ

Für einen Modellversuch der 3. MENDELschen Regel werden vier Münzen benötigt, z. B. zwei 1-Franken-Münzen und zwei 20-Rappen-Münzen. Die Münzen werden jeweils auf den Tisch fallen gelassen. Dabei soll die Zahl jeweils für ein dominantes Allel (A bzw. B) und das Bild der Münze für das rezessive Allel (a bzw. b) stehen. Insgesamt werden 48 Würfe durchgeführt und die Ergebnisse nach folgendem Muster notiert. Beispiel:

	Genotyp	Phänotyp
1. Wurf	Aa BB	A B
2. Wurf	aV bb	A b

a) Erläutere, warum es sich hier um einen Modellversuch zur 3. MENDELschen Regel handelt.
b) Ermittle, in welchem Zahlenverhältnis die vier möglichen Phänotypen im Spiel auftreten.
Vergleiche dieses Zahlenverhältnis mit dem erwarteten Verhältnis von 9 : 3 : 3 : 1. Begründe mögliche Abweichungen.
c) Tragt die Ergebnisse der Klasse zusammen und vergleicht erneut das erwartete Zahlenverhältnis mit dem ermittelten Ergebnis.

3. ≡ Ⓐ

Die Gefiederfärbung von Wellensittichen ergibt sich durch das Zusammenspiel zweier Gene: Ein Gen bestimmt die Färbung der äusseren Teile der Feder, ein zweites die Färbung des Federkerns.
Ist das dominante Allel Y vorhanden, so erzeugt dies eine Gelbfärbung des äusseren Teils der Feder. Das rezessive Allel y erzeugt einen farblosen äusseren Teil. Im Federkern führt das dominante Allel B zur Blaufärbung. Beim rezessiven Allel b bleibt der Federkern weiss. Es entstehen vier unterschiedliche Phänotypen, nämlich grüne, blaue, gelbe und weisse Wellensittiche.
a) Erkläre, wie die grüne Gefiederfärbung beim Wellensittich entsteht.
b) Bestimme den Genotyp und den Phänotyp der F_1- und der F_2-Generation einer Kreuzung zwischen reinerbig grünen (YYBB) und weissen Vögeln (yybb). Erstelle dazu Kombinationsquadrate.

Phänotyp: weiss
Genotyp: yybb

kein gelber Farbstoff   kein blauer Farbstoff

gelb
YYbb

gelber Farbstoff   kein blauer Farbstoff

blau
yyBB

kein gelber Farbstoff   Farbstoffkörnchen

grün
YYBB

gelber Farbstoff   Farbstoffkörnchen

Vererbung zweier Merkmale

MENDEL untersuchte die Vererbung bei Erbsenpflanzen, die sich in zwei Merkmalen unterschieden. Als Merkmale wählte er die Samenfarbe und die Samenform, die jeweils in zwei Merkmalsformen vorkommen. Bei der Farbe sind dies gelbe oder grüne Samen, bei der Form runde oder runzlige Samen.

MENDEL wählte als Elterngeneration reinerbige Erbsenpflanzen mit gelben, runden Samen sowie Pflanzen mit grünen, runzligen Samen. Entsprechend der Uniformitätsregel sahen die Mischlinge der F_1-Generation gleichartig aus. Ihre Samen waren gelb und rund. Diese Merkmalsformen, rund und gelb, mussten also dominant sein.
Als MENDEL die Pflanzen der F_1-Generation untereinander kreuzte, erhielt er in der F_2-Generation 315 gelb-runde, 101 gelb-runzlige, 108 grün-runde und 32 grün-runzlige Samen. Es entstanden also Samen vier verschiedener Phänotypen, die ungefähr im Zahlenverhältnis 9:3:3:1 aufspalteten. Neben den Merkmalskombinationen, die schon in der P- und F_1-Generation zu beobachten waren, traten jetzt aber auch zwei völlig **neue Phänotypen** auf: gelb-runzlige und grün-runde Samen. Offensichtlich konnten die Merkmalsformen unabhängig voneinander neu kombiniert werden. Daraus lässt sich eine weitere Regel ableiten.

---

3. MENDELsche Erbregel (Unabhängigkeitsregel)
Kreuzt man Individuen, die sich in mehreren Merkmalen reinerbig unterscheiden, so werden die einzelnen Merkmalsformen unabhängig voneinander vererbt.

Die **Neukombination** von Merkmalsformen erklärt sich dadurch, dass die Gene beider Merkmale auf unterschiedlichen, nicht homologen Chromosomen liegen. Befinden sich also die Gene für die Samenfarbe und für die Samenform auf verschiedenen Chromosomenpaaren, werden sie im Verlauf der Meiose neu kombiniert. So können aus den F_1-Pflanzen mit dem Genotyp GgRr vier unterschiedliche Keimzellen gebildet werden: GR, gR, Gr und gr. Sie führen nach der Befruchtung zu 16 Genotypen, die die vier Phänotypen gelb-rund, gelb-runzlig, grün-rund und grün-runzlig im Verhältnis 9:3:3:1 hervorbringen.
In der Tier- und Pflanzenzucht spielt die Neukombination eine wichtige Rolle. Je nach Züchtungsziel lassen sich so gewünschte Eigenschaften neu zusammenführen.

Kannst du die 3. MENDELsche Erbregel und ihre Bedeutung für die Tier- und Pflanzenzucht erläutern?

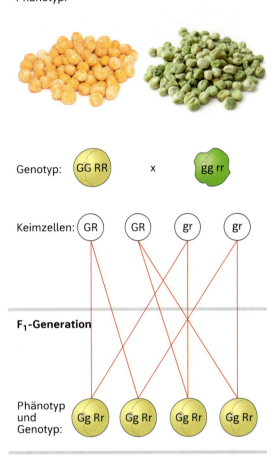

P-Generation
Phänotyp:

Genotyp: GG RR   x   gg rr

Keimzellen: GR   GR   gr   gr

F_1-Generation

Phänotyp und Genotyp: Gg Rr   Gg Rr   Gg Rr   Gg Rr

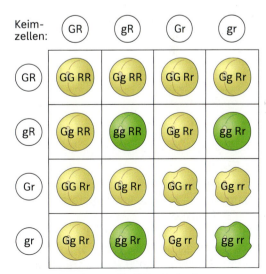

F_2-Generation

Keimzellen:	GR	gR	Gr	gr
GR	GG RR	Gg RR	GG Rr	Gg Rr
gR	Gg RR	gg RR	Gg Rr	gg Rr
Gr	GG Rr	Gg Rr	GG rr	Gg rr
gr	Gg Rr	gg Rr	Gg rr	gg rr

1 Erbgang mit zwei unterschiedlichen Merkmalen
(G = gelb, g = grün, R = rund, r = runzlig)

Erbregeln gelten auch für den Menschen

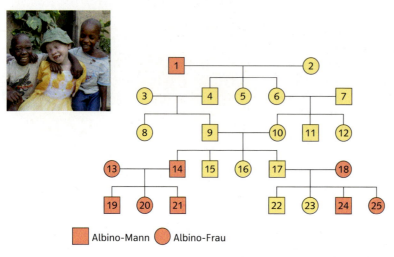

Albino-Mann ⬛ Albino-Frau ⬤

1. ▤ Ⓐ
Beim Albinismus wird aufgrund eines Gendefekts der dunkle Farbstoff Melanin nicht gebildet. Albinos besitzen daher weisse Haare, eine sehr helle Haut und rötliche Augen. Sie sind sehr lichtempfindlich und müssen sich vor UV-Strahlen schützen.
a) Ermittle anhand des Stammbaums, ob Albinismus dominant oder rezessiv vererbt wird.
b) Ordne den Allelen die entsprechenden Gross- bzw. Kleinbuchstaben zu und gib die Genotypen sämtlicher Personen an.

2. ▤ Ⓐ
In einer Familie mit zwei Kindern besitzen die Eltern die Blutgruppe A bzw. B. Gib die möglichen Genotypen der Eltern und die möglichen Genotypen und Phänotypen der Kinder an.

3. ▤ Ⓐ
Auf einer Säuglingsstation wurden vier Kinder mit den Blutgruppen A, B, AB und 0 geboren. Die Blutgruppen der Eltern sind:
Eltern 1: 0/0, Eltern 2: AB/0, Eltern 3: A/B, Eltern 4: B/B.
Gib die möglichen Genotypen aller Personen an und ordne die vier Kinder begründet den jeweiligen Eltern zu.

4. ▤ Ⓐ
a) Manche Menschen besitzen erblich bedingt verkürzte Finger. Ermittle anhand des Stammbaumes, ob Kurzfingrigkeit dominant oder rezessiv vererbt wird.

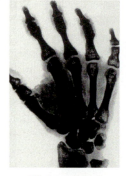

b) Ordne den verschiedenen Allelen entsprechend Gross- bzw. Kleinbuchstaben zu und gib für alle Personen des Stammbaumes die Genotypen an.

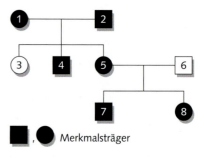

⬛ , ⬤ Merkmalsträger

Stammbaumanalyse

Die MENDELschen Regeln gelten auch für Menschen. Für Merkmale, die nur von einem Gen bestimmt werden, lässt sich dies mithilfe einer **Stammbaumanalyse** zeigen: Das Auftreten einer Merkmalsform wird über mehrere Generationen hinweg verfolgt. Dann kann man vom Phänotyp zurück auf den Genotyp schliessen. Ein Beispiel dafür ist die Form des Haaransatzes. Dieser kann glatt oder dreieckig sein. Der dreieckige Haaransatz wird Witwenspitz genannt. Wie wird das Gen für die Ausprägung des Haaransatzes vererbt?

Durch den Stammbaum bekommt man einen ersten Hinweis auf eine dominante Vererbung, wenn ein Merkmal in jeder Generation auftritt. Man erkennt in dem rechts abgebildeten Stammbaum im unteren Abschnitt, dass die Eltern und deren Tochter A einen Witwenspitz haben, Tochter B jedoch nicht. Nimmt man an, dass das Allel für den Witwenspitz dominant vererbt wird (Symbol W), lassen sich sämtliche Personen des Stammbaumes bestimmten Genotypen zuordnen, ohne dass dabei Widersprüche auftreten. Bei rezessiver Vererbung wäre dies nicht möglich: Die Eltern mit Witwenspitz müssten dann den Genotyp ww besitzen und könnten nur Kinder mit Witwenspitz zeugen. Das Ergebnis der Stammbaumanalyse ist eindeutig: Der Witwenspitz wird dominant vererbt.

Viele Merkmale des Menschen wie die Haut- oder Haarfarbe werden allerdings nicht nur durch ein Gen, sondern durch mehrere Gene bestimmt. In diesen Fällen lassen sich keine einfachen Erbgänge darstellen.

1 Haaransatz: **A** Witwenspitz, **B** kein Witwenspitz

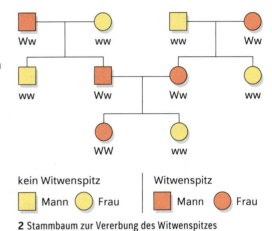

kein Witwenspitz | Witwenspitz

Mann — Frau | Mann — Frau

2 Stammbaum zur Vererbung des Witwenspitzes

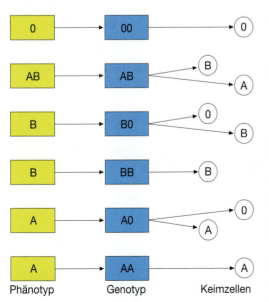

3 Allele bei der Vererbung der Blutgruppen

Phänotyp   Genotyp   Keimzellen

Vererbung der Blutgruppen

Auch die Blutgruppen des Menschen werden vererbt. Man unterscheidet hier vier verschiedene Phänotypen, die Blutgruppen A, AB, B und 0. Die Vererbung ist besonders, da das entsprechende Gen nicht in zwei, sondern in drei verschiedenen Allelen vorliegt, die man als A, B und 0 bezeichnet.

Die Allelkombination AA führt beispielsweise zur Blutgruppe A. Da die Allele A und B dominant über das rezessive Allel 0 sind, ergeben die Kombinationen A0 oder B0 die Blutgruppen A bzw. B.

Bei der Allelkombination AB entsteht die Blutgruppe AB. In diesem Fall wirken beide Allele dominant. Man spricht von **Kodominanz.**

Kannst du einen Stammbaum erläutern und analysieren?
Kannst du die Vererbung der Blutgruppen des Menschen erklären?

Mutationen – Veränderungen der DNA

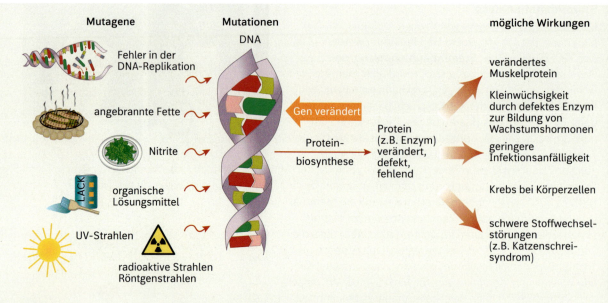

Mutagene

Fehler in der DNA-Replikation

angebrannte Fette

Nitrite

organische Lösungsmittel

UV-Strahlen

radioaktive Strahlen Röntgenstrahlen

Mutationen

DNA

Gen verändert

Protein-biosynthese

Protein (z.B. Enzym) verändert, defekt, fehlend

mögliche Wirkungen

verändertes Muskelprotein

Kleinwüchsigkeit durch defektes Enzym zur Bildung von Wachstumshormonen

geringere Infektionsanfälligkeit

Krebs bei Körperzellen

schwere Stoffwechsel-störungen (z.B. Katzenschrei-syndrom)

1. Mutationen können das Erbgut von Körperzellen oder von Keimzellen betreffen. Erläutere die unterschiedlichen Konsequenzen.

2. Schreibt einen kleinen Praxisratgeber „Mutagene – wie lassen sich unnötige Belastungen vermeiden?".

Mutationen

Ungerichtete Veränderungen des Erbgutes bezeichnet man als Mutationen. Sie kommen natürlicherweise relativ selten vor. Man unterscheidet drei Typen von Mutationen.

Genmutationen verändern ein einzelnes Gen. Hierbei können in der DNA Basen ausgetauscht werden, verloren gehen oder ergänzt werden. Dies kann sich auf den Organismus auswirken, muss es aber nicht.

Bei **Chromosomenmutationen** sind grössere Bereiche eines Chromosoms betroffen. Ganze Stücke mit mehreren Genen können zum Beispiel verloren gehen.

Bei **Genommutationen** wird die Zahl der Chromosomen verändert. Diese Mutationen haben meist schwerwiegende Folgen.

Schädlich oder nützlich?

Viele Mutationen zeigen keine Auswirkungen auf den Organismus, bleiben also unbemerkt.

Wenn doch Auswirkungen auftreten, führen diese häufig zu schädlichen Effekten. Beim Menschen können Mutationen Erbkrankheiten mit schwerwiegenden Folgen verursachen.

Nur selten findet eine Mutation statt, die für ihren Träger zufällig von Vorteil ist. Aber gerade solche kleinen Veränderungen durch Mutationen bilden eine wesentliche Grundlage für die Entwicklung der Arten, also für die Evolution und für den Erfolg von **Züchtungen** bei Nutzpflanzen und Nutztieren.

Keimzellen oder Körperzellen

Finden Mutationen in **Keimzellen** statt, ist der gesamte Organismus in der nachfolgenden Generation betroffen. Diese Veränderungen können weitervererbt werden. Mutationen in **Körperzellen** werden nicht weitervererbt, können aber dem Körper Probleme bereiten, beispielsweise Krebs auslösen.

Mutagene

Energiereiche Strahlen, bestimmte Chemikalien und Einflüsse, die die Häufigkeit von Mutationen erhöhen, nennt man **Mutagene.** Belastungen durch Mutagene sollten möglichst gering gehalten werden.

Beschreibe verschiedene Typen von Mutationen und erläutere ihre Auswirkungen.

Schutz vor Mutagenen

Radioaktive Strahlen

Die DNA wird durch radioaktive Strahlen geschädigt. Nach den Atombomben in Hiroshima und Nagasaki und nach dem Reaktorunfall in Tschernobyl wurden viele missgebildete Kinder geboren. Zahlreiche Menschen erkrankten an Leukämie oder anderen Krebsformen.

Nach dem Reaktorunfal 2011 in Fukushima wurde die umliegende Bevölkerung evakuiert. Rettungskräfte konnten nur in Schutzkleidung und für kurze Zeit die verstrahlten Bereiche betreten. Zum Schutz vor Unfällen mit radioaktiver Verstrahlung werden in einigen Ländern die Kernkraftwerke nach und nach stillgelegt, in Deutschland z. B. 2022. Auch die Schweiz strebt den Ausstieg an, allerdings ohne Datum. Die Gefahr, die von radioaktiven Abfällen ausgeht, bleibt noch über Jahrtausende problematisch.

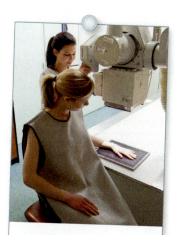

Zigarettenrauch

Wie anderer Rauch enthält auch Zigarettenrauch Teerstoffe. Diese setzen sich in die DNA und verändern die Basenabfolge. Die veränderten, also mutierten Gene können zu unkontrollierten Zellteilungen führen. Dann entsteht Krebs. Nichtraucher vermeiden dieses Mutagen.

Röntgenstrahlen

Auch Röntgenstrahlen wirken als Mutagene. Sie können die DNA schädigen und dadurch Krebs verursachen. Daher führt man Röntgenuntersuchungen nur durch, wenn sie medizinisch nötig sind, und man verwendet moderne Geräte mit einer geringen Strahlenbelastung. Bleischürzen schirmen ausserdem die Strahlung ab.

1. **A**
Erkläre, warum Rauchen die häufigste Ursache für Lungenkrebs ist.

2. **A**
a) Erkläre, warum Patienten bei Röntgenuntersuchungen der Hand Bleischürzen um den Oberkörper und um die Hüfte gelegt bekommen.
b) Erkläre, warum die Ärzte oder technischen Assistenten während der Röntgenaufnahme den Raum verlassen.

Mutationen als Ursache für Krankheiten

1. ☰ Ⓐ
Die Abbildung zeigt verschiedene Mutationstypen.
a) Nenne verschiedene Mutationstypen und definiere sie kurz.
b) Ordne die Abbildungen A bis D einem Mutationstyp zu und begründe dies.

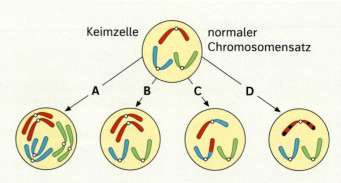

Keimzelle   normaler Chromosomensatz

A   B   C   D

2. ☰ Ⓐ
a) In seltenen Fällen werden in der Meiose die Chromosomen des Paares 21 nicht getrennt. Beschreibe die in der Abbildung gezeigten Vorgänge und erläutere die Konsequenzen dieser Nichttrennung.
b) Zeichne ein vergleichbares Schema, bei dem in der Meiose II die Schwesterchromatiden von Chromosom 21 nicht getrennt werden und erläutere auch hier die Konsequenzen.

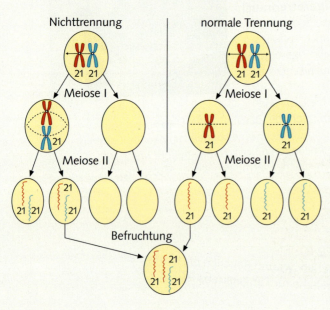

Nichttrennung   normale Trennung
21 21   21 21
Meiose I   Meiose I
21   21   21
Meiose II   Meiose II
21 21   21   21   21   21   21
Befruchtung
21
21   21

3. ☰ Ⓐ
a) Verdeutliche, wie bei Genmutationen die Erbinformation verändert wird. Streiche dazu beispielsweise aus der Basenabfolge ...GAC GAC GAC... eine Base. Erstelle dann die Tripletts neu.
b) Verfahre ähnlich mit dem Text: WAS HAT DIE DNA MIT MIR VOR?
c) Nenne die Folgen, die das Fehlen einer Base in der DNA haben kann.

4. ☰ Ⓐ
Die Abbildungen A bis D zeigen schematisch mögliche Chromosomenmutationen. Beschreibe die Abbildungen und erläutere, wie sich die Information der DNA dabei ändert.

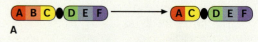

A B C ● D E F → A C ● D E F

A

A B C ● D E F → A B B C ● D E F

B

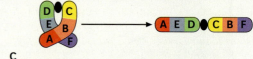

→ A E D ● C B F

C

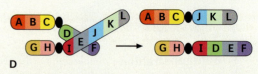

A B C ●   K L   A B C ● J K L
        D E J   →
G H ● I E F   G H ● I D E F

D

5. ☰ Ⓐ
1990 waren nur 5 Prozent der gebärenden Mütter älter als 35 Jahre, 2005 waren es bereits 16 Prozent. Erläutere mithilfe der Grafik zur Häufigkeit des Down-Syndroms auf der rechten Seite die Problematik, die sich daraus ergibt.

6. ☰ Ⓐ
a) Erkläre, wie es zur Sichelzellanämie kommt, und begründe, warum diese Krankheit gehäuft in Afrika auftritt.
b) Nimm Stellung zu der Aussage: „Mutationen sind stets schädlich."

Trisomie 21 – Folge einer Genommutation

Bei einer Genommutation wird die Zahl der Chromosomen verändert. Die bei Neugeborenen häufigste Chromosomenzahlveränderung ist die Trisomie 21. Das Chromosom 21 liegt dann nicht wie üblich doppelt, sondern dreifach vor. Nach seinem Entdecker wird das Krankheitsbild auch als **Down-Syndrom** bezeichnet.

Äussere Merkmal sind eine geringe Körpergrösse, die rundliche Kopfform sowie eine schmale Lidfalte der Augen. Daneben kommt es auch zur Fehlentwicklung innerer Organe. Die geistigen Fähigkeiten sind verringert, die Kinder können aber durch frühe und intensive pädagogische Betreuung gefördert werden. Das Risiko, ein Kind mit Down-Syndrom zu gebären, wächst mit steigendem Alter der Mutter deutlich an.

1 Mädchen mit Down-Syndrom

Katzenschrei-Syndrom – Folge einer Chromosomenmutation

Das **Katzenschrei-Syndrom** ist Folge einer Chromosomenmutation, bei der grössere Bereiche eines Chromosoms verändert sind. Ursache ist hier der Verlust mehrerer Gene des Chromosoms 5.

Durch eine Missbildung des Kehlkopfes schreien die betroffenen Säuglinge wie junge Katzen. Weitere Symptome sind Wachstumsstörungen und eine verringerte geistige Entwicklung. Diese Erbkrankheit ist sehr selten und tritt einmal bei etwa 50 000 Geburten auf.

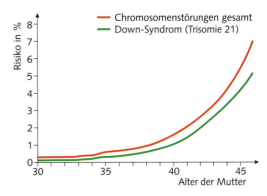

2 Risiko für das Down-Syndrom

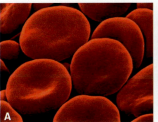

3 Rote Blutkörperchen: **A** normal, **B** bei Sichelzellanämie

Sichelzellanämie – Folge einer Genmutation

Eine besonders in Afrika häufig auftretende Erbkrankheit ist die **Sichelzellanämie.** Erkrankte haben im Blut veränderte, sichelförmige rote Blutkörperchen.

Ursache der Sichelzellanämie ist die Mutation eines Gens, das die Information für die Bildung des roten Blutfarbstoffes Hämoglobin enthält. Hämoglobin ist Bestandteil der roten Blutkörperchen und dort für den Sauerstofftransport verantwortlich. Als Folge der Genmutation werden sichelförmige rote Blutkörperchen gebildet.

Die Schwere der Erkrankung hängt vom Genotyp ab: Bei reinerbigen Merkmalsträgern sind sämtliche rote Blutkörperchen verändert. Dadurch kann weniger Sauerstoff transportiert werden. Betroffene zeigen eine geringere körperliche Leistungsfähigkeit. Da die Zellen zudem häufiger zerbrechen, leiden Erkrankte auch an Blutarmut. Die Lebenserwartung ist deutlich vermindert. Mischerbige zeigen fast keine Symptome, da hier nur wenige der Blutkörperchen deformiert sind. Die Genmutation verleiht jedoch den Betroffenen eine besondere Eigenschaft: Sie sind resistent gegen Malaria, was in vielen Gebieten Afrikas von Vorteil ist.

Nenne Beispiele für Krankheiten, die nach Mutationen auftreten, und erläutere ihre Ursachen und Folgen.

Erbgut und Umwelt ergänzen sich

2. ≣ Ⓐ
a) Begründe, warum der Stammbaum der Familie Bach manchmal als Beleg für die Erblichkeit der Musikbegabung angesehen wird.
b) Finde eine weitere mögliche Ursache für das gehäufte Auftreten von Musikern in einer Familie.
c) Nimm Stellung zu der Frage: Ist Musikalität erblich oder erlernt?

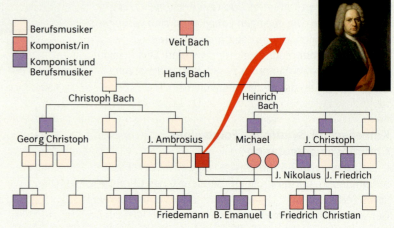

1. ≣ Ⓥ
a) Säe in zwei gleiche Schalen auf etwa gleich grossen Portionen Watte etwa die gleichen Mengen Kressesamen aus. Verwende dazu Samen aus derselben Samentüte. Begiesse sie mit gleichen Wassermengen. Stelle eine Schale in einen dunklen Schrank, die andere an einen hellen Ort. Die Temperaturen sollten in etwa gleich sein. Beide Schalen werden möglichst gleich feucht gehalten und etwa eine Woche stehen gelassen.
b) Notiere nun alle Unterschiede, die du zwischen den Pflanzen der beiden Schalen feststellen kannst. Mache auch eine "Kostprobe".
c) Werte deine Beobachtungen aus.
d) Erkläre, warum Temperatur und Feuchtigkeitsmenge in beiden Versuchsansätzen etwa gleich sein müssen.
e) Übertrage die Ergebnisse des Versuchs auf Lebensbedingungen von Pflanzen in der Natur. Beschreibe, welche Vorteile sich für das Überleben der Keimpflanzen aus den unterschiedlichen Wuchsformen ergeben.

3. ≣ Ⓐ
Beschreibe die Körpergrösse von Menschen zu verschiedenen Zeiten. Stelle Vermutungen auf, um diese Entwicklung zu erklären.

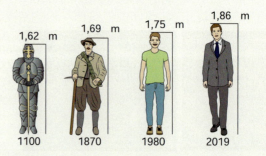

4. ≣ Ⓐ
CopyCatCC, das erste geklonte Kätzchen und seine genetisch identische Klonmutter: Beschreibe und erkläre das Aussehen der Tiere.

1 Löwenzahn
aus einer Wiese

Modifikationen

Jeder hat schon beobachtet, dass Pflanzen wie der Löwenzahn je nach Standort unterschiedlich wachsen. Unterschiedliche Wasser- und Mineralstoffversorgung, Temperaturunterschiede sowie mehr oder weniger Fusstritte zeigen ihre Wirkung.

Die Veränderung von Merkmalsausprägungen durch Umwelteinflüsse bezeichnet man als **Modifikationen.** Modifikationen werden nicht vererbt und müssen von den Mutationen, den Veränderungen des Erbgutes, unterschieden werden.

2 Löwenzahn aus
einer Pflasterritze

Gene und Umwelt

Es gibt Salatsorten, die schöne, dicke Köpfe bilden, und andere, wie Pflücksalat, die nur kleine Blättchen bilden. Sie unterscheiden sich genetisch. Deshalb lässt sich aus Pflücksalat-Samen auch bei bester Pflege kein Salatkopf ziehen.

Aber auch Kopfsalatpflanzen können sich sehr unterschiedlich entwickeln.
Bekommen junge Pflanzen nicht genug Licht, „vergeilen" sie. Sie bilden kaum Blattgrün, werden lang und bleiben schwach. Unter solchen Bedingungen stecken Pflanzen nicht unnötig Material und Energie in die Synthese von Chlorophyll.

Chlorophyll wird im Dunkeln nämlich nicht gebraucht, da ohne Sonnenlicht keine Fotosynthese stattfindet.
Der Lichtmangel schaltet dagegen Gene für ein schnelleres Längenwachstum an. Da in der natürlichen Vegetation Licht meist von oben kommt, hat die Pflanze durch den längeren Stängel bessere Überlebenschancen, denn vielleicht trifft sie so auf mehr Licht.
Allerdings holt die Pflanze den Rückstand gegenüber gut belichteten Pflanzen nicht mehr auf.
Aus einmal vergeilten Salatsetzlingen lassen sich auch später keine kräftigen Köpfe ziehen, obwohl sie die genetische Ausstattung dazu hätten.

4 Frühkindliche Förderung

Veranlagung und Entwicklung

Auch Menschen können sich sehr unterschiedlich entwickeln. Die Gene geben eine gewisse Variationsbreite vor. Aber sowohl körperliche Eigenschaften als auch geistige, handwerkliche oder künstlerische Fähigkeiten werden von Umwelteinflüssen beeinflusst:
So kann jemand eine Veranlagung für Diabetes haben, das Auftreten der Krankheit aber durch Ernährung beeinflussen.
Für die Leistung eines Spitzensportlers ist eine genetische Voraussetzung notwendig, aber sie ist nicht ohne hartes Training zu erreichen.
Bei Kindern und Jugendlichen sollten „Begabungen" früh gefördert werden. Aber auch durch intensives Arbeiten lassen sich Leistungen verbessern.

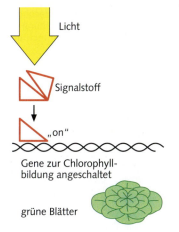

Dunkel

Licht

Signalstoff

„off"

„on"

Gene zur Chlorophyllbildung abgeschaltet

Gene zur Chlorophyllbildung angeschaltet

helle Blätter

grüne Blätter

3 Genregulation durch Umwelteinflüsse

> Kannst du erklären, wie sich genetische Veranlagung und Umwelteinflüsse ergänzen?

Biotechnologie

1. **Ⓐ**
Erstelle eine Tabelle zu den vier Typen der Biotechnologie. Ordne jedem Typ eine Definition und Beispiele zu.

1 Grüne Biotechnologie

2. **Ⓠ**
Teilt euch in Gruppen auf und recherchiert jeweils zu einem Biotechnologietyp. Erstellt ein Plakat und haltet einen Vortrag dazu.

Biotechnologie findet man überall

Schon ein Gang durch die Küche eröffnet uns die Welt der Biotechnologie. Nicht nur Joghurt, Bier oder Käse, die mithilfe von Mikroorganismen hergestellt werden, sind Beispiele dafür, sondern ebenso Waschpulver, Vitaminpräparate oder Medikamente.

Biotechnologie in der Lebensmittelherstellung

Durch genetisch veränderte Bakterien werden Enzyme für Brotteig oder Käseherstellung erzeugt. Viele Lebensmittelprodukte enthalten gentechnisch veränderter Organismen. Biotechnologie in der Lebensmittelherstellung heisst auch **weisse Biotechnologie**.

Biotechnologie in der Landwirtschaft

Tiere und Pflanzen werden durch Zucht gezielt verändert. Gentechnik optimiert Eigenschaften von Pflanzen und macht sie weniger anfällig für Krankheiten. Biotechnologie in der Landwirtschaft wird auch **grüne Biotechnologie** genannt.

Biotechnologie in der Industrie

Bei Waschmitteln, Abwasserreinigung oder Müllbeseitigung wird Biotechnologie eingesetzt. So findet man in Waschmitteln Enzyme, die von gentechnisch veränderten Bakterien hergestellt werden. Diese industrielle Biotechnologie heisst auch **graue Biotechnologie**.

Biotechnologie in der Medizin

Zur Diagnose und Behandlung von Krankheiten und bei der Entwicklung von Medikamenten wird Biotechnologie eingesetzt. Diese medizinische Richtung wird in der Biotechnologie auch **rote Biotechnologie** genannt.

2 Biotechnologie im Alltag

Begriffe aus der Biotechnologie

Biowissenschaften ist ein Sammelbegriff für alle Wissenschaften, die sich an der Erforschung von Lebewesen und den Möglichkeiten ihrer Nutzung beteiligen.
Biotechnologie erforscht die technische Veränderung und Nutzung von Lebewesen, ihren Organen, Zellen oder ihren Zellbestandteilen.
Gentechnik ist ein Teilbereich der Biotechnologie. Dabei werden Gene von Organismen gezielt verändert.

Ethische und rechtliche Fragen

Eingriffe in Lebewesen rufen auch Widerstände wach. Die Frage, wie sehr man in die Natur eingreifen darf, muss Gegenstand ethischer Überlegungen, gesellschaftlicher Diskussionen und klarer Gesetze sein.

Kannst du Beispiele für Biotechnologie nennen und verschiedene Typen von Biotechnologie unterscheiden?.

Informationen im Internet kritisch nutzen

Zuverlässige Informationen sind wichtig

Die Möglichkeiten der Medizin entwickeln sich ständig weiter. So ergeben sich auch für Schwangere ständig neue Untersuchungs- und Behandlungsmöglichkeiten. Wer Kinder bekommen möchte, wird früher oder später mit Fragen und Entscheidungen konfrontiert werden, die sich zum Beispiel darum drehen, welche Untersuchungen und Behandlungen man für sich und sein Kind wünscht. Als Grundlage für diese Entscheidungen sind verlässliche Informationen wichtig. Diese kann man beispielsweise im Internet finden. Jedoch ist Vorsicht geboten: Mancher Anbieter will nicht wirklich objektiv informieren, sondern den Leser eher in seinem Sinne beeinflussen, etwa um eine Dienstleistung zu verkaufen. Mithilfe der folgenden Fragen kannst du dir einen Eindruck über die Objektivität und Seriosität eines Internetangebotes verschaffen.

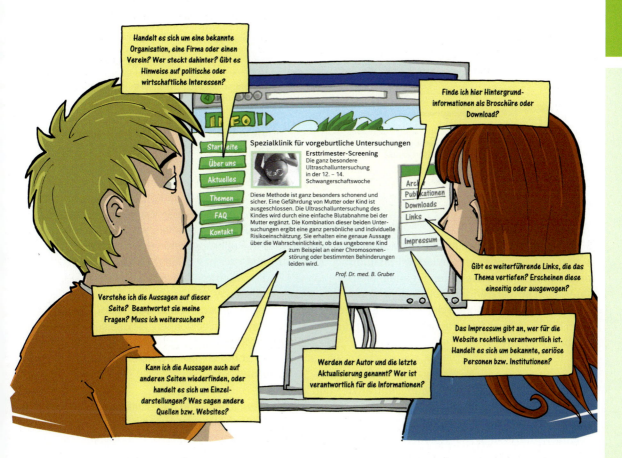

1. Q
a) Stellt mithilfe von Webseiten jeweils einige Argumente für und gegen das Ersttrimeser-Screening (FTS) zusammen. Analysiert dazu mehrere Webseiten mithilfe der Fragen aus der Abbildung.
b) Zeigt anhand von Beispielen, wie Anbieter von Webseiten ihre Botschaften an die Leser weitergeben und deren Meinung vielleicht beeinflussen wollen.
c) Präsentiert eure Ergebnisse aus a) und b) vor der Klasse.

Gentechnik – Übertragung von Genen

1. Q
Erkundige dich nach Ursachen, Symptomen und Folgen der Erkrankung Diabetes Typ I und II.

2. A
Beschreibe anhand des Textes und der Abbildung 2 die Herstellung eines transgenen Bakteriums, das menschliches Insulin herstellen soll. Nutze dafür die Fachbegriffe Restriktionsenzym, Gen-Taxi, Ligase, Plasmid.

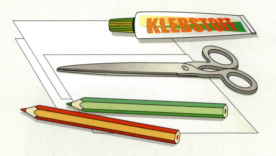

3. V
a) Entwickelt in Gruppenarbeit ein Modell, mit dem ihr den Einbau eines Gens in einen Plasmidring vorführen könnt. Überlegt dabei genau, welche Materialien ihr verwenden wollt.
b) Präsentiert euer Modell der Klasse. Erläutert dabei die einzelnen Schritte und verwendet die Fachbegriffe.

4. A
a) Erkläre die Begriffe horizontaler Gentransfer und transgene Bakterien.
b) Erläutere, welche Bedeutung der universelle genetische Code für den horizontalen Gentransfer hat.

5. Q
a) Recherchiert, welche Proteine in der Medizin durch transgene Bakterien hergestellt werden.
b) Recherchiert nach Krankheiten, die mit Medikamenten, die mithilfe transgener Bakterien hergestellt werden, behandelt werden können.

TIPP
Nutzt zum Beispiel die Kombination „transgene Bakterien" und „Medizin" für die Suchmaschine.

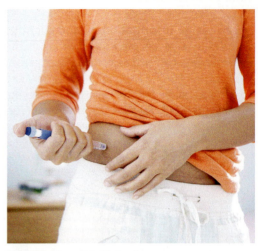

1 Diabetikerin spritzt sich Insulin

Viele Diabetiker benötigen Insulin
Diabetiker verlieren Gewicht, haben dauernd Durst, fühlen sich schlapp und im Urin lässt sich Zucker nachweisen. Ihnen fehlt das Hormon Insulin, welches ihr Körper nicht oder nicht mehr in genügender Menge herstellen kann. Insulin regelt normalerweise die Aufnahme von Traubenzucker in die Körperzellen und ist lebenswichtig. Viele Diabetiker sind daher auf die Zufuhr von Insulin angewiesen. Sie müssen es täglich spritzen. Früher wurde Insulin aus den Bauchspeicheldrüsen von Schweinen gewonnen. Da das so gewonnene Insulin dem menschlichen Insulin aber nicht vollkommen gleicht, gab es manchmal allergische Reaktionen.

Inzwischen kann menschliches Insulin in grossen Mengen gentechnisch hergestellt werden. Dazu nutzt man heute Bakterien. Sie bieten viele Vorteile: Sie sind klein, lassen sich leicht manipulieren und vermehren sich schnell. Zwar weisen Bakterienzellen eine Reihe von wichtigen Unterschieden zu menschlichen Zellen auf. Dennoch können Bakterien menschliches Insulin herstellen. Dies ist nur deshalb möglich, weil sich die "Sprache der Gene" in allen Organismen gleicht:
Die Abfolge der Nukleotide A, C, G und T in einem Bakterium hat die gleiche Bedeutung wie bei einem Menschen. Man sagt, der **genetische Code** ist **universell**.

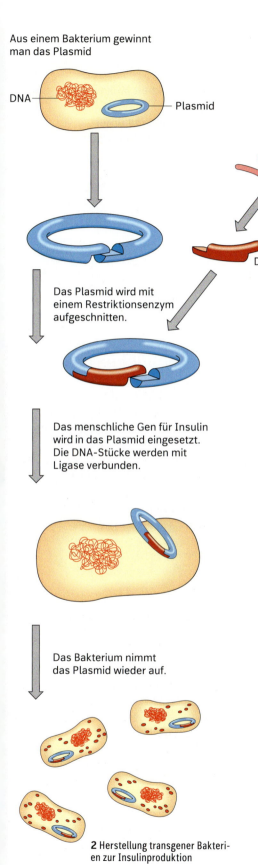

Aus einem Bakterium gewinnt man das Plasmid

DNA — Plasmid

Spenderzelle

Aus einer menschlichen Spenderzelle (Inselzelle aus der Bauspeicheldrüse) wird mit einem Restriktionsenzym das Insulin-Gen herausgeschnitten.

DNA-Abschnitt mit Insulin-Gen

Das Plasmid wird mit einem Restriktionsenzym aufgeschnitten.

Das menschliche Gen für Insulin wird in das Plasmid eingesetzt. Die DNA-Stücke werden mit Ligase verbunden.

Das Bakterium nimmt das Plasmid wieder auf.

2 Herstellung transgener Bakterien zur Insulinproduktion

Gentechnisch veränderte Bakterien produzieren Insulin

Zur gentechnischen Herstellung von Insulin muss man den Bakterien das menschliche Gen für Insulin künstlich einsetzen. Erst dann können sie es herstellen. Dabei nutzt man die schnelle Vermehrung und den besonderen Aufbau der Bakterien für die Gentechnik aus.

Viele Bakterien enthalten zusätzlich zu ihrer normalen Zell-DNA kleinere DNA-Ringe, sogenannte **Plasmide.** Plasmide können den Bakterien entnommen werden. Ausserhalb des Bakteriums kann man die Plasmide künstlich verändern. Dazu schneidet man das Bakterien-Plasmid mit einem Restriktionsenzym auf. Das **Restriktionsenzym** ist ein Enyzm, das DNA an einer bestimmten Basensequenz aufschneiden kann.

Mit dem gleichen Restriktionsenzym wird das Insulin-Gen der DNA einer menschlichen Zelle herausgeschnitten und in das Plasmid eingesetzt. Damit die DNA-Stücke sich miteinander verbinden, benötigt man das **Enzym Ligase.** Damit ist das Plasmid ein sogenanntes **Gen-Taxi** geworden. Die Bakterien können nun das gentechnisch veränderte Plasmid wieder aufnehmen und werden dann vermehrt. Das menschliche Insulin wird in grossen Mengen in den gentechnisch veränderten Bakterien produziert. Um es zu gewinnen, muss man die Bakterien zerstören. Dann wird es gereinigt und als Medikament zum Spritzen für die Diabetiker zur Verfügung gestellt.

Solche gentechnisch veränderten Bakterien werden auch **transgene Bakterien** genannt. Die Übertragung von Genen zwischen verschiedenen Arten heisst auch **horizontaler Gentransfer**.

Kannst du erklären, wie Gene mit Gen-Taxis in Bakterien eingefügt werden und wie so zum Beispiel menschliches Insulin von Bakterien hergestellt wird?

Heile Welt durch Gentherapie?

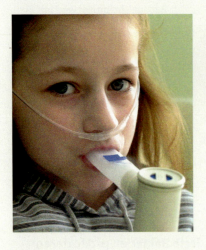

1. ≣ Ⓐ
a) Beschreibe, welche Symptome die Krankheit Mukoviszidose kennzeichnen.
b) Erkläre mithilfe des Textes und der Abbildung unten, wie die einzelnen Symptome der Mukoviszidose bislang behandelt werden.

2. ≣ Ⓐ
a) Erkläre, warum in der Gentherapie Viren genutzt werden.
b) Gib die Schritte an, die nötig sind, um die Viren in der Gentherapie als Gen-Taxis einzusetzen.
c) Beschreibe die weiteren Schritte der Gentherapie am Beispiel der Mukoviszidose. Nutze dafür die Abbildung.

3. ≣ Ⓐ
Die häufigste Genmutation, die zu Mukoviszidose führt, ist in der Abbildung dargestellt.
a) Beschreibe die Veränderung der DNA.
b) Erkläre den Zusammenhang zwischen Genmutation, entstehendem Protein und der Krankheit Mukoviszidose.

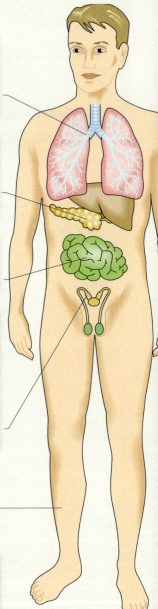

Zäher Schleim verstopft die Atemwege. Die Anfälligkeit für Infektionen ist stark erhöht.

Die Bauchspeicheldrüse wird durch den zähen Schleim in ihrer Funktion beeinträchtigt.

Die Nährstoffaufnahme im Dünndarm ist herabgesetzt.

95 % der Männer mit Mukoviszidose sind nicht zeugungsfähig. Manchmal sind auch Frauen unfruchtbar, wenn der feste Schleim den Zugang zur Gebärmutter verschliesst.

Die Schweissdrüsen der Haut sondern einen hohen Anteil an Salz ab.

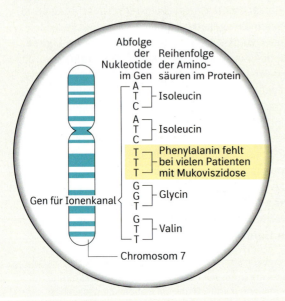

Abfolge der Nukleotide im Gen — Reihenfolge der Aminosäuren im Protein

A T C – Isoleucin
A T C – Isoleucin
T T T – Phenylalanin fehlt bei vielen Patienten mit Mukoviszidose
G G T – Glycin
G T T – Valin

Gen für Ionenkanal

Chromosom 7

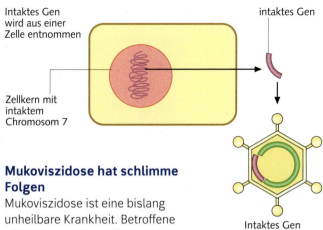

Intaktes Gen wird aus einer Zelle entnommen

intaktes Gen

Zellkern mit intaktem Chromosom 7

Intaktes Gen wird in einen Virus eingebracht

Vermehrung des Virus

Aufbringen der veränderten Viren auf die Schleimhaut

DNA des Virus wird in die Zelle aufgenommen, die bislang nur ein defektes Protein bilden kann.

Mukoviszidose hat schlimme Folgen

Mukoviszidose ist eine bislang unheilbare Krankheit. Betroffene leiden daran, dass zäher Schleim die Atemwege verstopft. Ausserdem sind auch noch viele andere Organe, wie zum Beispiel die Bauchspeicheldrüse, von dem zähen Schleim betroffen. Menschen mit Mukoviszidose müssen regelmässig inhalieren und spezielle Übungen machen, damit die Lunge den zähen Schleim loswerden kann. Es müssen Verdauungsenzyme und Antibiotika eingenommen werden. Für viele Betroffene wird irgendwann eine Lungentransplantation notwendig. Trotz aller Therapien verkürzt die Krankheit die Lebenserwartung doch sehr.

Mukoviszidose ist eine Erbkrankheit

Etwa eines von 2500 Neugeborenen erkrankt an Mukoviszidose. Die Ursache ist ein Gendefekt auf Chromosom Sieben. Bei gesunden Menschen enthält dieses Gen die Information für ein Protein, das dafür sorgt, dass fester Schleim flüssiger wird.

Durch die Mutation kann das Protein nicht richtig gebildet werden und der Schleim bleibt zäh. Eine Mutation kann nicht rückgängig gemacht werden, sodass eine Heilung nicht möglich ist. Bislang kann man nur die Symptome behandeln. Wollte man Krankheiten wie Mukoviszidose wirklich bekämpfen, müsste man den Defekt direkt im Zellkern beheben. Dies versucht die Gentherapie.

Viren als Taxis für Gene

In der **Gentherapie** soll versucht werden, intakte Gene in die Schleimhautzellen von Menschen mit Mukoviszidose mithilfe von Viren einzuschleusen.

Viren haben die Fähigkeit, ihre Gene in menschliche Zellkerne einzubringen, sich in den Zellen zu vermehren und uns krank zu machen. Für die Gentherapie werden die krankmachenden Gene aus den Viren mithilfe von bestimmten Enzymen herausgeschnitten und an diese Stelle das gewünschte Gen eingesetzt. Im Fall der Mukoviszidose also das Gen von Chromosom Sieben. Die so veränderten Viren werden vermehrt und mithilfe eines Nasensprays auf die Schleimhäute aufgebracht. Diese Viren dringen als **Gen-Taxis** in die Schleimhautzellen ein und bringen das intakte Gen mit. In der Zelle kann dann das Protein für die Verflüssigung von Schleim gebildet werden.

Dieses Verfahren birgt in der Anwendung noch viele Probleme, sodass weiter daran geforscht wird.

> Kannst du am Beispiel der Mukoviszidose erklären, wie in der Gentherapie versucht wird, intakte Gene in Zellen einzuschleusen?

mutiertes Gen

defektes Protein

zäher Schleim

intaktes Gen

intaktes Protein

flüssigerer Schleim

1 Schritte der Gentherapie

Was Stammzellen alles können

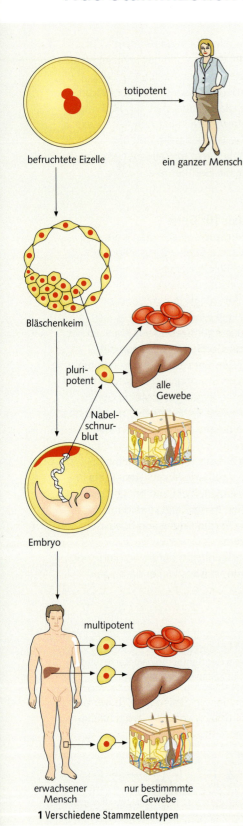

1 Verschiedene Stammzellentypen

(Bildbeschriftungen:) befruchtete Eizelle — totipotent — ein ganzer Mensch; Bläschenkeim; pluri-potent — alle Gewebe; Nabel-schnur-blut; Embryo; erwachsener Mensch — multipotent — nur bestimmmte Gewebe

1. ☰ Ⓐ
Erläutere anhand der Abbildung 1 und des Textes die unterschiedlichen Stammzelltypen: multipotente, pluripotente, totipotente.

2. ☰ Ⓠ
a) Recherchiere im Internet nach dem aktuellen Embryonenschutzgesetz. Berichte, welche gesetzlichen Bestimmungen es zur Forschung mit Embryonen gibt.
b) Recherchiere nach den Begriffen Stichtagsregelung und Stammzellforschung.

3. ☰ Ⓠ
Bestimmt habt ihr schon gehört, dass zur Stammzellenspende aufgerufen wird, wenn Menschen an Leukämie erkrankt sind.
a) Findet heraus, welche Stammzellen für die Behandlung benötigt werden und was ein möglicher Spender tun muss.
b) Erstellt ein Werbeplakat für Stammzellenspende.

4. ☰ Ⓐ
a) Beschreibe das Verfahren des therapeutischen Klonens.
b) Erläutere die Vorteile, die das therapeutische Klonen gegenüber Transplantationen von Geweben oder Organen Verstorbener hat.

5. ☰ Ⓠ
Recherchiere, was iPS-Zellen sind. Erläutere die Vorteile.

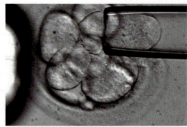
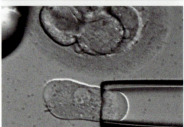

2 Entnahme einer embryonalen Zelle

Differenzierte Zellen

Aus einer einzigen befruchteten Eizelle entsteht durch Zellteilungen zunächst ein kleiner Haufen identischer Zellen. Irgendwann im Laufe der Entwicklung eines Embryos müssen sich seine zunächst identischen Zellen unterschiedlich entwickeln. Dazu werden in den Zellen unterschiedliche Gene aktiviert. Man spricht vom An- und Abschalten von Genen. Zellen, die eine Leberzelle, Hautzelle oder Herzmuskelzelle geworden sind, können sich nicht mehr teilen und nicht mehr zu anderen Zellen werden, sie sind **differenzierte Zellen.**

Stammzellen

Überall im Körper sterben Zellen ab und müssen durch neue ersetzt werden. Daher muss es in allen Geweben Zellen geben, die diese Funktion übernehmen und sich noch teilen können. Solche Zellen heissen Stammzellen. **Stammzellen** ersetzen abgestorbene Zellen, bauen Gewebe und den ganzen Körper des Menschen auf.

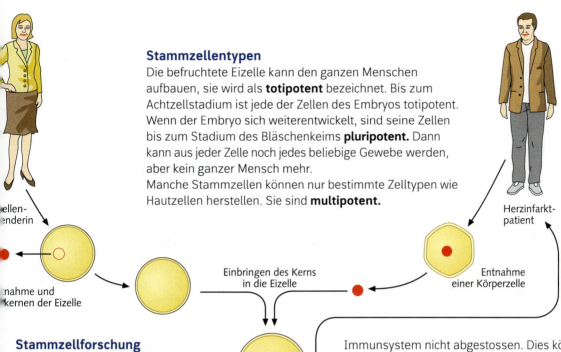

Stammzellentypen

Die befruchtete Eizelle kann den ganzen Menschen aufbauen, sie wird als **totipotent** bezeichnet. Bis zum Achtzellstadium ist jede der Zellen des Embryos totipotent. Wenn der Embryo sich weiterentwickelt, sind seine Zellen bis zum Stadium des Bläschenkeims **pluripotent.** Dann kann aus jeder Zelle noch jedes beliebige Gewebe werden, aber kein ganzer Mensch mehr.

Manche Stammzellen können nur bestimmte Zelltypen wie Hautzellen herstellen. Sie sind **multipotent.**

Einbringen des Kerns in die Eizelle

Herzinfarkt-patient

Entnahme einer Körperzelle

Entwicklung zum Bläschenkeim

Entnahme der embryonalen Stammzellen

Herzmuskel-zellen unter Zugabe von Wachstums-hormonen

3 Therapeutisches Klonen

Stammzellforschung

Aus **embryonalen Stammzellen** kann man im Labor jedes beliebige Gewebe züchten. Dies macht vielen kranken Menschen Hoffnung auf Heilung. Erleidet ein Mensch einen Herzinfarkt, wird die Sauerstoffversorgung der Herzmuskelzellen unterbrochen. Dadurch sterben viele von ihnen ab. Der Körper kann das zerstörte Gewebe nicht ersetzen und die Herzfunktion ist dauerhaft eingeschränkt. Vielen Patienten könnte geholfen werden, wenn man die abgestorbenen Zellen durch neue ersetzen könnte. Bei Mäusen ist es bereits gelungen, im Labor aus embryonalen Stamm-zellen Herzmuskelzellen zu züchten. Nach einer Transplanta-tion übernahmen diese Zellen ihre Funktion im Herzen der Maus.

Therapeutisches Klonen

Möglicherweise könnten in Zukunft auch für Menschen neue Herzmuskelzellen im Labor gezüchtet werden. Dabei wäre es möglich, dass sie die gleichen Erbinformationen haben wie der Patient. So werden sie vom Immunsystem nicht abgestossen. Dies könnte durch **therapeutisches Klonen** erreicht werden: Dabei wird aus einer Körperzelle des erkrankten Menschen der Zellkern gewonnen. Dieser wird in die entkernte Eizelle einer Frau eingebracht. In dieser Umgebung erlangt der Zellkern einen totipotenten Zustand. Die Eizelle beginnt mit der Embryonalentwicklung. Nach einigen Teilungen können Zellen ent-nommen werden. Diese werden dann zu Herzmuskelzellen weitergezüchtet und dem Herzinfarktpatienten transplantiert. Dort übernehmen sie dann die Funktionen der abgestorbenen Zellen.

Ethische Bedenken

Eine Eizelle mit einem fremden Kern, die die Embryonalentwicklung begonnen hat, könnte sich zu einem ganzen Menschen entwickeln. Daher ist dieses Verfahren ethisch bedenklich. In der Schweiz ist therapeutisches Klonen verboten. Mit der Stammzellforschung sind aber viele Hoffnungen auf Heilung verbunden. Daher besteht hier ein **ethisches Dilemma.** Inzwischen wird nach anderen Möglichkeiten mit sogenannten **iPS-Zellen** geforscht, die nicht aus Embryonen gewonnen werden.

Kannst du verschieden Typen von Stammzellen nennen und das Verfahren des therapeutischen Klonens und seine Probleme erläutern?

Gentechnik in der Landwirtschaft

1. Q

Informiere dich über die Lebensweise, die Entwicklung, die Schadwirkung und die Bekämpfung des Maiszünslers.

2. ☰ A

Erkläre, wie der Maiszünsler mit Gentechnik bekämpft wird.

3. ☰ A

a) Beschreibe das unten abgebildete Diagramm und fasse die wesentlichen Aussagen zusammen.
b) In der Schweiz ist der Anbau von Bt-Mais verboten. Diskutiere dieses Verbot und nutze für die Argumentation den Informationstext und die Aussagen des Diagramms.

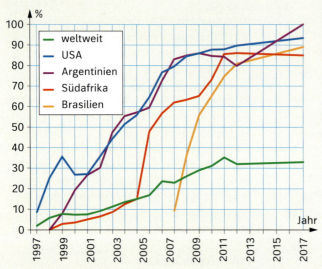

1 Anteil von genverändertem Mais an der Anbaufläche eines Landes in Prozent

4. Q

a) Recherchiere, welche Diskussion in der Schweiz zu einem Siegel „Ohne Gentechnik" geführt wird.
b) Würdest du dein Kaufverhalten nach dem Siegel ausrichten? Begründe deine Antwort.

5. ☰ A

Diskutiere das Für und Wider von Bt-Mais. Sortiere dafür zunächst die Argumente auf dem unten abgebildeten Zettel. Formuliere dann deine eigene Meinung.

Chancen und Risiken der "grünen Gentechnik"

- Das Erbgut wurde schon immer verändert.
- Der Anbau von GVO leistet einen unverzichtbaren Beitrag zur Lösung des Welternährungsproblems.
- Die GVO produzieren Proteine, die es in den Organismen vorher nicht gab. Diese Proteine können Allergien auslösen.
- Es werden weniger Spritzmittel ausgebracht.
- Die Veränderung der Erbinformation kann zu völlig unerwünschten Folgen führen.
- Die Landwirte sind abhängig von den Saatguthersellern, die auch die entsprechenden Spritzmittel verkaufen.
- Die Fremdgene können unkontrolliert auf verwandte Nutzpflanzen und Wildpflanzen übertragen werden.

Bt-Mais gegen den Maiszünsler

Mais gehört mit Weizen und Reis zu den wichtigsten
Nahrungs- und Futterpflanzen der Welt. Ernteausfälle beim
Mais haben hohe Kosten zur Folge.

Ein Grund für hohe Ernteausfälle beim Mais ist weltweit ein
Schadinsekt, der Maiszünsler. Die Larven des Maiszünslers entwickeln sich in den Stängeln der Maispflanze, die
Pflanze wird brüchig und stirbt ab. Um die Ernteausfälle zu
verringern, wurden gentechnisch veränderte Maispflanzen
erzeugt. Das dazu nötige Gen fand man in einem Boden-
bakterium, *Bacillus thuringiensis*, kurz Bt. *Bacillus thuringiensis* stellt ein Protein her, das für Larven einiger Insekten tödlich ist. Das Gen, das die Information für das
tödliche Protein trägt, wurde in die Maispflanzen einge-
schleust. Nun stellen die sogenannten Bt-Mais-Pflanzen
das Gift selber her und die Maiszünslerlarven, die davon
fressen, sterben. Organismen wie der Bt-Mais, in deren
Erbgut gentechnisch eingegriffen wurde, heissen **gentechnisch veränderte Organismen (GVO).**

Bt-Mais in der Diskussion

Während in Amerika die Produktion von gentechnisch ver-
ändertem Mais inzwischen üblich ist, sind die Menschen in
der Schweiz gegenüber dem Bt-Mais skeptischer eingestellt. Zum einen meinen Kritiker, die Giftstoffe im Mais
könnten auch andere Tiere wie Bienen, Spinnen oder Käfer
töten oder sich schädlich auf sie auswirken. Ebenso
besteht die Angst, dass das Gift auch in unseren Körper
gelangt und dort Allergien erzeugen kann. Ausserdem
könnte der veränderte Pollen auch das Erbgut herkömmli-
cher Maissorten verändern. Wissenschaftler erforschen
alle diese Aspekte genau, um die Risiken abzuschätzen.

Verbraucherschutz durch Kennzeichnung?

Eine grosse Mehrheit der Konsumenten in der Schweiz lehnt
gentechnisch veränderte Organismen (GVO) ab. Sie wollen
auch wissen, ob in einem Lebensmittel Gentechnik steckt
oder nicht. Aber so einfach ist diese Frage oft nicht zu
beantworten. Der Anbau von gentechnisch veränderten
Pflanzen ist in der Schweiz zwar aufgrund eines Morato-
riums bis 2021 verboten. Einige gentechnisch veränderte
Organismen (GVO) sind als Tierfutter und Lebensmittel
jedoch bewilligt. Daran scheiterte bisher auch eine Kenn-
zeichnung „GVO-freier" Produkte. In Deutschland beispielsweise gibt es seit 2008 eine „Ohne Gentechnik"-Kennzeich-
nung. Sie verbietet zwar gentechnisch veränderte Pflanzen;
Vitamine, Enzyme und Aminosäuren, die mit Hilfe von GVO
produziert wurden, dürfen dem Futter aber beigemischt
werden.

2 Maiszünsler: **A** gesunde Maispflanzen,
B Schmetterling, **C** Raupe, **D** Schadbild

Kannst du am Beispiel von Bt-Mais erläutern,
was ein GVO ist und das Für und Wider seiner
Nutzung diskutieren?

Gene und Vererbung

Die genetische Information

Die genetische Information eines Lebewesens liegt auf den Chromosomen im Zellkern. Chromosomen bestehen aus einem langen, dünnen Faden aus DNA. Er ist um Proteine gewickelt. Die DNA enthält einen Zucker, die Desoxyribose, Phosphorsäurebestandteile und vier verschiedene Basen. Die Erbinformation ist durch die Reihenfolge der Basen festgelegt. Die Form der DNA erinnert an eine Wendeltreppe (Doppelhelix-Modell).

Proteinbiosynthese

Bevor sich Zellen teilen, wird durch eine identische DNA-Verdopplung die Anleitung kopiert und die Information an die Tochterzellen weitergegeben. In den Zellen sorgt ein chemischer Lese- und Übersetzungsmechanismus dafür, dass anhand der Reihenfolge der Basen die entsprechenden Proteine, die die Zelle braucht, gebildet werden.

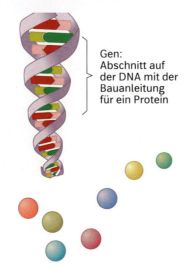

Gen: Abschnitt auf der DNA mit der Bauanleitung für ein Protein

Aminosäuren (Bausteine)

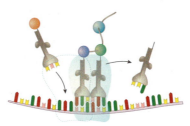

Proteinbiosynthese: chemischer Lese- und Übersetzungsmechanismus

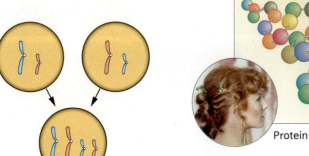

Protein

Keimzellbildung und Befruchtung

Zur Bildung von Keimzellen findet eine Kernteilung, die Meiose, statt. Die homologen Chromosomen werden getrennt, sodass jede Keimzelle nur noch halb so viele Chromosomen enthält. Die Verteilung der Chromosomen erfolgt zufällig. Bei der Befruchtung kommen die Chromosomen einer Ei- und einer Spermazelle zusammen. Es entsteht wieder ein doppelter Chromosomensatz.

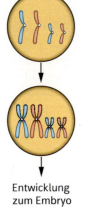

Entwicklung zum Embryo

MENDELsche Erbregeln

GREGOR MENDEL entdeckte drei Erbregeln, die auch für den Menschen gelten: die Uniformitätsregel, die Spaltungsregel und die Unabhängigkeitsregel. Wie er erkannte, gibt es in den Körperzellen zu jedem Gen jeweils zwei Allele. Sie werden zufällig auf die Keimzellen verteilt und bei der Befruchtung neu kombiniert.

Mutationen

Mutationen sind ungerichtete Veränderungen des Erbgutes. Sie betreffen entweder ein einzelnes Gen (Genmutationen), grössere Bereiche eines Chromosoms (Chromosomenmutationen) oder die Zahl der Chromosomen (Genommutationen). Mutationen sind häufig Ursache von Erbkrankheiten wie dem DOWN-Syndrom.

Erbe und Umwelt

Jedes Lebewesen hat eine genetische Ausstattung, die seine Merkmale bestimmt. Merkmalsausprägungen werden auch durch die Umwelt beeinflusst. Dies sind Modifikationen. So wird etwa Pflanzenwachstum durch Lichteinflüsse verändert. Modifikationen werden nicht vererbt.

Züchtung und Biotechnologie

Kenntnisse über Abläufe, die bei der Vererbung von Eigenschaften wichtig sind, werden zur Züchtung und Vermehrung von Pflanzen und Tieren genutzt. Sogar bei der Produktion von Arzneimitteln spielen sie eine Rolle. Moderne Verfahren der Biotechnologie und der Gentechnik eröffnen dabei völlig neue Möglichkeiten. Diese können aber auch mit Risiken verbunden sein.

1. ≡ A
a) Benenne die Bausteine der DNA.
b) Erkläre, wie die Erbinformation gespeichert ist.
c) Erläutere das Prinzip der Basenpaarung.

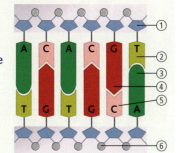

2. ≡ A
Ein reinerbig weisses Meerschweinchen (Genotyp aa) wird mit einem reinerbig schwarzen Meerschweinchen (Genotyp AA) gekreuzt. Schwarz (A) ist dominant gegenüber weiss (a).

 X

a) Welche Genotypen und welche Phänotypen treten in der 1. Tochtergeneration F_1 auf? Welche MENDELsche Erbregel wird hier deutlich?
b) Kreuze nun zwei Tiere der F_1-Generation untereinander. Ermittle die Genotypen und die Phänotypen in der 2. Tochtergeneration F_2. Erstelle dazu ein Kombinationsquadrat.
c) Welche MENDELsche Erbregel wird hier deutlich?
d) Erläutere die Bedeutung dieser Erbregel für die Tierzüchtung.

3. ≡ A
a) Definiere den Begriff Stammzelle.
b) Benenne einige Chancen und Schwierigkeiten im Zusammenhang mit der Stammzellforschung.

4. ≡ A
Gesunde Eltern haben ein an Mukoviszidose erkranktes Kind. Das Allel für diese Krankheit ist rezessiv. Mit welcher Wahrscheinlichkeit wird ein weiteres Kind diese Erkrankung haben? Begründe mithilfe der Erbregeln.

5. ≡ A
Beschreibe mithilfe der Zeichnung, wie Insulin gentechnisch hergestellt wird. Ordne den Ziffern jeweils einen Fachbegriff und den Buchstaben jeweils einen Vorgang zu.

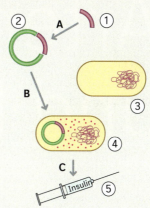

6. ≡
a) Erläutere, welche verschiedenen Arten von Mutationen es gibt.
b) Nenne Beispiele, wie sie sich im System des Lebewesens auswirken können.

7. ≡ A
Unten sind die roten Blutkörperchen eines an Sichelzellanämie Erkrankten abgebildet. Erläutere am diesem Beispiel, wie sich eine Mutation auswirken kann.

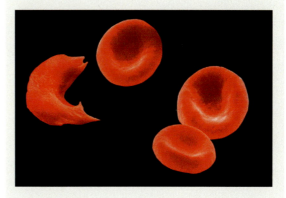

8. ≡ A
Bei Röntgenuntersuchungen werden den Patienten Bleischürzen umgelegt, um die Strahlung abzuschirmen. Erkläre diese Massnahme und verwende dabei den Begriff "Mutagen".

9. ≡ A
Beschreibe am Beispiel des Bt-Mais, wie in der grünen Biotechnologie Eigenschaften von Pflanzen für bessere Ernteerträge verändert werden.

Artenvielfalt und Evolution

Wie entstehen neue Arten und warum sterben sie wieder aus?

Welche Rolle spielt die Sexualität in der Evolution?

Stammt der Mensch vom Affen ab? Wie sahen unsere Vorfahren aus?

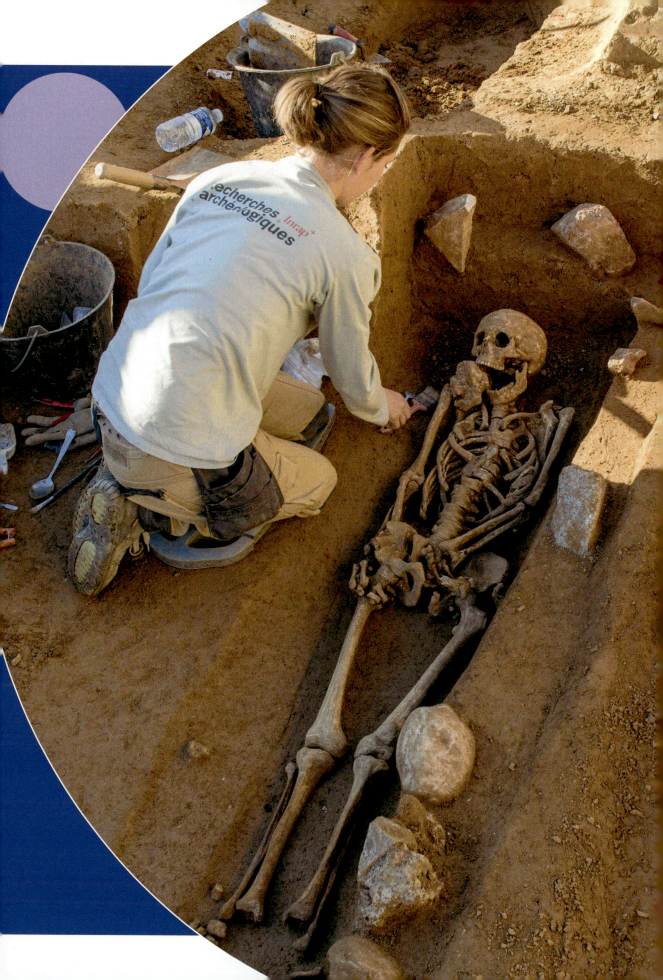

Was ist eine Art?

1. ≡ Ⓐ

Die Abbildung zeigt Seefrosch (A), Kleinen Wasserfrosch (B) und Teichfrosch (C). Die Tabelle zeigt Steckbriefe der drei Frösche. Vergeiche die drei Frösche anhand der Tabelle. Argumentiere, was dafür spricht, dass es sich um mehrere Arten handelt, und was dagegen spricht.

A   B

C

2. ≡ Ⓐ

Erläutere die verschiedenen Artkonzepte.

	Kleiner Wasserfrosch *Pelophylax lessonae*	Teichfrosch *Pelophylax esculentus*	Seefrosch *Pelophylax ridibunda*
Grösse	4,5–7 cm	5,5 – 9 cm	7–13 (15) cm
Aussehen	Rückenfärbung zur Paarungszeit gelbgrün und ungefleckt, ausserhalb Paarungszeit sowie bei Weibchen bräunlicher und variabel, häufig mit braunen Flecken; Bauchseite meist rein weiss	Rücken gras- bis dunkelgrün mit dunkler Fleckung und oft mit heller Rückenlinie; Bauchseite weiss mit grauer Marmorierung; Fersenhöcker von mittlerer Grösse	Rückenfärbung olivgrün bis bräunlich, gefleckt, oft mit hellgrüner Rückenlinie; Bauch grau marmoriert; Fersenhöcker klein
Stimme	sehr vielgestaltig, von Quaken bis Knurren	weniger metallisch und nicht tremolierend wie beim Kleiner Wasserfrosch	lautes langsames Quaken
Lebensraum	kleinere Gewässer wie Gräben, Tümpel oder überschwemmte Wiesentümpel	kleinere Gewässer, tritt fast immer mit kleinem Wasserfrosch auf	fast ganzjährig vor allem an grossen Flüssen
Nahrung	Insekten, Würmer	Insekten, Würmer, selten auch Kaulquappen und kleine Frösche und Krötchen	Insekten, Würmer, gelegentlich auch kleinere Artgenossen
Überwinterung	im Schlamm des Gewässers		im Schlamm möglichst tiefer Gewässer
Gefährdung	potenziell gefährdet		nicht heimisch, ausgesetzt

A   B

1 Zum Verwechseln ähnlich: **A** Nachtigall, **B** Sprosser

Nachtigall oder Sprosser?

Bei der Sichtung einer Nachtigall kann sich auch der geschulte Beobachter nicht sicher sein, ob es sich tatsächlich um diese Vogelart handelt. Nachtigallen unterscheiden sich nämlich nur wenig von den mit ihnen verwandten Sprosser (Bild 1). Auch der Gesang der Männchen ist sehr ähnlich. Erst wenn man eine Gesangsaufnahme genau auswertet, zeigen sich Unterschiede. Aufgrund dieser Unterschiede wurden **Nachtigallen** *Luscinia megarhynchos* und **Sprosser** *Luscinia luscinia* verschiedenen Arten zugeordnet, was sich auch in der wissenschaftlichen Namensgebung zeigt.

Beide Arten nutzen den gleichen Lebensraum, wie zum Beispiel lockere Bestände von Laubgehölzen in den Flussniederungen. In Nord- und Ostdeutschland gibt es einen schmalen Überschneidungsbereich, in dem beide Arten vorkommen und sich auch gemeinsam fortpflanzen. Dabei sind weibliche Nachkommen aber sehr selten und unfruchtbar.

Viele Farben, eine Art

Der **Asiatische Marienkäfer** *Harmonia axyridis* ist ein eingeschlepptes Insekt . Er wurde in den 1980er Jahren zur Bekämpfung von Blattläusen in Gewächshäusern eingesetzt. Seither vermehren sich Populationen der Käfer auch im Freiland so erfolgreich, dass sie zu Konkurrenten der heimischen Marienkäfer werden. Bei der Betrachtung einer grossen Zahl dieser Käfer fällt auf, dass die einzelnen Individuen grosse Unterschiede in der Färbung und Punktung ihrer Flügeldecken zeigen (Bild 2). Es ist schwer, zwei völlig identische Individuen zu finden. Trotz dieser unterschiedlichen Färbungsmerkmale gehören die verschiedenen Käfertypen zur gleichen Art *Harmonia axyridis*. Männchen und Weibchen paaren sich ungeachtet ihrer Färbungsmerkmale und erzeugen fruchtbare Nachkommen.

1 Variationen des Asiatischen Marienkäfers

Frösche: komplizierte Verhältnisse

Vergleicht man den Kleinen Wasserfrosch, den Teichfrosch und den Seefrosch miteinander, stellt man fest, dass die Merkmale des Teichfroschs zwischen denen der beiden anderen Arten liegen bzw. eine Mischung sind. Der Teichfrosch hat von beiden etwas. Deshalb ist der Teichfrosch auch keine echte Tierart. Teichfrösche sind **Hybriden**, ursprünglich hervorgegangen aus Kreuzungen zwischen Kleinen Wasserfröschen und Seefröschen.

In der Natur kommt es immer wieder zu solchen „Fehlpaarungen". Der daraus entstehende Nachwuchs ist oft unfruchtbar wie bei Nachtigall und Sprosser oder in anderer Weise genetisch benachteiligt. Nicht so die Teichfrösche. In der Schweiz kommen sie zusammen mit Kleinen Wasserfröschen vor und sind häufig in der Überzahl.
Das überrascht, denn normalerweise können sich Teichfrösche nicht miteinander fortpflanzen. Zur Vermehrung benötigen sie vielmehr einen Wasserfrosch- oder Seefrosch-Partner Durch die Mischpaarungen entstehen aber wieder Hybriden, die Spezies in Reinform haben das Nachsehen.

Artkonzepte

Die Beispiele zeigen, wie schwierig es ist, Individuen von Lebewesen ausschliesslich aufgrund von äusseren Merkmalen einer Art zuzurechnen. CARL VON LINNÉ unternahm 1758 erstmals den Versuch, Pflanzen und Tiere in ein System einzuordnen. Er orientierte sich an der Erscheinung und Gestalt und entwickelte das Artkonzept der **Morphospezies** (gr. morphé, Gestalt): Individuen einer Art weisen gleiche Grundmerkmale auf – zumindest „gleichere" als mit Individuen anderer Arten. Nach diesem Artkonzept sollten Sprosser und Nachtigallen der gleichen Art angehören, die Individuen der Marienkäfer dagegen nicht.

Die ausschliessliche Beurteilung der Gestalt erlaubt keine sichere Trennung von Arten. Deshalb wurde das Konzept der **Biospezies** entwickelt, das auf den Begriff der **Population** aufbaut. Die Individuen von Populationen gehören dann zur gleichen Art, wenn sie unter natürlichen Bedingungen **fortpflanzungsfähige Nachkommen** erzeugen können – auch wenn verschiedene Populationen einer Art in der Regel mehr oder weniger stark voneinander getrennt sind. Dieses Konzept ist zuverlässiger als die Morphospezies und hat sich allgemein durchgesetzt.
Da sich die verschieden gefärbten Marienkäfer sehr wohl miteinander paaren und fruchtbare Nachkommen hervorbringen, gehören sie zur gleichen Biospezies. Dies trifft für Sprosser und Nachtigallen nicht zu.

Stammbäume

Wer ist verwandt?
Stammbäume zeigen Verwandtschaftsverhältnisse von Lebewesen. Dazu vergleicht man üblicherweise deren **Merkmale des Körperbaus**. Lebewesen mit gemeinsamen Merkmalen fasst man dann zu Gruppen zusammen.

1 Verwandt?

Verwandtschaften bei Wirbeltieren
Wichtigstes gemeinsames Kennzeichen aller Wirbeltiere ist der Besitz eines Innenskelettes mit Wirbelsäule. Aufgrund körperlicher Merkmale teilt man die Wirbeltiere traditionell in fünf Grossgruppen, auch **Klassen** genannt: **Fische, Amphibien, Reptilien, Vögel** und **Säugetiere**. Fische und Amphibien bilden klar unterscheidbare Klassen mit gemeinsamen Kennzeichen, die sie von den Säugetieren unterscheiden. Auch die heute lebenden Vögel besitzen gemeinsame Merkmale wie zum Beispiel Federn, die keine andere Wirbeltierklasse aufweist. Reptilien wie Schlangen, Echsen, Krokodile und Schildkröten sind zwar unterschiedlich gebaut, besitzen aber mit ihrer schuppigen Haut ein gemeinsames Merkmal, das sie von anderen Wirbeltieren unterscheidet. Daher schien es lange Zeit gerechtfertigt, Vögel und Reptilien als eigenständige Klassen anzusehen.

Die DNA gibt Aufschluss
Um die Verwandtschaftsverhältnisse von Lebewesen aufzuklären, nutzt man heutzutage auch verschiedene molekulare Methoden. Eine dieser Methoden ist die **DNA-Sequenzanalyse**. Dabei werden Unterschiede in der Basenabfolge der DNA verschiedener Arten ermittelt. Diese Unterschiede kommen durch Mutationen zustande und werden von Generation zu Generation weitergegeben. Je länger sich zwei Arten in der Stammesgeschichte getrennt voneinander entwickelt haben, desto mehr Mutationen haben stattgefunden und desto grösser sind die Sequenzunterschiede in ihrer DNA. Umgekehrt deuten geringe Unterschiede in der DNA verschiedener Lebewesen auf deren grosse verwandtschaftliche Nähe hin.

Der Stammbaum wird bestätigt ...
Die molekularen Methoden bestätigten zunächst den traditionellen Stammbaum. So sind z. B. die DNA-Unterschiede zwischen Schwanzlurchen, Kröten und Fröschen gering, die zu den anderen Wirbeltierklassen vergleichsweise gross. Von der Linie der ursprünglichen, an Land lebenden Vierfüsser hatte sich demnach zunächst die Klasse der Amphibien abgetrennt und dann weiter aufgefächert.

Das gemeinsame Kennzeichen von Säugetieren, Vögeln und Reptilien ist der Besitz eines **Amnions** (Bild 2). In dieser wasserundurchlässigen Hülle kann sich ein Embryo auch an Land entwickeln, ohne auszutrocknen. Der Besitz des Amnions grenzt die landlebenden Wirbeltiere von den Amphibien ab. Aus Tieren mit Amnion entwickelten sich in der Stammesgeschichte zunächst die Säugetiere. Auch hier zeigte die DNA-Sequenzanalyse, dass Säugetiere eine einheitliche Klasse unter den Wirbeltieren bilden. Die DNA-Unterschiede sind bei ihnen vergleichsweise gering.

2 Katzenembryo in seinem Amnion

... aber es gibt auch Überraschungen

Ein überraschendes Ergebnis brachte jedoch die vergleichende Untersuchung der DNA von Vögeln und Krokodilen (Bild 1). Deren DNA-Unterschiede waren sehr gering. Vögel und Krokodile können demnach nicht zu verschiedenen Wirbeltierklassen gehören. Sie bilden zusammen mit Echsen, Schlangen und Schildkröten eine neue Klasse, die der **Sauropsiden**. Eine deutsche Bezeichnung für diese Gruppe gibt es bislang nicht.

Vorfahren

In die Entwicklung von Stammbäumen fliessen also traditionelle, aber auch moderne Untersuchungsmethoden mit ein. Am Beginn eines Stammbaums steht jeweils der gemeinsame **Vorfahre**. Aus diesem haben sich alle anderen Gruppen und Arten entwickelt. Eine Aufgabelung in einem Stammbaum symbolisiert die Trennung einer Ursprungsart in neue Entwicklungslinien und damit neue Arten. An diesen Stellen kann auch vermerkt werden, welche evolutionäre Neuerung im Verlauf der Stammesgeschichte aufgetreten ist.

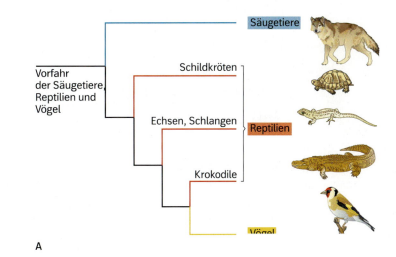

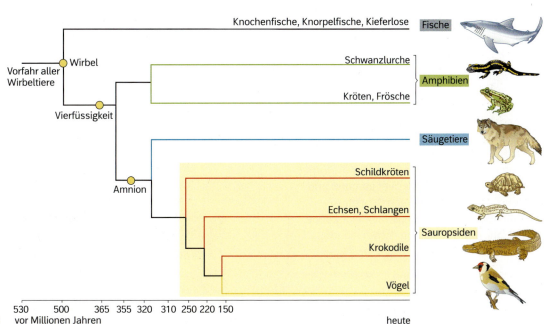

3 Stammbaum der Wirbeltiere **A** traditionelle Vorstellung (Ausschnitt); **B** tatsächliche Beziehungen

Überraschende Verwandtschaftsverhältnisse

Biologen interessieren sich sehr dafür, wer im Tierreich mit wem wie verwandt ist. Denn wissen Forscher darüber Bescheid, können sie auch Rückschlüsse auf die Evolution der Tiere schliessen. Dabei stossen Wissenschaftler, vor allem durch DNA-Untersuchungen, immer wieder auf überraschende Verbindungen.

Klippschliefer

Der Klippschliefer kommt in weiten Teilen Afrikas und in Westasiens vor. Zu wem hat er die grösste Verwandtschaft – Fuchs, Meerschweinchen oder Elefant?

Fledermaus

Ihr nächster noch lebender Verwandter ist …
… der Igel? Die Ratte? Das Opossum?

Ursprünglich dachten Wissenschaftler, Klippschliefer seien Nagetiere. Erst als die DNA der Klippschliefer untersucht wurde, fand man heraus, dass sie viel eher Huftiere sind und nah verwandt mit Elefanten und Seekühen sind. So weisen Schliefer zwei kontinuierlich wachsende Schneidezähne auf, ähnlich wie Elefanten zwei ständig nachwachsende Stosszähne besitzen.

Anders als es der Name vermuten lässt, sind Fledermäuse keine Nagetiere, sondern gehören zu den Fledertieren. Diese sind vermutlich am nächsten mit Insektenfressern verwandt, also etwa dem Igel.

Schildkröten
Sind sie mit Kröten, Schnecken oder Vögeln verwandt?

Die schwerfällige, gepanzerte Schildkröte und die leichten gefiederten Vögel: Äusserlich sehr verschieden, trotzdem eng miteinander verwandt, wie genetische Untersuchungen zeigten. Man vermutet, dass sich die Schildkröten bereits vor rund 250 Millionen Jahren von anderen Wirbeltieren abtrennten. Damals entwickelte sich aus den Ur-Reptilien eine neue Wirbeltiergruppe: die Stammeltern von Sauriern, Vögeln, Krokodilen und Schildkröten. Ungefähr 20 bis 30 Millionen Jahre später entstanden aus ihnen die Ur-Schildkröten, möglicherweise zur Zeit des grossen Massensterbens am Ende des Perm, bei dem 80 Prozent aller Landtierarten ausstarben.

Tyrannosaurus Rex
Der Dinosaurier ist schon lange ausgestorben. Zu welchem noch lebenden Tier hat er die grösste Nähe: Huhn, Känguruh oder Leguan?

Dass Vögel und Dinosaurier miteinander verwandt sind, wissen Forscher schon länger. Überraschend ist jedoch die Tatsache, dass der Tyrannosaurus enger mit Hühnern als mit Alligatoren und Eidechsen verwandt ist. Das fand man heraus, als man in einem Tyrannosaurus-Knochen Reste von Blutgefässen entdeckte, aus denen sich Rückschlüsse auf den genetischen Bauplan des Raubtieres ziehen lassen konnten.

Fossilien – Zeugen der Vorzeit

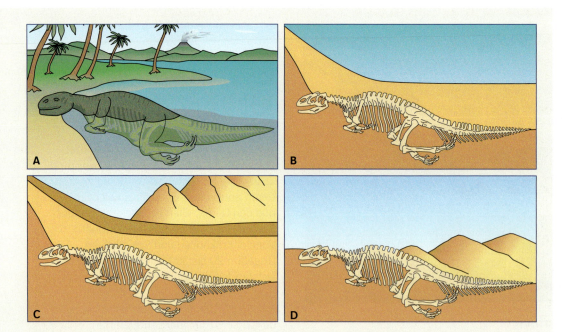

A

B

C

D

1. ≣ Ⓐ
Beschreibe anhand der Bilder, wie ein Fossil entsteht.

2. ≣ Ⓐ
Begründe, weshalb man Fossilien von Tieren, die im oder am Wasser gelebt haben, häufiger findet als die von Landtieren.

3. ≣ Ⓐ
Erkläre den Prozess der Versteinerung eines Lebewesens.

4. Ⓞ
Verfasse Steckbriefe zu „Fossilien des Jahres". Nutze dafür z.B. die Homepage der Sauermuseums Frick.

5. Ⓥ
Überlegt euch, wie ihr mithilfe von Muscheln und Gips selbst „Fossilienmodelle" erstellen könnt. Plant eure Vorgehensweise, stellt Fossilienmodelle her, präsentiert sie der Klasse und erläutert eure Vorgehensweise. Berichtet auch von euren Schwierigkeiten.

> **TIPP**
> für eure Materialkiste: 1 Muschel (beide Schalenhälften), Klebstoff, 1 Gipsbecher, 1 Getränkekarton, Schnellgips, Seidenpapier, gelbe Kreide, Wasser, Handcreme, Löffel, Messer, Hammer, Gummibänder

6. ≣ Ⓐ
Nenne die Vorgänge der Fossilienentstehung, die bei einem Modell wie in Aufgabe 5 nachvollzogen werden.

Dinosaurierfunde – auch in der Schweiz

Im Mai 2015 stiessen Paläontologen in Frick im Kanton Aargau auf mehrere Plateosaurier, darunter ein acht Meter langes Exemplar. Innerhalb von zwei Wochen wurde er vollständig freigelegt.

Plateosaurier gehören zu den ältesten Dinosauriern. Sie lebten in der Triaszeit vor rund 210 Millionen Jahren und wiesen eine Körperlänge von 7 – 8 Metern auf. Bekannte Dinosaurier, wie der Tyrannosaurus Rex oder der Triceratops, lebten rund 150 Millionen Jahre später.

Über die Gangart wurde unter Forschern gestritten; heute nimmt man an, dass Plateosaurier auf den grossen Hinterbeinen gelaufen sind.

So entstanden Fossilien

Vermutlich waren die in Frick gefundenen Tiere in ein grosses Schlammloch geraten und dort verendet. Sand und Schlick bedeckten die toten Körper schnell, und die Weichteile verfaulten. Weil es aber keinen Sauerstoff gab, wurden die Körper nicht vollständig zersetzt. Hartteile wie Knochen oder Zähne blieben erhalten. Immer neue Sand- und Schlammschichten, das Sediment, lagerten sich über den toten Sauriern ab. Je feiner das umliegende Sediment war, desto mehr Einzelheiten sind heute an den **Fossilien** erkennbar. Durch einsickerndes Wasser, darin gelöste Mineralsalze, den Druck und die Temperatur veränderten sich die Hartteile der Saurier in ihrer Zusammensetzung, sie versteinerten. Ihre Form blieb dabei erhalten. Durch Bewegungen der Erdkruste kommen die **Versteinerungen** wieder an die Erdoberfläche und werden durch Einwirkung von Regen und Wind freigelegt.

2 Tapir: **A** Fossiler Urtapir, **B** Schabrackentapir (eine heute lebende Art)

Fossilien zeigen Vielfalt vergangener Zeiten

Heute leben ungefähr 60 000 Wirbeltierarten. Sie machen zusammen aber nur ein Prozent der Wirbeltiere aus, die jemals gelebt haben. Im Lauf von vielen Millionen Jahren sind immer wieder neue Arten entstanden. Diese Entwicklung von Arten in der Erdgeschichte heisst **Evolution.** Die meisten Arten, die im Verlauf der Evolution entstanden sind, sind inzwischen wieder ausgestorben.

Alle Überreste von Lebewesen heissen **Fossilien.** Dies können auch Spuren oder Pflanzenabdrücke sein. Oft ähneln Fossilien heutigen Arten, wie zum Beispiel das 47 Millionen Jahre alte Fossil eines Urtapirs, dessen Skelett dem Skelett heutiger Tapire sehr ähnlich sieht. Anhand solcher Fossilien kann man die Geschichte heutiger Tiere oft weit in die Vergangenheit verfolgen. Dabei sind jüngere Fossilien unseren jetzigen Arten ähnlicher als ältere Fossilien.

1 Teil eines Plateosaurus-Fundes im Sauriermuseum Frick

Kannst du erklären, was Fossilien sind und wie sie entstehen?

Wie alles begann

Sonne

1. ≣ (A)
Beschreibe, was man unter der „chemischen" und der „biologischen" Evolution versteht.

2. ≣ (Q)
Informiere dich im Internet über „Mikrosphären". Berichte.

3. ≣ (A)
Beschreibe, wie man sich die Entstehung der Mitochondrien und Chloroplasten vorstellt.

4. ≣ (A)
Erkläre die Vorteile der Symbiose für:
a) die aufnehmenden Bakterien und
b) die Bakterien, die sich zu Mitochondrien und Chloroplasten entwickelt haben.

Die Entstehung der Erde

Die Entstehung unserer Erde liegt etwa 4,5 Milliarden Jahre zurück. Zu Beginn war sie ein glühender Gasball, der über viele hundert Millionen Jahre abkühlte. Ihre Entstehungszeit war geprägt durch Meteoriteneinschläge, extreme Regenfälle, gewaltige Gewitter, Vulkanausbrüche, dampfende Lagunen und Erdspalten.

1 Schema einer Urlandschaft

Man nimmt an, dass die „Uratmosphäre" aus Stickstoff, Kohlenstoffdioxid, Wasserdampf, Schwefelwasserstoff, Methan, Spuren von Ammoniak und anfänglich auch freiem Wasserstoff bestand.

Die chemische Evolution

Dem amerikanischen Studenten STANLEY MILLER gelang es 1953 in einem Versuch, die Bedingungen der „Uratmosphäre" nachzuahmen. Dazu mischte er die Gase der Uratmosphäre und erhitzte das Gemisch. Er erzeugte mit Elektroden künstliche Blitze und bestrahlte seine „Uratmosphäre" mit UV-Licht.
Wenige Tage später machte er die sensationelle Entdeckung, dass seine **„Ursuppe"** organische Verbindungen wie Ameisensäure und einige Aminosäuren enthielt. Variationen der Versuchsbedingungen führten später auch zu Fetten, Kohlenhydraten und Bestandteilen von Nukleinsäuren.
Die Ergebnisse der Experimente lassen den Schluss zu, dass die Bildung einfacher organischer Substanzen bereits zur Zeit der Uratmosphäre möglich war. Gesicherte Erkenntnisse liegen allerdings bisher nicht vor.
Die Entstehung von organischen Verbindungen aus anorganischen Stoffen bezeichnet man als **chemische Evolution.**

Die biologische Evolution

Nach einem Modell des Nobelpreisträgers MANFRED EIGEN organisieren Ketten von RNA-Bausteinen die Herstellung bestimmter Eiweisse. Über Millionen Jahre könnten sich auch einige davon zu kleinen Kügelchen zusammengeschlossen haben. Derartige Gebilde aus Eiweisshülle und RNA-Kern haben sich möglicherweise zur **„Urzelle"** weiterentwickelt.

Erstes Leben aus der Tiefsee?

Andere Wissenschaftler sehen in den „Schwarzen Rauchern" der Tiefsee die Quelle des Lebens. Untersuchungen an den „Black Smokern" ergaben, dass sich trotz Temperaturen von 350 °C und extremen Druckverhältnissen kleine zellähnliche Strukturen mit einer membranartigen Hülle entwickeln, sogenannte **Mikrosphären.** In ihnen vermuten einige Wissenschaftler die Urformen der ersten Lebewesen.

Urbakterien – die ersten Zellen

Die ersten Lebewesen waren **Urbakterien.** Es waren von der Aussenwelt durch Zellmembranen abgegrenzte Organismen. Diese Abgrenzung ist wichtig, damit die Reaktionen des Lebens kontrolliert ablaufen konnten. Die Urbakterien betrieben Stoffwechsel, indem sie energiereiche Stoffe aufnahmen und die darin gespeicherte Energie in andere Energieformen umwandelten.
Urbakterien waren einfache Zellen, die noch nicht über einen abgegrenzten Zellkern verfügten. Sie waren **Prokaryoten,** die sich teilen und vermehren konnten.

Von den Prokaryoten zu den Eukaryoten

Die Entstehung der Zellen, wie sie Pflanzen, Tiere und der Mensch besitzen, erklären Wissenschaftler mit der **Endosymbiontentheorie.** Sie beschreibt den Zusammenschluss von verschiedenen urtümlichen Bakterien, die eine Symbiose – eine Gemeinschaft zum beiderseitigen Vorteil – miteinander eingingen. Sauerstoff atmende Bakterien, die sich mit Urbakterien zusammenschlossen, entwickelten sich in diesen zu Mitochondrien. Diese verfügen über eine eigene Erbsubstanz und dienen seitdem als „Energiekraftwerke" in den Zellen.

Bei der Entwicklung der Pflanzenzellen nahmen die Eukaryoten als weitere „Untermieter" Fotosynthese betreibende Cyanobakterien auf. Sie entwickelten sich in den Pflanzenzellen zu Chloroplasten.
Die DNA des Urbakteriums wurde nach und nach durch Membranen vom Zellplasma abgegrenzt. So entstanden Zellen mit einem echten, membranumhüllten Zellkern. Lebewesen mit solchen Zellen nennt man **Eukaryoten.** Dazu gehören alle Pflanzen und Tiere und auch der Mensch.

Wissenschaftler sprechen von einer Theorie, wenn es für eine Vorstellung eine Vielzahl überzeugender Belege gibt. Dies ist bei der Endosymbiontentheorie der Fall.

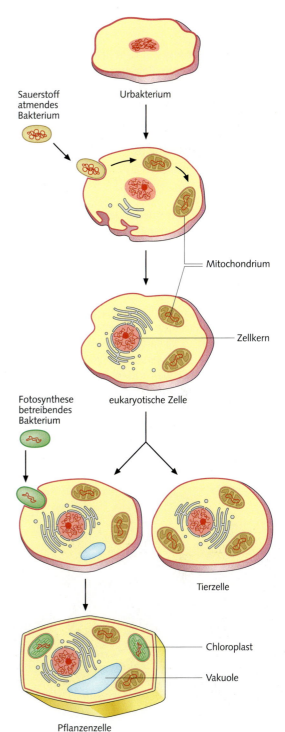

Sauerstoff atmendes Bakterium

Urbakterium

Mitochondrium

Zellkern

eukaryotische Zelle

Fotosynthese betreibendes Bakterium

Tierzelle

Chloroplast

Vakuole

Pflanzenzelle

2 Die Entwicklung eukaryotischer Zellen nach der Endosymbiontentheorie

Kannst du die „chemische" und die „biologische" Evolution beschreiben?

Erdzeitalter und ihre Lebewesen

1. ☰ Ⓐ
Lege eine Tabelle mit drei Spalten an. Ordne darin jedem Zeitalter aus dem Text eine Zeitangabe und einige Lebewesen zu. Zeitangaben findest du auf der Seite „Evolution vollzieht sich in langen Zeiträumen". In der Spalte „Lebewesen" genügen jeweils einige Beispiele.

2. ☰ Ⓐ
Erläutere die Bedeutung des Sauerstoffs in der Erdurzeit.

3. Ⓠ
Erkläre den Zusammenhang zwischen dem Aussterben der Dinosaurier und der nachfolgenden Artenfülle bei den Säugetieren.

Die Erdurzeit

Nachdem die Erde entstanden war, gab es lange Zeit noch keinen freien Sauerstoff. Die ersten Urbakterien vor 3,8 Milliarden Jahren auf der Erde brauchten zur Energiegewinnung noch keinen Sauerstoff. Etwa 600 Millionen Jahre später entwickelte sich die Fotosynthese. Dabei wurde Sauerstoff frei, der für viele Lebewesen giftig war. Viele Arten starben aus. Nur Organismen, die sich davor schützen konnten, überlebten diese einschneidende Umweltveränderung. Vor 1,5 Milliarden Jahren entwickelten sich dann aber Zellen, die Sauerstoff nutzen konnten. Damit hatten sie einen Vorteil, weil sie viel Energie mithilfe des Sauerstoffs gewinnen konnten.

Das Erdaltertum

Im **Kambrium** entwickelte sich dann eine Vielzahl mehrzelliger Organismen im Wasser wie Algen, Quallen und Gliederfüsser wie zum Beispiel die Trilobiten. Mit den kieferlosen Fischen tauchten im **Ordovizium** die ersten Wirbeltiere im Wasser auf. Als erste höhere Pflanzen besiedelten im **Silur** Nacktfarne das Land. Im **Devon** lebten Lungenfische, Vorfahren der ersten Landwirbeltiere. Urlurche wie Ichthyostega besassen bereits ein Skelett, das ihnen eine Fortbewegung auf vier Beinen ermöglichte. Obwohl sie schon den Grossteil ihres Lebens an Land verbrachten, waren sie bei der Fortpflanzung noch auf das Wasser angewiesen. Erst die Reptilien konnten vollständig an Land leben. Im **Karbon** gab es riesige Sumpfwälder aus Siegel- und Schuppenbäumen sowie Schachtelhalmen. Die Überreste sind noch heute als Kohle erhalten.

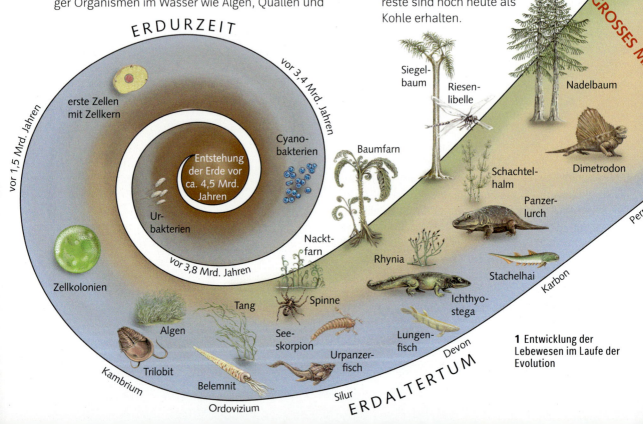

1 Entwicklung der Lebewesen im Laufe der Evolution

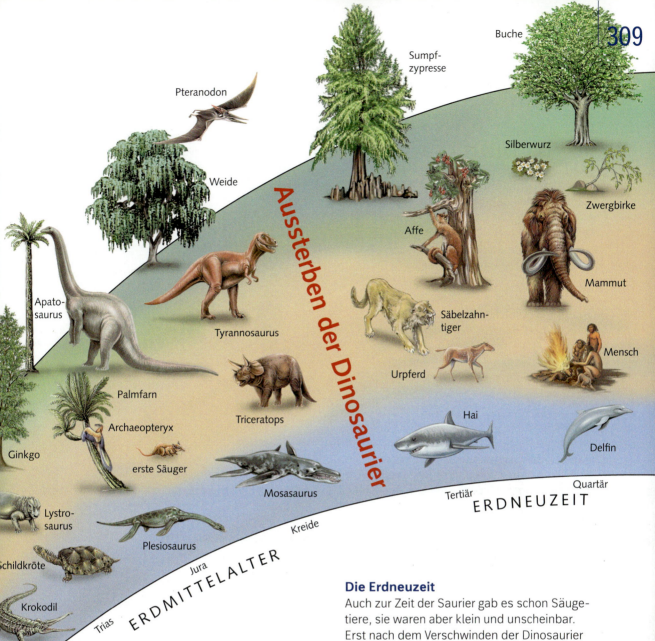

Pteranodon

Weide

Sumpf-
zypresse

Buche

Silberwurz

Affe

Zwergbirke

Apato-
saurus

Tyrannosaurus

Säbelzahn-
tiger

Mammut

Palmfarn

Triceratops

Urpferd

Mensch

Archaeopteryx

Hai

Ginkgo

Aussterben der Dinosaurier

erste Säuger

Delfin

Mosasaurus

Tertiär

Quartär

ERDNEUZEIT

Lystro-
saurus

Plesiosaurus

Kreide

Schildkröte

Jura

Krokodil

Trias ERDMITTELALTER

Das Erdmittelalter

Das Erdmittelalter war die Blüte der Saurier. Laufende, schwimmende und fliegende Saurier beherrschten fast alle Lebensräume der Erde. Im **Jura** entwickelten sich unter den Dinosauriern die grössten und schwersten Landlebewesen, die es je gab, wie zum Beispiel der Apatosaurus. Gegen Ende der **Kreidezeit** starben die Saurier jedoch aus. Als Nachfahren der Saurier gelten die Vögel. Bei den Pflanzen tauchten neben Farnen und Bärlappgewächsen die ersten Laubbäume und Blütenpflanzen auf.

Die Erdneuzeit

Auch zur Zeit der Saurier gab es schon Säugetiere, sie waren aber klein und unscheinbar. Erst nach dem Verschwinden der Dinosaurier konnten sich Säugetiere in grosser Artenvielfalt entwickeln.
Im **Tertiär** herrschten sehr hohe Temperaturen und es gab auch am Nordpol kein Eis, sodass auch hier Wälder wuchsen. Als es trockener und kühler wurde, breiteten sich Eichen- und Buchenwälder aus. Gegen Ende des Tertiärs traten erste menschenähnliche Lebewesen auf. Die Tiere und Pflanzen im **Quartär** wurden den heutigen Formen immer ähnlicher. Erst vor etwa zwei Millionen Jahren begannen die ersten Menschen wie Homo erectus die Erde zu besiedeln.

Kannst du die Entwicklung des Lebens in den Erdzeitaltern beschreiben?

Verwandt oder nur ähnlich?

1. ≣ Ⓐ
Wähle aus der Abbildung rechts zwei
Vordergliedmassen aus. Nenne Gemein-
samkeiten und Unterschiede in Bau und
Funktion.

2. ≣ Ⓐ
Erkläre, warum homologe Organe auf
gemeinsame Vorfahren hinweisen.

3. Ⓠ
a) Informiere dich über homologe
Organe bei Pflanzen. Halte einen kurzen
Vortrag.
b) Erkläre, warum es sich bei den Stacheln der Rosen und den Dornen der
Kakteen um analoge Organe handelt.

4. ≣ Ⓐ
a) Vergleiche die Vorderflosse des Buckel-
wals in Abbildung 4 mit den Vordergliedd-
massen anderer Wirbeltiere. Begründe,
ob es sich um homologe oder analoge
Organe handelt.
b) Erkläre, inwieweit die in der Zeichnung
abgebildeten rudimentären Becken- und
Oberschenkelknochen beim Buckelwal
ein Beleg für die Evolution sind.

5. ≣ Ⓐ
Seelöwen und Walrosse tragen auf den
Flossen Reste von Fuss- bzw. Fingernä-
geln.
Begründe, welche Schlüsse man daraus
über die Entwicklungsgeschichte dieser
Tierarten ziehen kann.

6. Ⓠ
In seltenen Fällen treten wie in Abbildung
2 dargestellt sogenannte Atavismen bei
Tieren auf.
Recherchiere, ob auch beim Menschen
solche Atavismen auftreten können.
Stelle deine Ergebnisse in einem Kurzvor-
trag vor.

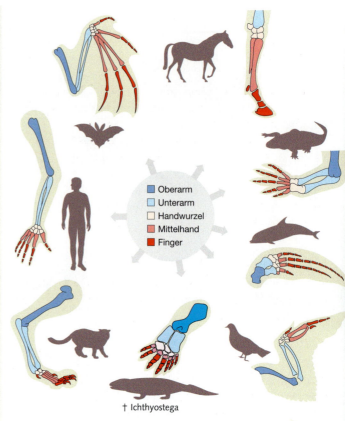

† Ichthyostega

1 Vordergliedmassen von Wirbeltieren

Oberarm
Unterarm
Handwurzel
Mittelhand
Finger

Homologe Organe

Die Flossen eines Delfins und die Vorderbeine
einer Katze haben äusserlich kaum Gemeinsamkeiten. Auch ihre Funktionen sind unterschiedlich. Während die Flossen zum
Schwimmen genutzt werden, sind die Beine
zum Laufen geeignet. Vergleicht man den
Knochenbau beim Delfin und bei der Katze,
findet man allerdings einen **gemeinsamen
Grundbauplan.** Beide besitzen Oberarm-,
Unterarm- und Handknochen. Diesen Grundbauplan findet man bei den Vordergliedmassen aller Wirbeltiere.
Solche Organe, die trotz ihrer manchmal
unterschiedlichen Funktion einen gemeinsamen Grundbauplan haben, werden als **homologe Organe** bezeichnet. Sie weisen auf
gemeinsame Vorfahren hin. Im Laufe der
Evolution wurde der ursprüngliche Bauplan
immer wieder abgewandelt.

Analoge Organe

Ähnliches Aussehen oder vergleichbare Funktion sind aber nicht immer ein Hinweis auf eine stammesgeschichtliche Verwandtschaft. Ein Beispiel dafür sind der Maulwurf und die Maulwurfsgrille.

Beide graben mit ihren Vordergliedmassen Gänge unter der Erde. Obwohl die Grabbeine beider Tiere dem gleichen Zweck dienen, haben sie einen unterschiedlichen Aufbau. Der Maulwurf hat typische Wirbeltiergliedmassen. Das Grabbein der Maulwurfsgrille hingegen ist ein abgewandeltes Insektenbein mit einem Aussenskelett aus Chitin. Organe, die zwar die gleiche Funktion erfüllen, aber einen unterschiedlichen Grundbauplan haben, bezeichnet man als **analoge Organe.**

Ähnliche Umweltbedingungen können dazu führen, dass Organe, die die gleiche Funktion erfüllen, sehr ähnlich aussehen können. Diese Ähnlichkeiten sind das Ergebnis von Angepasstheiten unterschiedlicher Lebewesen an den gleichen Lebensraum.

3 Analoge Organe (Grabbeine):
A Maulwurf, **B** Maulwurfsgrille

Rudimentäre Organe

Bei einigen Arten findet man weit zurückgebildete Organe, die keine Funktion mehr erfüllen. Wale zum Beispiel haben keine hinteren Gliedmassen. Dennoch gibt es bei ihnen Reste von Becken- und Oberschenkelknochen.

Sie sind ein Beleg dafür, dass die Vorfahren der Wale vierbeinige Landsäugetiere waren. Ihre hinteren Gliedmassen bildeten sich im Laufe der Evolution als zunehmende Angepasstheit an das Leben im Wasser wieder zurück. Solche Organreste werden als **rudimentäre Organe** bezeichnet.

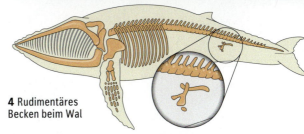

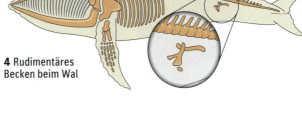

4 Rudimentäres Becken beim Wal

Atavismen

Manchmal können rückgebildete Organe zufällig wieder auftreten, obwohl sie in der Stammesgeschichte der jeweiligen Art eigentlich verschwunden waren. Solche **Atavismen** sind beispielsweise überzählige Hufe bei Pferden oder Rindern.

2 Atavismus beim Pferd

Kannst du Beispiele für homologe und analoge Organe nennen? Kannst du mithilfe von homologen und rudimentären Organen beurteilen, ob Lebewesen miteinander verwandt sind?

Belege für die Evolution

1. ≡ Ⓐ
Archaeopteryx hat Merkmale von Reptilien (Dinosaurier A) und Vögeln (C). Erstelle eine Tabelle mit zwei Spalten zum Vergleich.

2. ≡ Ⓐ
Erkläre, welche Bedeutung Funde wie Archaeopteryx für die Evolutionstheorie haben.

3. ≡ Ⓐ
Das heutige Schnabeltier ist ein Brückentier. Entscheide, ob diese Aussage richtig ist. Begründe.

4. ≡ Ⓐ
Betrachte die Rekonstruktion von Archaeopteryx unten. Beurteile, ob sie mit den wissenschaftlichen Erkenntnissen übereinstimmt. Mach Verbesserungsvorschläge.

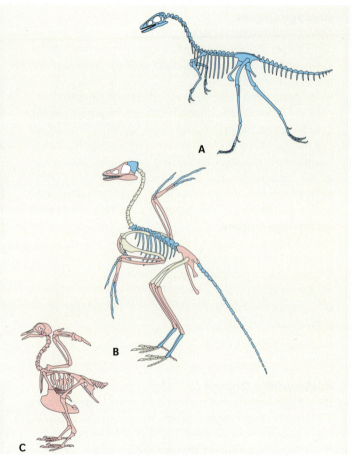

Archaeopteryx – Entwicklung zum Vogel

Fossiliensammler stiessen 1861 im bayrischen Solnhofen in Gesteinsschichten des Jura auf das versteinerte Skelett eines rabengrossen Tieres. Es war eindeutig gefiedert, was ihm den Namen **Archaeopteryx** („uralte Feder") einbrachte. Neben Federn, Flügeln und einem vogelartigen Kopf mit Schnabel besass es auch Zähne, Krallen an den Flügeln und einen langen, knöchernen Schwanz, wie ihn Reptilien haben. Die Wirbelsäule bestand aus Wirbeln, die nicht miteinander verwachsen waren und auch die Bauchrippen waren frei. Dies sind typische Merkmale von Reptilien. Ausserdem fehlte der für Vögel typische Brustbeinkamm.

Weitere Untersuchungen zeigten aber auch einen vogeltypischen Schultergürtel und zu einem Gabelbein verwachsene Schlüsselbeine, wie sie ebenfalls bei Vögeln zu finden sind.
Das ungewöhnliche Tier war also ein Mosaik aus Vogel- und Reptilienmerkmalen.

1 Archaeopteryx: Rekonstruktion

2 Archaeopteryx: Fossil aus Solnhofen

Archaeopteryx lebte vor etwa 150 Millionen Jahren in der baumlosen Gegend des heutigen Solnhofen. Vermutlich hatte er schwarz-weisses Gefieder. Über die Lebensweise weiss man bisher nur wenig. Der Knochenbau lässt allerdings vermuten, dass er zwar den Gleitflug beherrschte aber zu einem aktiven, freien Flug noch nicht fähig war.

Archaeopteryx – ein Brückentier
Funde von Archaeopteryx sind wissenschaftlich deshalb von so grosser Bedeutung, weil sie Merkmale von zwei benachbarten Tierklassen aufweisen, die heute vollständig voneinander getrennt sind: den Reptilien und den Vögeln.

Tiere, die solche **Merkmalsmosaike** aufweisen, heissen **Brückentiere.** Sie zeigen, dass es eine Evolution von einer Tierklasse zu einer anderen gegeben haben muss.

Es hat inzwischen weitere Funde von Archaeopteryx und anderen Fossilien gegeben, die ebenfalls Merkmale von Vögeln und Reptilien kombinieren. Es muss zwischen den Dinosauriern und den heutigen Vögeln viele Brückentiere gegeben haben, die inzwischen ausgestorben sind. Die Vögel sind die einzigen Nachkommen der Dinosaurier, die es heute noch gibt.

Das Schnabeltier
Schnabeltiere leben im östlichen und südöstlichen Teil Australiens und sind an das Leben in trüben Gewässern angepasst. Sie vereinigen Merkmale von Vögeln, Reptilien und Säugetieren. Sie legen Eier mit einer ledrigen Schale wie Reptilien und haben für die Ausgänge von Darm, Harnleiter und Geschlechtsorganen nur eine Körperöffnung, die Kloake. Genauso ist es auch bei Reptilien und Vögeln. Andererseits haben die Schnabeltiere ein Fell und füttern ihre Jungen mit Milch, die aus Poren auf der Bauchseite kommt. Auch im Skelett findet man Merkmale von Reptilien, Vögeln und Säugetieren.

Schnabeltiere haben sich vor 166 Millionen Jahren aus ersten reptilienähnlichen Säugetieren entwickelt. In diesen 166 Millionen Jahren haben sich auch die Schnabeltiere weiter entwickelt, dabei aber Merkmale sowohl von Reptilien, als auch solche von Vögeln und von Säugetieren behalten.

Tiere wie das Schnabeltier werden oft als **lebende Fossilien** bezeichnet.

3 Schnabeltier

Kannst du die Bedeutung von Brückentieren wie Archaeopteryx für die Evolutionstheorie erklären?

Evolutionstheorien von LAMARCK und DARWIN

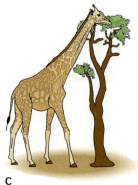

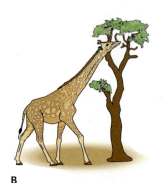

C

B

A

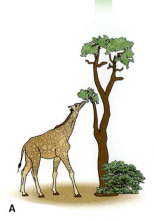

1 LAMARCKS Evolutionstheorie zur Entstehung des langen Giraffenhalses über mehrere Generationen

1. ☰ Ⓐ
Erkläre die Entstehung der langen Hälse bei den Giraffen mit den Theorien von LAMARCK und DARWIN.

2. ☰ Ⓐ
a) Beschreibe die Unterschiede in den Theorien von LAMARCK und DARWIN zur Entstehung der Arten.
b) Erkläre, warum die Theorie von LAMARCK nach heutigen Erkenntnissen falsch ist.

3. ☰ Ⓐ
Während der Evolution wurden die Hälse der Giraffen über viele Generationen immer länger.
Erkläre, warum die heutigen Giraffen keine haushohen Hälse haben.

4. ☰ Ⓠ
Okapis sind nahe Verwandte der Giraffen. Sie sind aber viel kleiner und haben kurze Hälse.
a) Recherchiere den Lebensraum und die Ernährungsweise der Okapis.
b) „Okapis sind aufgrund ihrer kürzeren Hälse gegenüber Giraffen benachteiligt."
Nimm begründet Stellung zu dieser Aussage.

JEAN-BAPTISTE DE LAMARCK
(1744 – 1829)

LAMARCKS Theorie zur Entstehung von Arten

Als einer der ersten Forscher beschrieb LAMARCK 1809 eine Theorie zur Entwicklung der Arten. Er ging davon aus, dass beispielsweise der lange Giraffenhals dadurch entstanden ist, dass die Vorfahren der heutigen Giraffen die Hälse zum Fressen nach oben reckten und diese dadurch von Generation zu Generation immer länger wurden. Wenn sich also die Umweltbedingungen verändern, passen sich die Tiere in ihrer Lebensweise daran an. Durch Gebrauch oder Nichtgebrauch verändern sich so im Laufe des Lebens die Organe und Eigenschaften eines Individuums. Solche aufgrund von Umweltbedingungen entstehende Veränderungen von Merkmalsausprägungen bezeichnet man heute als **Modifikationen.**

LAMARCK ging davon aus, dass diese veränderten Eigenschaften an die Nachkommen vererbt werden. Die Vorstellung, dass Lebewesen Eigenschaften, die sie im Laufe ihres Lebens erworben haben, an ihre Nachkommen vererben, bezeichnet man als **Lamarckismus.** LAMARCK erkannte, dass Arten sich wandeln und neue aus früheren entstehen, seine Erklärungen waren jedoch falsch. Es wurde nie beobachtet, dass die erworbenen Eigenschaften einer Generation an die Nachkommen vererbt werden. Erst die Erkenntnisse der modernen Genetik zeigten dann, dass Modifikationen nicht vererbt werden.

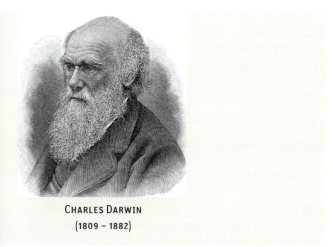

CHARLES DARWIN
(1809 – 1882)

DARWINS Theorie zur Entstehung von Arten

DARWIN vertrat wie LAMARCK die Ansicht, dass sich alle Arten aus früheren Formen entwickelt haben. Er ging aber von der Entstehung der Arten durch natürliche Auslese aus. 1859 stellte er seine Theorie in einem Buch vor. So erzeugt jede Art mehr Nachkommen als zu ihrer Erhaltung notwendig wären. Manche Nachkommen eines Elternpaares zeigen dabei Eigenschaften, die keine ihrer Vorfahren aufgewiesen haben. Solche Veränderungen treten zufällig und ungerichtet auf. Man bezeichnet sie heute als **Mutationen.** Dadurch entstehen unterschiedliche Erscheinungsformen innerhalb einer Art. Man sagt, die Art hat eine grosse **Variabilität.** Diese Eigenschaften können für das Lebewesen von Vor- oder Nachteil sein. Es überleben langfristig nur diejenigen, die am besten an die jeweiligen Lebensbedingungen angepasst sind. Sie pflanzen sich vermehrt fort und vererben ihre Merkmale. Durch diese natürliche Auslese, die **Selektion,** verändern sich Arten langsam über viele Generationen hinweg. Für die Giraffen bedeutet dies nach DARWIN: Diejenigen mit nachteiligen Eigenschaften wie den kürzeren Hälsen haben geringere Chancen zu überleben und sich zu vermehren. Von den Giraffen mit längeren Hälsen dagegen überleben mehr Tiere und vererben ihre Eigenschaften an die Nachkommen.

DARWIN konnte die Aufspaltung einer Art in mehrere neue Arten erklären. Er erkannte die Veränderungen, nicht aber ihre Ursache. Erst die moderne Genetik konnte seine Theorie bestätigen und weiterentwickeln.

> Beschreibe und vergleiche die Theorien von LAMARCK und DARWIN zur Entstehung der Arten an einem Beispiel.

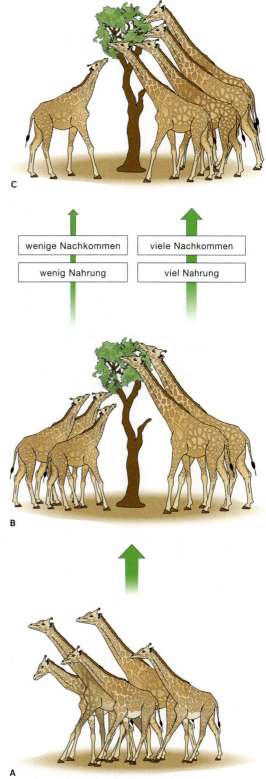

C

| wenige Nachkommen | viele Nachkommen |
| wenig Nahrung | viel Nahrung |

B

A

2 DARWINS Evolutionstheorie zur Entstehung des langen Giraffenhalses über mehrere Generationen

Die Entstehung neuer Arten

1.

Nenne die vier Faktoren, die zur Entstehung neuer Arten führen.

2.

Erkläre, wie die Evolutionsfaktoren bei der Artbildung wirken.

3.

Betrachte die Abbildung mit den Galapagos-Finken.
a) Beschreibe die unterschiedlichen Schnäbel der Arten.
b) Erkläre, wie sie an ihre spezielle Nahrung angepasst sind.

4.

Der Dickschnabel-Grundfink ernährt sich von grossen und harten Samen. Erkläre, wie er aus der Ursprungsart entstanden sein könnte.

5.

Stelle in einem Flussdiagramm dar, wie es zur Entwicklung der flügellosen Kerguelen-Fliege gekommen ist.

1 Galapagos-Finken: **A** Arten, **B** Grünfink, ähnlich dem „Urfink", **C** Südamerika, Heimat des „Urfinken"

CHARLES DARWIN und die Galapagos-Finken

Im 19. Jahrhundert umsegelte DARWIN mit einem Forschungsschiff fünf Jahre lang die Erde und erforschte Tiere und Pflanzen. Dabei erkannte er, dass sich Arten im Laufe der Erdgeschichte verändert hatten und neue Formen aus bereits vorhandenen entstanden waren.
Entscheidende Ideen für seine Evolutionstheorie erhielt DARWIN, als er die Galapagos-Inseln vor Südamerika besuchte. Hier fiel ihm die extreme Ähnlichkeit der Finkenarten auf. Sie unterschieden sich oft in der Form ihrer Schnäbel, mit denen sie unterschiedliche Nahrungsquellen nutzen konnten.
DARWIN vermutete, dass alle 13 Arten, die er auf den Inseln zählte, von einem „Urfink" abstammten. Dieser Urfink musste vom Festland Südamerikas auf die Inseln gelangt sein. Aus ihm haben sich alle heutigen Galapagos-Finken entwickelt.

Auf der Grundlage von DARWINS Evolutionstheorie führt man heute die Veränderung und Entstehung neuer Arten auf das Wirken mehrerer **Evolutionsfaktoren** zurück.

Mutation und Neukombination als Evolutionsfaktoren

Die Urfinken, die die Galapagos-Inseln erreichten und sich dort vermehrten, zeigten bald etwas unterschiedliche Schnabelformen. Diese Veränderungen sind auf **Mutationen,** also auf zufällige, ungerichtete Veränderungen des Erbgutes zurückzuführen. Durch die **sexuelle Fortpflanzung** kam es auch zur **Neukombination** und Verbreitung der veränderten Erbanlagen. So entstand eine **Variabilität,** also eine Vielfalt, der Schnabelformen.

Selektion als Evolutionsfaktor

Die Finken mit ihren unterschiedlichen Schnäbeln haben in ihrer Umwelt bessere oder schlechtere Überlebens- und Fortpflanzungschancen. Wo es zum Beispiel Nüsse gibt, können Finken mit kräftigen Schnäbeln diese besser knacken. Sie können sich und ihre Brut besser ernähren, vermehren sich stärker und vererben die Anlagen für kräftige Schnäbel. Die Auswahl der am besten angepassten Lebewesen bezeichnet man als **Selektion.** Dies erklärt die auffällige **Angepasstheit** vieler Arten an ihre Umwelt.

Isolation als Evolutionsfaktor

Die Finken besiedelten verschiedene Inseln. Dort entwickelten sich die Finken unterschiedlich. Je länger eine solche **Isolation** dauerte, desto grösser wurden die Unterschiede, bis sich verschiedene Arten entwickelt hatten. Neben dieser **räumlichen Isolation** kam es auch zu einer **ökologischen Isolation.**
Die Finken, die sich auf einer Insel stark vermehrten, machten sich bald Konkurrenz um das begrenzte Nahrungsangebot. Aufgrund der Variabilität der Schnabelformen konnten sie aber unterschiedliche Nahrungsquellen nutzen. Finken mit schmalen, spitzen Schnäbeln frassen Insekten. Finken mit grossen, kräftigen Schnäbeln harte Samen und Nüsse. Angepasst an verschiedene ökologische Nischen entstanden so auch auf einer Insel mehrere Arten.

Eine Theorie passt auf viele Beispiele

Bei den **Riesenschildkröten** auf den Galapagos-Inseln entwickelten sich auch verschiedene Arten. Durch Mutationen und Neukombinationen entstanden unterschiedlich geformte Panzer. Die Selektionsbedingungen waren unterschiedlich. Auf der Insel Española beispielsweise herrscht heisses, trockenes Klima. Daher ist der Bodenbewuchs gering. Die hier lebenden Riesenschildkröten entwickelten sattelförmige Panzer. Die grössere Halsbeweglichkeit ermöglicht den Tieren Pflanzenteile in grösserer Höhe zu fressen. Durch Isolation getrennt entwickelten sich auf der Nachbarinsel Santa Cruz Riesenschildkröten mit kuppelförmigem Panzer. Sie ernähren sich vom hier reichlich vorhandenen Bodenbewuchs.

Die Kerguelen sind eine Inselgruppe im Indischen Ozean. Die hier lebenden **Kerguelen-Fliegen** haben keine oder nur verkrüppelte Flügel. Mutationen, die zu verkrüppelten Flügeln führen, sind normalerweise schädlich für Insekten. Auf den Kerguelen-Inseln erweisen sie sich jedoch als Selektionsvorteil. Insekten ohne Flügel werden durch die ständigen starken Winde nicht so häufig auf das offene Meer hinausgetragen.

2 Galapagos-Riesenschildkröten:
A Schildkröte auf Española,
B Schildkröte auf Santa Cruz

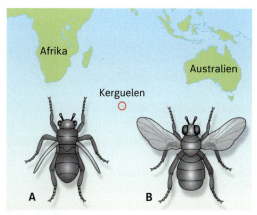

3 Kerguelen-Inseln:
A Kerguelen-Fliege,
B normaler Fliegentyp

Kannst du erklären, wie Mutation, Neukombination, Selektion und Isolation zur Veränderung und Entstehung von Arten führen?

Die Rolle der Sexualität

1. ☰ Ⓐ
Vergleiche in einer Tabelle die ungeschlechtliche und die sexuelle Fortpflanzung.

2. ☰ Ⓠ
Recherchiere, was Parthenogenese bedeutet. Suche ein interessantes Beispiel und berichte.

3. ☰ Ⓐ
Beschreibe das Familienbild in Hinblick auf Familienähnlichkeiten und Unterschiede. Erkläre mithilfe des Textes.

Ungeschlechtliche Fortpflanzung

Das Brutblatt kann sich ungeschlechtlich vermehren. Am Blattrand bildet die Pflanze viele kleine Pflänzchen, die erbgleich mit der Mutterpflanze sind. Die kleinen Pflanzen fallen einfach ab und verankern sich dort im Boden, wo sie geeigneten Untergrund finden.
Durch diese Art der ungeschlechtlichen Fortpflanzung kann das Brutblatt sich schnell vermehren. Da die Nachkommen den Eltern gleichen, sind sie ebenso gut an die herrschenden Umweltbedingungen angepasst wie die Eltern. Dies ist von Vorteil, solange sich die Umweltbedingungen nicht ändern.

Bedeutung der Sexualität

Das Brutblatt kann sich aber auch sexuell vermehren. Dazu bildet es Blüten. Nach der Befruchtung entsteht eine Frucht mit vielen Samen. Diese haben nicht das gleiche Erbmaterial wie die Mutterpflanze, sondern sind alle etwas unterschiedlich. Ändern sich die Umweltbedingungen, so ist diese grössere **Variabilität** vorteilhaft. Damit ist die Wahrscheinlichkeit gross, dass einige Nachkommen gut an die neuen

A

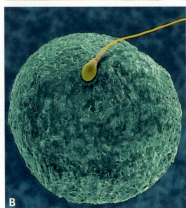

B

1 Fortpflanzung: **A** Brutblatt, **B** Spermium und Eizelle

Kannst du geschlechtliche und ungeschlechtliche Fortpflanzung unterscheiden?
Erkläre die Bedeutung der Sexualität für die Evolution.

Umweltbedingungen angepasst sind. Grosse Variabilität ist durch Sexualität gewährleistet.

Voraussetzung für die hohe Variabilität ist die Neukombination der Erbanlagen. Jedes Mal, wenn ein Spermium und eine Eizelle entstehen und bei der Befruchtung verschmelzen, wird Erbmaterial neu kombiniert. Diese Neukombination wird auch **Rekombination** genannt.

Durch Rekombination entstehen die Unterschiede zwischen Familienmitgliedern und den Mitgliedern einer Art, sodass kein Individuum vollständig dem anderen gleicht.

Vielfalt durch Mutation und Rekombination

Ausser der Rekombination sorgen auch zufällig auftretende Änderung im Erbgut, die Mutationen, für eine günstige Variabilität. Rekombination und **Mutation** gemeinsam erhöhen die Variabilität und damit die Wahrscheinlichkeit, dass Lebewesen gut an eine sich verändernde Umwelt angepasst sind. Sie schaffen so die Voraussetzungen dafür, dass sich Arten im Lauf der Erdgeschichte verändern können.

Sexuelle Selektion

Pfau

Die Pfauenmännchen haben ein so ausgefallenes Gefieder, dass es schon gefährlich ist. Mit so langen und bunten Federn kann kein Pfauenmännchen lange fliegen oder sich in einem Gebüsch vor Feinden verstecken. Andererseits wählen die Weibchen für die Fortpflanzung das Männchen aus, das das grösste Rad schlagen kann und die meisten bunten Augenflecken besitzt. Es ist ein Zeichen für Gesundheit und wenig Parasiten.

Laubenvogel

Die Männchen der Laubenvögel bauen für ihr Weibchen eine grosse Laube. Sie wird mit möglichst vielen bunten Dingen bestückt, die das Männchen in der Umgebung findet. Die Weibchen wählen das Männchen mit der grössten und prächtigsten Laube aus. Sie ist ein Zeichen für einen einsatzbereiten Partner bei der Brut.

1. ≣ Ⓐ
Erkläre, warum bei der sexuellen Selektion beide Partner einen Vorteil haben.

Sexuelle Selektion ist ein Begriff dafür, dass bestimmte Merkmale die Chance erhöhen, vom anderen Geschlecht als Partner ausgewählt zu werden und damit in der Fortpflanzung erfolgreich zu sein.

Seeelefanten

Bei den Seeelefanten können die Männchen bis zu 3500 kg schwer werden, die Weibchen bis zu 900 kg. In der Paarungszeit kämpfen die Männchen um die Weibchen. Schwache und kleine Seeelefanten stehen sehr stark unter Stress. Am Rand der Kolonie haben sie nur sehr ungünstige Bedingungen und kaum Chancen, sich mit einem Weibchen zu paaren. Der grösste und stärkste Bulle ist der Vater der meisten Jungtiere in seiner Kolonie.

PINNWAND

Der Mensch und andere Menschenaffen

A

B

C

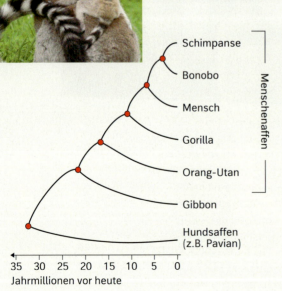

D

1. Q
Auf den Bildern links sind einige Primaten dargestellt. Es sind ein grosser Menschenaffe, ein kleiner Menschenaffe, Hundsaffen und Lemuren. Finde jeweils den Artnamen heraus und erstelle Steckbriefe.

2. Q
JANE GOODALL erforschte die Schimpansen, indem sie mit ihnen lebte.
DIANE FOSSEY erforschte auf ähnliche Weise die Gorillas und BIRUTE GALDIKAS die Orang-Utans.
Recherchiert zu diesen oder anderen Primatenforschern und erstellt Plakate.

3. A
Vergleiche in einer Tabelle Mensch und Schimpanse. Berücksichtige dabei Wirbelsäule, Schädel, Gebiss, Hände und Füsse, Becken und Verhalten.

4. V
Forme mithilfe von Draht die Wirbelsäule eines Schimpansen und eines Menschen nach. Begründe anhand dieser Modelle, warum für den aufrechten Gang des Menschen die doppelte S-Form der Wirbelsäule günstiger ist als die C-Form der Wirbelsäule des Schimpansen.

Schimpanse
Bonobo
Mensch
Gorilla
Orang-Utan
Gibbon
Hundsaffen (z.B. Pavian)

Menschenaffen

35 30 25 20 15 10 5 0
Jahrmillionen vor heute

5. A
Werte den Stammbaum aus.
Gib an, wann sich die Entwicklungslinien benachbarter Arten jeweils voneinander getrennt haben.

1 JANE GOODALL mit einem Schimpansen

Menschen gehören zu den Primaten

Menschen und Affen gehören zur Säugetierordnung der Primaten. Primaten haben einige Gemeinsamkeiten. Sie zeichnen sich durch Greifhände, nach vorne gerichtete Augen und relativ grosse Gehirne aus. Ausserdem wachsen sie langsam, haben eine späte Geschlechtsreife und ein komplexes Sozialverhalten.
Auch ein Vergleich der DNA von Affen und Menschen bestätigt die Verwandtschaft. Besonders Schimpanse und Bonobo sind uns sehr ähnlich. Sie gehören wie auch der Mensch zur Familie der **Menschenaffen**. Der Bonobo ähnelt äusserlich sehr dem Schimpansen, ist aber kleiner und hat ein ganz anderes Sozialverhalten.

Trotz der nahen Verwandtschaft sind Mensch und Schimpanse auch verschieden. Dies liegt an den unterschiedlichen Angepasstheiten und der langen Zeit, in der sie sich unabhängig voneinander entwickelt haben.

Schimpanse

Das **Skelett** des Schimpansen ist an das Leben auf Bäumen und auf dem Boden angepasst. Die Arme sind länger als die Beine. Die Wirbelsäule ist c-förmig, sodass der Körperschwerpunkt unter den Rippen liegt.

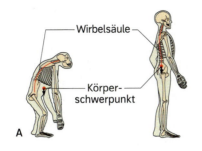

Der **Schädel** des Schimpansen hat eine ausgeprägte Schnauze. Dadurch ist sein **Gebiss** fast rechteckig und mit grossen Eckzähnen ausgestattet. Der relativ kleine Gehirnschädel bildet über den Augen Überaugenwülste.

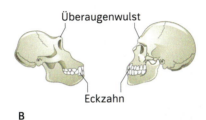

Die Handflächen des Schimpansen sind lang und die Finger vergleichsweise kurz. Auch der Daumen ist sehr kurz. Er kann aber den anderen Fingern grob gegenübergestellt werden. Damit zeigen die Hände eine starke Angepasstheit an das Klettern im Baum. Auch die Füsse dienen als **Greifwerkzeuge** und haben einen grossen Zeh, der von den anderen Zehen abgespreizt ist, sodass er greifen kann.

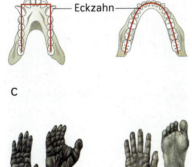
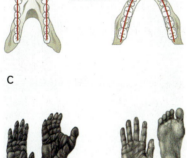

Das **Becken** ist langgestreckt wie bei den meisten Vierbeinern.

Schimpansen haben 48 **Chromosomen.**

Zum Zeitpunkt der Geburt sind junge Schimpansen sehr weit entwickelt. Sie halten sich im Fell der Mutter fest.
Schimpansen verständigen sich durch Laute, Gesten und Mimik, sind aber zu einer differenzierten Lautsprache nicht fähig.

2 Vergleich von Schimpanse und Mensch: **A** Skelett, **B** Schädel, **C** Kiefer, **D** Hände und Füsse, **E** Becken

Erläutere die Verwandtschaft von Mensch und anderen Menschenaffen am Beispiel des Schimpansen.

Mensch

Das **Skelett** des Menschen ist an den aufrechten Gang angepasst. Die Wirbelsäule hat eine federnd wirkende doppelte S-Form. Das Becken ist breit und wie eine Schüssel geformt. Dadurch liegt der Körperschwerpunkt über dem Becken. Die Arme sind kürzer als die Beine und nicht so kräftig.

Der **Schädel** des Menschen hat keine vorspringende Schnauze. Das **Gebiss** ist halbrund und die grossen Eckzähne fehlen. Der Gehirnschädel ist sehr gross, so dass eine ausgeprägte Stirn entstanden ist. Die Überaugenwülste fehlen.

Der Mensch braucht die Hände nicht mehr zur Fortbewegung. Sie sind an den **Präzisionsgriff** angepasst. Der Daumen ist lang und lässt sich präzise jedem anderen Finger gegenüberstellen. Der Fuss ist ein Standfuss. Er hat ein Fussgewölbe entwickelt und die grosse Zehe liegt den anderen Zehen an.

Das **Becken** ist breit und stützt die inneren Organe wie eine Schale nach unten hin ab.

Menschen haben 46 **Chromosomen**.

Menschenbabys sind sehr unselbstständig nach der Geburt. Sie müssen getragen werden. Ihre Entwicklung dauert lange. Menschen verständigen sich durch Gesten, Mimik und eine sehr differenzierte Laut- und Schriftsprache. Damit entwickelten sie Kultur und Technik.

Auf dem Weg zum Menschen

Orang-Utan Gorilla Schim-panse Bonobo Mensch

4 - 6
6 - 8
11 - 16
vor Mio. Jahren

1. ≡ **A**
„Menschen haben sich aus Menschenaffen entwickelt." Nimm mithilfe der nebenstehenden Abbildung Stellung zu dieser Aussage.

2. ≡ **A**
Beschreibe die Möglichkeiten, die sich für den „aufrecht gehenden Menschen" aus der Nutzung des Feuers ergeben haben.

3. ≡ **Q**
a) Informiere dich über die Jagdtechniken eines Vertreters der Gattung Mensch.
b) Stelle deine Ergebnisse in einem Kurzvortrag vor. Nutze dazu auch Abbildungen.

4. **Q**
Versucht, durch Recherche möglichst viele ungeklärte und strittige Fragen zur Evolution des Menschen herauszubekommen.

Die Herkunft des Menschen

Mit Fossilien versuchen Wissenschaftler zu klären, wie die Evolution des Menschen verlief. Immer neue Funde sorgen für immer neue Kenntnisse und stellen bisherige in Frage. Viele Details der Evolution des Menschen sind noch ungeklärt und unter Forschern umstritten.

„Südaffe aus Afar"

Fossilien der Art *Australopithecus afarensis* stammen aus rund 3,7 bis 3 Millionen Jahre alten Fundschichten Ostafrikas, insbesonders der äthiopischen Afar-Region – deshalb der Name.

Das bekannteste Fossil von *Australopithecus afarensis* ist Lucy. Der aufrechte Gang war *Australopithecus afarensis* bereits möglich. Er nutzte bereits Stöcke und Knochen als Werkzeuge. Die verwandtschaftliche Nähe zu den Arten der Gattung *Homo* ist ungeklärt.

Mensch vom Rudolfsee

Als einer der ersten Frühmenschen wird *Homo rudolfensis* (Mensch vom Rudolfsee) angesehen. Er lebte vor etwa 2 Millionen Jahren in Ostafrika und gilt als die ursprünglichste bisher beschriebene Art der Gattung *Homo*.

Sein Gehirn war grösser und leistungsfähiger als das von *Australopithecus afarensis*. Er bewohnte vorzugsweise Wälder entlang von Flüssen und ernährte sich von Pflanzen. Eventuell benutzte er schon Steinwerkzeug.

„Südaffe vom See"

Die ersten Fossilien von *Australopithecus anamensis* („Südaffe vom See") wurden 1965 östlich des Turkana-Sees in Kenia entdeckt. Er lebte vor etwa 4 Millionen Jahren und gilt als die älteste unumstrittene Art der Hominini, also der älteste unumstrittene Vorfahre des Menschen nach der Aufspaltungen in Schimpansen und Menschen.

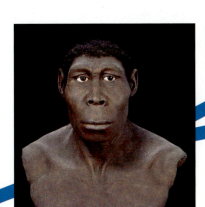

1 Vom Australopithecus zum Homo sapiens – eine Auswahl

Aufrecht gehender Mensch

Funde des *Homo erectus* (Aufrecht gehender Mensch) in Afrika werden auf ein Alter von 1,6 Millionen Jahre datiert. Er war gut an das warme Klima angepasst.

Der *Homo erectus* war grösser und kräftiger als seine Vorgänger. Aus Holz und Stein fertigte er Werkzeuge und Waffen. Damit tötete und zerlegte er Wildtiere. Mit Holzspeeren konnte er Tiere aus grösserer Entfernung erlegen.

Der *Homo erectus* nutzte als erster Hominide das Feuer. Das änderte sein Leben deutlich. Das Feuer spendete Wärme und schützte vor wilden Tieren. Zudem konnte er die Nährstoffe von gebratenem Fleisch besser nutzen. Mithilfe des Feuers war es auch möglich, in kältere Gebiete in Europa und Asien einzuwandern.

Mensch aus dem Neandertal

Vor etwa 200 000 Jahren lebte der *Homo neanderthalensis* (Neandertaler) in Europa.

Die Neandertaler waren kräftig gebaut und etwa so gross wie heutige Menschen. Sie hatten einen grossen Schädel, eine flache Stirn, ein flaches Kinn und grosse Wülste über den Augen. Sie trugen Kleidung aus Fell und lebten in Höhlen und selbst gebauten Zelten.
Die Neandertaler hatten geistige, handwerkliche und kulturelle Fähigkeiten, die denen des modernen Menschen ähneln.
Von einigen Neandertalergruppen weiss man, dass sie ihre Toten bestatteten.
Bisher ist unklar, weshalb der Neanderthaler vor 30 000 Jahren ausstarb.

Der wissende Mensch

Der *Homo sapiens* (der wissende Mensch) hat sich vermutlich über Zwischenstufen aus dem *Homo erectus* entwickelt. Die ältesten Funde stammen aus Afrika. Sie sind etwa 200 000 Jahre alt. Ein Fund in Marokko deutet sogar darauf hin, dass *Homo sapiens* mindestens 300 000 Jahre alt ist.

Von Afrika aus hat sich der *Homo sapiens* auf der ganzen Welt verbreitet. In Europa lebten Neandertaler und heutige Menschen zeitweise nebeneinander. Alle heutigen Menschen gehören aber zur Art *Homo sapiens*.

Der frühe *Homo sapiens* hatte bereits ein leistungsfähiges Gehirn. Er hinterliess in Höhlen kunstvollen Schmuck, Musikinstrumente und Waffen aus Elfenbein.

Kannst du menschliche Vorfahren und einige Vertreter der Gattung Mensch nennen und ihre Eigenschaften beschreiben?

Artenvielfalt und Evolution

Evolution
Evolution ist die Veränderung von Lebewesen über viele Generationen hinweg. Im Verlauf der Erdgeschichte haben sich aus einfachen Formen zahlreiche und immer komplexere Lebewesen entwickelt.

Evolutionstheorie
Der Wissenschaftler CHARLES DARWIN hat eine umfassende Theorie zur Entstehung der Arten im Verlauf der Erdgeschichte formuliert. Er erkannte, dass Variabilität, Isolation und Selektion für die Entwicklung der Arten verantwortlich sind.

Fossilien – Spuren der Evolution
Fossilien sind die Überreste verstorbener Lebewesen. Sie geben ein Bild davon, wie die Lebewesen in vergangenen Zeiten ausgesehen haben. Mithilfe von Fossilien lassen sich Verwandtschaften feststellen und Entwicklungsreihen nachvollziehen. Anhand von Leitfossilien kann man Funde zeitlich einordnen.

Mutation und Rekombination
Variabilität kommt durch Veränderungen des Erbmaterials zustande. Diese entstehen durch zufällige Mutationen und der Rekombination von Genen bei der sexuellen Fortpflanzung.

Homolog oder analog
Homologe Organe können unterschiedliche Funktionen haben, sind aber im Grundbauplan gleich. Sie belegen eine gemeinsame Abstammung.
Analoge Organe erfüllen die gleiche Funktion, sind aber im Aufbau unterschiedlich. Analogien weisen nicht auf Verwandtschaft hin.

Schimpanse und Mensch
Menschen sind sehr nah mit Schimpansen verwandt. In ihrem Körperbau gibt es viele Ähnlichkeiten, aber auch deutliche Unterschiede. Schimpansen sind eng an das Leben in Bäumen angepasst. Menschen haben einen aufrechten Gang entwickelt. Dazu gehören eine doppelt S-förmige Wirbelsäule, ein Fussgewölbe und lange Beine. Sie haben ein grösseres Gehirn und keine vorspringende Schnauze. Menschen haben den Präzisionsgriff entwickelt.

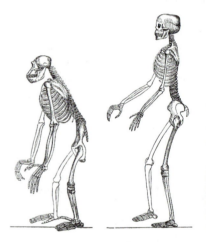

Mensch als Ergebnis der Evolution
Vor sechs Millionen Jahren haben sich die Entwicklungslinien von Schimpanse und Mensch getrennt. Fossilfunde von frühen Menschen lassen sich in zwei Gattungen einteilen. Die *Australopithecinen* hatten kleine Gehirne, konnten bereits aufrecht gehen und nutzten Werkzeuge aus Knochen und Holz.
Zur Gattung *Homo* gehören Menschentypen mit grösserem Gehirn. *Homo rudolfensis* stellte evtl. schon einfache Steinwerkzeuge her, *Homo erectus* nutzte das Feuer. *Homo neanderthalensis* und *Homo sapiens* entwickelten weitere technische und kulturelle Fertigkeiten.

1. ≡ Ⓐ

Entscheide, ob die Stromlinienform von Pinguin und Delfin analog oder homolog ist. Begründe deine Entscheidung.

2. ≡ Ⓐ

Die Kerguelen sind weit vom Festland entfernte Inseln. Obwohl es dort sehr windig ist, kann die Kerguelen-Fliege hier überleben.
a) Erkläre an diesem Beispiel, was mit Isolation gemeint ist.
b) Erkläre, warum dort Fliegen mit sehr kleinen Flügeln einen grösseren Fortpflanzungserfolg haben.

3. ≡ Ⓐ

Geparden erreichen beim Angriff im Sprint sehr hohe Geschwindigkeiten.
a) Beschreibe die Angepasstheiten des Geparden anhand des Bildes.
b) Begründe, warum sie Vorteile für den Geparden darstellen.
c) Erkläre die Angepasstheiten mit der Evolutionstheorie von DARWIN.

4. ≡ Ⓐ

Beschreibe, welche Organe sich verändern mussten, um einem Wirbeltier das Leben an Land zu ermöglichen.

5. ≡ Ⓐ

Trotz der nahen Verwandtschaft von Mensch und Schimpanse gibt es deutliche Unterschiede. Beschreibe Beispiele.

6. ≡ Ⓐ

a) Vergleiche die Körpermerkmale von Schimpanse und Mensch anhand der Abbildungen.
b) Erläutere die Angepasstheiten des Menschen, die ihm den aufrechten Gang ermöglichen.

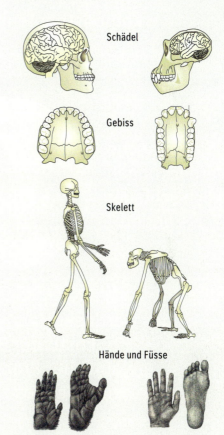

Schädel

Gebiss

Skelett

Hände und Füsse

Ressourcen und Recycling

Was passiert im Komposthaufen?

Sind manche Verpackungen wirklich schlauer als andere?

Ist das wertloser Handyschrott, kostbarer Rohstoff, gefährlicher Problemmüll oder vielleicht alles zugleich?

Recycling – was bedeutet das eigentlich?

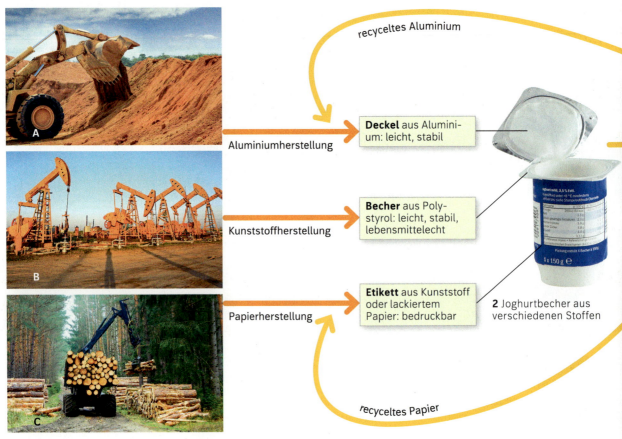

recyceltes Aluminium

Aluminiumherstellung

Deckel aus Alumini-um: leicht, stabil

Kunststoffherstellung

Becher aus Poly-styrol: leicht, stabil, lebensmittelecht

Papierherstellung

Etikett aus Kunststoff oder lackiertem Papier: bedruckbar

2 Joghurtbecher aus verschiedenen Stoffen

recyceltes Papier

1 Quellen für Primärrohstoffe: **A** Bauxit-bergwerk, **B** Erdölquelle, **C** Holzernte

---

1.
Beschreibe anhand der Abbildungen,
- aus welchen Materialien ein Joghurt-becher besteht,
- woher die Primärrohstoffe für diese Materialien stammen,
- und wie diese Materialien wiederverwer-tet werden können.

2.
a) Erläutere die Begriffe Recycling und Downcycling.
b) Papier und Aluminium lässt sich gut recy-celn. Erläutere am Beispiel der Deckel und Etiketten von Joghurtbechern, warum hier trotzdem nicht nur Sekundärrohstoffe eingesetzt werden.

3.
a) Erkläre Vorteile des Recyclings im Vergleich zur Lagerung in Mülldeponien.
b) Begründe, warum die Abfälle für das Recycling nach Stoffen sortiert werden müssen.
c) Beurteile, ob auch die Müllverbrennung zur nachhal-tigeren Nutzung von Ressourcen beiträgt.

4.
Recycling ist gut, Müllvermeidung ist besser. Keinen Joghurt mehr zu essen, kann aber nicht die Lösung sein.
a) Entwickelt im Team Vorschläge für eine möglichst nachhaltige Verpackung von Joghurt. Denkt dabei an geeignete Materialien, aber auch an Packungsgrössen, Hygiene, Transport und Energieverbrauch.
b) Diskutiert Vorteile und Nachteile eurer Ideen, bevor ihr sie bewertet – und vielleicht ausprobiert.

3 Müllabfuhr ist Wertstoffsammlung

recycelter Kunststoff

A

B

4 Downcycling: **A** Pflanztöpfe, **B** Verbrennung im Kraftwerk

> **Recycling** ist ein englisches Wort. „Re" bedeutet „zurück" und „cycle" heisst Kreislauf. Recycling bezeichnet die Rückgewinnung von Wertstoffen aus Abfällen und ihre Wiederverwertung in einem Kreislauf.
> Beim **Downcycling** entstehen minderwertigere Produkte. „Down" heisst „herunter". **Upcycling** meint das Gegenteil, also die Herstellung wertvollerer Produkte aus Müll. „Up" steht für „aufwärts".

Recycling schont Ressourcen

Gebrauchsgegenstände und Verpackungen werden aus Rohstoffen unter Energieaufwand hergestellt. Die Rohstoff- und Energiequellen bezeichnet man als **natürliche Ressourcen.** Die Quellen sind aber nicht unerschöpflich. Es sind begrenzte Ressourcen.
Primärrohstoffe holt man aus der Natur, zum Beispiel als Metallerze, Erdöl oder Holz. Der Verbrauch von Primärrohstoffen lässt sich durch die Wiederverwertung von Abfällen in Form von Sekundärrohstoffen einschränken. Die Ressourcen werden geschont.

Recycling – oft kein geschlossener Kreislauf

Wird eine Pfandflasche wieder mit einem Getränk befüllt oder holt sich jemand einen Autositz vom Schrottplatz, so wird der Gegenstand in gleicher Weise wiederverwendet. Das ist aber oft nicht möglich. Der Kunststoff aus einem Joghurtbecher ist nach der Nutzung nicht mehr lebensmitteltauglich. Daraus lassen sich nur noch minderwertigere Produkte herstellen. Am Ende eines solchen **Downcyclings** steht meist die Verbrennung. Bei dieser thermischen Verwertung wird immerhin noch die in dem Material enthaltene Energie genutzt. Dies schont andere Energiequellen. Problemstoffe müssen in Deponien sicher gelagert werden.

Manche Abfälle können sogar genutzt werden, um etwas Höherwertiges herzustellen. Zum Beispiel gibt es Taschen und Rucksäcke, die aus alten LKW-Planen hergestellt werden. Über ein solches **Upcycling** lassen sich zwar keine Müll- und Ressourcenprobleme lösen. Aber zumindest findet eine preisliche Aufwertung statt.

Recycling schont die Umwelt

Nicht mehr brauchbare Gegenstände und Verpackungen werfen wir in den Müll. Würden wir den Müll einfach in die Landschaft werfen, wäre sie in kurzer Zeit „zugemüllt". Aber auch das Lagern in Mülldeponien schafft Probleme. Es braucht viel Platz. Giftstoffe können in den Boden, ins Grundwasser und in die Luft gelangen. Hausmüll darf deshalb seit 2005 nicht mehr deponiert werden.
Wenn wir möglichst viel Müll wiederverwerten, also **recyceln,** wird die Umwelt geschont.

> Kannst du an einem Beispiel die Bedeutung des Recyclings für die nachhaltige Nutzung von Rohstoffen und für die Schonung der Umwelt erklären?

Kein Produkt ohne Rohstoffe

1 Primär- und Sekundärrohstoffe: **A** Eisenerzbergwerk, **B** Eisenschrott, **C** Rohstoffe zur Glasproduktion, **D** sortenreines Altglas

1. ≡ Ⓐ
a) Ordne die in Bild 1 gezeigten Rohstoffe in Primär- und Sekundärrohstoffe.
b) Erkläre den Unterschied zwischen Primär- und Sekundärrohstoffen.
c) Beurteile die Nutzung von Sekundärrohstoffen im Hinblick auf Nachhaltigkeit.

2. ≡ Ⓐ
Erdöl ist ein fossiler Brennstoff. Rapsöl ist ein nachwachsender Rohstoff, der sich zu ähnlichen Zwecken nutzen lässt.
a) Erläutere den grundlegenden Unterschied in der Entstehung von Erdöl und Rapsöl.
b) Rapsöl ist kein endlicher Rohstoff. Erkläre, warum er dennoch nicht unbegrenzt zur Verfügung steht.

3. Ⓠ
Informiert euch über Reparaturcafés in eurer Region und berichtet darüber.

Metalle aus Erzen

Eisen und der daraus hergestellte Stahl begegnen uns überall: Autos und Bahnen, Werkzeuge und Dosen bestehen daraus. Eisen wird als Primärrohstoff aus Eisenerzen gewonnen. Das Erz wird im Bergwerk abgebaut. Zusammen mit Kohle als Energielieferant wird im Hochofen bei hohen Temperaturen das flüssige Eisen aus dem Gestein gewonnen.

Aluminium ist ein besonders leichtes Metall. Es ist deshalb im Flugzeugbau gefragt. Aber es wird auch in der Elektrotechnik und als Verpackung eingesetzt. Zur Aluminiumgewinnung wird Bauxit abgebaut. Es folgt ein energieaufwendiger Prozess, in dem bei hohen Temperaturen unter Einsatz starken elektrischen Stroms das Aluminium in reiner Form entsteht.

Glas aus Quarzsand, Soda und Kalk

Durchsichtiges, farbloses Glas nutzen wir für Fenster. Viele Getränke kaufen wir in Glasflaschen. Glas gibt selbst bei langer Lagerung keine Schadstoffe oder störende Geschmacksstoffe an die Lebensmittel ab. Glas entsteht in der Schmelze aus Sand, Kalk, Soda, Dolomit und anderen Mineralien bei etwa 1500 °C.

Kunststoffe aus Öl

Kunststoffe sind sehr vielfältig in ihren Eigenschaften und Verwendungen. Sie werden durch besondere chemische Verfahren aus Bestandteilen hergestellt, die sich im Erdöl oder auch in Kohle finden. Neben diesen Rohstoffen eignen sich aber auch Pflanzenöle oder Stärke als Ausgangsmaterial für Kunststoffe.

Papier und Karton aus Holz

Holz ist der Primärrohstoff für die Papierindustrie. Das zerkleinerte Holz wird mit Chemikalien aufgekocht und mehrfach gewaschen, gesiebt und getrocknet. Die langen, verfilzten Holzfasern machen den so entstehenden **Zellstoff** glatt und reissfest.

Nachwachsende Rohstoffe

Pflanzen sind Ausgangsmaterial für **nachwachsende Rohstoffe.** Sie wachsen auf Äckern oder in Wäldern.
Holz, Pflanzenöle, Baumwolle oder Biogas bieten viele Möglichkeiten zur stofflichen Nutzung. Und beim Verbrennen lässt sich immer noch die Energie nutzen. Das am meisten angebaute Pflanzenöl der Welt ist Palmöl. Ein weiteres wichtiges Pflanzenöl wird aus Raps gewonnen (Bild 2).

Primärrohstoffe – Sekundärrohstoffe

Metallerze sind auf der Erde nicht unbegrenzt verfügbar. Gleiches gilt für fossile Brennstoffe wie Kohle, Erdöl und Erdgas. Wir nutzen diese Stoffe zur Energiegewinnung oder zur Kunststoffherstellung. Das Vorkommen dieser **Primärrohstoffe** ist aber begrenzt.

Als **Sekundärrohstoffe** aus dem Recycling ersetzen zum Beispiel Eisenschrott und Altpapier einen Teil der sonst benötigten Primärrohstoffe. Dies ist oft sogar preisgünstiger und spart zudem oft viel Energie.

Grenzen des Recyclings

Beim Recycling von Altpapier werden die Papierfasern bei jeder Verwertung des Altpapiers kürzer. Ausserdem eignet sich Altpapier nicht für alle Zwecke. Dies ist ein Beispiel für das Problem des Downcyclings.

Beim Glas spielen die Farben eine wichtige Rolle. Aus Grün- oder Braunglas lässt sich kein Weissglas mehr herstellen. Deshalb wird Altglas nach Farbe sortiert.

Nachhaltigkeit

Die Idee der **Nachhaltigkeit** ist es, so zu wirtschaften, dass möglichst viele weitere Generationen in der Zukunft ausreichend Rohstoffe haben, saubere Böden, Wasser und Luft zur Verfügung. Dafür sind ein sparsamer Umgang mit Rohstoffen und ein effektives Recycling notwendig. Nachwachsende Rohstoffe können nachhaltig produziert werden. Sie dienen auch als Ersatz für fossile Brennstoffe. Zwar können diese Stoffe immer wieder neu auf der Erde wachsen, aber auch die Acker- und Waldflächen sind begrenzt. Daher dürfen wir Menschen in einem Zeitraum nur so viel verbrauchen, wie in der gleichen Zeit wieder nachwachsen kann.

In Kreisläufen denken

Eine Käseverpackung sollte nicht nur materialsparend konstruiert sein, sondern die dazu verwendeten Stoffe sollten sich auch gut voneinander trennen lassen. Produkte sind nur nachhaltig, wenn man die Möglichkeiten des Recyclings schon bei der Produktion mit einplant. Ein Elektrogerät zum Beispiel sollte haltbar sein. Bei Defekten sollten sich einzelne Teile austauschen lassen (Bild 3). Nach der Entsorgung sollte sich das Gerät gut in seine Bestandteile aus den verschiedenen Metallen und Kunststoffen zerlegen lassen.

2 Nachwachsende Rohstoffe: **A** Palmöl-Plantage, **B** Rapsfeld

3 Reparaturcafé: Hilfe und Ersatzteile finden

Kannst du Primär- und Sekundärrohstoffe unterscheiden? Kannst du Massnahmen beschreiben, um dem Ziel der Nachhaltigkeit näher zu kommen?

Natürliches Recycling

1.
Erläutere die natürliche Zersetzung in einem Waldboden.

2.
Nenne Küchenabfälle, die in die Biotonne oder auf den Kompost geworfen werden dürfen. Fertige eine Liste an.

3.
Erläutere die Kompostierung auf einem Recyclinghof.

4.
a) Besorge dir schwarzen Mutterboden. Fülle ihn in drei Petrischalen aus Kunststoff. Befeuchte den Boden mit wenig Wasser.
b) Lege verschiedene Küchenabfälle darauf, zum Beispiel Stücke von einem Salatblatt, einer Bananenschale und einer Karottenschale.
c) Lege den Deckel auf die Petrischale und verschliesse sie mit einem Klebestreifen.
d) Lass den Ansatz etwa drei Wochen stehen. Notiere alle drei Tage Veränderungen. Fertige dazu ein Beobachtungsprotokoll an.
e) Entsorge nach Beendigung des Versuchs die Petrischale zusammen mit dem Inhalt im Restmüll.

Stoffumwandlung im Wald

Wenn die Blätter im Herbst auf den Boden fallen, werden sie von Bodenlebewesen wie Hornmilben, Springschwänzen und Schnecken in immer kleinere Bestandteile abgebaut. Deshalb werden die Bodenlebewesen auch **Zersetzer** genannt. Über den Kot geben sie unverdaute Pflanzenreste ab. Davon ernähren sich wiederum Pilze und Bakterien.
Die Blätter und die abgestorbenen Pflanzenteile verschwinden so im Laufe der Zeit. Aus ihnen entsteht **Humus.** Dieser fruchtbare Bodenbestandteil besteht aus organischen Abbauprodukten. Bei der Zersetzung werden letztlich Mineralstoffe, Wasser und Kohlenstoffdioxid frei.

Stoffkreisläufe

Bei der Stoffumwandlung in der Natur geht kein Stoff verloren oder muss von aussen zugeführt werden. In der Natur befinden sich die notwendigen Stoffe im und am Waldboden. In verschiedenen Kreisläufen gelangen sie von den Pflanzen zu den Tieren, Bakterien und Pilzen und zurück in den Boden (Bild 2). Dort werden die Stoffe von den Pflanzen wiederum für Wachstum und Vermehrung genutzt. So werden Mineralstoffe und Kohlenstoff recycelt.

1 Herbstlaub im Wald

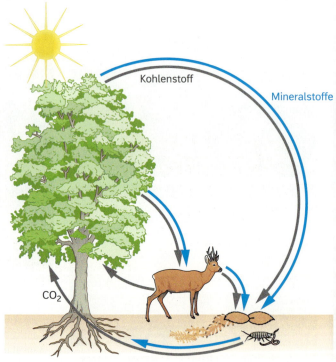

2 Stoffkreislauf im Wald

3 Komposthaufen im Garten

5 Kompostieranlage auf einem Recyclinghof

Stoffumwandlung im Kompost

Im Haushalt fallen auch organische Stoffe an. Diese können kompostiert werden. Wer einen Komposthaufen in seinem Garten hat, wirft darauf organische Abfälle, die in der Küche anfallen (Bild 3). Das sind zum Beispiel Kartoffelschalen, Salatreste, Gemüseabfälle, Eierschalen sowie Tee- und Kaffeereste. Gekochte Nahrungsmittel dürfen jedoch nicht auf dem Komposthaufen landen. Sie locken Ratten an. Aber auch Gartenabfälle wie Grasschnitt und verblühte Pflanzen kommen auf den Komposthaufen.

Bei der **Kompostierung** wird der natürliche Prozess der Zersetzung auf kleiner Fläche genutzt. Im Komposthaufen leben besonders viele Zersetzer. Sie bauen die organischen Abfälle zu Humus ab. Diese **Komposterde** ist ein wertvoller Dünger.

Stoffumwandlung im Kompostierwerk

Viele Haushalte haben eine Biotonne für Küchen- und Gartenabfälle (Bild 4). Diese wird von der Müllabfuhr abgeholt und auf die Kompostieranlage eines Recyclinghofes gebracht. Dort wird der organische Abfall mithilfe eines Gabelstaplers mehrfach umgesetzt (Bild 5). Dabei wird auf ausreichenden Sauerstoffgehalt und Feuchtigkeit geachtet. Nicht kompostierbare Teile werden herausgesammelt.

Über ein Fliessband gelangen die halb zersetzten Abfälle in grosse Rottekammern. Dort herrscht durchgehend eine Temperatur von etwa 70 °C. Bei dieser Hitze werden allerlei unerwünschte Mikroorganismen abgetötet. Zudem beschleunigt die hohe Temperatur die natürlichen Zersetzungsprozesse. Nach 10 bis 14 Tagen ist aus dem Bioabfall Humus geworden.

Nun kann die fertige Komposterde von Kunden gekauft werden. Sie wird als Blumenerde oder für die Bepflanzung von Strassenrändern und Parks verwendet. Bauern bringen die Komposterde auf ihren Feldern aus. Die Kompostierungsanlage dient also dem Recyceln organischer Stoffe.

4 Küchenabfälle in die Biotonne

> Du kannst Zersetzungsvorgänge und das natürliche Recycling in der Natur und im Kompost erläutern.

Kohlenstoff im globalen Kreislauf

1. ≡ Ⓐ
Beschreibe die Grafik in Abbildung 1 detailliert. Gehe dabei auf Kohlenstoffquellen und -senken, Mengen und Kreisläufe ein. Erkläre den jährlichen Zuwachs von 4 Mrd. t Kohlenstoff in der Atmosphäre.

2. ≡ Ⓐ
Erkläre, was mit der Aussage „Das Heizen mit Holzpellets ist CO_2-neutral" gemeint ist.

3. ≡ Ⓐ
Begründe, warum das Fördern und Verbrennen von Erdöl und Erdgas als Störgrösse im Kohlenstoffkreislauf bezeichnet werden kann.

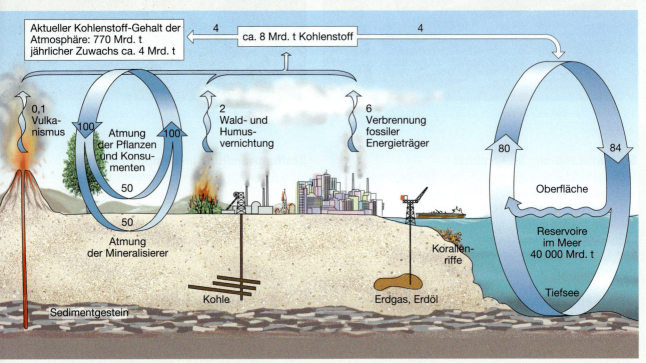

1 Globaler Kohlenstoffkreislauf (in Milliarden Tonnen Kohlenstoff pro Jahr)

Alles ist voneinander abhängig

In allen Ökosystemen sind die Lebewesen voneinander abhängig. Sie stehen untereinander und mit abiotischen Faktoren in Wechselwirkung. Chemische Elemente wie Kohlenstoff, Sauerstoff und Stickstoff bewegen sich überwiegend in Kreisläufen. Kohlenstoff wird beispielsweise in Form von Kohlenstoffdioxid für die Fotosynthese gebraucht und dabei in Form von Biomasse festgelegt. Bei der Zellatmung von Pflanzen und Tieren und beim Abbau toter Organismen durch Zersetzer wird Kohlenstoff als Kohlenstoffdioxid freigesetzt und kann erneut von den Pflanzen genutzt werden.

Ökosysteme sind aber keine geschlossenen Systeme. Die einzelnen Ökosysteme sind über den Energiefluss und weltweite Stoffkreisläufe miteinander verbunden. Durch Eingriffe des Menschen können sie sich verändern.

Der weltweite Kohlenstoffkreislauf

Einer der zentralen Stoffkreisläufe ist der **Kohlenstoffkreislauf.** Die Menge an Kohlenstoff, die in den Kreisläufen zwischen Fotosynthese und Atmung zirkuliert, bleibt ungefähr gleich. Zusätzliches Kohlenstoffdioxid gelangt aber durch Vulkanausbrüche und Aktivitäten des Menschen in die Luft. Es gibt aber auch Vorgänge, die das Kohlenstoffdioxid der Atmosphäre entziehen und dann speichern.

Kohlenstoffspeicher

Der Kohlenstoffkreislauf kann von verschiedenen Faktoren beeinflusst werden. Vor etwa 300 Millionen Jahren bildeten sich beispielsweise riesige Erdöl-, Erdgas- und Kohlelager, die wir heute als **fossile Brennstoffe** nutzen. Bei deren Bildung wurden dem globalen Kohlenstoffkreislauf grosse Mengen an Kohlenstoff entzogen. Auch bei der Entstehung von grossen Wäldern wird im Holz und in den Blättern viel Kohlenstoff in Form von Zellulose gespeichert. Der Kohlenstoff wird freigesetzt, wenn Menschen die fossilen Brennstoffe verbrennen und auch, wenn die Wälder sterben und die Biomasse von Destruenten zersetzt wird.

Die Weltmeere sind ebenfalls Kohlenstoffspeicher. Das Kohlenstoffdioxid aus der Luft löst sich im Wasser zu **Kohlensäure,** aus der viele Meereslebewesen wie Korallen wasserunlöslichen **Kalk** herstellen können. Er bildet das Kalkskelett der Korallen und die Schalen und Krusten von vielen anderen Meeresbewohnern. Wenn diese Tiere sterben, wird der Kalk den Bodenschichten zugeführt und dort abgelagert. Viele Gebirge wie zum Beispiel die nördlichen Kalkalpen sind auf diese Weise im Laufe der Erdgeschichte entstanden und bilden heute grosse Kohlenstofflager.

Wenn Menschen eingreifen

Heute greifen wir Menschen massiv in den Kohlenstoffkreislauf ein, indem wir beispielsweise fossile Brennstoffe fördern und sie zur Energiegewinnung nutzen. Auch durch die Brandrodung grosser Waldflächen zur Gewinnung von Weideland gelangt der in Bäumen gespeicherte Kohlenstoff als Kohlenstoffdioxid in die Atmosphäre. Seit dem Beginn der industriellen Revolution Ende des 18. Jahrhunderts ist so die Konzentration von CO_2 in der Atmosphäre um etwa ein Drittel gestiegen. Dieser Prozess beschleunigt sich durch unser Verhalten und trägt über den sogenannten Treibhauseffekt entscheidend zum Klimawandel bei.

Das verstärkte Lösen des Kohlenstoffdioxids in den Meeren führt zu einer allmählichen Versauerung. Der erhöhte Säuregehalt greift die Kalkschalen der Tiere an. Auf Dauer verringert sich dadurch die Artenvielfalt.

Kannst du den globalen Kohlenstoffkreislauf beschreiben und verschiedene Kohlenstoffspeicher nennen? Kannst du erklären, welche Folgen das menschliche Eingreifen in den Kohlenstoffkreislauf hat?

2 Kohlenstoffspeicher: **A** grosse Waldgebiete, **B** Korallenriffe, **C** Kalkalpen

Eine Mindmap erstellen

Was ist eine Mindmap?

Eine Mindmap ist eine Art „Gedankenlandschaft". Mit ihrer Hilfe kannst du gesammelte Informationen zu einem Themenbereich ordnen.

Du kannst eine Mindmap auch zur Weiterarbeit an einem Thema oder als Stichwortzettel für einen Vortrag verwenden. Oder sie kann zur Vorbereitung auf eine Klassenarbeit genutzt werden.
Erstellen mehrere Schüler Mindmaps zum gleichen Thema, können diese jeweils anders aussehen.

Begriffe zum Thema Recycling

- technische Geräte
- Umweltpapier
- Komposthaufen
- Kläranlage
- Zersetzungsstufen von Laubblättern
- Glas
- Leiterplatten
- natürliche Abwasserreinigung
- Kühlgeräte
- Kompostieranlagen
- Altpapier
- Fleecepullover/T-Shirts
- Akkus
- geeignetes Material zum Kompostieren
- technische Geräte
- Tiere im Kompost
- Destruenten

So entsteht eine Mindmap

❶ Sammle Begriffe zu deinem Thema.
❷ Ordne die Begriffe zu sinnvollen Gruppen. Finde jeweils eine geeignete Überschrift zu jeder Gruppe.
❸ Schreibe das Thema in die Mitte eines Blattes und kreise es farbig ein.
❹ Zeichne nun vom Thema ausgehend „Äste" mit den Überschriften für Gliederungspunkte in verschiedenen Farben.
❺ An jeden „Ast" kannst du jetzt noch weitere „Zweige" zeichnen.
❻ Schreibe an jeden „Zweig" weitere Ideen, die dir zu den Begriffen an den „Ästen" einfallen.
❼ Du kannst alle Begriffe auch noch mit Bildern oder Symbolen versehen. Das hilft dir später, dich wieder an deine Ideen oder Gedanken zu erinnern.

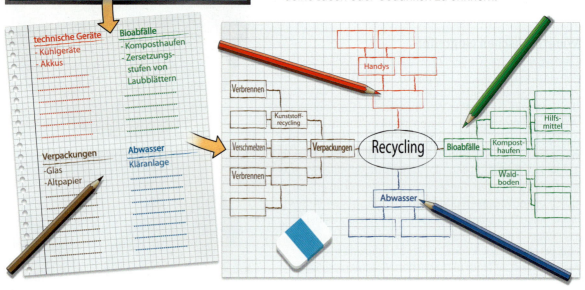

TIPP

Eine Mindmap hilft dabei
- Informationen und Ideen festzuhalten
- Ideen und Gedanken zu ordnen und zu entwickeln
- Inhalte eines Textes besser zu behalten
- etwas vorzutragen
- einen Text zu formulieren

1. ≣ Ⓐ
In der Abbildung oben wurde eine Mindmap angefangen. Sie ist noch unvollständig.
Übertrage diese Mindmap auf ein Blatt Papier und vervollständige sie.

Recycling von Smartphones

Smartphones – ein Sammelsurium an Stoffen

Obwohl Smartphones so klein sind, stecken in jedem Gerät über 60 verschiedene Materialien und Rohstoffe.

Das sind etwa zur Hälfte Kunststoffe, die nicht wiederverwendet werden. Ein Viertel sind Metalle. Die meisten Metalle stecken in der Platine. Dazu zählen Kupfer, Gold und Silber.

Ruhende Rohstofflager

120 Millionen alte Handys und Smartphones sollen weltweit unbenutzt in den Schubladen liegen. Die darin verbauten Rohstoffe werden nicht genutzt. Doch die Rohstoffvorräte unserer Erde sind begrenzt. Würde all das Kupfer aus diesen Geräten recycelt und zu einem Telefonkabel verarbeitet werden, würde dieses mehr als zweimal um die Erde reichen. Insgesamt könnten auf diese Weise 1000 Tonnen Kupfer gewonnen werden. Und dann gibt es auch noch all die anderen wertvollen Metalle, die in Handys und Smartphones verarbeitet sind.

Recycling – ganz einfach

Inzwischen gibt es schon viele Initiativen, die alte Handys und Smartphones sammeln und wiederverwerten. Du kannst deine alten Geräte zum Beispiel auf dem Recyclinghof oder bei den vorgesehenen Sammelstellen abgeben. Auch Hersteller nehmen die alten Geräte häufig wieder zurück.

Aus Alt mach Neu

Nur wenn die vielen Rohstoffe aus dem alten Gerät herausgelöst sind, können sie als Rohstoffe für ein neues Smartphone oder ein anderes elektronisches Gerät dienen. Durch Recycling werden die Rohstoffvorräte geschont.

1 Handys und Smartphones enthalten wertvolle Rohstoffe.

STREIFZUG

2 Smartphones können recycelt werden.

TIPP

Alte Smartphones kannst du an verschiedene gemeinnützige Organisationen spenden. Die Geräte werden dann recycelt oder an Bedürftige weitergegeben.

1. Q

Recherchiere, in welchen Ländern die Rohstoffe für die Produktion von Smartphones und anderen elektrischen Geräten gewonnen werden. Berichte deiner Klasse in einem Vortrag über die Auswirkungen für die Umwelt und die Lebenslage der Menschen dieser Länder.

Stoffe trennen

Abfall besteht aus verschiedenen Stoffen, die zum Teil sehr wertvoll sind. Um Wertstoffe wiederzuverwerten, müssen sie erst voneinander getrennt werden.

Ein Gemisch wie der Abfall in Bild 1 lässt sich nur mit geeigneten Trennverfahren trennen. Dabei nutzt man die unterschiedlichen Eigenschaften der Stoffe.

Wählt in beiden Praktikumsaufgaben jeweils die geeigneten Werkzeuge, die euch zur Verfügung stehen. Führt über jeden Trennschritt ein Protokoll. Dokumentiert darin,

- wie ihr vorgeht,
- welches Trennverfahren ihr für die Trennung welcher Stoffe einsetzt.

ACHTUNG
Verwendet nur sauberen Abfall.

PRAKTIKUM

1 Abfall – ein Gemisch vieler Stoffe

❶ Ein Stoffgemisch trennen

Material
- Magnet
- Wanne mit Wasser
- Sieb
- Pinzette
- eure Hände
- Gemisch aus Verpackungschips, Sand, Sägespänen und Eisenfeilspänen

Durchführung
Trennt die im Gemisch vorhandenen Stoffe. Überlegt zunächst, in welcher Reihenfolge ihr am besten vorgeht.

2 Gemisch von Stoffen mit unterschiedlichen Eigenschaften

❷ Automatische Abfalltrennung simulieren

Stellt eine Wertstofftrennung ähnlich wie in einer Abfalltrennungsanlage nach. Benutzt eure Hände nicht zum Auslesen, sondern zur Betätigung der Trennwerkzeuge.

Trennwerkzeuge
- Handfeger, Kehrschaufel und mehrere Eimer
- kräftiger Magnet
- Siebe verschiedener Maschengrössen, zum Beispiel Sieb aus Maschendraht
- Föhn, Veloluftpumpe
- Batterie, Glühlampe mit Fassung, Experimentierkabel
- Wanne mit Wasser
- Taschenlampe, weisse Karteikarte

Material
- Tapetenbahn oder Kunststofftischdecken
- Gemisch aus Wertstoffabfall: Papierschnipsel, Plastiksäcke, Aluminiumfolie, Joghurtbecher (Deckel abgetrennt), Nägel, Getränkedosen, Verpackungschips, Sägemehl, Sand, Kunststoffflaschen, Glasflaschen, verschiedene Flaschendeckel (Kunststoff, Metall, Kork)

Durchführung
Deckt zwei zusammengestellte Tische mit einer Tapetenbahn oder mit Kunststofftischdecken ab. Verteilt den „Abfall" auf den Tischen (Bild 3). Baut eine Prüfstrecke zum Überprüfen der Leitfähigkeit auf. Führt danach die Trennschritte A bis F durch.

A Magnetisierbares abtrennen

Trennt Gegenstände aus Eisen, Nickel und Kobalt ab.
Tipp: Die magnetisierbaren Körper bestehen meist aus Eisen.

B Kleines von Grossem trennen

Trennt Gegenstände ab, die kleiner als zum Beispiel 5 cm im Durchmesser sind. Trennt danach solche ab, die noch kleiner sind.

C Leichtes abtrennen

Blast mit dem Föhn aus den grossen Abfallbestandteilen die leichten, dünnen Gegenstände heraus.

3 Wertstoffgemisch auf dem „Fliessband"

PRAKTIKUM

D Metalle abtrennen

Trennt die restlichen Metalle ab. Wenn ihr sie an ihrer elektrischen Leitfähigkeit erkannt habt, könnt ihr sie mit Druckluft aus der Luftpumpe vom Tisch pusten.
Tipp: Sind sie zu schwer, könnt ihr ihnen einen Schubs geben.

E Dichte

Unter den verschieden grossen Abfallbestandteilen sind jeweils noch verschiedene Stoffe. Versucht sie mithilfe ihrer Dichte zu trennen.

F Lichtdurchlässigkeit

Trennt durchsichtige von undurchsichtigen Kunststoffen und farbiges Glas von ungefärbtem. Durchleuchtet dazu den Gegenstand mit der Taschenlampe und prüft mithilfe einer weissen Karteikarte, wie viel Licht durch den Gegenstand scheint. In der automatischen Anlage wäre gegenüber der Lichtquelle ein Sensor angebracht, der das durchscheinende Licht meldet.

Endkontrolle

Prüft am Ende, ob auf den verschiedenen Haufen nur noch Teile aus demselben Stoff liegen. Falls noch Gemische vorhanden sind, überlegt euch, welches Trennverfahren ihr noch anschliessen könnt.

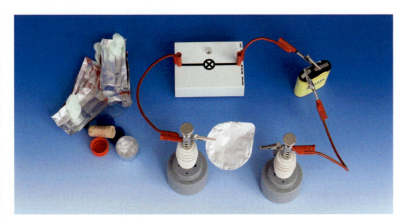

4 Prüfen der Leitfähigkeit

Automatische Abfalltrennung

Eigenschaften ...

Aussehen: Die verschiedenen Bestandteile des Abfalls unterscheiden sich nach Form und Farbe. Das können Arbeiter mit den Augen erkennen (A).

Grösse: Die verschiedenen Bestandteile des Abfalls unterscheiden sich in ihrer Grösse (B).

Masse und Form: Die Bestandteile sind unterschiedlich schwer. Sie haben verschiedene Massen. Manche Teile sind klein, andere bilden grossflächige Folien (C).

Dichte: Die Stoffe, aus denen die Abfallbestandteile bestehen, unterscheiden sich in ihrer Dichte. Wenige Stoffe haben dieselbe Dichte wie Wasser. Viele haben eine niedrigere oder höhere Dichte (D).

Magnetisierbarkeit: die Metalle Eisen, Nickel oder Cobalt sind magnetisierbar. Sie werden von Magneten angezogen. Auch Stahl ist magnetisierbar, weil er überwiegend aus Eisen besteht (E).

1 Trennverfahren: **A** Auslesen, **B** Sieben, **C** Windsichten, **D** Schwimm-/Sink-Trennung, **E** Magnetabscheidung

... und Trennverfahren

Auslesen: Am Anfang oder am Ende einer Abfallsortierung findet oft eine Sichtkontrolle statt. Arbeiter nehmen bestimmte Gegenstände vom Förderband (A).

Sieben: Mithilfe von Sieben werden kleine von grossen Gegenständen getrennt. Die Maschenweite der Siebe bestimmt, was hindurch fällt (B).

Windsichten: Durch ein Gebläse wird ein Luftstrom erzeugt. Leichte Folien oder Papiere werden auf ein anderes Förderband geblasen (C).

Schwimm-/Sink-Trennung: Gegenstände mit einer geringeren Dichte als Wasser schwimmen auf dem Wasser. Gegenstände mit einer grösseren Dichte sinken. Je nach Form und Dichte sinken sie verschieden schnell (D).

Magnetabscheidung: Mit Magneten werden Gegenstände aus dem Abfall gezogen, die Eisen (Stahl), Nickel oder Cobalt enthalten (E).

> Kannst du Verfahren beschreiben und erklären, mit denen sich Abfall trennen lässt?

---

1. ≣ (A)
a) Nenne Eigenschaften, in denen sich Abfälle unterscheiden.
b) Ordne jeder Eigenschaft ein Trennverfahren zu.

2. ≣ (A)
a) Bildet Zweierteams und erklärt euch gegenseitig die Verfahren zur Abfallsortierung.
b) Nenne das Trennverfahren, das sich nicht für die automatische Abfallsortierung eignet.

Verbundverpackungen

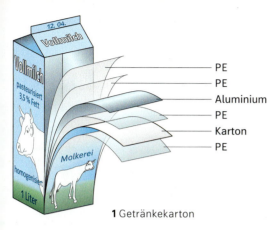

PE
PE
Aluminium
PE
Karton
PE

1 Getränkekarton

Getränkekartons sind praktisch

Säfte, Milch und Milchprodukte werden oft in Getränkekartons verkauft. Durch ihre eckige Form lassen sie sich gut stapeln und transportieren. Als leichte Einwegverpackungen sind sie für Verbraucher praktisch. Ausserdem sind die Getränke darin lange haltbar.

Getränkekartons sind Verbundverpackungen

Verbundverpackungen bestehen aus mehreren Stoffen, die meist ohne Klebstoff grossflächig verbunden sind. Ein Getränkekarton besteht aus mehreren Schichten (Bild 1). Die Kartonschicht macht die Verpackung stabil und lässt sich gut bedrucken. Aussen wird eine Kunststoffschicht aus Polyethylen (PE) aufgetragen. Sie schützt den Karton vor Feuchtigkeit. Innen umschliessen weitere PE-Schichten das Getränk. Oft wird zusätzlich eine hauchdünne Schicht Aluminium verwendet. Sie schützt das Getränk vor Veränderungen durch Licht und Sauerstoff. Verbundwerkstoffe sind also durchaus Hightech-Produkte.

Für Lebensmittel keine Recyclingware

Der Karton muss sehr reissfest sein. Zu seiner Herstellung wird deshalb kein Altpapier verwendet, sondern ausschliesslich der Primärrohstoff Holz. Auch Aluminium und PE werden nicht aus recyceltem Material gewonnen. Die Qualität muss für die Lebensmittel gewährleistet sein.

Recycling oder Downcycling?

Die Verpackungsindustrie wirbt mit dem Recycling von Getränkekartons. Dazu werden die Kartons zerkleinert und eingeweicht. Dabei trennen sich die Materialien. Der Papieranteil wird zum Beispiel zu minderwertigerer Wellkarton recycelt. Der Kunststoff- und Aluminiumanteil wird in der Zementherstellung als Brennmaterial genutzt und verbessert die Qualität des Zementes. Oft landen Getränkeverpackungen aber auch in der Müllverbrennung.

Umweltfreundlichkeit

Wie umweltfreundlich Getränkekartons sind, ist schwierig zu bewerten. Im Vergleich zu Mehrwegflaschen aus Glas sind der Verbrauch von Primärrohstoffen und das eingeschränkte Recycling nachteilig.
Andererseits wird durch das geringe Gewicht und die gute Platzausnutzung Kraftstoff beim Transport gespart. Ausserdem entfallen der Aufwand für die Rücknahme und der Wasserverbrauch für das Spülen.

STREIFZUG

1. ≡ 🅐
a) Nenne die Schichten eines Getränkekartons und beschreibe ihre Funktionen.
b) Nenne die jeweiligen Rohstoffe und beschreibe Recyclingmöglichkeiten.
c) Begründe, warum für Getränkekartons nur Primärrohstoffe verwendet werden.

2. ≡ 🅐
a) Neuerdings wird versucht, Aluminium und PE getrennt als Sekundärrohstoffe zu recyceln. Bewerte diese Entwicklung.
b) Heute haben Getränkekartons häufig Schraubverschlüsse. Beurteile dies in Bezug auf die Recyclingmöglichkeiten.

3. ≡ 🅐
Getränkeproduzenten treffen auf Umweltschützer. Führt in einem Rollenspiel eine Diskussion zur Umweltfreundlichkeit von Getränkekartons.
a) Bereitet Argumente vor und diskutiert.
b) Gebt den „Schauspielern" ein Feedback. Bewertet, welche Argumente überzeugend waren.

4. ≡ 🅥
a) Zerschneide ein Stück Getränkekarton in kleine Teile und weiche sie in Wasser ein. Versuche, mit einer Pinzette die eingeweichten Schichten zu trennen.
b) Beschreibe die Eigenschaften der Schichten.

Kunststoffherstellung und PET-Kreislauf

1. ☰ Ⓐ
Zähle auf, was alles in Kunststoff verpackt wird. Nenne Möglichkeiten, wie du beim Einkauf Kunststoffe vermeiden kannst.

2. ☰ Ⓐ
Beurteile den Brennwert von Kunststoffen im Vergleich zu den anderen Energieträgern in Bild 1.

3. ☰ Ⓐ
Beschreibe den PET-Kreislauf.

4. Ⓠ
Recherchiere die Problematik des Exports von Kunststoffabfällen.

Erdgas
ca. 39 $\frac{MJ}{kg}$

Steinkohle
ca. 25 $\frac{MJ}{kg}$

Papier/Holz
ca. 15 $\frac{MJ}{kg}$

Holzpellets
ca. 18 $\frac{MJ}{kg}$

Heizöl
ca. 34 $\frac{MJ}{kg}$

Polyethylen
Polypropylen
Polystyrol
ca. 30 $\frac{MJ}{kg}$

1 Brennwerte von Energieträgern

Kunststoffverarbeitung

Das **Spritzgiess-Verfahren** ist das wichtigste Verfahren zur Herstellung von Produkten aus Kunststoff-Granulat. Dabei wird das Granulat in den Trichter geschüttet und durch eine drehende Schnecke in Richtung Werkzeug geschoben. Das Granulat wird erhitzt und schmilzt. So entsteht eine formbare Masse, die in das Formwerkzeug gespritzt wird. Der Gegenstand ist fertig und kühlt ab.

Kunststoffabfälle

Die Menge der Kunststoffabfälle ist in den letzten Jahrzehnten stark gestiegen. Kunststoffe werden überall eingesetzt, zum Beispiel in der Autoindustrie, für Verpackungen und für Getränkeflaschen. Während früher die Kunststoffabfälle mit dem Hausmüll entsorgt wurden, lassen sie sich heute getrennt sammeln. Im Gegensatz zu anderen Ländern (z. B. Deutschland) gibt es in der Schweiz kaum Pfandflaschen.

Recycling von Kunststoff

Die Schweizer Abfallwirtschaft verwertet nur einen Teil der anfallenden Kunststoffe wieder. Ein Teil der Abfälle wird auch im Ausland entsorgt. Derzeit sammeln die Schweizer 80 000 Tonnen Kunststoff für das Recycling, theoretisch könnten es über 100 000 Tonnen mehr sein.

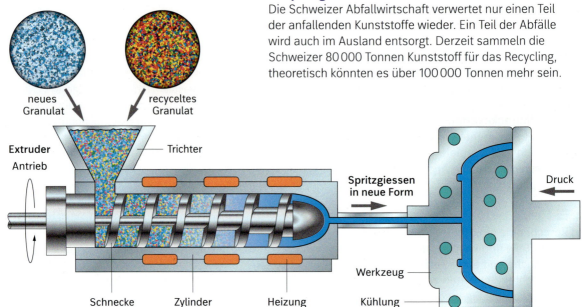

2 Kunststoffverarbeitung mit Spritzgiesstechnik

3 PET-Kreislauf

PET-Kreislauf

In der Schweiz werden pro Jahr mehr als 1,6 Milliarden PET-Getränkeflaschen konsumiert. Sie können an über 50 000 Sammelstellen mit weit über 200 000 Sammelcontainern zurückgebracht werden (Bild 4).

Die gesammelten PET-Flaschen werden in Sortierzentren nach Farben **sortiert**, von Fremdstoffen **gereinigt** und zu Pressballen verarbeitet. Dabei wird ein Reinheitsgrad von 95 bis fast 100 Prozent erreicht.

Nach der Sortierung werden die PET-Ballen in einem von zwei Recyclingwerken in der Schweiz zu **Rezyklat** verarbeitet. Die PET-Flaschen werden zunächst zu kleinen **Flakes** geschnetzelt. Diese kommen in einen **Windsichter**, wo die Etikettenreste weggeblasen werden. Die Trennung von den Flaschendeckeln, die aus PE bestehen, geschieht in Wasserbecken, da PET schwerer als Wasser ist, die Deckel aber schwimmen.

In einer **Mischschnecke** werden die Flakes dann mit einer Lauge gemischt, welche die Oberfläche der PET-Flakes löst. Nach Reinigung und Trocknung sortiert ein Laser-Sorter schliesslich noch Fremdmaterial aus. Das PET-Rezyklat steht nur zur Produktion neuer Flaschen zur Verfügung.

4 PET-Container

Produkte aus Kunststoff-Recycling

Nicht nur PET-Flaschen, auch andere Plastikabfälle können recycelt werden. Oftmals ist die Qualität dieser Produkte schlechter als aus neuem Kunststoff. Dieses Downcycling führt dazu, dass nicht jedes Produkt aus recyceltem Kunststoff hergestellt werden kann. Jedoch reicht die Qualität für Blumentöpfe, Gartenmöbel, Getränkekisten, Verkehrsschilder und Folien. Ein Vorteil liegt darin, dass bei der Produktion dieser Gegenstände keine weiteren Rohstoffe verbraucht werden.

Energetische Verwertung

Ein grosses Problem beim Recycling von Kunststoffen sind die unterschiedlichen Kunststoffsorten wie zum Beispiel PE, PP und PS. Wenn die Kunststoff-Abfälle nicht sortenrein getrennt werden können, werden sie z. B. in Zementwerken als Brennstoff genutzt. Nur Heizöl und Erdgas haben einen höheren Brennwert (Bild 1).

Kannst du Möglichkeiten des Einsparens und der Wiederverwendung von Kunststoffprodukten nennen? Kannst du den Recycling-Kreislauf von PET-Flaschen beschreiben?

Plastikmüll im Meer – ein weltweites Problem

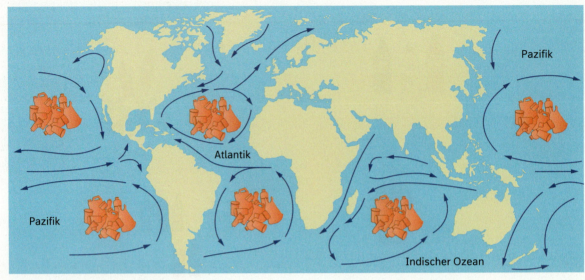

1 Inseln aus Plastikmüll in den Meeren

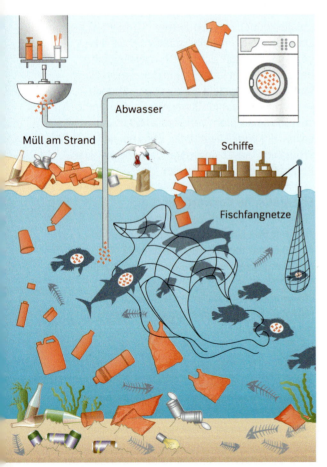

2 Die Wege des Plastikmülls ins Meer

Unsere Meere sind voller Plastik

Die Ozeane werden schon lange als Müllkippe missbraucht. Mittlerweile schwimmen riesige Müllinseln in allen Meeren. Sie bestehen zum grössten Teil aus Plastik. Jedes Jahr kommen etwa 8 Millionen Tonnen Plastik hinzu. Wissenschaftler gehen davon aus, dass es im Jahr 2050 mehr Plastik als Fisch in den Weltmeeren geben wird, wenn die Entwicklung so weitergeht.

So gelangt Plastikmüll in die Meere

Grosse Verursacher der Meeresverschmutzung sind die Schifffahrt und die Fischwirtschaft. Trotz Verboten werfen sie ihren Plastikmüll ins Meer. Auch alte Netze und andere Geräte des Fischfangs werden bewusst im Meer entsorgt. Zudem verlieren grosse Containerschiffe immer wieder Ladung.

Der grösste Teil des Plastikmülls gelangt jedoch direkt vom Land oder über Flüsse in die Meere. Dies ist besonders in Ländern ein Problem, denen eine geordnete Müllabfuhr fehlt. Auch in Europa gelangt Plastikmüll ins Meer, besonders an Stränden mit vielen Touristen.

Sogar über das Abwasser unserer Haushalte wird Plastik in die Meere gespült. Kleidungsstücke aus Kunstfasern verlieren beim Waschen winzige Faserteilchen. Diese sind zu klein, um aus dem Abwasser gefiltert zu werden. Sie gelangen ebenso wie Kunststoffzusätze aus Körperpflegemitteln trotz Kläranlagen in die Meere.

1. ≡ Ⓐ
Beschreibe, wie Plastikmüll ins Meer gelangt.

2. ≡ Ⓐ
Erkläre mithilfe von Bild 1, warum der Plastikmüll in den Meeren ein wachsendes globales Problem darstellt.

3. ≡ Ⓠ
a) Recherchiere, wie lange der Abbau von Müll aus Plastik, Papier, Metall und Holz dauert.
b) Stelle die Abbau-Dauer des Mülls der durchschnittlichen Lebenserwartung eines Menschen gegenüber. Nenne langfristige Folgen für zukünftige Generationen.

4. ≡ Ⓐ
Beschreibe, wie sich Plastikmüll auf die Lebewesen in den Ozeanen auswirkt.

5. ≡ Ⓐ
Erkläre den Zusammenhang zwischen dem zunehmenden Plastikmüll in den Meeren und unserer Ernährung.

6. ≡ Ⓠ
a) Untersuche mit einer kostenlosen App Pflegeprodukte wie Shampoos, Zahncremes, Hautcremes und Peelings auf Mikroplastik. Stellt eure Ergebnisse vor.
b) Nenne Möglichkeiten, wie man Mikroplastik in Pflegeprodukten zukünftig verhindern kann.

7. Ⓠ
Informiere dich über Projekte zur Reinigung der Meere von Plastikmüll. Stelle ein Projekt in der Klasse vor.

Plastik bedroht die Tierwelt der Meere

Der Plastikmüll ist eine grosse Gefahr für Fische, Vögel und Meeressäuger. Häufig verwechseln sie Plastikteile mit Nahrung. Die Plastikteile verstopfen ihre Mägen und die Tiere verhungern.
Delfine, Robben oder Schildkröten verfangen sich in weggeworfenen Fischernetzen und ertrinken. Viele verletzen sich schwer bei dem Versuch, sich zu befreien. So sterben jährlich Millionen Tiere.

3 Eine Schildkröte frisst einen Plastiksack

Mikroplastik – eine unsichtbare Gefahr

Produkten wie Shampoos, Peelings oder Duschgels werden häufig winzige Plastikpartikel beigemengt. Nach dem Haarewaschen gelangt dieses **Mikroplastik** in die Kanalisation. Die Kläranlagen können die kleinen Partikel nicht herausfiltern, da diese zu klein sind. Über die Flüsse gelangen sie ins Meer. Hier wird das Mikroplastik von Kleinstlebewesen mit dem Futter aus dem Wasser aufgenommen. Die plastikbelasteten Kleinstlebewesen werden von kleinen Fischen gefressen. Diese werden wiederum von grösseren Fischen gefressen. So reichert sich Mikroplastik in der Nahrungskette an und landet irgendwann auf unserem Teller.
Plastik enthält verschiedene Giftstoffe, die den Meeresbewohnern schaden. Sogar im Kot von Menschen wurde Mikroplastik schon nachgewiesen. Die möglichen gesundheitlichen Folgen werden noch untersucht.

4 Duschgel mit Mikroplastik

Du kannst Ursachen für die Verschmutzung der Meere mit Plastik benennen. Du kannst die Auswirkungen von Plastik und Mikroplastik auf Lebewesen beschreiben.

Abfall vermeiden

1. ≣ **Ⓐ**
Nenne die unterschiedlichen Abfallsorten. Nutze dazu die Abbildungen links.

2. ≣ **Ⓠ**
a) Recherchiere, wer bei dir zuhause den Abfall abholt und wo er hingebracht wird.
b) Informiere dich über die verschiedenen Sammelbehälter, die in deiner Stadt zur Abfalltrennung eingesetzt werden. Stelle deine Ergebnisse vor.
c) Recherchiere und berechne die Müllmengen, die in deiner Stadt jedes Jahr entstehen.

3. ≣ **Ⓠ**
a) Notiere den gesamten Verpackungsabfall von einem Grosseinkauf.
b) Nenne Lebensmittelverpackungen, die du für verzichtbar hältst. Begründe deine Meinung.

4. ≣ **Ⓠ**
Überlege, wie du das Wegwerfen von Lebensmitteln vermeiden kannst.

5. ≣ **Ⓠ**
Recherchiere Geschäfte in deiner Umgebung, die weitgehend oder ganz auf Verpackungen verzichten.
Tipp: Suche im Internet nach „unverpackt".

Abfallberge – Jahr für Jahr

Jeder Schweizer verursacht in einem Jahr im Durchschnitt mehr als 700 kg Abfall. Gut die Hälfte davon wird wiederverwertet. Das Recycling konzentriert sich dabei auf Glas (Sammelquote 2016: 96 %), PET (Sammelquote 81 %), Alu (Sammelquote 90 %). Papier (Sammelquote: 81 %) oder Stahl (Sammelquote 95 %).

Food Waste

In der Schweiz fallen jedes Jahr über 2 Mio. Tonnen Lebensmittelabfälle an. Rund 70% dieser Abfälle sind vermeidbar. Dieser „Food Waste" ist nicht bloss ethisch bedenklich, sondern angesichts der erheblichen

Umweltbelastung durch die Nahrungsmittelproduktion ein ernstes ökologisches Problem.

1 A Wenig Inhalt, viel Verpackung. **B** Es geht auch anders.

Lebensmittel – fast immer verpackt

Viele Lebensmittel werden in kleinen, haushaltsgerechten Mengen in Kartons, Schaumstoff oder Plastikfolie angeboten. So sind sie meist preiswerter, als wenn sie abgewogen werden müssten. Ausserdem sind die Lebensmittel vor Beschädigungen und Verunreinigungen geschützt. Luftdicht verpackte Lebensmittel sind in der Regel länger haltbar und können länger gelagert werden, ohne zu verderben. Einige Produkte sind auch nur aufwendig verpackt, damit sie wertvoller erscheinen. In jedem Fall verursachen diese Verpackungen sehr viel Abfall.

Unverpackt – ein neuer alter Trend

Früher wurden in kleinen Läden viele Lebensmittel wie zum Beispiel Mehl zum Verkauf aus grossen Säcken in kleine Papiersäcke umgefüllt. Heute achten viele Menschen wieder zunehmend darauf, Waren möglichst ohne Verpackungen einzukaufen.
Es gibt inzwischen Läden, bei denen man die Verpackung selbst zum Einkaufen mitbringt. Die Kunden können sich beispielsweise Hülsenfrüchte, Nudeln oder Nüsse in die mitgebrachten Behälter füllen lassen. Ist eine Verpackung notwendig, besteht sie meist aus Papier oder Glas. Gläser und Flaschen lassen sich aber auch gut wiederverwenden.

> Kannst du Massnahmen nennen, um Verpackungsabfall zu vermeiden?

Endliche Ressourcen

Die fossilen Brennstoffe Kohle, Erdöl und Erdgas sind zum grössten Teil Energieträger für Kraftwerke, Industrie, Haushalte und Fahrzeuge.

Nur zum geringen Teil werden sie als Grundstoff für die chemische Industrie wie zur Kunststoffherstellung genutzt.

Was weg ist, ist weg

Die Bildung fossiler Brennstoffe hat viele Millionen Jahre gedauert. Bei dem derzeitigen hohen Bedarf ist abzusehen, dass sie in absehbarer Zeit zur Neige gehen. Auch Neufunde werden an diesem Problem grundsätzlich nichts ändern.

Da diese Stoffe als wichtige Grundstoffe für zahllose Produkte dienen, ist es eigentlich nicht zu verantworten, sie als Energieträger zu verbrennen – ganz abgesehen davon, welche Folgen das für user Klima hat.

Peak Oil

Bereits heute ist Erdöl der Energierohstoff, dessen Erschöpfung am weitesten vorangeschritten ist. Um Aussagen über den künftigen Förderverlauf von Erdöl treffen zu können, wurde die „Peak Oil"-Theorie entwickelt. Nach dieser Theorie wird die weltweite Förderung von Erdöl zunächst stetig ansteigen und dann, sobald die Hälfte des Erdöls gefördert wurde, irreversibel zurückgehen. Wann das sein wird und wie viel Ölreserven noch im Erdboden stecken, ist aber sehr unsicher. Da von diesen Ölreserven nur ein Teil wirklich genutzt werden kann, gehen einige Experten davon aus, dass der Peak Oil bereits erreicht wurde. Bis 2009 stagnierte die Ölförderung auch tatsächlich, in den letzten Jahren ist sie allerdings wieder angestiegen.

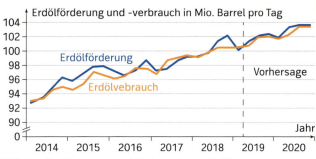

1 Weltweite Förderung und Verbrauch von Erdöl

Uran

Auch Uran ist grundsätzlich ein endlicher Rohstoff. Die Menge, die derzeit abgebaut wird, deckt etwa 60 % des aktuellen Bedarfs. Der Rest wird durch Lagerbestände, Wiederaufarbeitung und abgerüstete Kernwaffen gedeckt. Wie lange die Uran-Vorkommen noch reichen, ist unsicher. Schätzungen verschiedener Organisationen liegen zwischen 20 und 200 Jahren.

1. ☰ Ⓐ
Bennene Gründe, warum die Verwendung von Erdgas, Erdöl und Kohle als Brennstoff deutlich verringert werden sollte.

2. Ⓠ
Recherchiere, wie viel Erdöl pro Tag in der Schweiz verbraucht wird. Finde anschauliche Vergleiche für diese Menge, damit man sie sich gut vorstellen kann.

3. ☰ Ⓐ
Die Schweiz importiert Rohöl seit Jahren aus den Ländern Libyen, Kasachstan, Nigeria, Algerien und Aserbaidschan. Diskutiere, welche Probleme damit verbunden sind.

4. Ⓠ
Recherchiere, was man unter Fracking versteht Trage Pro- und Contra-Argumente zu dieser Technologie zusammen.

Belastung der Atmosphäre

1. Ⓐ
Erstelle eine Tabelle zu den drei Luftschadstoffen Stickstoffoxide, Feinstaub und bodennahes Ozon mit den Kategorien Herkunft, Gesundheitsbelastungen und mögliche Gegenmassnahmen.

2. ≡ Ⓐ
Die beiden Seiten einer Medaille: „Ozon nützt – Ozon schadet." Erläutere diese Aussage.

3. Ⓠ
Viele Städte im Ausland, zum Beispiel in Deutschland, richten Umweltzonen ein. Recherchiert, welche Ziele die Einrichtung dieser Zonen hat.
Befragt Autofahrer in der Schweiz, ob sie durch die Umweltzonen ihr Fahrverhalten ändern würden. Beurteilt die Wirksamkeit.

4. ≡ Ⓠ
Feinstaubbelastungen treten nicht nur im Strassenverkehr auf, sondern auch in Innenräumen. Recherchiere, wie es dazu kommt und entwirf ein Informationsblatt mit Hinweisen zur Verminderung dieser Belastung.

5. ≡ Ⓠ
Das Ozonloch schliesst sich langsam wieder. Informiere dich über das erste Auftreten des Ozonlochs, die ergriffenen Gegenmassnahmen und die Prognosen für die nächsten Jahre. Beurteile vor diesem Hintergrund Massnahmen zur Verminderung der Luftbelastung.

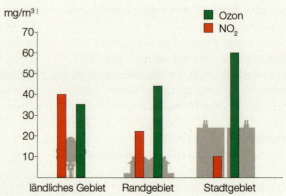

1 Ozon- und Stickoxidbelastung (Jahresmittelwerte)

6. Ⓠ
Stickoxide und die Vorläuferstoffe für die Bildung von bodennahem Ozon werden von Kraftfahrzeugen ausgestossen. Vergleiche die Belastung mit Stickoxiden und Ozon in Ballungsgebieten und Randbereichen im Diagramm oben. Recherchiere hierzu und erläutere den Zusammenhang.

Luftschadstoffe

Die natürliche Atmosphäre unserer Erde hat sich im Verlauf der Erdgeschichte entwickelt. Durch Industrie, Verkehr und Heizungsanlagen belasten wir diese Atmosphäre mit einer Vielzahl von Stoffen, die häufig auch die Gesundheit von Menschen gefährden. Durch Massnahmen wie den Einbau von Filtern in Industrieanlagen war es in den letzten Jahrzehnten möglich, einige der durch Luftschadstoffe auftretenden Probleme einzudämmen. Aber immer noch gelten die Mengen von Stickstoffoxiden, Feinstaub und bodennahem Ozon als problematisch.

Stickstoffoxide

Unter dem Begriff **Stickstoffoxide** (NO_x) werden verschiedene gasförmige Verbindungen von Stickstoff und Sauerstoff zusammengefasst. Dazu gehören Stickstoffmonooxid (NO) und Stickstoffdioxid (NO_2). Die Hauptquellen sind Verbrennungsmotoren und Feuerungsanlagen.

Direkt sind Stickstoffoxide hauptsächlich für Asthmatiker problematisch und schädigen Pflanzen. Darüber hinaus sind Stickstoffoxide an der Ozonbildung beim Sommersmog beteiligt, wirken als Treibhausgase und tragen zur Feinstaubbelastung bei.

Feinstaub

Feinstaub umfasst flüssige und feste Partikel verschiedener Stoffe mit einem Durchmesser, der kleiner als $\frac{1}{100}$ mm ist. Je nach Grösse können die Feinstaubpartikel unterschiedlich weit in den Körper eindringen. Beim Einatmen gelangt der Feinstaub in die Nasenhöhle. Kleinere Partikel gelangen bis in die Bronchien, ultrafeine Partikel mit einem Durchmesser unter 0,1 μm können bis ins Lungengewebe und sogar in den Blutkreislauf eindringen. Die gesundheitlichen Wirkungen sind vielfältig und reichen von Schleimhautreizungen bis zu erhöhter Thrombosegefahr. In Ballungsgebieten ist der Kraftfahrzeugverkehr der Hauptverursacher von Feinstaub, darüber hinaus gibt es aber viele weitere Quellen, zum Beispiel Kraftwerke, Heizungsanlagen und die Metall- und Stahlindustrie.

Ozon und die Ozonschicht

Ozon ist ein blass-blaues Gas mit einem stechenden Geruch. In höheren Konzentrationen ist es giftig, reizt die Schleimhäute und führt zu Atemwegsbeschwerden. Ein Ozonmolekül (O_3) besteht aus drei Sauerstoffatomen. Die Bildung von Ozon erfordert grosse Mengen an Energie, die durch die **ultraviolette Strahlung (UV)** der Sonne geliefert wird. In 20 km bis 50 km Höhe über der Erdoberfläche bildet sich so die Ozonschicht, die bis zu 90 % der ultravioletten Strahlung aus dem Sonnenlicht herausfiltert und uns damit vor zu hoher UV-Strahlung schützt.
Früher verwendete man **Chlor-Fluor-Kohlenwasserstoffe,** zum Beispiel in Kühlgeräten. Dadurch wurde die Ozonschicht geschädigt. So entstand das **Ozonloch.** Durch das Verbot dieser Stoffe konnte sich die Ozonschicht mittlerweile stabilisieren und regeneriert sich wieder.

Sommersmog

Ozon kann auch in Bodennähe gebildet werden. Voraussetzung dafür ist intensive Sonneneinstrahlung. Dann können Stickoxide und organische Kohlenwasserstoffe, zum Beispiel aus Abgasen, mit Sauerstoff reagieren. Bei diesen komplizierten chemischen Prozessen entsteht Ozon. Die Anreicherung von bodennahem Ozon nennt man **Sommersmog.**

Besonders wenn man bei erhöhter Ozonbelastung Sport treibt, kann es zu entzündlichen Reaktionen der Atemwege und damit zu einer verminderten Lungenfunktion kommen. Bei hohen Werten werden daher Ozonwarnungen ausgesprochen und es wird empfohlen, Anstrengungen im Freien einzuschränken.

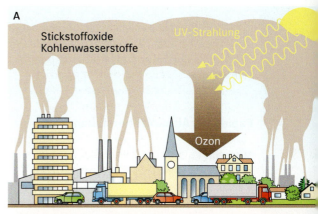

2 Smog: **A** Sommersmog, **B** Wintersmog

Wintersmog

Im Winter kann es bei Windstille passieren, dass sich warme, aufsteigende Luft wie eine Glocke über kältere Luftmassen legt, die sich in Bodennähe befinden. Abgase, Rauch und Staub können nicht aufsteigen, sondern reichern sich in Bodennähe stark an. Sie führen vor allem zu Herz- und Kreislaufbeschwerden sowie Atemwegserkrankungen. In den letzten Jahren hat die Gefahr von **Wintersmog** bei uns abgenommen, weil zunehmend abgasarme Fahrzeuge und abgasverminderte Heizungs- und Industrieanlagen entwickelt wurden. In anderen Ländern ist Smog noch ein grosses Problem.

Kannst du verschiedene Luftschadstoffe, ihre Verursacher und die von ihnen ausgehenden Gesundheitsgefahren nennen? Kannst du erklären, wie Sommer- und Wintersmog entstehen?

Papierschöpfen

In diesem Praktikum stellt ihr selber aus Altpapier neues Papier her. Benutzt das selbst hergestellte Papier zum Beispiel als Briefpapier, als Postkarte oder für das Malen eines Bildes.

Papier aus Altpapier herstellen

Material
- alte Zeitungen
- Wasser
- Handmixer
- grosser Behälter
- Sieb oder Schöpfrahmen
- Vlies oder Baumwolltuch
- Wäscheleine

Dokumentation
a) Dokumentiert eure Papierherstellung durch Fotos oder kleine Filme.

b) Notiert, was gut funktioniert hat und wo Schwierigkeiten auftauchten.

Durchführung
a) Zerreisst das Zeitungspapier in kleine Schnipsel. Weicht die Schnipsel einige Zeit in Wasser ein.
Zerkleinert und durchmischt die Papiermasse mit einem Handmixer, bis ein feiner Papierbrei entsteht.

b) Füllt den Brei in eine Wanne mit viel Wasser. Taucht nun den Schöpfrahmen senkrecht in die Wanne. Dreht den Rahmen unter Wasser waagerecht.

c) Hebt nun den Rahmen vorsichtig an. Es soll sich eine dünne Breischicht darauf befinden. Haltet den Rahmen so, dass das Wasser abtropfen kann.

d) Stürzt den Inhalt des Rahmens auf das Vlies oder das Baumwolltuch. Entfernt den Rahmen und deckt die Papiermasse mit einem zweiten Tuch ab.

e) Presst nun mit einem Brett so viel Wasser wie möglich aus der Papiermasse heraus. Hängt das Papier zum vollständigen Trocknen auf eine Leine.

> **TIPP**
> Ihr könnt das Papier auch mit einem Bügeleisen trocknen.

1 Papierschöpfen **A** Altpapier einweichen, **B** Papierbrei auf das Vlies stürzen, **C** Brei aus dem Sieb tupfen, **D** fertiges Papier

Upcycling

TEAM ❶
Ketten aus Papierperlen

Für die Papierperlen benötigt ihr buntes Papier aus Zeitschriften oder Getränkeverpackungen. Erstellt zunächst eine Schablone, die die Form eines Dreiecks hat. Mögliche Masse könnten sein: 2,5 cm breit und 10 cm hoch oder 1,3 cm breit und 20 cm hoch.

Mithilfe der Schablone schneidet ihr nun aus dem ausgewählten Papier Dreiecke aus. Dann rollt ihr jedes Dreieck von der breiten Seite her auf einem Schaschlickstab zu einer Perle. Das Papierende klebt ihr fest.

Wenn ihr genügend Perlen habt, könnt ihr sie mit anderen Perlen als Kette auf einen stabilen Faden auffädeln.

TEAM ❷
Stulpen aus alten Pullovern

Zu kleine, verwaschene oder verfilzte Pullover sind die Grundlage der Stulpen. Schneidet die Ärmel in der Länge eurer Stulpen ab, etwa 10 cm lang. Näht mithilfe einer Nähmaschine oder mit der Hand Bänder oder Borten auf. Aus dem restlichen Stoff könnt ihr weitere Stulpen nähen. Hierzu schneidet ihr die Grösse der Stulpen zu, näht die Bänder auf und schliesst die Stulpen anschliessend zu einem Rund.

Für Stulpen eignen sich auch alte Socken oder Strumpfhosen.

LERNEN IM TEAM

TEAM ❸
Taschen aus Plastikverpackungen

Sammelt Plastikverpackungen wie Schokoladenverpackungen aus Kunststoff, Nachfüllpackungen von Flüssigseife oder Trinktüten. Schneidet die Verpackungen auf und säubert sie gründlich.

Näht nun die Packungen aneinander, sodass ihr eine grosse Fläche erhaltet. Schliesst die Seitennähte eurer Tasche und näht den Boden in der gewünschten Breite ab. Für den Henkel faltet ihr die Verpackungen in der Mitte und näht sie zusammen. Jetzt näht ihr den Henkel von innen an die Tasche.

> **TIPP**
> Verwendet Jeansnadeln, sie brechen nicht so leicht ab.

Nachhaltig handeln

METHODE

Was bedeutet Nachhaltigkeit?

Stell dir einen Wald vor. Die Menschen fällen dort Bäume, um Häuser zu bauen. Sie wollen immer mehr und immer grössere Häuser haben. Dafür benötigen sie immer mehr Holz. Sie fällen viel mehr Bäume als nachwachsen. Das geht eine Zeit lang gut. Noch gibt es viel Wald. Irgendwann machen sich einige Menschen Sorgen, weil immer weniger Bäume da sind. Aber andere fällen dennoch weiter. Werden mehr Bäume gefällt als währenddessen nachwachsen, sind irgendwann alle Bäume weg. Dieses Verhalten ist nicht nachhaltig. **Nachhaltig** ist es, wenn in einem bestimmten Zeitraum höchstens so viele Bäume gefällt werden, wie in diesem Zeitraum wieder nachwachsen können.

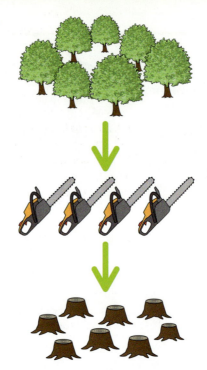

1 Nicht nachhaltige Waldwirtschaft

2 Nachhaltige Waldwirtschaft

Hat Nachhaltigkeit nur mit Bäumen zu tun?

Die Bäume in dem Beispiel stehen stellvertretend für alle Rohstoffe, die wir nutzen. Beispiele sind Getreide und Trinkwasser, aber auch Erdöl und Kohle. Ausserdem produzieren wir Abfälle und Abgase. Auch das belastet die **Umwelt** und geht nicht ewig so weiter. Bei Nachhaltigkeit geht es aber auch um **Soziales.** Wenn wir durch unser Verhalten anderen Menschen schaden, werden sie sich dagegen wehren. Auch ungerechtes Verhalten ist also nicht nachhaltig.
Ausserdem brauchen alle Menschen Geld, um leben zu können. Wenn Menschen, Firmen oder Staaten mehr ausgeben, als sie einnehmen, geht ihnen bald das Geld aus. Die **wirtschaftliche Sicherheit** ist dann verloren.

Auf Nachhaltigkeit achten

Bei all unseren Handlungen sollten wir auf die drei Aspekte der Nachhaltigkeit achten: auf die Umwelt, auf soziale Gerechtigkeit und auf wirtschaftliche Sicherheit. Viele in diesem Buch genannte Themen lassen sich im Hinblick auf diese Aspekte untersuchen.

3 Aspekte der Nachhaltigkeit

1. 🅐
Erläutere den Begriff Nachhaltigkeit mithilfe der Bilder.

2. 🆀
Dasselbe Handy kann einen oder mehrere hundert Franken kosten.
a) Recherchiere Angebote und stelle eines vor. Bewerte das Angebot im Hinblick auf die Nachhaltigkeit.
b) „1-Franken-Angebote" sind für Menschen mit wenig Geld meist nicht nachhaltig. Beurteile diese Aussage.

3. 🅐
Nimm ein Thema aus diesem Buch, das ihr bereits besprochen habt. Zeige an diesem Beispiel, wie man konkret die drei Aspekte der Nachhaltigkeit beachten könnte.

Nachhaltigkeit

Ökologischer Fussabdruck

Dein ökologischer Fussabdruck ist die Fläche auf der Erde, die dein Lebensstil auf Dauer erfordert. Dazu gehört zum Beispiel die Ackerfläche, die für deine Ernährung gebraucht wird ebenso wie die Ackerflächen für die Produktion von deiner Baumwollkleidung. Auch der Landverbrauch für Ölpalmen-Plantagen muss mit einfliessen. Palmöl wird ausser für die Ernährung für Kosmetik und zur Energieerzeugung eingesetzt. Bei der Berechnung des ökologischen Fussabdrucks wird dein Konsumverhalten also genau unter die Lupe genommen.

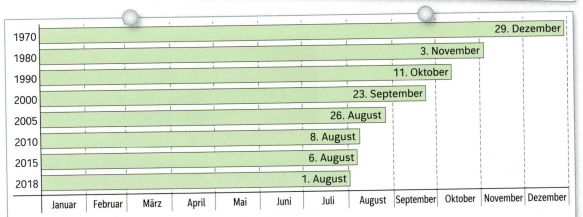

Erdüberlastungstag

Eine Art darzustellen, wie nachhaltig die Menschheit lebt, ist der Erdüberlastungstag. Eine nachhaltig lebende Menschheit würde beispielsweise nur so viele Bäume fällen, wie in demselben Zeitraum nachwachsen könnten. Leider sieht die Realität anders aus. Am Erdüberlastungstag hat die Menschheit alle nachhaltig nutzbaren Ressourcen verbraucht, die ihr für ein Jahr zur Verfügung stehen. Den Rest des Jahres lebt sie „auf ökologischem Pump". Dann beutet die Menschheit die Ressourcen über die Massen aus.
Den Erdüberlastungstag kann man auch für einzelne Länder berechnen. Insbesondere in den westlichen Industriestaaten frisst der hohe Konsum die natürlichen Ressourcen schnell auf. Die Verantwortung dafür tragen wir alle.

1. ≡ Ⓐ
Viele Menschen kaufen sich alle zwei Jahre ein neues Smartphone. Bewerte dieses Verhalten unter Berücksichtigung der drei Nachhaltigkeitsaspekte.

2. ≡ Ⓐ
a) Beschreibe, wie sich der Erdüberlastungstag seit 1970 verändert hat.
b) Erkläre die Bedeutung dieser Veränderungen.
c) Stelle Massnahmen zusammen, um den jährlichen Erderschöpfungstag wieder hinauszuzögern.

3. ≡ Ⓠ
a) Recherchiere, wie du deinen ökologischen Fussabdruck berechnen kannst.
b) Fertige eine Tabelle mit zwei Spalten an. Trage in die erste Spalte alle Verhaltensweisen ein, die den Fussabdruck vergrössern. Schreibe in die zweite Spalte die Verhaltensweisen, die deinen Fussabdruck verkleinern.
c) Leite daraus ab, wie du deinen Fussabdruck verringern kannst.

Ressourcen und Recycling

 Reduzieren Wiederverwenden Recyceln Entsorgen

Müll vermeiden

Beim Einkaufen solltest du darauf achten, möglichst wenig Verpackungsabfall mitzukaufen. Wähle beispielsweise unverpacktes Obst und Gemüse. Transportiere deine Einkäufe in einer Stofftasche oder in einem Rucksack. Bringe für deinen Coffee to go einen eigenen Becher mit. In vielen Cafés gibt es mittlerweile dafür sogar Rabatt. So kannst du viel Abfall vermeiden.

PET-Kreislauf

An Tausenden Sammelstellen in der Schweiz können PET-Flaschen entsorgt werden. Sie werden recycelt und zu neuen Flaschen verarbeitet. So gehen wertvolle Ressourcen nicht verloren.

Abfall vermeiden

Sehr viele Produkte des täglichen Bedarfs sind in Kunststoff eingepackt. Benutzt du eigene Behältnisse, kannst du diesen Abfall vermeiden.

Stoffe unterscheiden

Stoffe lassen sich anhand ihrer physikalischen und chemischen Eigenschaften unterscheiden und trennen, z. B. magnetische und nicht-magnetischen Stoffe.

Stoffkreisläufe in der Natur

Die Natur macht es uns vor: Hier wird alles wiederverwertet. In der Natur befinden sich die notwendigen Stoffe im und am Waldboden. In verschiedenen Kreisläufen gelangen sie von den Pflanzen zu den Tieren, Bakterien und Pilzen und zurück in den Boden.

AUF EINEN BLICK

1. ≡ Ⓐ
a) Ordne den Bildern unten die Begriffe Primär- und Sekundärrohstoff zu.
b) Beurteile die Nutzung von Primärrohstoffen im Hinblick auf Nachhaltigkeit.

2. ≡ Ⓐ
Beschreibe, wie die Gegenstände oben zum Sekundärrohstoff recycelt werden können.

3. ≡ Ⓐ
a) „Bestimmte Stoffe sind magnetisierbar". Erkläre, was das bedeutet.
b) Erkläre, wie sich die Magnetisierbarkeit von Stoffen für die automatische Mülltrennung nutzen lässt

4. ≡ Ⓐ
Nenne technische Verfahren, mit denen sich die Gegenstände unten aus dem Restmüll aussortieren lassen. Begründe mit den jeweiligen Stoffeigenschaften.

5. ≡ Ⓐ
Nicht wiederverwendbare Kunststoffe werden in Abfallverbrennungsanlagen verbrannt. Überlege Vor- und Nachteile dieses thermischen Recyclings.

6. ≡ Ⓐ
Beschreibe, wie du aus alten Tageszeitungen selber Recyclingpapier herstellen kannst.

7. ≡ Ⓐ
Beschreibe einen Modell-Versuch, mit dem du den Prozess des natürlichen Recyclings zeigen kannst.

8. ≡ Ⓐ
a) Bringe die folgenden Sortierschritte einer Abfallsortieranlage in die richtige Reihenfolge: Wirbelstromabscheider, Auslesen, Trommelsieb, Schwimm-/Sink-Verfahren, Absaugen und Windsichten, Infrarot-Sortierung, Magnetabscheider.
b) Erläutere, was bei den einzelnen Sortierschritten passiert.

9. ≡ Ⓐ
Ein Unternehmen stellt Gartenmöbel aus Kunststoff her. Begründe, ob die Firma zur Herstellung recyceltes oder neues Granulat einsetzen sollte.

10. ≡ Ⓐ
Bewerte die Nutzung von Papier aus Holz und Recycling-Papier unter dem Aspekt der Nachhaltigkeit.

LERNCHECK

Erneuerbare und fossile Energieträger

Wie können Solarzellen helfen, unser Energie-problem zu lösen?

Wie arbeitet ein Kernkraftwerk?

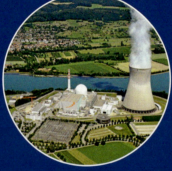

Welche Möglichkeiten gibt es, fossile Energieträger durch erneuerbare Energieträger zu ersetzen?

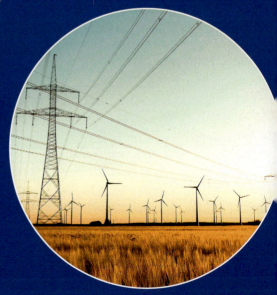

Die Entstehung von Erdöl, Erdgas und Kohle

1. ≡ Ⓐ
Nenne je vier Länder
a) mit Erdgasvorkommen,
b) mit Erdölvorkommen,
c) mit Braunkohlevorkommen,
d) mit Steinkohlevorkommen.

2. ≡ Ⓐ
Beschreibe,
a) woraus Erdöl und Erdgas,
b) woraus Braunkohle und
Steinkohle entstanden sind.

3. ≡ Ⓐ
Nenne Gemeinsam-
keiten und Unter-
schiede bei der
Entstehung von Erdöl
und Kohle.

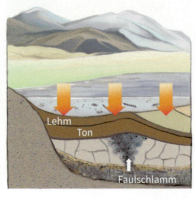
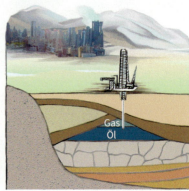

1 So entstand Erdöl.

Erdöl und Erdgas entstehen

Vor Millionen Jahren waren weite Teile der
Erde von Meeren bedeckt, in denen unzählige
Kleinstlebewesen lebten. Abgestorben sanken
sie auf den Meeresboden. Sie bildeten dort
mächtige Schichten, die von der Luft abgeschlossen waren.
Bakterien zersetzten die Kleinstlebewesen
und es bildete sich Faulschlamm. Darüber
lagerten sich in Jahrmillionen immer wieder
Erdschichten. Durch Druck und Wärme wurde
der Faulschlamm allmählich in Erdöl und
Erdgas umgewandelt.

Kohle entsteht

Vor mehr als 300 Millionen Jahren waren grosse Teile der
Erde von tropischen Sumpfwäldern bedeckt, die immer
wieder von Wasser überflutet wurden. Bäume und andere
Pflanzen starben ab, Ton und Sand deckten die abgestorbenen Pflanzen zu. Dadurch wurden diese von der Luft
abgeschlossen. Sie wandelten sich um zu Torf.
Dieser Vorgang wiederholte sich und die Schichten wurden
immer stärker zusammengepresst. Der Torf wurde schliesslich in Jahrmillionen zu Braunkohle und in weiterer Jahrmillionen zu Steinkohle. Die Prozesse spielen sich auch heute
noch ab.

Kannst du die Entstehung von Erdöl, Erdgas und Kohle
beschreiben?

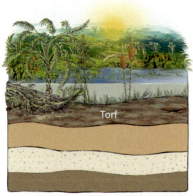
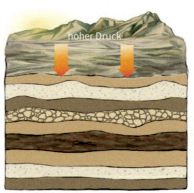
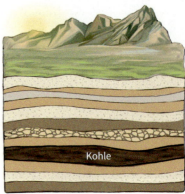

2 So entstand Kohle.

Technische Energiegewinnung durch Verbrennung

 1. **Q**
Nenne verschiedene Kraftwerkstypen, bei denen durch Verbrennung fossiler Stoffe elektrische Energie erzeugt wird.

 2. **A**
a) Beschreibe, was mit dem Kraftstoff im Verbrennungsmotor geschieht.
b) Gib an, was ausser Kraftstoff noch nötig ist, damit der Motor Energie umwandeln kann.

3. **Q**
a) Informiere dich über den Wirkungsgrad von verschiedenen Kraftwerkstypen.
b) Begründe die unterschiedlichen Wirkungsgrade.

Kohlekraftwerke

In Kohlekraftwerken wird Braun- oder Steinkohle verbrannt. Durch Oxidation des Kohlenstoffs wird die **chemische Energie** des Kohlenstoffs in **Wärme** umgewandelt. Mithilfe der Wärme wird Wasserdampf mit einer Temperatur von über 500 °C und hohem Druck erzeugt. Die Spannenergie des Dampfs treibt die Turbinen an und wandelt so Wärme in **Bewegungsenergie** um. Die Turbine überträgt die Drehbewegung über eine Welle auf den Generator, der die Bewegungsenergie in **elektrische Energie** umwandelt.

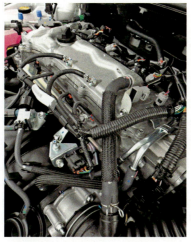

1 Verbrennungsmotor

Im Zylinder wird es heiss

Die bekanntesten Verbrennungsmotoren sind der **Ottomotor** und **der Dieselmotor.**
Im Zylinder des Verbrennungsmotors wird ein Gemisch aus Kraftstoff und Luft explosionsartig verbrannt. Die chemische Energie wird in **Wärme** umgewandelt. Bei der explosionsartigen Verbrennung dehnen sich die Verbrennungsgase stark aus. Sie drücken den Kolben des Zylinders nach unten. Dabei wird Wärme in **Bewegungsenergie** umgewandelt.
Der Motor wird bei diesem Vorgang so heiss, dass er durch Wasser oder Luft gekühlt werden muss. Sowohl die abgegebene Wärme beim Kühlen als auch die Wärme der heissen Abgase stehen danach nicht mehr zur Umwandlung in Bewegungsenergie zur Verfügung.

Der Wirkungsgrad bei Energieumwandlungen

Bei der Umwandlung der chemischen Energie über Wärme in Bewegungsenergie wird nur ein Teil der chemischen Energie in die gewünschte Energieart umgewandelt. Die bei der Umwandlung an die Umwelt abgegebene Wärme hat für den Umwandlungsprozess keinen Wert mehr, sie wird als entwertete Energie bezeichnet.
Je grösser ihr Anteil ist, desto geringer ist der **Wirkungsgrad η** der Umwandlung (η: eta, griechischer Buchstabe).
Der Wirkungsgrad η gibt an, wie viel Prozent der eingesetzten Energie in die nutzbare Energieform umgewandelt wird.

$$\eta = \frac{\text{nutzbare Energie} \cdot 100\,\%}{\text{eingesetzte Energie}}$$

Der Wirkungsgrad eines Dieselmotors beträgt 38 % bis 45 %, eines Benzinmotors 30 % bis 35 %.
Der grösste Teil der eingesetzten chemischen Energie geht als Abwärme verloren.

> Kannst du die Energieumwandlungen durch Verbrennen in Kraftwerken und Motoren beschreiben und erklären, was der Wirkungsgrad angibt?

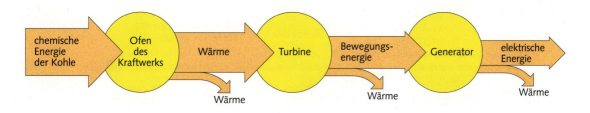

Abgase verändern das Klima der Erde

1. ≡ Q
Nenne mögliche Ursachen und Folgen der Klimaveränderung.

2. ≡ Q
Informiere dich über die Funktion und den Einsatz von Treibhäusern. Erläutere die Bedeutung des Treibhauseffektes für die Erde.

3. ≡ Q
Nenne Massnahmen, die ergriffen werden, um den Ausstoss von Kohlenstoffdioxid zu verringern.

4. ≡ Q
Gib an, wo in unserer Umwelt Methan entsteht. Informiere dich über Auswirkungen des Gases auf unser Klima.

5. ≡ A
Erkläre den Unterschied zwischen dem natürlichen und dem zusätzlichen Treibhauseffekt.

Kannst du den vom Menschen verursachten, zusätzlichen Treibhauseffekt vom natürlichen Treibhauseffekt unterscheiden?

Der natürliche Treibhauseffekt

Die von der Sonne auf die Erde kommende Strahlung erwärmt Boden, Seen und Flüsse, lässt Wasser verdunsten und Wolken entstehen. Wasser, Boden und Luft geben die aufgenommene Energie in Form von Wärmestrahlung in Richtung Weltraum ab.
Wolken und Gase in der Lufthülle wirken ähnlich wie das Glasdach eines Gewächshauses. Sie bewirken, dass nur ein Teil der Abstrahlung ins Weltall gelangt. Das ist der **natürliche Treibhauseffekt.** Durch ihn bleibt die Durchschnittstemperatur der Erde bei 15 °C. Ohne ihn würde die Durchschnittstemperatur der Erde –18 °C betragen.

Der zusätzliche Treibhauseffekt

Seit einiger Zeit wird ein leichtes Ansteigen der Durchschnittstemperatur der Erde beobachtet. Ursache dafür ist das vermehrte Auftreten von bestimmten Gasen in der Lufthülle. Sie werden **Treibhausgase** genannt. Zu diesen Gasen gehören hauptsächlich Kohlenstoffdioxid, Stickstoffoxide und Methan (Bild 1). Diese Gase vermindern in den oberen Luftschichten die Wärmeabstrahlung der Erde in den Weltraum. Dadurch steigt die Durchschnittstemperatur auf der Erde. Es entsteht ein vom Menschen verursachter **zusätzlicher Treibhauseffekt.**

Auswirkungen

Durch das Ansteigen der Durchschnittstemperatur auf der Erde entstehen beispielsweise verstärkt Orkane und Unwetter. Das Eis der Antarktis und auf Grönland schmilzt ab und lässt den Meeresspiegel ansteigen. Viele Pflanzen und Tiere können in der dann immer wärmer werdenden Umgebung nicht mehr existieren.

Methan **aus Förderung von Kohle, Erdgas, Erdöl**

Licht und Wärmestrahlung

Erwärmung der Erde

reflektierte Strahlung

Treibhausgase reflektieren die Strahlung

O z o n s c h i c h t

FCKW **aus Klimaanlagen und Kühlschränken, als Lösungsmittel und Treibmittel**

Atmosphäre und Erde heizen sich auf

Kohlenstoffdioxid, Methan **von Mülldeponien**

Methan, Stickstoffoxide **aus Viehzucht, Reisanbau, Düngung, Sümpfen**

Kohlenstoffdioxid, Ozon **durch Verbrennung von Kohle, Öl, Benzin**

Kohlenstoffdioxid, Stickstoffoxide **aus Brandrodungen**

1 Verursacher des zusätzlichen Treibhauseffektes

Brennstoffe vom Acker

Fossile Brennstoffe

Kohle, Erdöl und Erdgas sind vor Jahrmillionen aus pflanzlichen und tierischen Organismen entstanden. Die Menge dieser Brennstoffe ist begrenzt. Deshalb muss ihr Verbrauch durch die Nutzung nachwachsender Brennstoffe verringert werden.

1 Blühendes Rapsfeld

Nachwachsende Brennstoffe – nichts Neues!

Schon immer hat der Mensch seinen Energiebedarf aus der Natur gedeckt. Holz ist wohl das älteste vom Menschen genutzte Brennmaterial.
Aus dem Getreide wurden die Körner zu Mehl gemahlen und daraus Brot sowie andere Nahrungsmittel hergestellt. Das Stroh wurde gesammelt und unter anderem zum Heizen verwendet. Pflanzliche und tierische Öle wurden in Öllampen verbrannt.

Pflanzen speichern Sonnenenergie

Pflanzen wie Raps oder Zuckerrüben benötigen zum Wachsen ausser Sonnenenergie Wasser, Kohlenstoffdioxid und Nährsalze. Mithilfe der Fotosynthese wird daraus Traubenzucker, dem Ausgangsstoff für alle Bestandteile der Pflanzen.
Bei der Verbrennung wird dann wieder Energie frei. Dabei entsteht nur so viel Kohlenstoffdioxid, wie vorher aus der Luft gebunden wurde. Deshalb führt diese Verbrennung nicht zu einer zusätzlichen Belastung der Atmosphäre.

Treibstoff: Biodiesel

Ein Teil der benötigten Treibstoffmenge lässt sich durch pflanzliche Produkte ersetzen. Eine Möglichkeit besteht darin, Rapsöl als Dieselkraftstoff einzusetzen. Dabei wird das Rapsöl in einem chemischen Prozess in Biodiesel umgewandelt.
Biodiesel hat gegenüber herkömmlichem Diesel aus Erdöl Vorteile. Eine Gefährdung von Gewässern und Böden durch ausgelaufenen Biodiesel ist kaum möglich.
Biodiesel aus Rapsöl enthält keinen Schwefel. Bei der Verbrennung im Motor entsteht somit kein Schwefeldioxid, das den sauren Regen mit verursacht. Andererseits steht Biodiesel im Verdacht, die Dichtungen des Motors anzugreifen. Auch die Energieausbeute ist beim Biodiesel geringer als beim herkömmlichen Dieselkraftstoff.

Treibstoff: Ethanol

Ein anderer Treibstoff oder Treibstoffzusatz ist das Ethanol, das aus Getreide, Zuckerrüben oder Zuckerrohr gewonnen wird. Dies wird in grossem Massstab in Brasilien durchgeführt.

Brennstoffe vom Acker – nur Vorteile?

Brennstoffe aus Pflanzen herzustellen scheint eine sinnvolle Möglichkeit zu sein, die Energievorräte auf der Erde zu schonen. Pflanzen wachsen nach und bei der Verbrennung entsteht nur so viel Kohlenstoffdioxid, wie beim Wachsen gebunden worden ist.

Für ihren Anbau werden allerdings riesige Ackerflächen benötigt. Felder, die bisher zum Anbau von Nahrungsmitteln genutzt wurden, werden dann mit Raps, Zuckerrüben, Mais oder anderen Rohstoff liefernden Sorten bepflanzt. Nach der Ernte müssen die Pflanzen abtransportiert und verarbeitet werden. Dafür braucht der Landwirt Diesel.
Des Weiteren müssen grosse Mengen an Dünger und Pflanzenschutzmittel eingesetzt werden. Da es sich um Monokulturen handelt, sind sie besonders für Schädlinge anfällig.

Alle diese Gesichtspunkte müssen bei einer Beurteilung, ob Brennstoffe vom Acker sinnvoll sind, berücksichtigt werden.

In den Ländern, in denen durch die Landwirtschaft zur Zeit zu viele Nahrungsmittel produziert werden, kann die Erzeugung von nachwachsenden Brennstoffen allerdings eine mögliche Ergänzung sein.

2 Rapsschoten mit Samen

STREIFZUG

Wasserkraftwerke in der Schweiz

Wasserkraft nutzen

Der Wasserkraftwerkspark der Schweiz besteht aus über 658 Kraftwerken mit einer Leistung von mindestens 300 kW. Zusammen produzieren sie pro Jahr durchschnittlich rund 36 000 Gigawattstunden Strom. Das sind etwa 57 % der heimischen Stromproduktion.

Kraftwerk am Fluss

Seit 100 Jahren läuft das Rheinkraftwerk Laufenburg. Als es 1914 in Betrieb genommen wurde, war es das grösste Kraftwerk Europas. Ausserdem war es ein flussbauliches Wagnis: Das Kraftwerk war das erste, das quer zum Fluss gebaut wurde. Heute gehört es zu den kleineren Werken und produziert noch ein Prozent des Schweizer Strombedarfs.

Die grosse Pumpe

Das Pumpspeicherwerk **Limmern** im Glarnerland kann Wasser aus dem Limmernsee (Bild) in den 630 Meter höher gelegenen Muttsee zurückpumpen und dieses bei Bedarf wieder zur Stromproduktion nutzen. Im Gegensatz zu reinen Speicherkraftwerken können Pumpspeicherwerke nicht nur Spitzenenergie erzeugen, sondern auch Stromüberschüsse, die während Schwachlastzeiten anfallen, in Spitzenenergie umwandeln.

1. **A**
Nenne Vorteile und Nachteile von Wasserkraftwerken.

2. **A**
Recherchiere, welche Umweltprobleme im Zusammenhang mit der Nutzung der Wasserkraft diskutiert werden.

Die grosse Mauer

Die Staumauer Grande Dixence am Lac des Dix war mit einer Höhe von 285 Metern bis 1980 die höchste Staumauer der Welt. An der Basis hat sie eine Dicke von 200 Metern, die Kronenlänge beträgt 695 Meter. Der Lac des Dix im Wallis ist nach dem Volumen der grösste Stausee der Schweiz.
Die Gesamtleistung der vier Kraftwerke des Lac des Dix von über 2000 Megawatt entspricht etwa der Leistung von zwei Kernkraftwerken.

Nachwachsende Rohstoffe – Vor- und Nachteile

1.
Recherchiere, wie lange die mit heutiger Technik verwertbaren Vorräte fossiler Brennstoffe wie Erdöl, Kohle oder Erdgas noch reichen werden.

2.
Nenne nachwachsende Rohstoffe, die in der Schweiz angebaut werden.

3. ≡ Q
Suche dir aus den folgenden Themen eines heraus, bei dem du Vor- und Nachteile ermitteln willst. Stelle Pro und Contra in Form einer Präsentation dar.
- Energiepflanzenanbau und Nahrungsmittelproduktion
- Monokulturen und Vielfalt im Anbau
- Gentechnikeinsatz zur Steigerung der Erträge
- Verstärkter Einsatz von Pflanzenschutzmitteln und Bodengesundheit
- Raps- und Maisanbau

Pflanzen als Klimaretter

Jeder Schweizer produziert pro Jahr circa 10 t CO_2. Soviel kann ein Wald von 1 ha Fläche binden. Wenn sich der Baumbestand weltweit jährlich um 0,5% vergrössern würde, gäbe es kein CO_2-Problem mehr.

Bioenergie aus Biomasse

Die Bilder im Kreis zeigen die wichtigsten biologischen Energieträger, die in der Schweiz vorhanden sind. Als **nachwachsende Rohstoffe** werden Pflanzen bezeichnet, die nur für Zwecke der Energiegewinnung angebaut werden, also nicht zur Nahrungsmittel- oder Futterproduktion dienen. Die aus solchen Rohstoffen erzeugte Energie heisst **Bioenergie.** Die Pflanzen speichern mithilfe der Fotosynthese die Sonnenenergie, welche dann in geeigneten Anlagen wieder freigesetzt wird.

Biogasanlagen

In einer Biogasanlage werden Bioabfälle, Gülle und Pflanzen in einen luftdicht verschlossenen **Fermenter** gegeben. Dort findet ein Fäulnisprozess statt, bei dem **Biogas** entsteht. Dieses brennbare Gasgemisch wird zur Erzeugung von elektrischer Energie und Wärme genutzt.

Holzhackschnitzelkraftwerk

In einigen Blockheizkraftwerken werden Holzhackschnitzel aus Frischholz und Holzabfälle verbrannt, um auf diesem Weg elektrische Energie und Wärme zu erzeugen. Wenn das Holz vorher unbehandelt war, gelten diese Kraftwerke als CO_2-neutral.

Biotreibstoff

Biotreibstoff wird aus Biomasse hergestellt und ist für die Verwendung in Verbrennungsmotoren gedacht. Dem Erdöltreibstoff werden 5 % – 10 % Biotreibstoff beigemengt.

Nachteile der nachwachsenden Rohstoffe

In den letzten Jahren hat sich gezeigt, dass eine Flächenkonkurrenz zwischen der Nahrungsmittelerzeugung und dem Anbau von Pflanzen für die Energiegewinnung entstanden ist. Ausserdem stellt der verbreitete Anbau von Raps und Mais in Monokulturen ein biologisches Problem dar.

Kannst du Vorteile und Nachteile von nachwachsenden Rohstoffen als Energieträger aufzählen?

Fotovoltaikanlagen und ihr Wirkungsgrad

1. ≣ **Q**
a) Erstelle eine Übersicht aller elektrischen Geräte mit ihren Leistungsangaben in eurem Haushalt.
b) Schätze, wie viel elektrische Energie die einzelnen Geräte in einer Woche benötigen.

2. ≣ **Q**
Erkunde die Zahlen zum täglichen Energiebedarf der Menschheit und zum Energieangebot der Sonne.

3. ≣ **Q**
Ist es sinnvoll, eine Solarzelle mit dem Licht zu beleuchten, das vorher aus der elektrischen Energie dieser Zelle erzeugt wurde? Begründe deine Antwort.

1 Solarzelle

2 Aufgeständerte Fotovoltaikanlage

3 Drehbar aufgebaute Module

Solarzelle als Energiewandler

Mit der Fotosynthese nutzen Pflanzen seit Milliarden von Jahren die Energie der Sonne. Dabei wird das Licht unmittelbar genutzt, so wie die Sonne es abgibt. Auch Menschen und Tiere nutzen diese Energie direkt, zum Beispiel bei der Vitamin D-Synthese. Eine technische Nutzung der Sonnenenergie ist über **Wandler** möglich. Einer dieser Wandler ist die **Solarzelle.** Sie wandelt Licht in elektrische Energie um.

Vom Modul zur Fotovoltaikanlage

Die Spannung einer einzelnen Solarzelle beträgt 0,5 V. In **Solarmodulen** werden mehrere Solarzellen in einer Reihenschaltung zusammengefasst. Solche Module können Leistungen von etwa 50 W bis 240 W abgeben. **Fotovoltaikanlagen** werden aus vielen Solarmodulen aufgebaut, die in einer Parallelschaltung zusammengeschaltet sind.

Der Wirkungsgrad eines Solarmoduls

Die mittlere Energiemenge, die von der Sonne abgestrahlt in der Schweiz empfangen wird, beträgt etwa 1000 $\frac{kWh}{m^2}$ pro Jahr. Ein Solarmodul kann zurzeit je nach Typ 15 % bis 22 % dieser eingestrahlten Energie in elektrische Energie umwandeln.

Ausrichtung zur Sonne

Solaranlagen müssen zur Sonne ausgerichtet werden. Die Energieausbeute ist am grössten, wenn die Anlage zur Sonne einen Winkel von 90° hat. Drehbar aufgebaute Module können automatisch ausgerichtet werden. Fest installierte Module auf Dächern werden in einem Winkel montiert, in dem sie über alle Jahres- und Tageszeiten hinweg einen möglichst günstigen Gesamtwert erreichen. Die optimale Dachneigung hängt von der geografischen Lage ab. Sie muss im Norden grösser sein als im Süden. In der Schweiz ist eine Dachneigung zwischen 32° und 37° günstig. Auf Flachdächern werden die Solarmodule aufgeständert (Bild 2). Die Module dürfen nicht zu dicht hintereinander gebaut werden, da ein Schatten auf andere Module deren Leistung beeinträchtigen würde.

Der Einfluss der Wärme

Mit dem Licht absorbieren die Solarzellen auch die IR-Strahlung der Sonne. Die Zellen werden warm und geben dann aus physikalischen Gründen weniger elektrische Energie ab. In den Sommermonaten können sich die Solarzellen leicht auf 80 °C bis 90 °C erwärmen. Sie liefern dann bis zu einem Drittel weniger elektrische Energie.

> Kannst du Bauelemente nennen, die einfallendes Sonnenlicht in elektrische Energie umwandeln? Kannst du mehrere Faktoren nennen, durch die die Leistung einer Fotovoltaikanlage beeinflusst wird?

Bau eines Sonnenkollektors

❶ Bauanleitung

Material
- 2 Styropor®-Platten (100 cm x 50 cm x 3 cm)
- 5 m Gartenschlauch (1/2 Zoll)
- mattschwarze Abtönfarbe
- Grill-Aluminiumfolie extra stark
- grosse Krampen, Tapetenkleister, Messer

Durchführung
a) Schneide eine Styropor®-Platte wie in Bild 1 aus.
Klebe sie bündig auf die zweite Styropor®-Platte.
b) Beklebe die ausgeschnittene Styropor®-Platte voll-
flächig mit Aluminiumfolie. In die Rille kommt ein
weiterer Aluminiumstreifen.
c) Befestige den Gartenschlauch in der Rille.
Der Schlauch und die Aluminiumfolie müssen guten
Kontakt miteinander haben.
d) Streiche den gesamten Kollektor schwarz (Bild 2).

1 Ausschneiden der Styropor®-Platte

❷ Betrieb des Sonnenkollektors

Material
Selbstgebauter Kollektor, Wasser, grosse Schüssel,
elektrische Pumpe mit Anschlussgarnitur für den Wasser-
schlauch, Solarzelle, Thermometer, Hammer, Nägel,
Holzlatten

Durchführung
a) Haltere den Kollektor so, dass er etwa im rechten
Winkel zur Sonneneinstrahlung steht.
b) Schliesse Pumpe und Solarzelle an (Bild 3). Fülle den
Gartenschlauch mit kaltem Wasser.
c) Bestimme die Temperatur des Wassers in der Schüssel zu
Beginn und dann alle 5 min. Vergiss nicht umzurühren.
d) Zeichne ein Zeit-Temperatur-Diagramm.

2 Der Sonnenkollektor wird fertig gestellt.

❸ Weitere Bauformen

a) Ergänze den Sonnenkollektor durch eine aufgelegte
Glasplatte.
b) Ergänze den Kollektor aus a) durch einen Holzrahmen,
sodass die Glasplatte Abstand vom Styropor® erhält.
c) Baue den Sonnenkollektor ohne ausgeschnittene
Styropor®-Platte.
d) Wiederhole jeweils den Versuch c) aus 2. und vergleiche.

3 Der Sonnenkollektor in Betrieb

PRAKTIKUM

Kraftwerke im Vergleich

1. ≡ Ⓠ
a) Informiere dich im Internet und in Büchern über die Arbeitsweise von Kraftwerken.
b) Suche nach Vor- und Nachteilen für jeden Kraftwerkstyp.

2. ≡ Ⓐ
a) Übertrage die Tabelle 3 in dein Heft. Vergib anschliessend für jeden Kraftwerkstyp und für jedes Beurteilungsmerkmal Punkte von 1 bis 5. Dabei bedeuten 5 Punkte eine sehr gute Bewertung.
b) Ergänze die Tabelle in deinem Heft durch weitere Beurteilungsmerkmale.

3. ≡ Ⓠ
Suche mithilfe von Atlanten und des Internets die Regionen in der Schweiz, wo
• Wasserkraftwerke und
• Windkraftwerke zu finden sind.

2 Kernkraftwerk

Wasserkraftwerke

Der Anteil der durch fliessendes Wasser erzeugten elektrischen Energie beträgt in der Schweiz knapp 60 % (2017). An der Stromproduktion durch Wasserkraft waren 2017 die **Laufwasserkraftwerke** in Flüssen mit 26 % und die **Speicherkraftwerke** im Gebirge mit rund 34 % beteiligt. Wasserkraftwerke arbeiten unabhängig vom Wetter (im Gegensatz zu Sonnen- und Windkraft) und mit einem Wirkungsgrad bis zu 90 %. Wasserkraftwerke geben im laufenden Betrieb keine Schadstoffe ab und erfüllen auch Aufgaben des Hochwasserschutzes. Allerdings stellen die Stauseen einen grossen Eingriff in die Umwelt dar und zerstören natürliche Fliessgewässer.

Kernkraftwerke

Im Jahr 2017 wurden knapp 32 % der elektrischen Energie in Kernkraftwerken aus Uran erzeugt. Die Kernenergie des Urans wird zuerst in Wärme und dann in elektrische Energie umgewandelt. Der Wirkungsgrad eines KKWs beträgt etwa 35 %. Kernkraftwerke geben keine Rauchgase und kein CO_2 ab. Wegen der Sicherheitsanforderungen sind die Bau- und Betriebskosten für Kernkraftwerke sehr hoch. Als Folge des Reaktorunglücks von Fukushima im März 2011 hat sich der Schweizer Bundesrat für einen langfristigen Atomausstieg entschieden. Die Endlagerung des radioaktiven Abfalls aus Kernkraftwerken ist jedoch nicht gelöst.

1 Laufwasserkraftwerk

Beurteilungsmerkmal \ Kraftwerkstyp	Wasserkraftwerk	Kernkraftwerk
Kosten für eingesetzte Energie		
Einsatzbereitschaft		
Wirkungsgrad in %		
Wärmeabgabe in %		
CO_2-Abgabe		
Schadstoffe		

3 Vergleichstabelle

4 Blockheizkraftwerk mit Kraft-Wärme-Kopplung

5 Windkraftwerk

Thermische Stromerzeuger

tragen rund 5 % zur schweizerischen Stromproduktion bei. Der weitaus grösste Teil davon
wird durch Kehrichtverbrennungsanlagen,
durch Industrieanlagen und durch **Kraft-
Wärme-Kopplung** erbracht.

Solaranlagen

Die Umwandlung von Sonnenlicht in elektrische Energie stellt für die Umwelt die
geringste Belastung dar. Bei einem Wirkungsgrad von 15 % bis 22 % sind die Anlagenkosten
im Verhältnis zur erzeugten elektrischen
Energie aber sehr hoch. Der Anteil von
Solarstrom am schweizerischen Stromend-
verbrauch betrug im Jahr 2018 3,5%.

Windkraftwerke

Windkraftwerke erreichen einen Wirkungsgrad von 45 %.
Sie geben keine Schadstoffe ab. Die Die Planung von
Windparks wird oft durch Einsprachen und Rekurse
verzögert, da die Rotoren Lärm verursachen, in der
Landschaft sichtbar sind und eine Gefahr für Zugvögel und
Fledermäuse darstellen können. In der Schweiz produ-
zierten Ende 2018 37 Gross-Windenergieanlagen weniger
als 0,2% des gesamten Stromverbrauchs der Schweiz.
Zum Vergleich: In Deutschland trug die Windenergie
insgesamt 20,4 % zur Stromproduktion bei.

Kannst du verschiedene Kraftwerkstypen nennen, die elektrische Energie bereitstellen?

Thermische Kraftwerke	Solar- kraftwerk	Wind- kraftwerk

6 Solarkraftwerk

Energiesparen mit Verstand

1 Glühlampe (Lichtausbeute 15 $\frac{lm}{W}$)

2 Energiesparlampe (Lichtausbeute bis zu 90 $\frac{lm}{W}$)

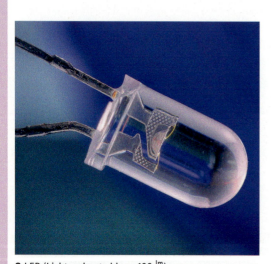

3 LED (Lichtausbeute bis zu 120 $\frac{lm}{W}$)

Die Glühlampe – gestern und heute

Die Geschichte der Glühlampe begann mit einem ersten Patent im Jahre 1841 durch den Engländer FREDERICK DE MOLEYNS. Die erste brauchbare Glühlampe geht auf HEINRICH GOEBEL im Jahr 1851 zurück. Doch erst THOMAS ALVA EDISON konnte 1882 ein ganzes Stadtviertel von New York mit Glühlampen beleuchten.

In der EU und der Schweiz steht die Glühlampe vor dem Aus. In der Schweiz ist seit 2009 der Verkauf von Glühlampen verboten, die nicht mindestens der Energieeffizienzklasse E entsprechen.

Die Teams 1 bis 3 setzen sich mit den Vor- und Nachteilen der unterschiedlichen Lampentypen auseinander.
Die Teams 4 bis 6 untersuchen den Energiebedarf verschiedener Haushaltsgrossgeräte anhand der Herstellerangaben auf dem Energie-Label (Bild 4). Dabei kann euch eine Internetrecherche behilflich sein.

Ziel des Projektes ist es, zukunftsweisende Empfehlungen zu formulieren.

TEAM ❶
Glühlampen
Findet Informationen zu:
- Aufbau und Funktion
- Preis
- Lebensdauer
- Energieausnutzung
- Energiebedarf
- Lichtfarbe
- Helligkeit beim Einschalten

TEAM ❷
Energiesparlampen
Ermittelt vergleichbare Informationen wie zur Glühlampe und darüber hinaus:
- Entsorgungsprobleme
- Elektrosmog
- Flimmern
- Quecksilberanteil
- Schaltfestigkeit

TEAM ❸
LED-Lampen
Findet Informationen über LED-Lampen, die mit denen der Glühlampe und der Energiesparlampe verglichen werden können.

TEAMS ❶ bis ❸
Energieeinsparpotenzial
- Stellt die Anschaffungspreise für Glühlampen, Energiesparlampen und LED deren Lebensdauer gegenüber. Welches Leuchtmittel schneidet am besten dabei ab?
- Berechnet die Energiekosten für 1000 Betriebsstunden ohne Berücksichtigung der Anschaffungskosten für jedes der Leuchtmittel.
- Welches Leuchtmittel ist in Zukunft zu empfehlen, wenn der Klimaschutz berücksichtigt werden muss?

Das EU-Label hilft beim Energievergleich

Beim Kauf eines neuen Haushaltsgrossgerätes lohnt es sich, die Eigenschaften verschiedener Geräte zu vergleichen. Dabei hilft das Energie-Label (Bild 4). Im obersten Feld des Fensters ist der Name des Herstellers aufgeführt. Die Farbbalken kennzeichnen die Energieeffizienz-klassen. A kennzeichnet sparsame Geräte, G bedeutet, dass der Energiebedarf hoch ist. Es gibt sogar Sonderklassen wie A+ oder A+++. Im Kasten darunter wird der Bedarf an elektrischer Energie in kWh angegeben. Die weiteren Angaben beziehen sich auf die jeweilige Funktion und spielen bei der Energie-betrachtung keine Rolle.

5 Haushaltsgrossgeräte

TEAM ❹
Waschmaschinen

- Welchen Energiebedarf haben ältere Geräte, die zurzeit noch im Haushalt im Gebrauch sind?
- Welches neue Gerät schneidet am günstigsten beim Energievergleich ab?
- Wie gross ist der Preisunterschied zwischen dem billigsten Gerät und dem energiegünstigsten Gerät?
- Nach wie vielen kWh hat sich der Kauf eines sparsamen Gerätes ausgezahlt?

TEAM ❺
Kühlschränke

Beantwortet hier die gleichen Fragen, die für Team 4 gestellt werden.
- Vergleicht je ein Gerät mit A-Label und B-Label.

TEAM ❻
Elektrobacköfen

Beantwortet hier die gleichen Fragen, die für Team 4 gestellt werden.
- Vergleicht je ein Gerät mit A-Label und B-Label.

TEAMS ❹ bis ❻
Energieeinsparpotenzial

- Für welche weiteren Haushaltsgrossgeräte wird das EU-Label noch verlangt?
- Es wird behauptet, dass ein 4 Personen-Haushalt 100 Franken im Jahr durch effiziente Haushaltsgeräte einsparen kann. Stellt eine Beispielrechnung auf und überprüft diese Behauptung.

Schlussfolgerungen aus den Teamergebnissen

Wo kann mehr Energie gespart werden, beim Licht oder bei Geräten, die Wärme erzeugen oder kühlen?

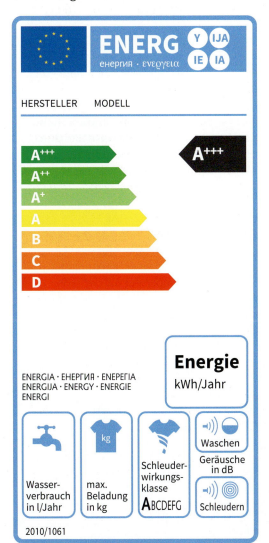

4 Energie-Label für Waschmaschinen

Erneuerbare und fossile Energieträger

Fossile Energieträger

Aus der Vegetation des Zeitalters Karbon sind im Laufe von Jahrmillionen durch den **Inkohlungsprozess** die **fossilen Energieträger** Torf, Braunkohle, Steinkohle und Anthrazit geworden. Erdgas und Erdöl sind weitere fossile Energieträger.

Fossile Energieträger werden verbrannt; der entstehende Dampf treibt eine Turbine an und diese den Generator zur Stromerzeugung.

Erneuerbare Energieträger

Erneuerbare Energieträger (auch **regenerative Energieträger**) sind Sonne, Wind und Wasser. Nachwachsende Rohstoffe als erneuerbare Energieträger sind Pflanzen, die nur für Zwecke angebaut werden, die nicht der Nahrungsmittel- oder Futterproduktion dienen. Sie werden als Biomasse in Kraftwerken und zur Produktion von Kraftstoffen eingesetzt.

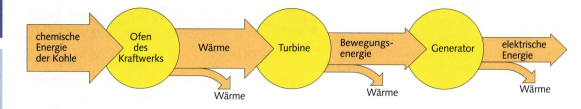

chemische Energie der Kohle → Ofen des Kraftwerks → Wärme → Turbine → Bewegungsenergie → Generator → elektrische Energie

Wärme — Wärme — Wärme

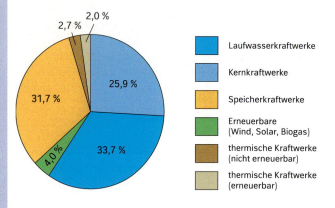

2,0 %
2,7 %
25,9 %
31,7 %
4,0 %
33,7 %

- Laufwasserkraftwerke
- Kernkraftwerke
- Speicherkraftwerke
- Erneuerbare (Wind, Solar, Biogas)
- thermische Kraftwerke (nicht erneuerbar)
- thermische Kraftwerke (erneuerbar)

Energieversorgung

In der Schweiz erfolgt die Versorgung mit elektrischer Energie durch **herkömmliche Kraftwerke** wie Kernkraftwerke und durch **Kraftwerke mit erneuerbaren Energien** wie Wasserkraftwerke sowie (zu geringem Anteil) Wind- und Solaranlagen.

Treibhauseffekt

Durch die Verbrennung der fossilen Energieträger kommt es zu einer Erhöhung der Durchschnittstemperatur auf der Erde. **Treibhausgase** wie CO_2 behindern die Wärmeabstrahlung der Erde in den Weltraum. Es entsteht ein vom Menschen verursachter **zusätzlicher Treibhauseffekt.**

Unkontrollierte und kontrollierte Kettenreaktion

Die bei einer **Kernspaltung** freiwerdenden Neutronen spalten unbegrenzt weitere Urankerne. Es entsteht eine **unkontrollierte Kettenreaktion.** Wird die Anzahl der Spaltneutronen begrenzt, kommt es zu einer **kontrollierten Kettenreaktion.** Dieses Verfahren wird in **Kernkraftwerken** angewendet. Dort dient Wasser als **Kühlmittel** und als **Moderator.** Dabei bremst das Wasser die zu schnellen Neutronen ab.

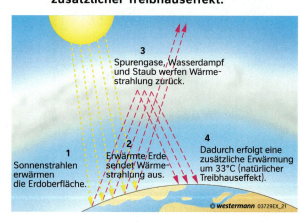

3 Spurengase, Wasserdampf und Staub werfen Wärmestrahlung zurück.

1 Sonnenstrahlen erwärmen die Erdoberfläche.

2 Erwärmte Erde sendet Wärmestrahlung aus.

4 Dadurch erfolgt eine zusätzliche Erwärmung um 33°C (natürlicher Treibhauseffekt).

1. ≡ Ⓐ
a) Zähle Energieträger auf, die in Verbrennungsmotoren genutzt werden.
b) Nenne entwertete Energien, die bei Verbrennungsmotoren auftreten.

2. ≡ Ⓐ
Erläutere den Begriff erneuerbare Energie.

3. ≡ Ⓐ
Nenne den Unterschied bei der Energiegewinnung durch Sonne, Wind oder Wasser und durch nachwachsende Rohstoffe wie Raps oder Holz.

4. ≡ Ⓐ
Nenne Methoden zur nachhaltigen Umwandlung von regenerativen Energien in elektrische Energie und ihre jeweiligen Vor- und Nachteile.

5. ≡ Ⓐ
Gib an, wie hoch die prozentualen Anteile der verschiedenen Kraftwerkstypen an der elektrischen Energieversorgung in der Schweiz sind.

6. ≡ Ⓐ
Gib an, mit welchen technischen Mitteln die Energie der Sonne genutzt werden kann.

7. ≡ Ⓐ
a) Erkläre, wo der Einsatz von Solaranlagen besonders wirtschaftlich und sinnvoll ist.
b) Nenne die Faktoren, die der Standort für eine Solaranlage erfüllen muss.

8. ≡ Ⓐ
Erläutere den Unterschied zwischen einem Laufwasserkraftwerk und einem Speicherkraftwerk.

9. ≡ Ⓐ
Beschreibe Aufbau und Funktionsweise eines Kernkraftwerks.

10. ≡ Ⓐ
Beschreibe die Funktion der Regelstäbe in einem Reaktor.

11. ≡ Ⓐ
Welche Aufgabe hat ein Moderator bei der Kernspaltung?

12. ≡ Ⓐ
Stelle die wichtigsten Faktoren zusammen, die die Speicherkapazität für Energie in einem Pumpspeicherkraftwerk beeinflussen.

13. ≡ Ⓐ
Die Heizungsanlage muss erneuert werden. Nenne fünf wichtige Kriterien, die die Bauherrin oder der Bauherr bei der Auswahl der Anlage berücksichtigen muss.

LERNCHECK

Terrestrische Ökosysteme

Warum gibt es so viele
verschiedene Ökosysteme?

Was ist Boden
überhaupt und
warum ist er so
wichtig?

Welche Folgen hat die Nutzung aller
Lebensräume durch die Menschen?
Können wir immer so weitermachen?

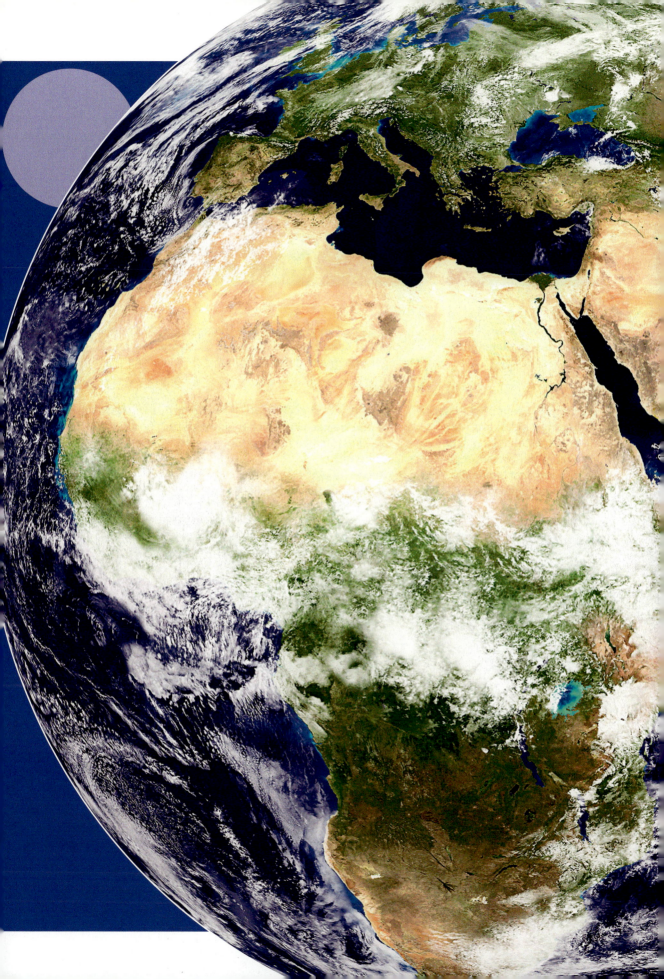

Nicht alle Lebensräume sind gleich

1. ≣ (A)
Erkläre, was die einzelnen Farben des Satellitenbildes zeigen.

2. ≣ (A)
Welches Ökosystem ist in der Abbildung 2 auf der rechten Seite dargestellt? Zu welcher Klimazone gehört dieser Lebensraum? Beschreibe die Klimabedingungen dieser Zone.

3. ≣ (A)
Abbildung 1 zeigt drei weitere Ökosysteme (A–C). In welchen Klimazonen könnten die Ökosysteme A und C liegen? Begründe deine Zuordnung.

4. ≣ (A)
Betrachte alle abgebildeten Ökosysteme.
a) Ordne sie nach künstlichen und natürlichen Ökosystemen und begründe deine Zuordnung.
b) Nenne für eines der Ökosysteme drei bestimmende abiotische Faktoren.

5. ≣ (A)
Erkläre folgende Begriffe:
• Biotop
• Biozönose
• Ökosystem

1 Unterschiedliche Ökosysteme

Wie sich Lebensräume unterscheiden

Auf der Erde gibt es verschiedene Lebensräume wie Wälder, Seen, Wüsten, Meere oder Gebirge. In jedem Lebensraum herrschen unterschiedliche Lebensbedingungen. Wie unterscheidet sich zum Beispiel ein mitteleuropäischer Laubwald von einem tropischen Regenwald? Mitteleuropa gehört zur gemässigten Zone mit warmen Sommern und kalten Wintern. Unsere Laubbäume werfen im Winter ihre Blätter ab und überdauern in einem Ruhestadium bis zum nächsten Frühling. Tropische Regenwälder dagegen liegen in den Tropen beiderseits des Äquators. Dort gibt es ganzjährig gleichbleibende Temperaturen und keine Jahreszeiten, wie wir sie kennen. Es gibt daher auch keinen jahreszeitlich bedingten Laubabwurf.

Die Temperatur bestimmt wesentlich die Lebensbedingungen in einem Lebensraum, auch **Biotop** genannt. Weitere wichtige Faktoren sind die Menge und Art der Niederschläge, die Lichtmenge, die Sonneneinstrahlung und die Wind- und Bodenverhältnisse. Solche Einflüsse der unbelebten Umwelt nennt man **abiotische Faktoren.** Sie sind der Grund, warum sich beispielsweise ein Baggersee in Baden-Württemberg deutlich von Bergseen in den Zentralalpen unterscheidet. Beide gehören zwar zur gemässigten Zone, sie liegen aber in ganz unterschiedlichen Höhen. Die Höhenlage hat Auswirkungen auf die abiotischen Faktoren.

2 Buchenmischwald mit typischen Lebewesen: **A** Lebensraum, **B** Wildschwein im Wald

Lebensgemeinschaften

Die unterschiedlichen Lebensbedingungen führen dazu, dass sich in jedem Biotop eine besondere Lebensgemeinschaft aus Pflanzen und Tieren, eine **Biozönose,** bildet. Alle Lebewesen einer Biozönose sind von den abiotischen Faktoren des Lebensraums abhängig. Die Pflanzen und Tiere einer Biozönose stehen in Wechselbeziehungen zueinander. Solche Einflüsse auf einen Organismus werden **biotische Faktoren** genannt.

Ökosysteme

Die Einheit aus Biotop und Biozönose wird als **Ökosystem** bezeichnet. Innerhalb eines Ökosystems leben viele Pflanzen und Tiere, manchmal auf sehr engem Raum. Dies ist deshalb möglich, weil Tiere wie beispielsweise Wasservögel zwar im gleichen Gebiet leben, aber unterschiedliche Nahrung oder Brutplätze nutzen und deshalb nicht in **Konkurrenz** zueinander treten. Man sagt, sie nutzen unterschiedliche **ökologische Nischen.** Die ökologische Nische beschreibt die „Planstelle", die eine Art in einem Ökosystem einnimmt. Dabei werden die Bedürfnisse einer Art sowie die Umweltfaktoren in ihren Wechselwirkungen betrachtet.

Aquatische und terrestrische Ökosysteme

Ökosysteme lassen sich in zwei Kategorien einteilen. Zu den **terrestrischen Ökosystemen** (lat. *terra* = Erde) zählen alle, die sich auf dem Land befinden und nicht überwiegend aus Wasser bestehen. Dazu zählen die Ökosysteme **Wald** und **Wüste**. In terrestrischen Ökosystemen spielt der **Boden** eine zentrale Rolle. Zu den **aquatischen Ökosystemen** (lat. *aqua* = Wasser) zählen Süsswasserseen, Flüsse und Bäche sowie Meere und Ozeane.

3 Biotop und Biozönose bilden ein Ökosystem.

Was versteht man unter folgenden Begriffen: Biotop, Biozönose, Ökosystem?

Der Wald – ein terrestrisches Ökosystem

1. Ⓐ
Erstellt eine Mindmap zum Thema Wald. Die Bilder in diesem Kapitel geben euch hierzu Anregungen.

2. Ⓥ
Erkundet in Gruppen verschiedene Wälder in der Nähe. Macht typische Fotos. Tragt die Ergebnisse zusammen und beschreibt die verschiedenen Waldtypen.

3. ☰ Ⓐ
a) Lege eine Tabelle zu den Waldstockwerken an. Beschreibe die dazugehörigen abiotischen Faktoren und ordne möglichst viele Pflanzen- und Tierarten zu.
b) Erläutere die Bedeutung von Umweltfaktoren für das Ökosystem Wald mithilfe des Basiskonzepts System.

4. ☰ Ⓐ
Am Waldrand wachsen viele verschiedene Straucharten, häufig mehr als mitten in einem Wald. Erkläre dies.

Wald ist nicht gleich Wald

In Abhängigkeit von den vorhandenen abiotischen Faktoren haben sich auf der Erde viele unterschiedliche Waldtypen entwickelt.

Für die bei uns im Flachland herrschenden Bedingungen sind Buchenwälder typisch. Sie brauchen ausreichend Feuchtigkeit, wachsen aber auf verschiedenen Bodenarten. In den Mittelgebirgen mischen sich die **Laubwälder** mit Nadelbäumen und bilden **Mischwälder.** In höheren Lagen sind die Temperaturen tiefer und die Bodenschicht flacher und steiniger. Bei solchen Bedingungen setzen sich Nadelbäume wie Tannen durch. In Gebirgen findet man daher reine **Nadelwälder.**

Weiden, Erlen und Pappeln sind Baumarten, die mit nassen Böden und Überflutungen zurechtkommen. In der Nähe von Wasserläufen und in Senken, in denen sich das Wasser sammelt, bilden sie **Bruch-** oder **Auwälder.**

In den Tropen mit gleichmässig hohen Temperaturen und reichlich Wasser findet man **tropische Regenwälder.** Sie zeichnen sich durch grossen Artenreichtum aus.

Viele Wälder sind in Schichten oder Waldstockwerke untergliedert. Diese Stockwerke sind durch unterschiedliche Bedingungen gekennzeichnet und bieten damit Pflanzen und Tieren vielfältige Lebensmöglichkeiten.

1 Die Schichten des Waldes:
A Baumschicht, **B** Strauchschicht, **C** Krautschicht,
D Moosschicht, **E** Wurzelschicht

Die Stockwerke des Waldes

Die **Baumschicht** nimmt in einem Wald den grössten Raum ein. Hier befinden sich die Kronen der Laubbäume wie Rotbuche, Eiche oder Ahorn ebenso wie die von Nadelbäumen wie Fichte, Waldkiefer oder Tanne. Die Kronenbereiche der Bäume bieten zahlreichen Insektenarten, Säugetieren und Vögeln einen Lebensraum.

Die in der **Strauchschicht** vorkommenden Sträucher wie Haselnuss oder Weissdorn werden 2 m bis 6 m hoch. Zu diesem Waldstockwerk gehören ausserdem Kletterpflanzen wie die Waldrebe, aber auch junge Bäume und die Stämme der grösseren Bäume. In ihnen finden zum Beispiel Spechte und Fledermäuse sowie Holz bewohnende Insekten geeignete Lebensbedingungen.

In der **Krautschicht** wachsen Gräser und andere Blütenpflanzen sowie Farne. Im Frühjahr findet man hier Frühblüher wie Buschwindröschen oder Scharbockskraut. Sie werden im Sommer von Pflanzen abgelöst, die mit wenig Licht auskommen, wie Springkraut oder Schattenblume. Die Krautschicht reicht bis in eine Höhe von einem Meter und hat grosse Bedeutung für Blüten besuchende Insekten, Vögel und kleine Säugetiere.

Die **Moosschicht** befindet sich unmittelbar auf dem Erdboden. Sie wird meist nicht höher als 10 cm bis 20 cm. Moose gehören zu den Pflanzen, die auch an Stellen wachsen können, die nur wenig Sonnenlicht erhalten. Die Moosschicht dient dem Wald als wichtiger Wasserspeicher. Hier findet man ausserdem verschiedene Arten niedriger Gräser, die Fruchtkörper vieler Pilze und viele wirbellose Tiere.

Im Waldboden sind die Wurzeln der Pflanzen verankert, die aus dem Boden Wasser und darin gelöste Mineralstoffe aufnehmen. Hier befindet sich die **Wurzelschicht.** Abgestorbene Pflanzenteile wie Blätter und Äste, aber auch Tierkot und tote Tiere werden hier von den Destruenten zerkleinert und abgebaut. Zu ihnen gehören Regenwürmer und Asseln, aber auch Pilze und Bakterien. Durch die Abbauprozesse wird mineralstoffreicher Humus gebildet.

Nenne verschiedene Waldtypen und beschreibe die dazugehörigen abiotischen Faktoren. Beschreibe die Schichten eines Mischwaldes und nenne einige Bewohner.

Besondere Beziehungen zwischen Lebewesen

A

B

1. Ⓐ
Links oben im Bild ist ein Habicht und rechts ein Sperber mit möglichen Beutetieren dargestellt.
a) Nenne einige Beutetiere der beiden Greifvögel.
b) Beurteile, ob Habicht und Sperber in Nahrungskonkurrenz zueinander stehen.

2. Ⓐ
Die Abbildungen links zeigen Fichten.
a) Beschreibe die Unterschiede.
b) Erkläre die unterschiedlichen Wuchsformen.

Konkurrenz

Lebewesen stehen in einem ständigen Wettbewerb um Lebensraum, Nahrung und Fortpflanzungspartner. Dieser Wettbewerb wird **Konkurrenz** genannt.

Wächst zum Beispiel eine Rotbuche auf freiem Feld, bildet sie einen mächtigen Stamm und eine ausladende Krone aus. Am Standort Feld gibt es keine Konkurrenten, die dem Baum Licht, Wasser, Mineralstoffe und Raum streitig machen. In einem Buchenwald entwickelt sich der Baum ganz anders. Sein Stamm bleibt dünner und wächst höher. Die Krone ist kleiner. Die einzelne Rotbuche steht im dichten Bestand in **Raumkonkurrenz** und in **Lichtkonkurrenz** zu ihren Nachbarbäumen.

Auch zwischen den Tieren des Waldes besteht Konkurrenz. Füchse erbeuten Feldmäuse, um sich und ihre Jungen zu ernähren. Sie stehen in **Nahrungskonkurrenz** zu anderen Füchsen. Dieser Wettbewerb findet auch zwischen Lebewesen verschiedener Arten statt. So ernähren sich zum Beispiel auch Waldohreule, Waldkauz, Graureiher, Kreuzotter und andere Räuber von Feldmäusen. Jagen sie jedoch zu unterschiedlichen Tageszeiten oder haben sie noch andere Beutetiere, können sie der Konkurrenz ausweichen. Jede Art besetzt so eine **ökologische Nische.**

Fortpflanzungskonkurrenz spielt ebenfalls eine grosse Rolle. Rothirsche kämpfen um Weibchen, indem sie ihre Geweihe ineinander verhaken und versuchen, sich gegenseitig vom Kampfplatz zu schieben. Der Kampf um das Weibchen ist beendet, wenn ein Rivale zurückweicht.

3. ≡ Ⓐ
Beurteile, ob es sich bei den drei folgenden Beispielen
jeweils um eine Symbiose oder um Parasitismus
handelt. Begründe deine Einschätzung.

Blattläuse und Pflanzen
Blattläuse stechen mit
ihrem Saugrüssel die
Leitungsbahnen von
Pflanzen an, in denen diese
ihre Nährstoffe transportieren. Sie ernähren sich von
den Eiweissen, die im
Pflanzensaft enthalten sind.
Stark befallene Pflanzen
können vertrocknen und
absterben.

Blattläuse und Ameisen
Blattläuse scheiden den
grössten Teil des Pflanzen-
safts als zuckerhaltigen
Honigtau wieder aus.
Dadurch werden Ameisen
angelockt, die sich vom
Honigtau ernähren. Im
Gegenzug dazu beschützen
die Ameisen die Blattläuse
vor Fressfeinden wie
Marienkäfer.

Flechten: Pilz und Alge
Flechten wachsen auf
Bäumen oder Mauern. Sie
sind keine eigenständigen
Organismen, sondern eine
Lebensgemeinschaft aus
Pilz und Alge. Pilze geben
den Algen Halt und liefern
Wasser und Mineralstoffe.
Im Gegenzug betreibt die
Alge Fotosynthese und liefert
dem Pilz Kohlenhydrate.

Parasitismus
Parasitismus bedeutet, dass zwei Organismen zusammenleben, von denen einer, der **Parasit,** seine Nahrung auf
Kosten des anderen, des **Wirts,** bezieht. Der Wirt wird
dabei geschädigt, aber meist nicht getötet. Ein Parasitenbefall kann sich negativ auf das Wachstum, die Fortpflanzung oder die Lebensdauer des Wirts auswirken. Parasiten
werden auch als **Schmarotzer** bezeichnet.

Ein Beispiel für **Brutparasitismus** ist der Kuckuck. Er legt
je ein Ei in das Nest einer anderen Vogelart. Der junge
Kuckuck schlüpft schneller als die anderen Jungvögel.
Sobald er geschlüpft ist, wirft er die anderen Eier aus dem
Nest. Die Vogeleltern füttern dann nur das Kuckucksjunge.
Es wächst schnell heran, weil es die Nahrung nicht mit
anderen teilen muss.

Ein Beispiel für **Parasitismus bei Pflanzen** ist die Mistel.
Sie lebt in den Kronen von Bäumen und zapft die Wasser-
und Mineralstoffversorgung des Wirtsbaums an. Mit diesen
Ausgangsstoffen betreibt sie selbst Fotosynthese.

Symbiose
Manche Lebewesen wie bestimmte Bäume
und Pilze leben in **Symbiose** miteinander. Der
Pilz nimmt Wasser und Mineralstoffe aus dem
Boden auf und beliefert den Baum damit. Im
Gegenzug erhält der Pilz vom Baum Kohlenhydrate, da Pilze selbst keine Fotosynthese
betreiben können. Bei dieser Form des Zu-
sammenlebens profitieren beide Arten.

Symbiosen zwischen Lebewesen entwickeln
sich im Lauf der Evolution, wenn unterschiedliche Arten gemeinsam ihre Überlebenswahr-
scheinlichkeit erhöhen können.

> Beschreibe die Beziehungen zwischen Lebewe-
> sen wie Konkurrenz, Parasitismus und Symbio-
> se an Beispielen.

Nahrungsbeziehungen und Stoffkreisläufe

1.
Stelle den Kreislauf des Kohlenstoffs dar. Verwende dabei die Begriffe Produzenten, Konsumenten, Destruenten, Fotosynthese und Atmung. Beschreibe, über welche Vorgänge der Kreislauf des Kohlenstoffs mit dem des Sauerstoffs gekoppelt ist.

2.
Illustriert und erklärt den Begriff „Stoffkreislauf in Ökosystemen" mit Folien und präsentiert diese.

3.
Mit diesem Versuch könnt ihr Kohlenstoff in Biomasse nachweisen.
Ihr braucht: feuerfeste Reagenzgläser, Reagenzglashalter, Gasbrenner, Stoffproben (zum Beispiel Laubblätter, Holz, Getreidekörner, Kochsalz, Zucker, Sand, Kreide, Eiweiss). Schutzbrille nicht vergessen!
a) Gebt von den Proben jeweils eine kleine Menge in ein Reagenzglas. Haltet es mit dem Reagenzglashalter über die Flamme des Bunsenbrenners, bis sich die Proben nicht mehr verändern.
b) Nennt die Proben, die sich verändert haben. Beschreibt die Veränderungen.
c) Welche Proben enthalten Kohlenstoff?
d) Bei welchen Proben handelt es sich um Biomasse?
e) Erstellt zur Auswertung des Versuchs eine Tabelle.

Stoffprobe	Veränderung	Kohlenstoff enthalten	Biomasse

Biomasse im Stoffkreislauf

Pflanzen sind die Produzenten auf unserer Erde. Sie bauen bei der Fotosynthese **Biomasse** auf. Biomasse besteht aus den chemisch gebundenen Elementen Kohlenstoff, Sauerstoff und Wasserstoff und einigen Mineralstoffen.

Von den Produzenten leben die **Konsumenten** wie Tiere und der Mensch. Sie nutzen die Biomasse der Pflanzen zum Aufbau eigener Biomasse.

Ein Teil der Pflanzen wird jedoch nicht gefressen, sondern stirbt ab und fällt zu Boden. Dieses Material wird ebenso wie tote Tiere von Bodenorganismen, den **Destruenten,** abgebaut. Beim Abbau entsteht Kohlenstoffdioxid (CO_2) und Wasser. Es bleiben **Mineralstoffe** übrig, die von Pflanzen wieder aufgenommen werden können. Damit hat sich der **Stoffkreislauf** geschlossen.

Kohlenstoffkreislauf

Kohlenstoff ist Bestandteil des Gases **Kohlenstoffdioxid** (CO_2). Bei der Fotosynthese gelangt Kohlenstoff aus der Luft in die Pflanze. Er wird dort in Nährstoffen wie Traubenzucker oder Stärke gespeichert. Ein Teil der Nährstoffe wird von den Pflanzen bei der Zellatmung verbraucht. Dabei entsteht Kohlenstoffdioxid, das die Pflanzen wieder in die Luft abgeben. Über die Nahrung nehmen Konsumenten wie Tiere oder Menschen kohlenstoffhaltige Stoffe, also Biomasse, auf. Sie werden in körpereigene Stoffe umgewandelt. Ein Teil des Kohlenstoffs wird mit der Atemluft in Form von Kohlenstoffdioxid (CO_2) wieder in die Luft abgegeben.

Destruenten bauen totes Pflanzenmaterial, Tierausscheidungen und tote Tiere ab. Auch dabei wird Kohlenstoffdioxid frei, das an die Luft abgegeben wird. Es kann dann wieder von den Pflanzen aufgenommen werden. So schliesst sich der **Kohlenstoffkreislauf.**

Sauerstoffkreislauf

Eng mit dem Kohlenstoffkreislauf verbunden ist der Sauerstoffkreislauf. Das Gas **Sauerstoff** (O_2) entsteht bei der Fotosynthese der grünen Pflanzen. Bei der Atmung nehmen Pflanzen, Tiere und Menschen Sauerstoff in ihren Körper auf. Sauerstoff ist am Abbau von Traubenzucker bei der Zellatmung beteiligt, bei der Energie für alle Lebensvorgänge gewonnen wird. Beim Abbau der kohlenstoffhaltigen Nährstoffe entstehen als Endprodukte unter anderem Kohlenstoffdioxid (CO_2), das ausgeatmet wird, und Wasser. Die Pflanzen nehmen diese Stoffe für die Fotosynthese wieder auf. Auf diese Weise schliesst sich der **Sauerstoffkreislauf.**

Stickstoffkreislauf

Alle Lebewesen benötigen neben Kohlenstoff und Sauerstoff auch **Stickstoff** als Baustein, beispielsweise für Eiweisse. Der gasförmige Stickstoff (N_2), der 78 % der Luft ausmacht, kann von Pflanzen in dieser Form nicht genutzt werden. Die Pflanzen nehmen Stickstoff hauptsächlich in der Form von **Nitraten** auf. Nitrate sind wasserlösliche Mineralstoffe, die von Pflanzen mit Wasser über die Wurzeln aufgenommen werden können. Wenn Pflanzen und Tiere sterben, werden ihre Eiweissstoffe von den Destruenten abgebaut. Dadurch gelangt Stickstoff in den Boden zurück, wo er durch Bakterien in Nitrate umgewandelt wird.

> Kannst du die Kreisläufe von Kohlenstoff und Sauerstoff beschreiben und skizzieren? Kannst du die Rolle von Produzenten, Konsumenten und Destruenten in diesen Kreisläufen erläutern?

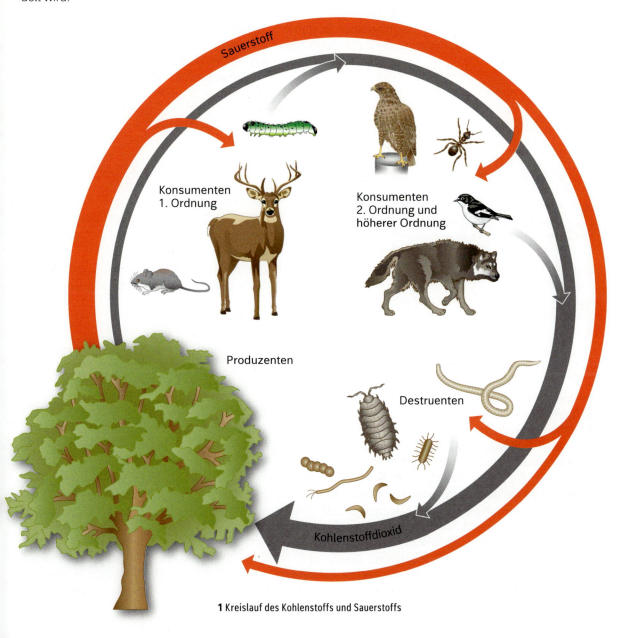

1 Kreislauf des Kohlenstoffs und Sauerstoffs

Der Boden – eine wichtige Lebensgrundlage

1. ≡ Ⓐ
Gib die Abfolge der Schichten im Boden an. Nenne die Funktion der einzelnen Schichten.

2. Ⓥ
Bestimmt die Bodenart einiger Bodenproben mit der sogenannten Fingerprobe. Ihr benötigt hierzu mehrere esslöffelgrosse Bodenproben von unterschiedlichen Standorten.
a) Auf jede Bodenprobe wird etwas Wasser getropft und so lange zwischen Daumen und Zeigefinger geknetet, bis diese gut durchfeuchtet ist. Versucht anschliessend, die Probe zwischen den Handflächen auszurollen.
b) Führt bei jeder Probe mithilfe des folgenden Bestimmungsschlüssels eine Bestimmung der Bodenart durch.

4. Ⓠ
Bauern pflügen nach der Ernte noch vorhandene Pflanzenrückstände wie Stängel und Wurzeln in die oberste Bodenschicht ein. Recherchiere die Bedeutung dieser Vorgehensweise.

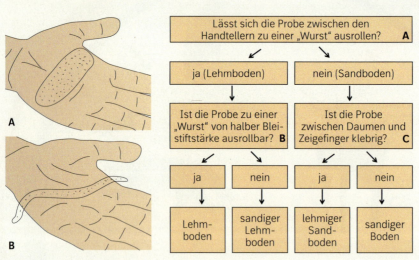

A

B

C

Lässt sich die Probe zwischen den Handtellern zu einer „Wurst" ausrollen? **A**

→ ja (Lehmboden)   nein (Sandboden)

Ist die Probe zu einer „Wurst" von halber Bleistiftstärke ausrollbar? **B**

Ist die Probe zwischen Daumen und Zeigefinger klebrig? **C**

ja — nein — ja — nein

Lehmboden — sandiger Lehmboden — lehmiger Sandboden — sandiger Boden

3. Ⓥ
Bestimmt die Bodenbestandteile verschiedener Bodenproben mithilfe der Schlämmprobe.
a) Füllt mehrere Schraubgläser bis zu einem Drittel mit einer Bodenprobe und füllt diese anschliessend bis etwa 1 cm unter den Rand mit Wasser auf.
b) Schliesst die Gläser und schüttelt diese mehrfach kräftig. Stellt sie dann für mindestens eine halbe Stunde an einen ruhigen Ort und beobachtet, wie viele Schichten sich ablagern. Nehmt ein Lineal und messt an der Wand der Schraubgläser die Dicke der einzelnen Schichten. Notiert die Ergebnisse in einer Tabelle und vergleicht die verschiedenen Bodenproben miteinander.

Bodenbestandteile:
(Korngrössen)

Humus
abgestorbene Pflanzenteile oder Tiere

Ton
(< 0,002 mm)
schwebend im Wasser

Schluff
(0,002 mm – 0,063 mm)

Sand
(0,063 mm – 2 mm)

Kies und Steine
(> 2 mm)

Boden – die dünne Haut der Erdoberfläche

Der Boden ist eine häufig nur einige Zentimeter bis wenige Meter dicke Schicht der äussersten Erdkruste. Er ist eine wichtige Grundlage für das Leben von Pflanzen, Tieren und uns Menschen.

Boden entsteht aus festen Gesteinsschichten im Verlauf von Jahrtausenden. Durch den Einfluss von Wind, Wasser, Frost und Hitze wird das Ausgangsgestein von oben nach unten zersetzt. Dieser Vorgang wird als **Verwitterung** bezeichnet. Die eigentliche Bodenbildung beginnt, wenn das verwitterte Gestein von Lebewesen besiedelt wird.

Zusammensetzung von Böden

Die Eigenschaften eines Bodens werden von den festen Bodenbestandteilen bestimmt. Diese werden nach ihrer Korngrösse in **Ton, Schluff** und **Sand** eingeteilt. Durch den Einfluss von Bodenlebewesen bilden sich aus den Bodenteilchen kleine Klümpchen, die Krümel. Zwischen den Krümeln befinden sich Hohlräume, die für die Durchlüftung und Wasserspeicherung des Bodens sorgen. Daher ist gekrümelter Boden für das Pflanzenwachstum und eine kräftige Wurzelentwicklung besonders gut.

Viele Böden sind aus Bodenteilchen unterschiedlicher Korngrössen zusammengesetzt. Lehmboden beispielsweise ist ein Gemisch aus Sand, Schluff und Ton. Sand sorgt für eine gute Durchlüftung und Durchwurzelung, Ton hingegen für eine gute Mineralstoffversorgung. Zusammen mit Schluff wird der richtige Wasserhaushalt garantiert. Aus Lehmböden entstehen oft fruchtbare Ackerböden für die Landwirtschaft.

Aufbau von Böden

Böden sind in Schichten gegliedert. Es wird zwischen der **Bodenauflage** und drei weiteren Schichten unterschieden. Der **Oberboden** ist etwa 10 cm bis 70 cm dick, dunkel gefärbt und enthält viel Humus. Hier befinden sich viele feine Wurzeln und Bodenlebewesen. Ihm folgt der **Unterboden.** Er ist humusarm. Hier sind grössere Pflanzen mit ihren Wurzeln verankert. Darunter liegt die **Gesteinsschicht.** Sie besteht aus festem Gestein, aus dem der darüber liegende Boden entstanden ist. Das Ausgangsgestein ist für die Eigenschaften von Böden verantwortlich. Es kann zum Beispiel viel Eisen oder andere Mineralstoffe enthalten.

Kannst du verschiedene Bodenteilchen nennen und den Aufbau von Böden beschreiben? Kannst du die Bedeutung des Bodens für Pflanzen und Tiere erklären?

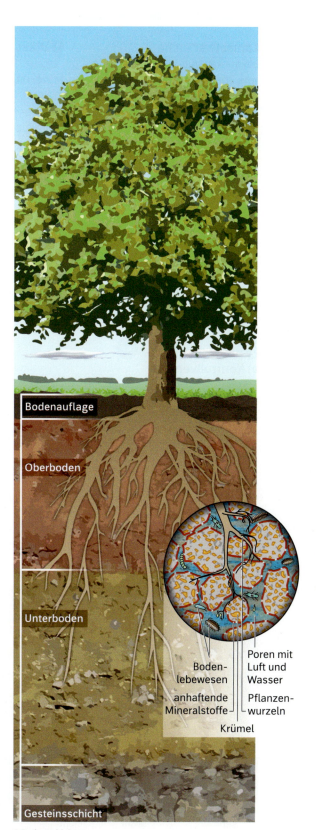

Bodenauflage

Oberboden

Unterboden

Bodenlebewesen

anhaftende Mineralstoffe

Krümel

Poren mit Luft und Wasser

Pflanzenwurzeln

Gesteinsschicht

1 Bodenschichten

Bodenchemie

Kontrollversuche

Bevor man mit der Testmethode eine Bodenprobe untersucht, stellt man oft zuerst einmal fest, ob der Test überhaupt funktioniert und wie die Ergebnisse unter kontrollierten Bedingungen aussehen.

Solche Vor- oder Vergleichsversuche heissen **Kontrollversuche.**

❶ Wasserlösliche Mineralstoffe

Material
- 2 grosse Bechergläser
- Filter, Trichter
- Dreifuss, Mineralfasernetz, Gasbrenner

Durchführung

Rühre etwa 100 g Bodenprobe mit etwa 100 ml Wasser gut auf. Warte, bis sich der Boden abgesetzt hat. Filtriere das überstehende Wasser.

Dampfe das Wasser über dem Gasbrenner ein.

Beschreibe und erkläre, was im Becherglas zurückbleibt.

❷ pH-Wert
a) Kontrollversuch

Material
- Universalindikatorpapier
- Haushaltsessig, destilliertes Wasser, in Wasser aufgelöstes Backnatron

Durchführung

Reisse etwa 5 cm von dem Teststreifen ab. Halte ihn etwa 1 cm tief in die zu untersuchende Lösung.

Vergleiche die eintretende Färbung mit der Farbskala auf der Verpackung des Indikatorpapiers. Lies den pH-Wert ab. Beurteile, ob die Lösung neutral, sauer oder alkalisch ist.

b) pH-Wert von Böden

Material
- Universalindikatorpapier
- Becherglas (ca. 100 ml)
- Waage
- destilliertes Wasser
- kleiner Messzylinder
- Bodenproben, z. B. Sandboden, Lehmboden, Azaleenerde (Gärtnerei), Torf

Durchführung

Gib 10 g einer Bodenprobe in das Becherglas. Fülle 30 ml destilliertes Wasser dazu.

Rühre die Bodenprobe im Wasser um und lasse sie etwa 10 min stehen.

Miss mit dem Indikatorpapier den pH-Wert des Wassers.

Lege eine Messtabelle wie unten vorgeschlagen an. Teste verschiedene Böden und beurteile, ob sie sauer, neutral oder alkalisch sind.

Boden	pH-Wert	Beurteilung
Sandboden		
...		

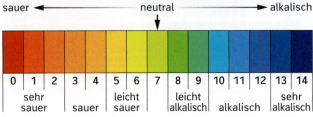

sauer ◄——————— neutral ————————► alkalisch

| 0 | 1 | 2 | 3 | 4 | 5 | 6 | 7 | 8 | 9 | 10 | 11 | 12 | 13 | 14 |

sehr sauer | sauer | leicht sauer | leicht alkalisch | alkalisch | sehr alkalisch

❸ Kalkgehalt
a) Kontrollversuch

Material
- verdünnte Salzsäure in Tropfflasche
- Eierschalen, Quarzsand (Sandkasten)
- Petrischalen

Durchführung
Lege das zu testende Material in eine Petrischale. Gib 2 – 3 Tropfen verdünnte Salzsäure darauf.
Beobachte, ob sich Schaum entwickelt und wie lange diese Schaumbildung anhält.

b) Kalkgehalt von Böden

Material
- verdünnte Salzsäure in Tropfflasche
- Petrischalen

Durchführung
Lege Bodenproben oder auch kleine Steine jeweils in eine Petrischale. Gib 2 – 3 Tropfen verdünnte Salzsäure darauf.
Beobachte, ob sich Schaum entwickelt und wie lange diese Schaumbildung anhält.
Beurteile den Kalkgehalt anhand folgender Tabelle.

Schaumbildung	Kalkgehalt
stark und länger anhaltend	hoch > 5 %
schwach und nur kurzzeitig	mittel 1 % bis 4 %
keine	gering oder fehlend < 1 %

❹ Humusgehalt durch Ausglühen bestimmen

Material
- Trockenofen oder Heizung
- Waage
- Porzellan- oder Metalltiegel
- Dreifuss, Mineralfasernetz, Gasbrenner

Durchführung
Trocknet eine Bodenprobe. Wiegt 10 g Boden ab und gebt ihn in den Tiegel. Glüht die Probe über dem Gasbrenner etwa 5 min lang durch. Lasst den Tiegel abkühlen. Stellt den Gewichtsverlust fest.
Alle organischen Stoffe, also auch der Humus, sind verbrannt. Die Masse hat sich um den Humusanteil verringert. Gib den Anteil in Prozent an.

❺ Nitratgehalt von Böden

Material
- Waage
- Messzylinder (klein)
- Becherglas
- Nitratteststäbchen

Durchführung
Rühre 10 g Boden mit 10 ml Wasser auf. Führe den Nitrattest nach der Anleitung auf der Packung durch. Beurteile den Nitratgehalt nach der Farbskala.

Nitratgehalt
sehr hoch $> 100 \frac{mg}{l}$
hoch $50 - 100 \frac{mg}{l}$
mittel $25 - 50 \frac{mg}{l}$
gering $10 - 25 \frac{mg}{l}$
sehr gering $< 10 \frac{mg}{l}$

1. Recherchiere mögliche Probleme, die sich aus einem zu hohen Nitratgehalt in Böden ergeben können. Berichte über deine Ergebnisse.
Hinweis: Der Grenzwert für Nitrat im Trinkwasser liegt bei $25 \frac{mg}{l}$.

In der Landwirtschaft muss gedüngt werden

1. **A**
a) Nenne verschiedene Möglichkeiten, einem Boden Mineralstoffe zuzuführen.
b) Begründe, warum in der Landwirtschaft gedüngt werden muss.

2. A
Erkläre, warum Kompost als natürlicher Dünger genutzt werden kann.

3. **A**
Nenne Probleme, die sich als Folge von Überdüngung ergeben können.

4. V
In einem Versuch soll geklärt werden, ob Kresse auf verschiedenen Bodenarten unterschiedlich gut wächst.
a) Formuliere hierzu eine Frage und mögliche Hypothesen.
b) Plane den Versuch.
c) Führe den Versuch durch und werte ihn aus.

5. **A**
Erläutere mithilfe der Abbildung 2 das Modell der Minimumtonne.

6. **A**
Schreibe mithilfe der Abbildung einen kurzen Zeitungsbericht zum Thema «Nachhaltigkeit in der Landwirtschaft».

Feldfrüchte · Futterpflanzen · Zwischenfrüchte · Pflanzen mit Knöllchenbakterien · Tiere · Verbraucher · Kompost · Luftstickstoff, aufgenommen über die Wurzeln · abgestorbene Wurzel- und Pflanzenteile · Mist, Gülle · Aufbau von Humus

Kreislauf der Mineralstoffe

Werden auf einem Acker oder auf einer Gartenfläche Jahr für Jahr Nutzpflanzen angebaut, nehmen die Erträge immer mehr ab, weil die Pflanzen dem Boden beim Wachsen Mineralstoffe entziehen.
In der Natur werden die Pflanzen oder Pflanzenteile entweder gefressen oder nach ihrem Absterben von **Destruenten** wie Bakterien und Pilzen zersetzt. Dadurch gelangen die Mineralstoffe in den Boden zurück. Sie stehen den neu wachsenden Pflanzen wieder zur Verfügung.
Mit der Ernte werden die in den Pflanzen enthaltenen Mineralstoffe jedoch abtransportiert. Dadurch wird der natürliche Kreislauf unterbrochen. Um weiterhin gute Erträge zu erzielen, müssen dem Boden von aussen wieder Mineralstoffe zugeführt werden. Der Boden muss gedüngt werden.

Organische Düngung

Organische Dünger wie **Mist** oder **Gülle** sind eine Möglichkeit, dem Boden wieder Mineralstoffe zuzuführen. Es kann auch **Kompost** ausgebracht werden, also bereits zersetztes organisches Material. Eine weitere Möglichkeit ist die **Gründüngung.** Dabei werden speziell angebaute Pflanzen untergegraben. Die in den Pflanzen gebundenen Mineralstoffe stehen anderen Pflanzen nach der Zersetzung wieder zur Verfügung.
Pflanzen mit Knöllchenbakterien an den Wurzeln sind als Gründünger besonders geeignet. Hierzu gehören Klee oder Lupinen. Sie wandeln Stickstoff aus der Luft so um, dass er von Pflanzen genutzt werden kann.

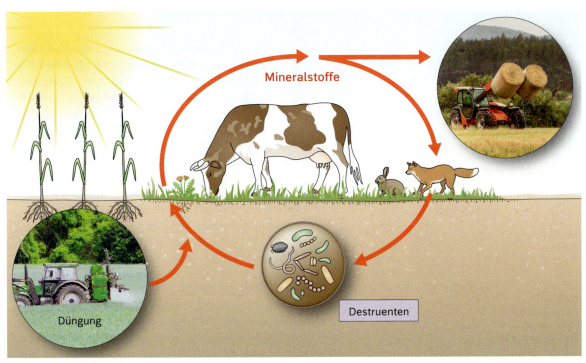

Mineralstoffe

Destruenten

Düngung

1 Kreislauf der Mineralstoffe

Mineralische Dünger

Anders als organischer Dünger steht **Kunstdünger** immer zur Verfügung. Er kann in grossen Mengen günstig hergestellt werden und wirkt schnell. Mineralischer Dünger lässt sich gut dosieren und gezielt einsetzen.

Gesetz des Minimums

Das Wachstum von Pflanzen hängt auch davon ab, ob alle benötigten Mineralstoffe in ausreichender Menge vorhanden sind. Fehlt nur ein Mineralstoff, zeigt die Pflanze Mangelerscheinungen. Dabei wirkt sich jeder Mangel eines bestimmten Mineralstoffs auf die Pflanzen unterschiedlich aus. Eisen ist beispielsweise zur Bildung von Chlorophyll erforderlich. Fehlt es, verfärben sich die Blätter gelb.
Ein Mangel an einem Mineralstoff kann durch einen Überschuss eines anderen Mineralstoffs nicht

ausgeglichen werden. Das Wachstum der Pflanzen wird also durch den Mineralstoff begrenzt, der im Minimum vorliegt. Diesen Sachverhalt formulierte JUSTUS LIEBIG um 1885 als **Gesetz des Minimums.** Bei einer nachhaltigen Düngung muss deshalb bedacht werden, welcher Mineralstoff den Pflanzen fehlt. Dies wird in der modernen Landwirtschaft durch Bodenproben festgestellt.

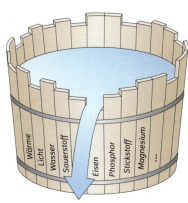

2 Minimumtonne

Überdüngung

Pflanzen können nur eine bestimmte Menge an Mineralstoffen aufnehmen. Zu viel Dünger führt zu **Überdüngung.**

Setzen heftige Regenfälle ein, bevor die Mineralstoffe von den Pflanzen aufgenommen wurden, werden die Mineralstoffe mit dem Regenwasser in Gewässer oder das Grundwasser gespült und gelangen so auch ins Trinkwasser. Dort reichert sich vor allem Nitrat an. Zu viel Nitrat im Trinkwasser ist für den Menschen schädlich.

> Kannst du erklären, warum landwirtschaftlich genutzte Böden gedüngt werden müssen?
> Kannst du erklären, wie es zur Überdüngung kommt?
> Kannst du das Gesetz des Minimums erklären?

Belastung und Schutz des Bodens

1. ≣ Ⓐ

Betrachte das Diagramm.
a) Formuliere eine passende Überschrift.
b) Werte das Diagramm in Bezug auf die Anteile der verschiedenen Nutzungen aus.
c) Beurteile, welche Auswirkungen die jeweiligen Nutzungen auf die betroffenen Böden haben können.

Gesamtfläche Schweiz 41 285 km²

Alpwirtschaft — 31 %
Wald und Gehölz — 24 %
Unproduktive Flächen (Seen, Flüsse, Gebüsch, Feuchtgebiete, Fels, Geröll, Gletscher und Firn) — 12 %
Landwirtschaftliche Nutzfläche — 25 %
Siedlungsflächen — 8 %

2. ≣ Ⓐ

Beschreibe mögliche Auswirkungen einer intensiven landwirtschaftlichen Nutzung auf die Böden.

3. Ⓠ

Die Bilder zeigen zwei Auslöser für Erosion.
a) Beschreibe, was man unter Erosion versteht.
b) Nenne mögliche Auswirkungen auf die Böden.
c) Recherchiere im Internet Massnahmen, mit denen Bodenerosion verhindert werden kann.

A

B

4. Ⓥ

Untersucht, wie Wasser den Boden beeinflussen kann. Ihr benötigt folgende Materialien: sechs 1,5-l-PET-Flaschen, Blumenerde, Wasser, Kressesamen, Laubstreu, Schere, Wollfäden, Stoppuhr oder Handy mit Zeitmessfunktion.
a) Schneidet drei 1,5-l-PET-Flaschen entsprechend der Abbildung zu und füllt diese zur Hälfte mit Blumenerde. Baut aus den anderen drei PET-Flaschen Auffangbehälter. **Achtung:** Scharfe Kanten!
b) Befüllt die drei PET-Flaschen wie folgt:
Flasche 1: Blumenerde und Kressesamen (einige Tage zuvor einsäen und wenig giessen)
Flasche 2: Blumenerde und Laubstreu
Flasche 3: nur Blumenerde
c) Begiesst alle drei Flaschen mit je etwa 0,5 l Wasser. Messt die Zeit, bis das Wasser in die Auffanggefässe abgeflossen ist. Beobachtet die Veränderungen in den Flaschen und den Auffangbehältern.
d) Wertet die Beobachtungsergebnisse in Bezug auf die Bodenerosion aus.

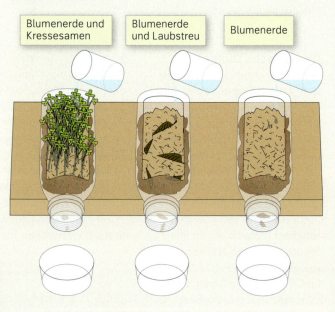

Blumenerde und Kressesamen

Blumenerde und Laubstreu

Blumenerde

5. ≣ Ⓐ

Phosphate und Nitrate sind Salze, die vor allem bei intensiver Düngung die Böden stark belasten.
a) Erläutere, warum Bodenuntersuchungen für bedarfsgerechtes Düngen wichtig sind.
b) Nenne Vorteile der richtigen Dosierung von Mineraldünger und Nachteile, die durch falsche Dosierung entstehen.

Boden – eine kostbare Lebensgrundlage

Wir Menschen nutzen den Boden vielfältig. Wir bauen Pflanzen an, die für die Ernährung bedeutsam sind. Grosse Waldflächen dienen dazu, wichtige Rohstoffe zu gewinnen. Diese Flächen sind aber auch Lebensraum für Pflanzen und Tiere und zugleich Erholungsraum für uns Menschen.

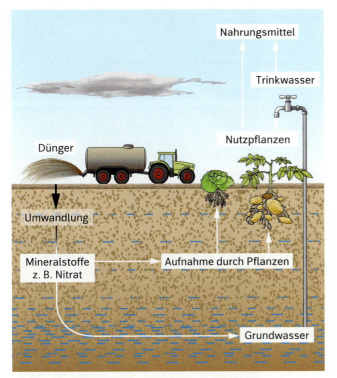

1 Belastung der Böden und des Grundwassers durch Dünger

Probleme der intensiven Landwirtschaft

Die intensive Landwirtschaft hat das Ziel, hohe Ernteerträge zu erreichen, um möglichst viele Nahrungsmittel zu günstigen Preisen anbieten zu können. Dazu werden grosse Mengen Mineraldünger und Pflanzenschutzmittel eingesetzt. Dies kann zu Umweltproblemen führen. Nicht von den Pflanzen aufgenommener Dünger sickert tiefer in den Boden und gefährdet das Grundwasser und somit die Nutzung als Trinkwasser.

Das Abtragen des Bodens durch Wind und Wasser wird **Erosion** genannt. Dies passiert, wenn die Äcker abgeerntet und nicht bepflanzt sind. Ausserdem werden die Böden durch den Einsatz schwerer Maschinen zusammengepresst. Folglich gibt es weniger Wasser und Luft in den Böden. Dadurch erschweren sich die Lebensbedingungen für viele Bodenlebewesen. Auch viele Pflanzen können mit ihren Wurzeln nicht mehr in den Boden eindringen.

Ökologische Landwirtschaft

Ziel der ökologischen Landwirtschaft ist es, die natürliche Bodenfruchtbarkeit durch schonende Bewirtschaftung der Flächen dauerhaft zu erhalten. Mineraldünger und chemische Pflanzenschutzmittel werden nicht eingesetzt. Die Bekämpfung von Pflanzenschädlingen erfolgt zum Beispiel über den Einsatz ihrer natürlichen Feinde.

Auch eine abwechslungsreiche Fruchtfolge ist wichtig. Verschiedene Feldfrüchte werden dabei im jährlichen Wechsel nacheinander auf einer Ackerfläche angebaut. Das hat den Vorteil, dass bestimmte im Boden hinterlassene Mineralstoffe von der nächsten Feldfrucht genutzt werden können. Eine abwechslungsreiche Fruchtfolge hilft auch, die Wachstumsbedingungen für Wildkräuter zu verschlechtern. Auch Schädlinge und Krankheiten treten weniger häufig auf.

Eine **artgerechte Tierhaltung** ist in der ökologischen Landwirtschaft ebenfalls von grosser Bedeutung. Die Tiere bekommen Futter von betriebseigenen Flächen oder von Biohöfen. Der Mist, den die Tiere produzieren, dient als Dünger für die Felder. So entsteht ein nahezu geschlossener Stoffkreislauf. Pflanzen- und Tierproduktion ergänzen sich und sind aufeinander abgestimmt.

2 Freilandhaltung von Schweinen

Kannst du die Vor- und Nachteile des Einsatzes von Mineraldüngern und Pflanzenschutzmitteln nennen? Kannst du Massnahmen zum Schutz der Böden beschreiben?

Pflanzen zeigen Bodeneigenschaften

1. ≣ **Ⓥ**

Suche eine Zeigerpflanze und bestimme damit die Bodeneigenschaften des Standortes.
TIPP: Nutze auch die Pinnwand Zeigerpflanzen.

2. ≣ **Ⓥ**

Überprüfe die gefundenen Bodeneigenschaften durch chemische Tests auf Nitrat und pH-Wert.

3. ≣ **Ⓐ**

An einem Wegrand wachsen Brennnesseln und Weisse Taubnesseln. Beurteile den Boden anhand dieser Pflanzen.

4. ≣ **Ⓐ**

Erkläre den Begriff Zeigerpflanze.

Bodenbestimmung mithilfe von Pflanzen

Viele Pflanzen benötigen ganz bestimmte Bodenverhältnisse, um zu wachsen und zu gedeihen. Einige Pflanzen sind zum Beispiel auf hohe Nitratwerte im Boden angewiesen. Andere gedeihen nur, wenn der Boden wenig Nitrat enthält. Das Vorkommen bestimmter Pflanzen gibt einen Hinweis auf die Beschaffenheit des Untergrundes. Du kannst dir diese enge Beziehung zwischen Boden und Pflanzenwuchs zunutze machen, um die Bodeneigenschaften ohne aufwendige chemische Tests zu beurteilen.

Zeigerpflanzen

Die Margerite zeigt einen Mager-Boden mit wenig Stickstoff an, ebenso wie der Gewöhnliche Hornklee. Von Löwenzahn und Weisser Taubnessel kann auf einen stickstoffreichen Boden geschlossen werden. Solche **Zeigerpflanzen** wachsen nur auf bestimmten Böden. Sie zeigen zum Beispiel den Stickstoff-, Kalk- oder Säuregehalt des jeweiligen Bodens an. Blaubeeren stehen beispielsweise auf saurem Waldboden oder im Hochmoor, wo der Boden ebenfalls recht sauer ist.

Auch der Wasseranteil kann mithilfe von Zeigerpflanzen festgestellt werden. Dort, wo das Wiesen-Schaumkraut wächst, ist der Boden sehr feucht. Es gibt aber auch Pflanzen, die ein breites Spektrum Feuchtigkeit vertragen. Diese Pflanzen sind nicht als Zeigerpflanzen für Bodeneigenschaften geeignet, denn sie kommen sowohl auf feuchtem als auch auf mässig feuchtem Boden vor.

A

B

C

1 Zeigerpflanzen: **A** Weisse Taubnessel, **B** Gewöhnlicher Hornklee, **C** Blaubeere

Kannst du den Zusammenhang von Bodeneigenschaften und dem Auftreten bestimmter Pflanzen erläutern? Kannst du anhand von Zeigerpflanzen den Bodentyp bestimmen?

Zeigerpflanzen

Echtes Mädesüss

Das Echte Mädesüss verträgt mit seinen Wurzeln einen nassen Boden. Diese Pflanze steht in Gewässernähe. Dort ist der Boden sehr feucht und wenig durchlüftet. Daher ist das Mädesüss als **Zeigerpflanze für Nässe** geeignet.
Die Pflanze gedeiht unabhängig vom pH-Wert des Bodens. Sie ist also keine Zeigerpflanze für den pH-Wert.

Kleiner Ampfer

Der Kleine Ampfer wächst auf saurem Boden mit einem niedrigen pH-Wert. Hohe pH-Werte verträgt er nicht. Damit ist er eine **Zeigerart für sauren Boden.** Der Kleine Ampfer ist ebenfalls eine Zeigerpflanze für stickstoffarmen Boden.

Hasen-Klee

Der Hasen-Klee ist ein guter Säure- und **Trockenheitszeiger.** Ausserdem wächst er nur auf **nitratarmem Magerboden.** Er besiedelt also Standorte, an denen viele andere Pflanzen nicht mehr ausreichend mit Mineralstoffen und Wasser versorgt werden.

Grosse Brennessel

Die Grosse Brennessel ist ein **Stickstoffzeiger.** Sie kommt natürlicherweise in Gewässernähe vor, breitet sich aber auch an anderen Standorten mit hoher Nitratkonzentration im Boden aus. Auf Weiden sorgen beispielsweise die Ausscheidungen der Tiere für hohe Nitratwerte. An Strassen entstehen hohe Nitratwerte aus den Abgasen der Autos.

PINNWAND

1. Ⓐ
Erstelle eine Tabelle für Bodeneigenschaften und die dazugehörigen Zeigerpflanzen.

Invasive Arten

Asiatischer Laubholzbockkäfer

Herkunft: Ostasien · mit Bau- und Verpackungsholz eingeschleppt · 2011 erster Freilandbefall in der Schweiz

Vorkommen: Ahorn, Birke, Rosskastanie, Buche und viele weitere Laubholzarten

Merkmale: schwarzer Käfer · über den Körper verteilte helle Flecken · bis 35 mm lang

Probleme: kann gesunde Bäume binnen weniger Jahre zum Absterben bringen · befallene Bäume müssen gefällt und verbrannt werden · grosse wirtschaftliche und ökologische Schäden

Als **Neobiota** oder **Neubürger** werden Tier- und Pflanzenarten bezeichnet, die sich in Gebieten verbreiten, in denen sie vorher nicht heimisch waren. Wenn die gebietsfremden Arten in ihrem neuen Lebensraum die heimische Tier- und Pflanzenwelt verdrängen – weil zum Beispiel die natürlichen Feinde fehlen –, spricht man von **invasiven Arten**. Sie bedrohen die biologische Vielfalt.

Asiatischer Marienkäfer

Herkunft: Zentral- und Ostasien von Russland über China bis nach Japan · Einwanderung aufgrund biologischer Schädlingsbekämpfung

Vorkommen: überall dort, wo es Blattläuse gibt (vertilgen mehrere hundert pro Tag)

Merkmale: variable Färbung · 0 bis 19 Punkte · auffallendes schwarzes „M" auf weissem Halsschild

Probleme: verdrängen heimische Insektenarten · fressen Früchte, gefährden Ernten

Riesenbärenklau (Herkulesstaude)

Herkunft: Kaukasus · als Zierpflanze eingeführt

Vorkommen: Wald, Gräben, Uferbereiche, Wiesen, Wegränder, Schuttplätze

Merkmale: bis zu 3 m hoch · grosse weisse Doldenblüte · wächst bis 2300 m Höhe

Probleme: Bei Berührung kann sich die Haut unter Sonnenlichteinwirkung stark entzünden und jucken. Die Entzündungen heilen nur langsam ab und können Narben hinterlassen.

1. Ⓐ
a) Nenne Beispiele für Neubürger in heimischen Ökosystemen.
b) Stelle dar, wie die Pflanzen und Tiere in ihren neuen Lebensraum gekommen sind.
c) Bewerte, wann Neubürger eine Bereicherung oder eine Bedrohung für heimische Ökosysteme darstellen.

2. Ⓠ
Recherchiere ...
a) nach weiteren invasiven Arten,
b) welche Tier- und Pflanzenarten in der Schweiz nicht freigesetzt werden dürfen.

Was bedeutet Nachhaltigkeit?

1. ≣ Ⓐ
Erkläre den Begriff Nachhaltigkeit. Berücksichtige dabei die drei Dimensionen der Nachhaltigkeit.

2. Ⓠ
a) Suche im Internet einen Rechner zum ökologischen Fussabdruck. Bestimme deinen eigenen Fussabdruck.
b) Beschreibe Möglichkeiten, wie du deinen ökologischen Fussabdruck verkleinern kannst.

3. ≣ Ⓐ
Erläutere die Aspekte der Nachhaltigkeit im Kasten unten am Beispiel Lebensmittel.

> **Aspekte der Nachhaltigkeit -**
>
> *geringe Verarbeitung -*
>
> **regional** - ***wenig Zusatzstoffe*** -
>
> **Verpackung** - *saisonal* -
>
> *kurze Transportwege* -
>
> *ökologischer Anbau*

Nachhaltigkeit und Ökologie

Der Begriff der Nachhaltigkeit stammt ursprünglich aus der Forstwirtschaft. Dort bedeutet er, dass einem Wald pro Jahr nicht mehr Holz entnommen wird als nachwächst. Übertragen auf die ganze Erde heisst das, dass wir nicht mehr der natürlichen Lebensgrundlagen verbrauchen, als sich wieder erneuern können. So sind auch die Lebensgrundlagen zukünftiger Generationen gesichert. Ein Beispiel dafür ist die Umstellung von fossiler Energie auf erneuerbare Energieformen.

Der ökologische Fussabdruck

Der ökologische Fussabdruck bezieht sich nicht auf ein einzelnes Produkt, sondern soll Auskunft über die Umweltverträglichkeit des gesamten Lebensstils einer Person geben. Als Vergleichsgrösse wurde die Fläche gewählt, die notwendig ist, um diesen Lebensstil dauerhaft zu ermöglichen. Alle Flächen, die zur Produktion von Kleidung und Nahrung, zur Bereitstellung von Energie, aber auch zur Entsorgung des anfallenden Mülls oder zum Speichern des freigesetzten Kohlenstoffdioxids benötigt werden, bilden **den ökologischen Fussabdruck.** Obwohl Modellrechnungen wie der ökologische Fussabdruck nicht perfekt sind, bieten sie doch eine Möglichkeit, den eigenen Lebensstil im Hinblick auf Nachhaltigkeit einzuordnen.

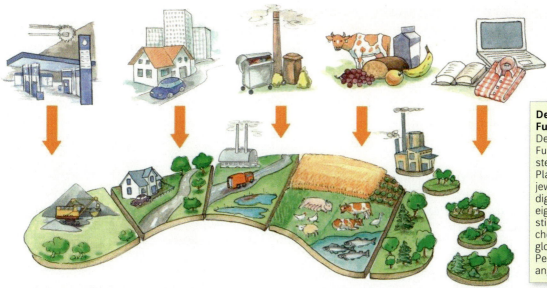

> **Der ökologische Fussabdruck**
> Der ökologische Fussabdruck stellt dar, wie viel Platz auf der Erde jeweils notwendig ist, um den eigenen Lebensstil zu verwirklichen. Er wird in globalen ha pro Person und Jahr angegeben.

1 Der ökologische Fussabdruck (Flächen von links nach rechts: Energie, Wohnen und Mobilität, Abfallentsorgung, Nahrungsmittel, Gebrauchsgüter)

Ökosysteme in Gefahr

1. **Q**
a) Stelle die Vor- und die Nachteile eines gut ausgebau-
ten Verkehrsnetzes zusammen.
b) Bewerte mögliche Auswirkungen auf die betroffenen
Ökosysteme.

2. **A**
a) Nenne die Hauptursachen für die Gefährdung von Ökosystemen auf der Erde.
b) Zähle weitere Verhaltensweisen von uns
Menschen auf, die zur Veränderung von
Ökosystemen führen.

3. **Q**
Informiere dich über ein Ökosystem und
stelle es in einem Kurzvortrag vor. Folgende
Tipps können dir bei der Recherche helfen:
- Klimazone und abiotische Faktoren
- Tier- und Pflanzenarten mit speziellen
  Angepasstheiten und Nahrungsbeziehun-
  gen
- Nutzung des Lebensraums früher und
  heute
- Gefahren für das Ökosystem durch uns
  Menschen

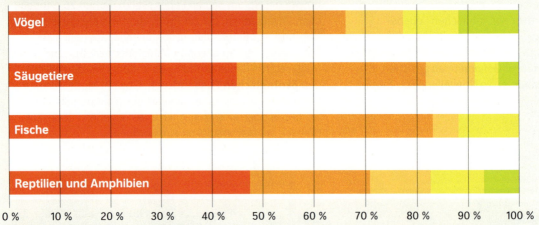

- Verlust/Schädigung von Lebensräumen
- Übernutzung
- Invasive Arten und Krankheiten
- Umweltverschmutzung
- Klimawandel

4. 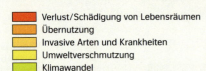 **A**
Die obige Grafik zeigt Faktoren, die Tierpopulationen
bedrohen.
a) Nenne die häufigsten Bedrohungen für Tiergruppen.
b) Nenne Beispiele für die aufgezählten Faktoren.

5. **A**
Das Diagramm rechts zeigt den Zustand von rd. 10 000
bewerteten Arten in der Schweiz. Beschreibe den
dargstellten Sachverhalt mit deinen Worten.

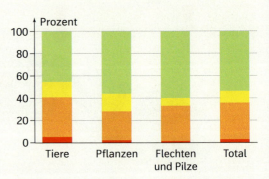

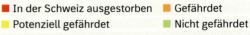

- In der Schweiz ausgestorben
- Gefährdet
- Potenziell gefährdet
- Nicht gefährdet

Lebensräume gehen verloren

Viele Tier-, Pflanzen-, Flechten- und Pilzarten kommen in der Schweiz nur noch in kleinen Beständen von wenigen Individuen vor, weil ihre Lebensräume verloren gehen. Sie werden zerstört, stark verändert, mit Schadstoffen belastet oder voneinander getrennt. Von den 167 in der Schweiz vorkommenden Lebensraumtypen stehen 48 % auf der **Roten Liste** der natürlichen Lebensräume (Bild 1).

Beispiele: Veilchen und Raubwürger

Bis Ende des 19. Jahrhunderts wuchs das **Niedrige Veilchen** (Bild 2) in den Flachmooren der grossen Auenwälder entlang von Rhone, Aare und Rhein. Zwischen 1900 und 1940 verschwanden jedoch die letzten Standorte in den Kantonen Genf, Wallis, Bern, Thurgau und Schaffhausen.
In den 1950er-Jahren war der **Raubwürger** (Bild 3) in den Niederungen noch weit verbreitet. Doch bereits 1985 erfolgte die letzte Brut in der Ajoie. Heute ist der Raubwürger in der Schweiz ausgestorben, wie andere Würgerarten bereits vor ihm. Sie bewohnten abwechslungsreiche Kulturlandschaften mit zahlreichen (Obst-)Bäumen, Hecken und Blumenwiesen. Die Industrialisierung der Landwirtschaft hat zum Verlust dieser Lebensräume geführt.

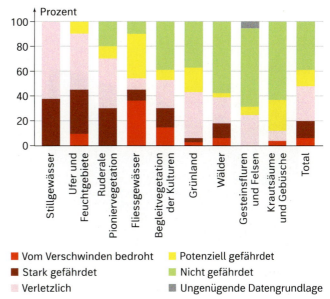

1 Bedrohung der Lebensräume in der Schweiz (Quelle: Delarze et al. 2016 im Auftrag des BAFU

Einsame Inseln

Nicht nur in der Schweiz, sondern weltweit verschwinden Tier- und Pflanzenarten. Die **Biodiversität** geht zurück. Einer der Hauptgründe dafür ist laut Experten die **Verinselung** von Lebensräumen. Siedlungen, Strassen, Gewerbegebiete usw. zerstückeln die Landschaft. Wenn sich die Populationsgrösse verringert, führt dies zu genetischer Verarmung. Der genetische Austausch fehlt und der Inzuchtfaktor steigt und somit auch die Wahrscheinlichkeit von Erbkrankheiten. Stirbt eine Art in ihrem Gebiet aus, kann dessen Wiederbesiedelung durch die Insellage verhindert werden. Besonders betroffen von der Verinselung sind seltene Arten, Arten mit geringer Ausbreitungsfähigkeit und Nahrungsspezialisten.

Im Naturschutz versucht man deshalb, die kleinen Inseln zumindest miteinander zu vernetzen mit sogenannten **Korridoren**, z. B. Grünbrücken über Strassen hinweg oder Tunnels darunter durch.

2 Niedriges Veilchen

3 Raubwürger

4 Grünbrücke über eine Strasse

> Kannst du beschreiben, durch welche Verhaltensweisen wir Menschen unsere eigenen Lebensgrundlagen gefährden?

Naturschutzgebiete

6,5 Prozent der Schweizer Landesfläche sind Schutzgebiete für viele einzigartige Pflanzen und Tiere. Es gibt vier verschiedene Parkkategorien: Schweizerischer Nationalpark - Nationalpark der neuen Generation - Regionaler Naturpark - Naturerlebnispark. Die Pärke erhalten und pflegen wertvolle Kultur- und Naturlandschaften, stärken die nachhaltige Regionalwirtschaft und fördern die Bildung für Nachhaltige Entwicklung.

Schweizer Alpen Jungfrau-Aletsch

Das 824 km² grosse UNESCO-Weltnaturerbe liegt in den Berner Alpen und ist Lebensraum vieler seltener Tier- und Pflanzenarten wie dem Alpensteinbock oder der Westlichen Smaragdeidechse. Man hofft auch, in freier Natur nicht mehr anzutreffende Tiere wie den Bartgeier do ansiedeln zu können.

Schweizerischer Nationalpark

Der Schweizerische Nationalpark liegt im Kanton Graubünden und wurde 1914 gegründet. Damit ist er der älteste Nationalpark der Alpen und Mitteleuropas. Der Nationalpark ist 170 km² gross umfasst Höhenlagen von 1400 bis 3174 m. Im Nationalpark wird die Natur sich selbst überlassen. Besucher dürfen die Wege nicht verlassen, es darf weder gemäht noch gejagt werden.

Sihlwald

Der Sihlwald ist ein Naturschutzgebiet, das seit 2009 das offizielle Label „Naturerlebnispark – Park von nationaler Bedeutung" trägt. Der rund 1100 ha grosse Buchenwald steht beispielhaft für einen Wald, wie er ursprünglich auf rund 80 Prozent der Fläche Mitteleuropas vorkam. Baumriesen, die bis zu 250 Jahre alt sind, kleine, junge Bäume und solche im besten Alter von rund 120 Jahren prägen das Bild.

Moorlandschaft Biberbrugg-Rothenturm

Im Kanton Schwyz befindet sich das grösste heute noch intakte Heide- und Hochmoor der Schweiz. Es bietet Rückzugsmöglichkeiten für Kiebitz, Feldlerche und andere Bodenbrüter. Auch Moorschmetterlinge und seltene Libellenarten können hier beobachtet werden. Orchideen, Zwergsträucher, Pfeifengras und Sumpfdotterblume überleben problemlos auf den mageren Böden.

Insekten schützen

Nist- und Versteckmöglichkeiten
Schmetterlinge, Hummeln und andere Insekten sind in ihrem Bestand gefährdet. Die Ursachen liegen im Rückgang des Nahrungsangebots und dem Verlust von Nist- und Versteckmöglichkeiten. Du kannst mit einfachen Mitteln zur Verbesserung dieser Situation beitragen.

TEAM ❶
Haus für Schmetterlinge
a) Material: 80 cm x 28 cm Kieferleimholzplatte 18 mm dick, Stichsäge, Holzraspel, Schraubenzieher, Bohrer von 10 mm Ø, 4 Schrauben 30 mm, wasserfesten Holzleim

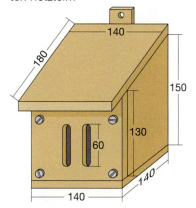

b) Bauteile: 1 Dach 180 mm x 140 mm, 1 Boden 140 mm x 140 mm, 2 Seitenteile 150/130 mm x 122 mm, 1 Rückwand 150 mm x 140 mm, 1 Frontwand 130 mm x 140 mm, 1 Aufhängleiste 250 mm x 50 mm

c) Bauanleitung: Bohre für die Einschlupflöcher jeweils zwei gegenüberliegende Löcher im Abstand von 60 mm und säge den Zwischenraum 10 mm breit aus. Leime die Teile zusammen. Befestige nur die Frontwand mit vier Schrauben, damit du den Kasten reinigen und kontrollieren kannst.
Der richtige Platz sollte etwa 2 m hoch, an einer Wand oder in einem Baum sein und eine sonnige, windgeschützte Südlage haben.

TEAM ❷
„Wilde Ecke" für Insekten
a) Futterpflanzen: In einigen Bereichen des Gartens können Wildstauden wie Wiesenkerbel, Wilde Möhre oder Distel gepflanzt werden. Samenmischungen dieser und vieler anderer Wildkräuter kannst du im Blumenhandel oder in einer Samenhandlung kaufen. Auch die Grosse Brennnessel sollte angepflanzt werden, da sie eine wichtige Futterpflanze für viele Schmetterlingsraupen darstellt. Durch das Anlegen einer Hecke mit geeigneten Wildgehölzarten wird der Lebensraum für Schmetterlinge und zahlreiche andere Insekten erweitert.

b) Nisthilfe: Grabe in einer abgelegenen Ecke des Gartens alte, unbehandelte Zaunpfähle oder Baumstämme ein. Versieh mit verschiedenen Bohrern von 3 mm – 8 mm Ø das Holz an der Südseite mit vielen etwa 8 cm tiefen Löchern. Darin kannst du Wildbienen, Grab- und Faltenwespen ihre Brut aufziehen.

TEAM ❸
Hummel-Nistkasten
a) Material: bereits genannte Werkzeuge, Hammer und Stecheisen, eine Leimholzplatte von 80 cm x 25 cm, 4 Schrauben 30 mm

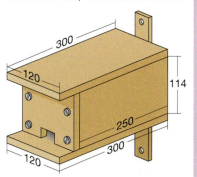

b) Bauteile: 2 Platten (Boden/Dach) 300 mm x 120 mm, 2 Seitenwände 250 mm x 114 mm, 1 Frontwand 120 mm x 114 mm, 1 Rückwand 114 mm x 84 mm, 1 Aufhängeleiste 250 mm x 45 mm x 18 mm

c) Bauanleitung: Säge in die Frontplatte zwei 15 mm tiefe Einschnitte im Abstand von 35 mm und stich das Flugloch aus. Nachdem du die Seiten, den Boden und das Dach zusammengeleimt hast, schraube die Frontplatte und die Leiste an. Fülle den Innenraum zur Hälfte mit trockenem Moos. Hänge diese Nisthilfe an einen ähnlichen Platz wie den des Schmetterlingskastens.

Global denken – lokal handeln

Globale Stoffkreisläufe sind untereinander verbunden. Durch wirtschaftliche Beziehungen, Import und Export, stehen fast alle Länder der Erde miteinander im Austausch. Schadstoffe bewegen sich durch Luft und Wasser und finden sich so auch weit entfernt von ihrem Entstehungsort wieder. Vieles, was wir tun, hat Auswirkungen an einem anderen Ort der Erde. Dies legt die Verantwortung für die Erde nicht nur in die Hände von Politik und Wirtschaft, sondern auch in die Hände jedes Einzelnen.

Bildet Teams und erarbeitet die Probleme der verschiedenen Themengebiete und mögliche Alternativen. Diskutiert Vor- und Nachteile.
Überlegt euch eine interessante Präsentations- oder Aktionsform, mit der ihr eure Ergebnisse in der Schule vorstellen könnt.

TEAM ❶
Ernährung
Nahrungsmittel sind für uns unverzichtbar. Aber der Verbrauch verschiedener Lebensmittel hat unterschiedlich starke Umweltauswirkungen.

Mögliche Aspekte für eure Arbeit:
- Anbau
- Wasserverbrauch
- Transportwege
- Verarbeitung
- Tierhaltung

TEAM ❷
Kleidung
Viele Textilien, die wir in der Schweiz kaufen können, werden nicht hierzulande hergestellt. Die Produktionsbedingungen in den Herstellungsländern unterscheiden sich stark.

Mögliche Aspekte für eure Arbeit:
- Arbeitsschutz
- Arbeitszeiten
- Umweltschutzvorschriften
- Bezahlung für Angestellte
- Einsatz von Chemikalien
- Warenkennzeichnung mit Siegeln

LERNEN IM TEAM

TEAM ❸
Mobilität

In unserem Alltag müssen wir viele Wege zurücklegen. Die Entscheidung, auf welche Weise wir dies tun, ist von vielen Faktoren wie der Länge des Weges oder dem Wetter abhängig.

Mögliche Aspekte für eure Arbeit:
- Gesundheit
- Treibstoffe
- Luftbelastung
- Platzbedarf und Versiegelung von Flächen
- Geschwindigkeit
- Bequemlichkeit

TEAM ❹
Kunststoffe

Kunststoffe sind vielseitige Werkstoffe und daher in unserem Alltag ständig präsent. Umweltschutzorganisationen betrachten die Nutzung von Kunststoffen allerdings kritisch.

Mögliche Aspekte für eure Arbeit:
- Rohstoffe
- Herstellung
- Farben
- Entsorgung
- Recycling

TEAM ❺
Elektronik

Elektronik ist in unserer Gesellschaft allgegenwärtig: Smartphones, Tablets, Computer. Mit der grossen Anzahl der Geräte nimmt auch die Umweltbelastung zu.

Mögliche Aspekte für eure Arbeit:
- Rohstoffe
- Herstellung
- Stromverbrauch
- Entsorgung
- Recycling
- Nutzungsdauer

LERNEN IM TEAM

Terrestrische Ökosysteme

Ökosystem

Ein Ökosystem ist eine Einheit, in der Lebens-raum (Biotop) und Lebensgemeinschaft (Biozönose) in Wechselbeziehung zueinander stehen. Die abiotischen Faktoren wie die Temperatur, die Niederschläge, die Lichtmen-ge und die Wind- und Bodenverhältnisse bestimmen die Lebensbedingungen in einem Lebensraum.

Nahrungsbeziehungen

Pflanzen (Produzenten) betreiben Fotosynthese und produzieren mithilfe der Energie der Sonne Traubenzucker. Einen Teil der im Traubenzucker gespeicherten Energie nutzen sie für ihre eigenen Lebensvorgänge. Aus dem anderen Teil wird energiereiche Biomasse aufgebaut. Die darin enthaltenen Nährstoffe und die gespeicherte Energie werden über Nahrungsketten an Menschen und Tiere (Konsumenten) weitergegeben. Mehrere Nahrungsketten bilden ein Nahrungs-netz. Nahrungsbeziehungen lassen sich auch in Nahrungs-pyramiden darstellen.

Gefährdung und Schutz

Vernichtung von Lebensraum, Überdüngung un Pestizide und Salze durch Bewässerung in der Landwirtschaft schädigen terrestrische Ökosys-teme. Um diese Probleme zu lösen, müssen wir die Böden nachhaltig bewirtschaften.

Nachhaltigkeit

Ökologisches und nachhaltiges Handeln ist wichtig für den Erhalt der Ökosysteme. Der Begriff Nachhaltigkeit bedeutet, dass wir nicht mehr der natürlichen Lebensgrundlagen verbrauchen als sich wieder erneuern können. Bei all unseren Handlungen müssen wir also auf die Verträglichkeit für die Umwelt achten.

Bodennutzung

Die Ernährung aller Menschen geschieht auf der Grundlage des Pflanzenwachstums. Die wach-sende Weltbevölkerung ist sowohl für den Ackerbau als auch für die Produktion tierischer Nahrungs-mittel auf fruchtbare Böden angewiesen.

Verantwortung für die Ökosysteme

Die Biosphäre umfasst alle Ökosysteme auf der Erde. Sie hängen weltweit zusammen und beeinflussen sich gegen-seitig.
Der Mensch wiederum beeinflusst die Ökosysteme. Durch ihre Nutzung gefährdet er Lebensräume und die darin lebenden Arten. Auf diese Weise gefährden wir Menschen unsere eigenen Lebensgrundlagen.

1. ≡ Ⓐ

Erläutere am Beispiel Wald die Begriffe Biotop, Biozönose und Ökosystem.

2. ≡ Ⓐ

Begründe, warum Städte im Gegensatz zu Wäldern und Seen als künstliche Ökosysteme bezeichnet werden.

3. ≡ Ⓐ

Erkläre die Begriffe Konkurrenz, Parasitismus und Symbiose an je einem Beispiel.

4. ≡ Ⓐ

a) Benenne die im Bild rechts bezifferten Bodenschichten.
b) Beschreibe typische Eigenschaften jedes Horizonts.

5. ≡ Ⓐ

a) Beschreibe eine Fingerprobe, um einen Lehmboden von einem Sand- oder Tonboden zu unterscheiden.
b) Nenne die Körner, aus denen Lehm besteht.

6. ≡ Ⓐ

Beschreibe einen Versuch zur Bestimmung der Wasserspeicherfähigkeit eines Bodens.

7. ≡ Ⓐ

a) Stelle mithilfe der Abbildung den Kreislauf des Kohlenstoffs und des Sauerstoffs dar.
b) Erläutere die Rolle der Produzenten, Konsumenten und Destruenten in diesen Kreisläufen.

Konsumenten 1. Ordnung
Konsumenten höherer Ordnung
Produzenten
Destruenten
— Sauerstoff
— Kohlenstoffdioxid

8. ≡ Ⓐ

a) Übertrage das Schema in deinen Ordner. Ergänze die fehlende Beschriftung.
b) Erkläre die Notwendigkeit der Düngung in der Landwirtschaft und gib einige Möglichkeiten zur Düngung an.
c) Bewerte den Einsatz von reichlich Mineraldünger.

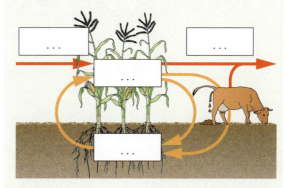

9. ≡ Ⓐ

Erkläre, wie wir gleichzeitig die Umwelt schützen und die Grundbedürfnisse aller Lebewesen sowie zukünftiger Generationen berücksichtigen können.

10. ≡ Ⓐ

a) Gib an, woher der Begriff „Nachhaltigkeit" stammt und was er ursprünglich bedeutet.
b) Erkläre, was man unter dem ökologischen Fussabdruck versteht.

11. ≡ Ⓐ

Stell dir vor, du kaufst Gemüse oder Früchte. Erläutere, welche Aspekte der Nachhaltigkeit du dabei beachten kannst.

Prinzipien der Naturwissenschaften

Reproduzierbar?

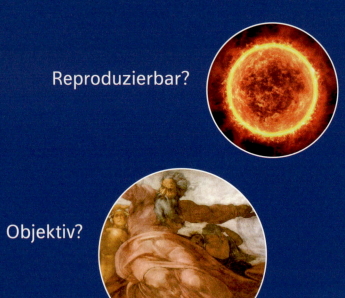

Objektiv?

Einfach?

Prinzipen der Naturwissenschaften

1. ≡ Ⓐ
Manche Menschen behaupten, sie könnten die Strahlung von Handys spüren. Beschreibe, wie du das Phänomen wissenschaftlich untersuchen würdest.

2. ≡ Ⓐ
Nenne Phänomene aus Physik und Chemie, die das Teilchenmodell nicht beschreiben kann.

3. ≡ Ⓐ
Ist die Erde eine Scheibe? Fertige eine Liste, was dafür und was dagegen spricht.

Überprüfbarkeit

Wissenschaftliche Hypothesen müssen **überprüfbar** sein.

Du führst im naturwissenschaftlichen Unterricht viele Versuche durch, denn Experimente spielen in der Wissenschaft eine herausragende Rolle. Erst wenn eine Hypothese immer wieder überprüft und dabei **nicht widerlegt** wird, betrachten wir sie als eine gültige wissenschaftliche Aussage – bis sie irgendwann vielleicht doch widerlegt wird. Wissenschaftliche Erkenntnisse sind deshalb immer **vorläufig**.

Reproduzierbarkeit

Experimente und ihre Ergebnisse müssen **reproduzierbar** sein. Das bedeutet: Damit ein Experiment aussagekräftig ist, muss es zunächst wiederholbar sein, und zwar unabhängig von Zeit und Ort. Ein Versuch, der nur dienstags im Unterricht funktioniert, aber nicht donnerstags, ist in der Wissenschaft nicht brauchbar. Forscher, die ein Experiment durchführen, müssen deshalb genau angeben, wie sie das Experiment durchgeführt haben. Auch ihre Daten und Beobachtungen müssen sie präzise angeben. Du kennst das von den **Versuchsprotokollen**, die du im Unterricht anfertigst. Und erst, wenn dann auch der Befund einer wissenschaftlichen Studie reproduzierbar ist und die Wiederholung zu gleichen oder zumindest ähnlichen Ergebnissen kommt, wird die ursprüngliche Studie glaubwürdig.

Objektivität

Deine Mitschülerinnen und Mitschüler machen oft denselben Versuch wie du. Dabei ist letztendlich egal, wer das Experiment durchführt – der Ausgang soll davon nicht abhängen. Man nennt dies **Objektivität**. Natürlich unterlaufen der Person, die ein Experiment durchführt, manchmal Fehler. Und manchmal verleitet uns der Wunsch, ein bestimmtes Resultat zu bekommen, zu ungenauem Arbeiten. Aber diese Einflüsse können wir uns bewusst machen, um dann ehrlich und unvoreingenommen den Ausgang des Experiments zu beurteilen. Objektivität ist also ein Idealzustand, dem wir uns so gut wie möglich annähern können.

Zur Objektivität gehört auch, dass Naturwissenschaftler davon ausgehen, dass es die Welt, die sie erforschen, wirklich gibt, unabhängig vom Beobachter. Philosophen streiten über diese Annahme, aber in den Naturwissenschaften ist sie die Arbeitsgrundlage.

Einfachheit

In der Wissenschaft sucht man oft nach möglichst **einfachen Lösungen** für ein Problem. Viele Modelle, die du im Unterricht kennenlernst, kommen ohne komplizierte Annahmen aus und beschreiben bestimmte Phänomene trotzdem richtig. Zum Beispiel bildet das Teilchenmodell eine gute Erklärung für die Aggregatzustände. Es beschreibt aber nicht den Aufbau des Periodensystems, das gelingt erst mit dem Atommodell. Dieses macht zusätzliche Annahmen zum Aufbau der Teilchen, aber nur so viele, wie nötig sind. Was wir genau unter „einfach" verstehen, ist aber nicht eindeutig festlegbar. In erster Linie muss eine wissenschaftliche Theorie die Phänomene richtig beschreiben. Manchmal geht das nur, wenn sie komplizierter ist als einfache Erklärungen.

1 Ein beühmtes, einfaches und reproduzierbares Experiment: Isaac Newton demonstriert die Zerlegung des Sonnenlichts in die Spektralfarben mithilfe eines Prismas.

Stichwortverzeichnis

Stichwortverzeichnis

Stichwortverzeichnis

Bildquellenverzeichnis

|123RF.com, Hong Kong: monticello 138. |2 & 3d design Renate Diener, Wolfgang Gluszak, Düsseldorf: 283. |A1PIX - Your Photo Today, Ottobrunn: PHN 158. |akg-images GmbH, Berlin: 8, 12, 12, 16, 20, 21, 282; Hessisches Landesmuseum 323; IAM/World History Archive 21; Lessing, Erich 10; Science Photo Library 322. |alamy images, Abingdon/Oxfordshire: AGAMI Photo Agency 395; age fotostock 24, 44, 95, 366; All Canada Photos 320; allOver images 246, 354; Almqvist, Martin 22; Angela Hampton Picture Library 29; Arco Images GmbH 319; Azenha, Sergio 343; Bildagentur-online/Ohde 260; BIOSPHOTO 345; Bolton, Ryan M. 316; BSIP SA 5, 46, 100, 164, 165; calvetti, leonello 116; Camazine, Scott 45; Catchlight Visual Services 239; Cattlin, Nigel 58; Chompipat, Pattarawit 229; Constantin, Razvan Cornel 69; Cook, David/blueshiftstudios 64, 64, 65; Crighton, Peter 396; Cultura Creative (RF) 184; Cultura RM 166; Custom Medical Stock Photo 248; Daemmrich, Bob 93; Dagnall, Ian G 3, 49; Davidson, Mark 234; Davies, James 24; De Monte Lorenzo 145; Deco Images II 44; Dinodia Photos 276; Dirscherl, Reinhard 203; Eskymaks 117; EyeEm 22; Falkensteinfoto 205; GFC Collection 362; Glyn Thomas Photography 399; Goodwin, Stephen 329; Granger Historical Picture Archive 16; Greifenhagen, Nancy 93; Gulland, Andrew 245; Hecker, Frank 29, 29, 79, 397; Heim, Michael 117; hennessy, chris 31; Heritage Image Partnership Ltd 244; Hero Images Inc. 3, 23, 110; Herraez, David 37; Historical Images Archive 45; Image Source 96, 164; imageBROKER 212, 274, 396; INSADCO Photography 157; Juice Images 117; KidStock 5, 187; Kitching, Andrew 229; Kliim, Niels 104; laboratory 82, 284; lemmens, frans 203; Lyons, David 329; Martin, John 392; May, Rex 65; Media for Medical SARL 208; Miller, Brad 203; MITO images GmbH 166; National Geographic Image Collection 51; Natural Visions 76; NatureOnline 379; Nistri, Roberto 203; North Wind Picture Archives 403; Onishchenko, Galina 62; Panther Media GmbH 81; Percy, Jamen 203; Petolea, Catalin 96; Phanie 179; philipimage 96; PhotoAlto 156; Photononstop 78; Pictorial Press Ltd 45, 270, 294; Pictures Now 402; Prisma by Dukas Presseagentur GmbH 376, 394, 396, 396; Pérez, Jorge 29; RBflora 271; REDA &CO srl 395; Romeyn, Rowan 76; RooM the Agency 25; Schulte, Antje 31; Science History Images 45, 226, 314; Science Photo Library 22, 269; Science Picture Co 249; Shironosov, Dmitriy 46; Sirivutcharungchit, Suwat 274; Smalley, Jason 3, 9; SPL 44, 175; Springett, Paul A 46; Sriskandan, Kumar 95; Stevanovic, Igor 264; Tack, Jochen 256; Tamor, Maxal 104; tbkmedia.de 95; USDA Photo 392; Wedd, Christopher 274; Wildlife 293; Woodhouse, Julie g 376; World History Archive 10, 34, 243; Yardy, Gerry 64; Zoonar GmbH 89, 184, 355; Zoonar GmbH /XUNBIN PAN 69. |APA-PictureDesk GmbH, Wien: Gamma 17. |Arco Images GmbH, Lünen: De Meester, J. 274; Huetter, C. 62. |argum Fotojournalismus, München: Einberger, Thomas 3, 71. |Astrofoto, Sörth: Ravenswaay, Detlev van 306. |Atelier tigercolor Tom Menzel, Klingberg: 65, 65, 65, 75, 79, 252, 312. |BC GmbH Verlags- und Medien-, Forschungs- und Beratungsgesellschaft, Ingelheim: 142, 266, 380, 384, 384, 385, 385, 385. |Biermann-Schickling, Birgitt, Hannover: 66, 66, 66, 67, 67, 67, 67, 112, 114, 132, 163, 278, 339, 344, 344, 354, 375, 377, 381. |Bildarchiv Sammer, Neuenkirchen: Sammer 60, 60. |BilderBox Bildagentur GmbH, Breitbrunn/Hörsching: 112. |Bintakies, Jan, Hannover: 178, 180. |Blickwinkel, Witten: Bellmann, H. 83; Koenig, R. 15. |Dobers, Joachim, Göttingen: 152. |Domke, Franz-Josef, Hannover: 20, 95, 139, 145, 153, 159, 163, 193, 194, 194, 195, 195, 208, 208, 208, 208, 209, 209, 209, 209, 209, 209, 209, 209, 218, 219, 227, 242, 268, 275, 359, 370. |dreamstime.com, Brentwood: Alekss 302; Dariya64 335. |Druwe & Polastri, Cremlingen/Weddel: 114, 355. |Ecke, Julius, München: 107, 139. |F1online, Frankfurt/M.: BSIP/doc-stock 241; Hero Images 92. |Fabian, Michael, Hannover: 143, 266. |Floramedia Group B.V., EK Zaandam: 84. |Focus Photo- u. Presseagentur GmbH, Hamburg: eos/Oliver Meckes/Nicole Ottawa 148; Meckes/ Ottawa/eos 149, 232. |Fotex Medien Agentur GmbH, Hamburg: Picture Partners 174. |fotolia.com, New York: absolutimages 295; Africa Studio 139, 178; ah_fotobox 235; Aikon 210; akf 28; als 299, 299, 299, 299, 299; Aust, Undine 83; BäckersJunge 189; Birkelbach, Sonja 389; Chabraszewski, Jacek 114, 118; ChiccoDodiFC 93; contrastwerkstatt 197, 245; djama 205; donyanedomam 317; duman, burak 189; elxeneize 78; Epotok, Soru 378; Eppele, Klaus 200; eyewave 374; fotoperle 32; fototrm12 356; Friedberg 188; geargodz 189; Gorilla 259; grafikplusfoto 355; Greatstockimages 295; hecke71 378; Heinrichs, Doris 139; IndustryAndTravel 379; jellytott 302; jufo 355; kanvag 338; kflgalore 356; klesign 21; Klingebiel, Jens 320; Kneschke, Robert 6, 261; lenets_tan 188; Lennartz 200; line-of-sight 329; Lohrbach, Marina 326; loraks 268; luckett, michael 314; Mainka, Markus 139; marslander 200; Maszlen, Peter 386; Merfort, Frank 70; meryll 197; milicanistoran 197; Mojzes, Igor 401; Monkey Business 156; monropic 257; mozZz 374; Mushy 188; Nielsen, Inga 375; Niko 135; paul_thenar 188; paylessimages 188; Petair 367; Pettigrew, Michael 299; Pixel & Création 210; Pixelot 225; rdnzl 200; Reinartz, Petra 386; ri8 62; Rob 157; Rochau, Alexander 114; Sabine 303; Sanders, G. 364; Sanders, Gina 28; santia3 311; sarawutnirothon 197; Schulz-Design 196; Schuppich, M. 361; Smileus 356; stuporter 325; Vielfalt 395; viperagp 326; vladimirfloyd 189; volff 379; Wickert, Katja 331; wideonet 28; Wienerroither, Peter 210; Wolfilser 196; Yemelyanov, Maksym 337; Zastavkin, Serg 197. |fotosearch.com, Waukesha: csp_sumners 140. |Freundner-Huneke, Imme, Neckargemünd: 40, 82, 266, 266. |Future Mindset 2050 GmbH, Gehrden: 18, 21. |Gall, Eike, Enkirch: 227, 227, 227, 349, 349. |Getty Images, München: Education Images/UIG 164; Farall, Don 368; Henley, John 120; Kozak, Serge 166; Photographer's Choice/Dazeley, Peter 326; Reinhard Dirscherl/Visuals Unlimited 70; Stuart Westmorland/Design Pics 335. |Getty Images (RF), München: Simsek, Baris 353. |Glammeier, Ulrich, Hannover: 52, 56. |Henkel, Christine, Dahmen: 16, 312, 393. |Herzig, Wolfgang, Essen: 262. |Imago, Berlin: blickwinkel 28, 247; epd 120; HR Schulz 124; Kurzendörfer, Reinhard 392; McPhoto 32. |Interfoto, München: ARDEA/Beste, Hans and Judy 313; Sammlung Rauch 13, 324. |iStockphoto.com, Calgary: abishome 369; aleksask 110; AlexRaths 8, 47, 146; anatoliy_gleb 364; Antagain 43, 300; AntonioGuillem 166; AVTG 361; Burgstedt, Christoph 173; Cecilie_Arcurs 167; CreativeNature_nl 202; DamianKuzdak 302; Debenport, Steve 4, 119; deepblue4you 182; Dijk, Menno van Titel; Dimitrov, Martin 169; Dunkel, Alexander 376; EdnaM 179; fotandy 62; fotoVoyager 374; henderson, moose 17; hmproudlove 391; Ian_Redding 83; Ilgaz, G. 245; IngerEriksen 34; InnaFelker 245; IPGGutenbergUKLtd 115; JohnCarnemolla 303, 347; JohnPitcher 296; jojoo64 223, 223; jotily 366; Jrleyland 378; kikkerdirk 48; kozmoat98 330; Krpan, Mario 362; Lalocracio 179; lucentius 346; Mac99 279; Mantonature 26, 32; MariuszSzczygiel 355; Masnovo, Alberto 335; Maxiphoto 214; Merton, Tom 167; Mikola249 390; Mitchell, Dean 386; Musat 305; Nehring, Nancy 27; olhainsight 26; ollo 78; Ornitolog82 298; Perboge 89; praetorianphoto 180; pum_eva 28; Ridofranz 113; Roel_Meijer 391; Rojo, Rey 363; RoschetzkyIstockPhoto 367; ryonouske 320; srdjan111 363; STRINGERimage 330; Studio-Annika 28; studiocasper 354; TommL 18; Tommousney 47; vladimirzahariev 258; vusta 300; Warwick Lister-Kaye 296; wrangel 274. |Johannes Lieder GmbH & Co. KG, Ludwigsburg: 66, 66, 66, 67, 67, 67, 98, 98, 267. |juniors@wildlife Bildagentur GmbH, Hamburg: Biosphoto 319; Freund, J. 63; Giel, O. 254; Harms, D. 293, 318, 368; Layer, W. 320. |KAGE Mikrofotografie GbR, Lauterstein: 247. |Karnath, Brigitte, Wiesbaden: 35, 37, 39, 39, 39, 64, 64, 64, 66, 68, 87, 88, 98, 98, 99, 99, 112, 121, 122, 123, 124, 126, 143, 143, 170, 177, 182, 199, 207, 207, 240, 240, 266, 274, 274, 276, 276, 277, 277, 281, 286, 287, 301, 301, 304, 312, 312, 325, 378, 378. |Keis, Heike, Rödental: 10, 11, 11, 18, 18, 53, 53, 56, 57, 57, 62, 62, 72, 73, 73, 73, 73, 75, 75, 77, 80, 85, 85, 85, 85, 86, 86, 86, 86, 86, 86, 86, 86, 86, 86, 86, 86, 86, 86, 86, 86, 86, 86, 86, 86, 87, 87, 87, 87, 87, 88, 124, 126, 126, 136, 137, 158, 158, 166, 169, 170, 172, 177, 185, 185, 192, 193, 194, 195, 213, 215, 231, 267, 270, 270, 271, 295, 309, 316, 358, 358, 360, 363. |Keystone Pressedienst, Hamburg: Schulz, Volkmar 337, 386. |Kilian, Ulrich - science & more redaktionsbüro, Frickingen: 142, 142, 163, 185, 185, 224, 236, 254, 255, 256, 343, 370. |Kleicke, Christine, Hamburg: 104, 104, 104. |Kruse, Wankendorf: 134. |laif, Köln: Audras, Stephane/REA 6, 297; Ernsting, Thomas 324; Reporters/Meuris, Merlin 331; Specht, Heiko 346. |Leisse, Silke, Braunschweig: 110, 111, 122, 125, 184, 238, 280, 282. |Lüddecke, Liselotte, Hannover: 20, 37, 37, 37, 38, 42, 42, 43, 43, 46, 46, 46, 46, 47, 67, 68, 82, 86, 88, 94, 99, 102, 102, 105, 120, 121, 122, 123, 125, 127, 127, 130, 131, 131, 131, 134, 134, 135, 135, 138, 143, 143, 144, 146, 148, 148, 148, 149, 152, 152, 153, 154, 159, 159, 163, 167, 168, 171, 172, 173, 174, 174, 222, 222, 227, 230, 236, 238, 239, 248, 249, 251, 251, 263, 272, 272, 280, 280, 283, 288, 288, 289, 290, 291, 298, 307, 310,